第四分册

风力发电机组检修与维护

Wind Turbine Maintenance

龙源电力集团股份有限公司 编

中国电力出版社
CHINA ELECTRIC POWER PRESS

内 容 提 要

为了提高风电从业人员的职业技能水平，特编写了本套《风力发电职业培训教材》。该教材共分四个分册，即《风力发电基础理论》《风电场安全管理》《风电场生产运行》《风力发电机组检修与维护》。

《风力发电机组检修与维护》分册共分12章，前3章主要讲述设备检修基础理论、风电场检修管理、检修基本技能及工器具，后9章分部件讲解风电机组主要部件（变桨系统、叶片、主轴及齿轮箱、发电机、控制系统、变流器、液压与刹车系统、偏航系统、塔架与基础）的功能原理、检查与测试、定期维护、典型故障处理等内容。

本套教材内容丰富，图文并茂，条理清晰，实用性强，编写人员是有丰富经验的行业专家。本套书可作为风电行业新入职员工、安全管理人员、风电场运行检修人员技能培训教材使用，也可供职业院校风电专业师生及从事风电行业的科研、技术人员自学使用。

图书在版编目（CIP）数据

风力发电职业培训教材．第4分册，风力发电机组检修与维护/龙源电力集团股份有限公司编．—北京：中国电力出版社，2016.3（2023.12重印）

ISBN 978-7-5123-8976-2

Ⅰ．①风…　Ⅱ．①龙…　Ⅲ．①风力发电-职业培训-教材②风力发电机-机组-检修-职业培训-教材　Ⅳ．①TM614②TM315

中国版本图书馆CIP数据核字（2016）第039920号

中国电力出版社出版、发行

（北京市东城区北京站西街19号　100005　http：//www.cepp.sgcc.com.cn）

固安县铭成印刷有限公司印刷

各地新华书店经售

*

2016年3月第一版　2023年12月北京第八次印刷

787毫米×1092毫米　16开本　20.5印张　461千字

印数11001—11500册　定价**108.00**元

编辑委员会

序 言

随着以煤炭、石油为主的一次能源日渐匮乏，全球气候变暖、环境污染等问题的不断加剧，人类生存环境面临严峻挑战。有鉴于此，风力发电作为绿色清洁能源的主要代表，已成为世界各主要国家一致的选择，在全球范围内得到了大规模开发。龙源电力集团股份有限公司是中国国电集团公司所属，以风力发电为主的新能源发电集团，经过多年的快速发展，2015 年 6 月底以 1457 万千瓦的风电装机规模，成为世界第一大风电运营商。

在风电持续十多年的开发建设中，风力发电设备日渐大型化，机型结构和控制策略日新月异，设备运行、检修和管理的标准、规程逐步完善，并网技术初成系统。然而风电场地处偏远、环境恶劣、机型复杂、设备众多，人员分散且作业面广。随着装机容量和出质保机组数量的逐年增加，安全生产局面日趋严峻，如何加速培养成熟可靠的运行、检修人员，成为龙源电力乃至整个行业亟待解决的问题。

为强化风电运行和检修岗位人员岗位培训，龙源电力组织专业技术人员和专家学者，历时两年半，三易其稿，自主编著完成了《风力发电职业培训教材》。该套教材分为《风电场安全管理》《风力发电基础理论》《风电场生产运行》《风力发电机组检修与维护》四册，凝聚了龙源电力多年来在风电前期测风选址、基建工艺流程、安全生产管理以及科学技术创新的成果和积淀，填补了业内空白！

教材的主要特点有：一是突出行业特色，内容紧跟行业最新的政策、标准、规程及新设备、新技术、新知识、新工艺；二是立足岗位技能教育，贴合现场生产实际，结合风电运行、检修具体工作，图文并茂地介绍相应的知识和技能，在广度和深度上适用于各级岗位人员；三是文字通俗易懂，内容详略得当，具有一定的科普性。教材对其他机电类书籍已包含的内容不作详细介绍，不涉及深层次的风电研发、设计理论和推导，便于运检人员阅读和自学。

龙源电力作为国内风电界的领跑者，全球第一大风电运营商，国际一流的新能源上市公司，肩负着节能减排、开拓发展、育人成才的重任，上岗培训教材和其他系列培训教材的陆续出版将为风电行业的开发经营、人才培养起到积极作用！

编 者

前言

随着国际社会能源紧缺压力的不断增大、环境污染和气候变化等问题日益严峻，风能作为一种洁净、无污染、可再生的绿色能源得到了国际社会的高度重视。风电技术日益成熟，风电装机容量不断增大，并网性能不断改善，发电效率不断提高，风电产业在全球能源产业中脱颖而出。

我国于2006年正式实施《可再生能源法》，加大了对风电事业支持的力度，以前所未有的规模和速度迅速发展。在吸收国外风电发展经验的基础上，国内也逐渐积累了一些风电开发、建设、运营和管理的经验，培养和造就了一支具有丰富经验的风电专业技术与管理的队伍。龙源电力集团股份有限公司（龙源电力）致力于可再生能源开发、投资、建设和经营，在发展规模和专业技术水平方面处于国内风电行业领跑地位。

为适应风电迅速发展的形势需要，实施“人才强企”战略，增强企业核心竞争能力，培养一支高素质的人才队伍，满足风电场运行、维护、检修技术人员需求，龙源电力组织编写本套培训教材。参与本书编写的人员除了有扎实的风电理论基础知识的专家外，还有长期从事风电机组调试、检修、维护工作，具有丰富现场实践经验的工程技术人员，其宝贵的工作经验都融入到了本书中。本书的编写力求内容系统、完整，详尽地介绍了风电场运行维护技术，注重理论与实践的结合。本书适合作为风电职业技术培训教材使用，或作为从事风力发电运行、检修的技术人员自学之用，也可供作为风电有关设计和科研人员学习参考。希望本书的出版能对中国风电产业技术人才的培养提供支持，对推动中国风电事业的发展产生积极的作用。

本书由龙源电力组织编写，龙源（北京）风电工程技术有限公司承担具体编写任务；第1章由胥佳、刘瑞华编写；第2章由陶钢正编写；第3章由周世东编写；第4章由胡鹏编写；第5章由刘智益、荣兴汉编写；第6章由任淮辉编写；第7章由赵小明、田文奇、冯江哲编写；第8章由朱耀春、张悦超编写；第9章由张悦超、刘钟淇编写；第10章由王博编写；第11章由王博、肖剑编写；第12章由曹建忠编写。全书由岳俊红、陶钢正统稿并负责整体编排。

在本书的编写过程中，得到了龙源电力人力资源部朱炬兵、胡宾、汤涛祺等同志的大力支持和帮助，多次组织专家审阅校核，才得以如期完成编写任务。龙源电力技术中心吴金城、杜杰和龙源电力安生部夏晖、张海涛、薛蕾以及龙源（北京）风电工程技术有限公司宋中波提供了部分珍贵的参考资料，龙源电力所属蒙东、甘肃、新疆、辽宁、河北公司提出了宝贵的修改意见，在此一并表示诚挚感谢。

本书力求准确、详尽，由于作者水平所限和时间仓促，在编写过程中难免有不当和疏漏之处，希望读者不吝指正。

编　者

目 录

检修基础理论

1.1 设备维修简介

维修是对设备进行维护和修理的简称。本书中的维护是指为保持设备良好工作状态所做的所有工作，包括清扫、检查、润滑、紧固、调整及校正等；修理是指恢复设备设计功能状态所做的所有工作，包括检查、故障诊断、故障消除、故障消除后的测试以及全面翻修（小修、中修、大修）和替换等。因此，维修是为了保持和恢复设备良好工作状态而进行的活动。

维修是伴随着蒸汽机等大型工业设备的使用而出现的。随着生产的发展，人们对维修的认识也在不断地深化。最初认为，维修是为了排除设备故障及预防故障的发生；后来认为，维修是设备状态正常和安全运行的保障。

随着自动化程度的不断提高，生产对维修的依赖性也不断增大。维修能提高设备的可用性、完好率和效率，并且延长设备的使用寿命。维修已成为保障企业生产能力的重要组成部分。维修成本是固定资产的生产力得以维持的必要投资，是电力工业和其他工业别无选择的基本生产投入，并且同样能创造经济效益。

20 世纪 50 年代以前的维修，基本上属于一门操作技艺，缺乏系统的理论。当时的机器大多数采用皮带、齿轮传动。由于设备简单，可以凭眼睛看、耳朵听、手摸等直观判断或通过师傅带徒弟传授经验的办法来排除故障。随着生产的发展，出现流水线生产，为使生产不致中断，美国首先实行了预防性的定期维护，我国从第一个五年计划开始实行定期维护方式。

总体来说维修的发展过程可划分为事后维修、预防维修、改善维修三种。随着计算机技术在企业中应用的发展，维修领域也发生了重大变化，出现了智能维修等新方法。

1.1.1 检修的定义

检修和维修是设备检修管理经常用到的名称，在不同的行业对其有不同的理解：一般认为维修是对设备进行维护和修理的简称；检修是对设备进行检验和维修的简称。也有人认为维修和检修都包括维护、检查和修理；但检修是主动行为，偏重于预防性的维护、检查和修理；维修是被动行为，偏重于故障性解决的维护、检查和修理。维修多见于教材，检修多见于标准和规范。由于现在推行主动的预防性维护、检查和修理，因此本书采用检修表述，包括设备维护、检查和修理，下面分别介绍这三者的定义：

1. 维护

设备维护是为防止设备性能劣化或降低设备失效的概率，按事先规定的计划或相应技术条件的规定进行的技术管理措施。其内容是保持设备清洁、整齐、润滑良好、安全运行，包括及时紧固松动的紧固件，调整活动部分的间隙等。简言之，即“清洁、润滑、紧固、调整、防腐”。实践证明，设备的寿命在很大程度上取决于维护保养的好坏。维护保养依工作量大小和难易程度分为日常保养、一级保养、二级保养、三级保养等。

日常保养，又称例行保养。其主要内容是：进行清洁、润滑、紧固易松动的零件，检查零件、部件的完整。这类保养的项目和部位较少，大多数在设备的外部。

一级保养，主要内容是：普遍地进行拧紧、清洁、润滑、紧固，还要部分地进行调整。日常保养和一级保养一般由操作工人承担。

二级保养，主要内容包括内部清洁、润滑、局部解体检查和调整。

三级保养，主要是对设备主体部分进行解体检查和调整工作，必要时对达到规定磨损限度的零件加以更换。此外，还要对主要零部件的磨损情况进行测量、鉴定和记录。二级保养、三级保养在操作工人参加下，一般由专职保养维修工人承担。

在各类维护保养中，日常保养是基础。保养的类别和内容，要针对不同设备的特点加以规定，不仅要考虑到设备的生产工艺、结构复杂程度、规模大小等具体情况和特点，同时还要考虑到不同工业企业内部长期形成的维修习惯。

风电场进行的设备维护主要是风电机组和场内外电气设备的定期维护，如半年维护、一年维护、三年维护和五年维护中轴承加注油脂、螺栓力矩抽检、散热片清理、整个机组卫生清洁等工作。

2. 检查

设备检查是指对设备的运行情况、工作精度、磨损或腐蚀程度进行测量和校验。通过检查全面掌握机器设备的技术状况和磨损情况，及时查明和消除设备的隐患，有目的地做好修理前的准备工作，以提高修理质量，缩短修理时间。

检查按时间间隔分为日常检查和定期检查。日常检查由设备操作人员执行，同日常保养结合起来，目的是及时发现设备不正常的技术状况，进行必要的维护保养工作。定期检查是按照计划，在操作者参加下，定期由专职维修工执行。目的是通过检查，全面准确地掌握零件磨损的实际情况，以便确定是否有进行修理的必要。

检查按技术功能，可分为机能检查和精度检查。机能检查是指对设备的各项机能进行检查与测定，如是否漏油、漏水、漏气，防尘密闭性如何，零件耐高温、高速、高压的性能如何等。精度检查是指对设备的实际加工精度进行检查和测定，以便确定设备精度的优劣程度，为设备验收、修理和更新提供依据。

风电场进行的设备检查主要是风电机组和场内外电气设备的点检和定期维护中碳刷检查、刹车片检查、偏航卡钳检查等工作。

3. 修理

设备修理是指修复由于日常的或不正常的原因而造成的设备损坏和精度劣化。通过修理或更换磨损、老化、腐蚀的零部件，可以使设备性能得到恢复。设备的修理和维护保养是设备检修的不同方面，两者由于工作内容与作用的区别是不能相互替代的，应把两者同

时做好，以便相互配合、相互补充。

设备修理的种类。根据修理范围的大小、修理间隔期长短、修理费用多少，设备修理可分为小修理、中修理和大修理三类。

(1) 小修理。小修理通常只需修复、更换部分磨损较快和使用期限等于或小于修理间隔期的零件，调整设备的局部结构，以保证设备能正常运转到计划修理时间。小修理的特点是：修理次数多、工作量小、每次修理时间短、修理费用计入生产费用。

(2) 中修理。中修理是对设备进行部分解体、修理或更换部分主要零件、基准件和修理使用期限等于或小于修理间隔期的零件；同时要检查整个机械系统，紧固所有机件，消除扩大的间隙，校正设备的基准，以保证机器设备能恢复和达到应有的标准和技术要求。中修理的特点是：修理次数较多、工作量不很大、每次修理时间较短、修理费用计入生产费用。

(3) 大修理。大修理是指通过更换，恢复其主要零部件，恢复设备原有精度、性能和生产效率而进行的全面修理。大修理的特点是：修理次数少、工作量大、每次修理时间较长。

风电场进行的设备修理主要是风电机组和场内外电气设备的日常检修和大部件检修等工作。

风电场日常检修是指临时故障的排除，包括过程中的检查、清理、调整、注油及配件更换等，没有固定的时间周期，因此其属于小修理的一种。

风电场大型部件检修是指风电机组叶片、主轴、齿轮箱、发电机、风电机组升压变压器等的修理或更换。由于风电场不区分中修理和大修理，因此风电场大型部件检修包含了中修理和大修理。

1.1.2 设备检修管理理论

设备检修管理理论中，后勤工程学、设备综合工程学和全员生产维修体制对现代设备检修管理理论具有重大影响和开拓性意义。后续的设备点检制，以可靠性为中心的维修(RCM)、以利用率为中心的维修（ACM)、全面计划质量维修（TPQM)、适应性维修(AM)、可靠性维修（RBM）等检修管理理论也对现代的检修管理工作产生了很大的影响。

下面介绍几种常见检修管理理论：

(1) 后勤工程学最早提出寿命周期费用的概念；提及了检修方案的确定、检修策略的选择、设备和系统全寿命管理等。

(2) 设备综合工程学以设备寿命周期内最经济为目标来进行综合管理，包括工程技术管理、组织管理和财务管理三个方面的内容。设备综合工程学是在维修工程基础上形成的，它把设备的可靠性和维修性贯穿设备设计、制造和使用的全过程；它强调从系统和整体优化的角度考虑设备检修和管理问题。

(3) 全员生产维修体制由日本于 1970 年提出，它是以最高的设备综合效率为目标的全系统的预防检修，具有全效率、全系统和全员参加的特点。

(4) 设备点检制是以点检为中心的设备检修管理体制，具有定人、定点、定量、定法、定周期、定标准、定点检计划表、定记录、定点检业务流程的特点。其实行全员管理，专职点检员按区域分工管理，点检管理是动态管理，与检修相结合。

(5) 以可靠性为中心的维修强调以设备的可靠性和设备故障后果作为制定检修策略的主要依据。其包括故障后果评价、故障特性、潜在性故障和功能性故障、检修管理和检修策略。它的检修策略包括状态检修、预防检修、事后检修和技术改造。

(6) 以利用率为中心的维修是把设备利用率放在第一位来制定检修策略的检修方式。它认为检修方式分为定期检修、视情检修、事后检修、机会检修、改进检修。检修规划是在对设备可利用率等因素分析的基础上做出的。它需要检修数据、故障模式作为支持，同时也需要选择监测为主的视情检修及其他传统检修方式配合。

近年来，国际上对检修管理模式又进行了研究，提出了一些比较有特点的检修管理新模式和新概念。如检修策略的监控、集中和分散式检修管理、面向未来的检修、人的可靠性与设备管理、检修和管理的集成化等。

1.1.3 设备检修原则

为了保证高的设备完好率和延长设备的使用寿命在做好设备的检修工作中应遵循一些原则，不同的检修管理理论将采用不同的设备检修原则，但在一些方面它们具有共同的原则，下面简略介绍这些原则：

1. 以预防为主，维护保养与计划检修并重

维护保养与计划检修是相辅相成的。设备维护保养得好，能延长修理周期减少修理工作量。计划检修得好，维护保养也就容易。预防检修是贯彻预防为主的设备检修方式，其具体含义和主要活动是定期检查设备，尽早发现各种可能引起生产上停机的故障或加速折旧的情况，及时检修，或者在上述情况处于轻微状态时，加以调整或修复。不宜对所有设备都实行预防检修，那样需支付大量检修费用，不利于保证和提高设备检修的经济性，产生“过分检修”的现象。因此宜采取对重点设备及一般设备的重要部分进行预防检修，对一般设备进行事后检修，既保证生产，又节约费用，它被称为经济的检修制度。它也是贯彻“预防为主、维护保养和计划检查并重”原则的有效措施。

风电场检修遵循“预防为主，定期维护和状态检修相结合”的原则。

2. 以生产为主，检修为生产服务

生产是企业的主要活动，检修要为生产服务，但也不能因此而忽视检修工作，不注意设备使用的科学性、规律性，一味拼设备，这样的做法往往会适得其反、留下后患。企业应根据自身设备的复杂程度和数量规模，保持一支相对稳定的检修队伍和足量的检修工器具。为了实现检修为生产服务的目的，应设法采取各种措施缩短停机时间，减少对生产的影响。

对设备的维护修理，还应用系统观点，将其工作范围扩大至设备的整个使用周期。从这一指导思想出发，要求自觉采用检修预防方法，将减少设备故障的工作拓展到其设计、制造阶段，提高其可靠性和维修性。

3. 专职修理和群众维修相结合

操作工人是设备的直接使用者，他们是否严格执行操作规程，是否尽心维护保养设

备，对设备的状态起着决定性作用。因此要求实行定人、定机、定岗位的方法，规定谁用谁保养的制度，并把维护保养设备的优劣情况作为职工考核的重要内容。

1.2 设备检修分类

1.2.1 设备检修的方式

1. 事后检修

事后检修是指设备发生故障后，再进行修理。这种修理法出于事先不知道故障在什么时候发生，缺乏修理前准备，因而，修理停歇时间较长。此外，因为修理是无计划的，常常打乱生产计划，影响交货期。事后检修是比较原始的设备检修制度，除在小型、不重要设备中采用外，已被其他设备检修制度所代替。风电场的日常检修基本都属于事后检修。

2. 预防检修

第二次世界大战时期，军工生产很忙，但是设备故障经常破坏生产。为了加强设备检修，减少设备停工修理时间，出现了设备预防检修的制度。这种制度要求设备检修以预防为主，在设备运用过程中做好维护保养工作，加强日常检查和定期检查，根据零件磨损规律和检查结果，在设备发生故障之前有计划地进行修理。由于加强了日常维护保养工作.使得设备有效寿命延长了。而且由于修理的计划性，便于做好修理前准备工作，使设备修理停歇时间大为缩短，提高了设备有效利用率。这种检修主要用于故障后果会危及安全和影响任务完成，或导致较大经济损失的情况。

预防检修主要包括定期检修、预知检修和状态检修。预知检修是将定期检修改为定期监测及诊断，是状态检修的早期阶段。预知检修和状态检修是采用以设备状态分类为依据，以点检为基础，检修周期相对变动的检修方式。

定期检修是依据已知的设备检修方式、设计寿命、设备制造厂提出的检修计划以及平均间隔时间，制定相应的检修程序，每隔一定时间对设备进行一次规定作业内容的检查、维护、调整和修理。它是一种以时间为基础，检修周期和检修内容相对固定的预防检修方式，因而也称计划检修。我国电力行业受苏联影响，长期以来一直采用此种方式。定期检修认为，影响设备运行或造成设备出现故障的主要因素是磨损、腐蚀和老化等，因此定期检修制度是按照设备损伤机制和规律制定的。定期检修的核心内容是检修周期结构和检修复杂系数的确定。

预知检修是在人为的事先规定一些界限值或标准的情况下，对设备进行检查。当发现潜在问题，并能确定何时将超过规定的界限值时，在超过规定的界限值之前进行检修以避免故障的一种预防检修方式。这种检修是基于大量的故障是有征兆可查寻，故障从开始发生到发展成为最后的故障状态，不是瞬时发生，总有一段出现异常现象的时间。因此，如果找到故障的迹象，就可以采取措施预防故障发生或避免故障后果。预知检修的工作重点是按规定的时间间隔进行检查，通过以安全为主要目标对关键性部件检查，发现存在的问题，及时修理更换，只有在需要的时候才允许拆卸设备。

状态检修是预知检修发展的高级阶段，是一种以设备技术状态为基础的预防检修方式，也称视情检修。它根据设备的日常点检、定期检查、状态连续监测和故障诊断提供的信息，经过统计分析和数据处理，来判断设备的劣化程度，或由检修人员根据参数的变化趋势或变化幅值做出判断，并在故障发生前有计划地进行适当的修理。这种方式不规定设备的使用时间，能充分地利用设备寿命，使检修工作量达到最低，是一种经济合理的检修方式。随着故障诊断技术的进步发展，状态检修分为三个等级：最高级，配备永久性的监测系统；最简单级，配备手提式状态检测仪器，对设备进行巡回检查；中间级，设备介于前两者之间。

风电场的定期维护、点检，基于振动、油液等监测的检修属于预防检修。

3. 改善检修

改善检修是利用完成其他设备检修任务的时机，对设备进行局部结构或部分系统改造，消除设备的先天缺陷；或为防止特定故障的重复发生；或为日常维护、检查、修理方便而进行的改良性检修，以提高设备的固有可靠性、维修性和安全性水平。风电场和其他电力行业的生产性技改和部分更新改造项目属于改善检修。

4. 智能检修

智能检修也称自检修，包括电子系统自动诊断和模块式置换装置，把远距离设施或机器的传感器数据连续提供给中央工作站。通过这个工作站，维护专家可以得到专家系统和神经网络的智能支持，以完成决策任务。然后向远方的现场发布命令，开始维护例行程序，这些程序可能涉及调整报警参数值、启动机器上的试验振动装置、驱动备用系统或子系统。它是维护自动化未来发展的方向，也是风电场检修的发展方向。

5. 风电场设备检修方式

我国风电设备的检修一直使用传统工业中从苏联延续下来的体制和方式方法。主要是以事后检修、定期预防检修为主的检修体制，其优点是能够保持供电的基本稳定性和人力、物力、资金安排的计划性，检修管理执行过程中一般采取临修、定维、点检等形式。一般故障在机组监测系统报警后进行修理，对损耗部件定期更换，同时进行全年维护、半年维护、日常巡检等定期检查，并对检查中存在的问题进行检修。

随着风电机组单机容量不断增大、装机数量不断增加，对设备可靠性要求逐渐增强，目前的这种检修模式在风电检修中遇到了如下问题：

（1）临时性检修频繁。由于风电设备设计寿命没有预期的那么高，导致设备在刚出质保时就产生一些严重故障，需要进行事故检修，导致供电与检修计划经常被打乱。

（2）检修不足。机组由于多种原因在检修期未到时产生局部故障，但受检修计划和备件的制约，不得不带病运行，有时故障的恶化造成检修代价过大、检修费用增大或不必要的事故损失。

（3）检修的盲目性。计划检修标准项目和非标准项目及其执行频度基本依靠经验制订，而不是建立在科学、系统地分析设备故障的基础上，检修项目不能做到对症下药，检修中认为所有的项目都很重要，不可忽视，检修重点不突出，资源分配不合理，不该修的修得太过，该修的却未能引起足够重视。

（4）检修不及时。风电主要设备都在高空中，大部件的更换都需要使用吊车，而吊车的费用十分昂贵，及时地更换小部件可以避免大部件的损伤。由于工况复杂，定检期间发生的故障会造成较长时间的非计划停机。

(5) 检修无统筹。机组出现中期故障后立即停机，备件准备不到位，导致非计划停机时间过长。在进行检修时只考虑单个故障机组，没有考虑风电场其他机组的检修计划，以及机组全寿命周期的检修计划。

(6) 检修知识无共享。刚出质保的风电场，检修工作开展缓慢，新参加检修工作的人员，对风电机组不了解，不知道如何处理故障。而行业内部积累了大量的风电机组的检修经验，但是由于地理因素每个风电场各自为战的状态，对于检修技术缺乏共享和交流。

由于现行风电设备的检修体制存在明显缺陷，因此风电企业正在进行检修体制的改革。我国已开始进行基于设备状态评价的状态检修，这种检修方式是建立在管理方式和科学技术进步，尤其是监测和诊断技术发展的基础之上的。它以设备当前的工作状况为依据，而非传统的以设备使用时间为依据，通过先进的状态监测手段、可靠性评价手段及寿命预测手段，判断设备的状态，识别故障的早期征兆。对故障部位及其严重程度、故障发展趋势做出判断，并根据分析诊断结果进行检修决策。

1.2.2 检修方式及类型的选择

1. 影响因素

影响检修方式选择的主要因素是设备的故障特征、设备的有效度、设备的检修费用。

(1) 设备的故障特征。主要是由制造商从设计技术上确定下来，包括零部件的使用寿命，磨损状态。设备的使用者根据设备运行具体情况和经验，加以修改来确定或影响设备的故障特征和使用寿命。

(2) 设备的有效度是指机械或设备能正常工作或发生故障后在规定时间内能修复，而不影响正常生产的概率大小，是广义的可靠性指标，包含了狭义可靠性和维修性。设备的有效度是评价设备利用率的一项重要指标，也是评价设备技术状态和管理水平极为重要的指标。设备的有效度过低，将导致故障增多；设备的有效度过高，将造成检修过剩，检修费用过高。

(3) 设备的检修费用。投入多少为代价以达到所要求的设备有效度，这里包括直接检修费用和间接检修费用。直接检修费用一般包括检修部门支出的直接用于检修的劳务、材料、设备，配件、能源及检查等费用。间接检修费用包括准备费用、停机费用、开工费用及附加费用等。在优化检修方式的决策中，某些设备的间接检修费用应置于优先考虑的地位。

2. 检修类型选择

一般事后检修适用于非重要设备，故障造成损失较少，故障后果不严重或备有冗余的设备，会造成设备欠检修。

定期检修适用于有明显故障周期的设备，或者一些故障周期不明显的重要设备，其前提是了解设备的故障特征和磨损状况。对于连续性的生产系统，根据生产计划和设备运行状况，确定设备定期检修的安排，易造成设备检修过剩。

以状态监测为基础的检修适用于重要或关键设备。借助监测的技术手段，分析诊断设备故障的部位、原因及程度、发展趋势，以及确定检修的时间和内容，以避免计划检修或预防检修带来的过度检修成本。

总之，不同的设备或同一设备的不同部位，所处不同的生产状态，可选择不同的检修策略，一个企业设备的检修方式不应只有一种，也不应固定不变，而应针对不同的设备、不同的故障模式、企业条件、生产的需要等从设备的维修性、可靠性、经济性方面考虑，决定设备的检修方式，可采取一种或多种，或多种组合检修模式。

因此，风电的检修方式选择是建立在故障费用、故障影响、故障模式和故障后果分析的基础上，是一种将事后检修、定期检修、状态检修、改进性检修等结合起来的检修模式，它是从以下基本观点出发的：

(1) 设备的可靠性与安全性是由设计制造等过程赋予设备的固有特性，有效的检修只能保持而不能提高可靠性和安全性。如果设备的固有可靠性和安全性不能满足使用要求，只能通过修改设备的设计和提高生产制造水平加以满足，检修工作时不能取得所要的效果。

(2) 部件的故障有不同的影响和后果，应采取不同的对策。故障后果的严重度是确定对设备是否进行预防性检修工作的重要依据。对设备来说，故障的发生是不可避免的，检修工作只能减少故障发生次数，降低故障的损失规模。各个部件各个故障模式的影响或后果是不同的，严重程度也是不同的，重要的是预防故障的严重后果发生。一般只有故障发生会引起安全性、任务性和严重经济性后果的部件，才有必要实施预防性检修工作。

(3) 部件故障的发生规律是不同的，应采用不同的预防性检修方式。对于复杂部件，只要零部件能进行随坏随修，如果部件中没有主导故障的薄弱环节，部件总体一般就没有明显的耗损故障区。因而对部件总体进行定期检修没有多大效果，还有可能引起人为故障和早期故障。

(4) 部件的预防性检修工作类型，检修工作消耗的资源、费用和难度、深度是有所不同的。应根据不同部件的需要选择适用有效的检修工作类型，在保证可靠性的前提下节省资源和费用。

为国外专业机构对风电场各部件可靠性特点的研究结果如图 1-1 所示。电气、电控、液压和偏航系统故障频率比较高，但是故障处理时间相对较短；而叶片、齿轮箱、传动链等大部件故障频率比较低，但是故障处理时间长。因此像电控、电气、液压等这些故障频率高，但故障造成停机时间较短，损失较小的部件，采用事后检修这种方式；而像叶轮、齿轮箱、传动链等这些故障频率低，但是故障造成停机时间长，损失大的关键部件采用定期维护和状态检修相结合的检修方式。

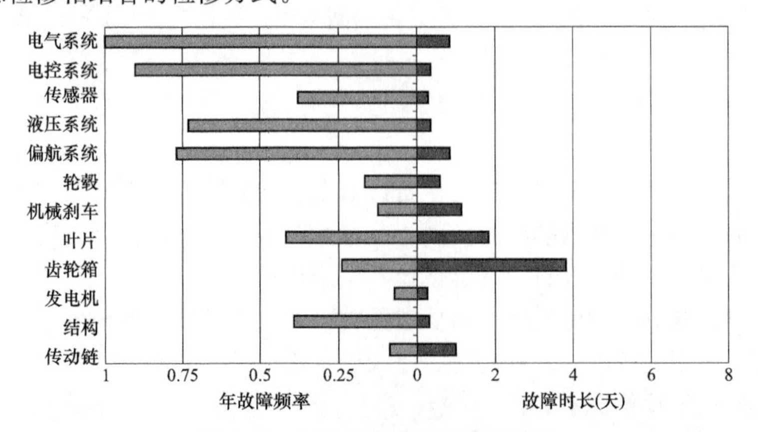

图 1-1　风电场各部件可靠性特点

1.3 设备可靠性指标

可靠性是指设备在规定的条件下和规定的时间内，完成规定功能的能力。可靠性有狭义可靠性与广义可靠性之分，不可修复设备其可靠性为狭义可靠性，而可修复设备的可靠性则称为广义可靠性，包含狭义可靠性和维修性。

1. 常用可靠性指标

在衡量可靠性水平的高低时，需要有能定量表现的可靠性指标，常用的指标包括：可靠度、故障率、MTBF、维修度、可用性和可用度等。

（1）可靠度。

可靠性的概率度量称为可靠度，即设备在规定的条件下和规定的时间内完成规定功能的概率，记为$R(t)$。

如果用随机变量T表示设备从开始工作到发生故障的连续时间，用t表示某一指定时间，则设备在该时刻的可靠度$R(t)$为随机变量T大于时间t的概率，即

$$R(t)=P(T>t)$$

可靠度还可以分为固有可靠度与使用可靠度两种。

（2）故障率。

与可靠性对立事件的概率称为故障率，即累积故障概率或故障分布函数$F(t)$为随机变量T小于或者等于t的概率，即

$$F(t)=P(T\leqslant t)$$

（3）MTBF、MTTF和MTTR。

1）MTBF（mean time between failures，平均故障间隔时间），定义为失效或维护中所需要的平均时间，包括故障时间以及检测和维护设备的时间，也称无故障间隔时间。

2）MTTR（mean time to restoration，平均故障前间隔时间），包括确认失效发生所必需的时间，以及维护所需要的时间。MTTR也必须包含获得配件的时间、检修团队的响应时间、记录所有任务的时间，还有将设备重新投入使用的时间。

3）MTTR（mean time to repair，平均修复时间），定义为在规定条件下和规定时间内，设备的修复性检修时间与被修复的故障数之比。

（4）维修度。

维修性的概率度量称为维修度，即设备在规定的条件下和规定的时间内，按规定的程序和方法进行维修时，保持或恢复到规定状态的概率。而维修性是指设备在规定的条件下和规定的时间内，按照规定的程序和方法进行检修时，保持或恢复到规定状态的能力，也称为设备检修难易程度。

（5）可用性、可用度。

可用性是指设备在任一随机时刻需要和开始执行任务时，处于工作和可使用状态的程度。设备在使用过程中只处于两个状态，分别是工作状态和维修状态。

而可用性的概率度量称为可用度，即设备在规定的条件下和规定的时间内，维持其功能的概率。它可分为瞬时可用度、稳态可用度和平均可用度。

2. 风电可靠性评价指标

风电行业的可靠性指标包括风电机组和风电场的指标，具有一些自己的特色。常用指标如下：

（1）计划停运系数。

风电机组（风电场）的计划停运系数是描述统计期内机组（风电场）计划停运时间占统计期时间比例的指标，即

$$计划停运系数=\frac{计划停运小时}{统计期间小时}\times 100\%$$

（2）非计划停运系数。

风电机组（风电场）的非计划停运系数是描述统计期内机组（风电场）非计划停运时间占统计期时间比例的指标，即

$$非计划停运系数=\frac{非计划停运小时}{统计期间小时}\times 100\%$$

（3）运行系数。

风电机组的运行系数是描述统计期内机组处于运行状态的时间占统计期时间比例的指标，即

$$运行系数=\frac{运行小时}{统计期间小时}\times 100\%$$

（4）可用系数。

风电机组（风电场）的可用系数是描述统计期内（风电场）机组处于可用状态的时间占统计期时间比例的指标，可用小时数为运行小时和备用小时的总和，即

$$\begin{aligned}可用系数&=\frac{可用小时}{统计期间小时}\times 100\%\\&=\frac{运行小时+备用小时}{统计期间小时}\times 100\%\end{aligned}$$

（5）出力系数。

风电机组的出力系数是描述统计期内机组出力程度的指标，它是统计期内机组实际发电量与机组在统计期内一直保持额定功率运行所产生发电量的比值，即

$$出力系数=\frac{统计期间实际发电量}{统计期间运行小时\times 机组额定容量}\times 100\%$$

（6）平均无故障可用小时。

风电机组的平均无故障可用小时是表示统计期内机组的相继两次故障失效之间的可用时间的期望，其值为可用小时与非计划停运次数的比值，即

$$平均无故障可用小时=\frac{可用小时}{非计划停运次数}$$

（7）平均利用小时。

风电机组（风电场）平均利用小时是表示机组（风电场）利用程度的指标，它是一定时期内机组（风电场）在期末设备平均容量下运行的小时数，即

$$平均利用小时数=\frac{统计期发电量-统计期试运行电量}{机组发电设备平均容量}$$

(8) 检修费用。

检修费用指平均每台机组（风电场）年度检修费用（包括材料费、设备费、配件费、人工费用等子项）。

(9) 非计划停运或受累停运备用电量损失。

机组在非计划停运或受累停运备用期间的发电量损失估计值，按停运小时与停运期间其他状况相似的风电机组平均出力的乘积来计算。

1.4 设备故障理论

故障，一般意义上是指设备在工作过程中因某种原因丧失了规定功能的状态；有时也称为失效，但一般情况下故障用于能修复设备，失效用于不能修复设备。

在日常生活中需要区分故障与缺陷、异常、事故、灾害的不同，其中缺陷指设备在设计或制造中形成的不良状态，但它并不是故障；异常指设备出现与规定状态不同的异常状态，但它也不是故障；事故指失去了安全状态，也不一定是故障状态；灾害指事故发生的同时，又使机械设备受到损坏的状态。缺陷可引起故障，异常则可能是故障的前兆。故障是强调可靠性，事故和灾害是强调安全性。

1.4.1 磨损理论

在设备运转过程中，由于零件的相对运动产生摩擦，形成磨损。磨损影响机器的效率，降低工作的可靠性，甚至使机器提前报废。经过大量的试验和总结，发现设备在工作过程中的物质磨损具有一定的规律。大致可以分为三个阶段，如图 1－2 所示。

按照磨损曲线，设备检修的最佳选择点，应该是在设备由渐近磨损转化为剧烈磨损之前，即应选择在图 1－2 所示的 C 点附近，这就是定期检修的实质与理论依据。

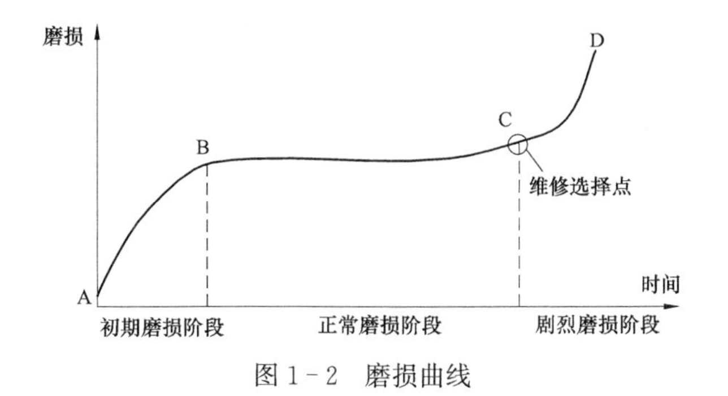

图 1－2 磨损曲线

但是，影响机器可靠有效工作的因素，不仅只有磨损，且磨损也会受到机器工况、润滑及操作水平等的限制，致使定期检修常造成过剩检修与检修不足。因此，这种单一的检修制度在经济上已不适应当前的管理要求和技术水平，已不适应现代检修追求检修的可靠性、效益性的发展要求。

1.4.2 故障规律

设备故障规律是指设备从投入使用直到报废为止的设备寿命周期内故障的发生、发展变化规律。最经典的就是浴盆曲线，它的故障率是两头高、中间低，图形有些像浴盆，如图 1－3 所示。

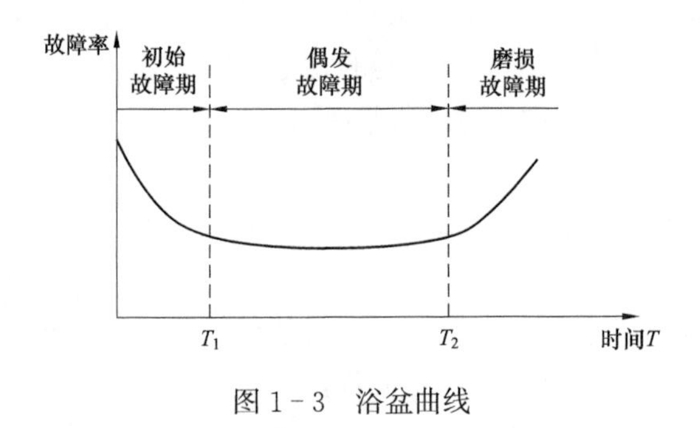

图 1－3　浴盆曲线

设备故障率随时间的变化可以划分为初始故障期、偶发故障期、磨损故障期三个阶段。

1. 初始故障期

故障原因：设计、制造的缺陷；零件配合不好；搬、运、安装马虎，操作者不适应等。因此，对策是慎重地搬运、安装，严格验收、试运转。重点工作是细致地研究操作方法，并将设计、制造中的缺陷反馈给设备制造厂。

2. 偶发故障期

故障原因：操作者疏忽和错误，因此，重点工作是加强操作管理，做好日常维护保养。

3. 磨损故障期

故障原因：设备的磨损和腐蚀。为了降低这个时期的故障率，就要在零件达到使用期限以前加以修理。因此，重点工作是进行预防性检修和改善检修。

随着时代的进步，人们发现浴盆理论不能适用于一切设备，研究后发现了故障规律主要有以下六种基本型式的故障率曲线，如图 1－4 所示。

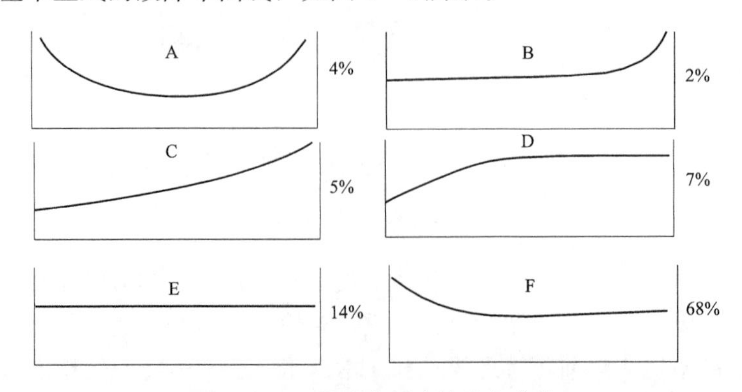

图 1－4　六种基本型式故障率曲线

1.4.3 故障分类

设备故障的类型和性质不同，决定了不同的检修策略。对故障进行分类时考虑的角度不同，有不同的分类方法。常见分类方法如下：

1. 按故障存在的程度分类

暂时性故障：这类故障带有间断性，是在一定条件下，系统所产生的功能上的故障，通过调整系统参数或运行参数，不需要更换零部件又可恢复系统的正常功能。

永久性故障：这类故障是由某些零部件损坏而引起的，必须经过更换或修复后才能消除故障。这类故障还可分为完全丧失所应有功能的完全性故障及导致某些局部功能丧失的局部性故障。

2. 按故障发生、发展的进程分类

突发性故障：出现故障前无明显征兆，难以靠早期试验或测试来预测。这类故障发生时间很短暂，一般带有破坏性，如转子的断裂、人员误操作引起设备的损毁等属于这一类故障。

渐发性故障：设备在使用过程中某些零部件因疲劳、腐蚀、磨损等使性能逐渐下降，最终超出所允许值而发生的故障。这类故障占有相当大的比重，具有一定的规律性，能通过早期状态监测和故障预测来预防。

以上两种类别的故障虽有区别，但彼此之间也可转化，如零部件磨损到一定程度也会导致突然断裂而引起突发性故障，这一点在设备运行中应给予注意。

3. 按故障严重程度分类

破坏性故障：它既是突发性的又是永久性的，故障发生后往往危及设备和人身安全。

非破坏性故障：一般它是渐发性的又是局部性的，故障发生后暂时不会危及设备和人身的安全。

4. 按故障发生的原因分类

外因故障：因操作人员操作不当或条件恶化而造成的故障，如调节系统的误动作、设备的超速运行等。

内因故障：设备在运行过程中，因设计或生产方面存在的潜在隐患而造成的故障。潜在的隐患包括设备上的薄弱环节、制造商残余的局部应力和变形、材料的缺陷等。

5. 按故障相关性分类

相关故障：也可称间接故障。此类故障是由设备其他部件引起的，如滑动轴承因断油而烧瓦的故障是因油路系统故障而引起的。

非相关故障：也可称直接故障。此类故障是由零部件的本身直接因素引起的，对设备进行故障诊断首先应诊断这类故障。

6. 按故障发生的时间分类

早期故障：这种故障的产生可能是设计加工或材料上的缺陷，在设备投入运行初期暴露出来。或者是有些零部件如齿轮对及其他摩擦副需经过一段时期的“跑合”使工作情况逐渐改善。这种早期故障经过暴露、处理、完善后，故障率开始下降。

使用期故障：这是有些产品寿命期内发生的故障，这种故障是由于载荷即外因，运行

条件等和系统特性即内因、零部件故障、结构损伤等，无法预知的偶然因素引起的。设备大部分的时间处于这种状态。这时的故障率基本上是恒定的。对这个时期的故障进行监视与诊断具有重要的意义。

后期故障：也称为耗损期故障，它往往发生在设备的后期，由于设备长期使用，甚至超过设备的使用寿命后，因设备的零部件逐渐磨损、疲劳、老化等原因使系统功能退化，最后可能导致系统发生突发性的、危险性的、全局性的故障。这期间设备故障率是上升趋势，通过监测、诊断，发现失效零部件后应及时更换，以避免发生事故。

1.4.4 故障分析方法

设备故障的分析是十分复杂的工作，涉及的技术领域非常广泛，其本身就是一门复杂的专业技术。常用的分析方法有统计分析法、分步分析法和故障树分析法。

1. 统计分析法

通过统计某一设备或同类设备的零部件，因某方面技术问题所发生的故障占该设备或该类设备各种故障的百分比，并分析设备故障发生的主要问题所在，为点检和维护提供依据的一种故障分析法，称为统计分析法。这种方法主要依据对历史数据的统计进行分析，能直观体现关键问题所在。

统计分析法能直观反应设备故障原因，是一种比较实际，且操作性很强的一种分析故障原因的方法，它不需要复杂的理论和专业知识，尤其对于现场的点检员来说，是非常实用的。

某风电场运用统计分析法分析风电机组失效原因的实例，如图 1－5 所示。通过对该风电场所有机组失效部件的统计和对比，可以看出变桨系统、变频系统、液压等部件的故障和振动是该风电场机组失效的主要类型。由于液压和振动故障高于其他机型，应对此提交专项整改，进行改善检修；而变桨系统和变频系统则应该加强定期维护，尽量减少故障发生频次和检修时间。

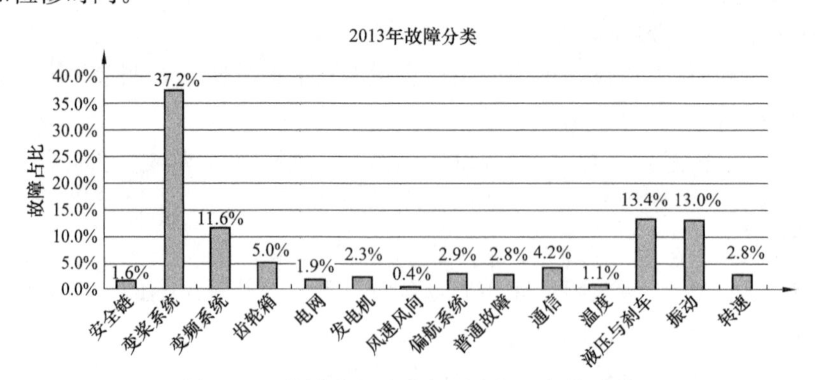

图 1－5　统计分析法分析风电机组部件失效

2. 分步分析法

分步分析法对设备故障的分析范围从整体到局部、由大到小、由粗到细逐步进行，最终找出故障频率最高的设备零部件或主要故障的形成原因，并采取对策。这对大型化、连续化的现代工业，准确地分析故障的主要原因和倾向，是很有帮助的。

某风电场运用分步分析法分析风电机组故障的实例，如图 1－6～图 1－8 所示。通过

图 1－6 可以发现，该风电场投产后机组慢慢稳定下来，但是从 2012 年 5 月开始机组故障又开始增加。

从图 1－7 可以发现，5 月份故障主要集中在 1 号、2 号、8 号、28 号、29 号这 5 台机组。

进一步对这些重点机组进行分析如图 1－8 所示，2 号机组故障主要集中在变桨系统，8 号机组故障主要集中在液压系统，并且远高于正常机组；调查发现 2 号机组的变桨系统

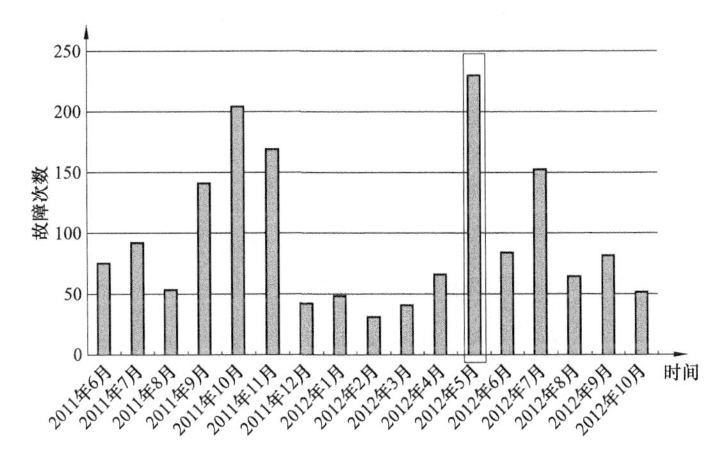

图 1－6　统计每月故障情况

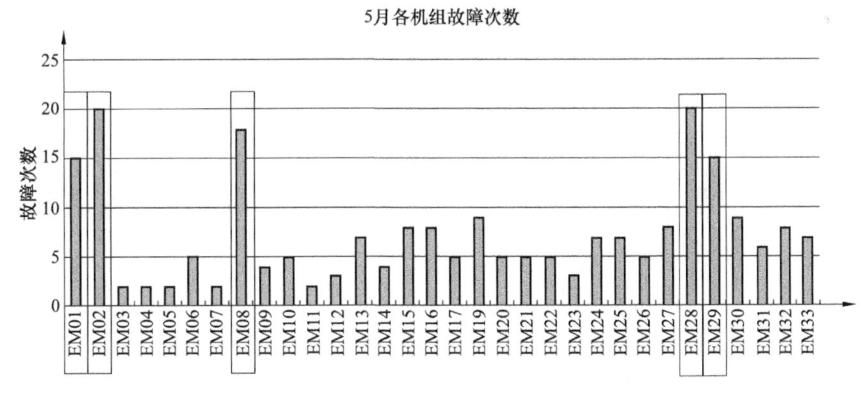

图 1－7　统计 5 月每台机组故障情况

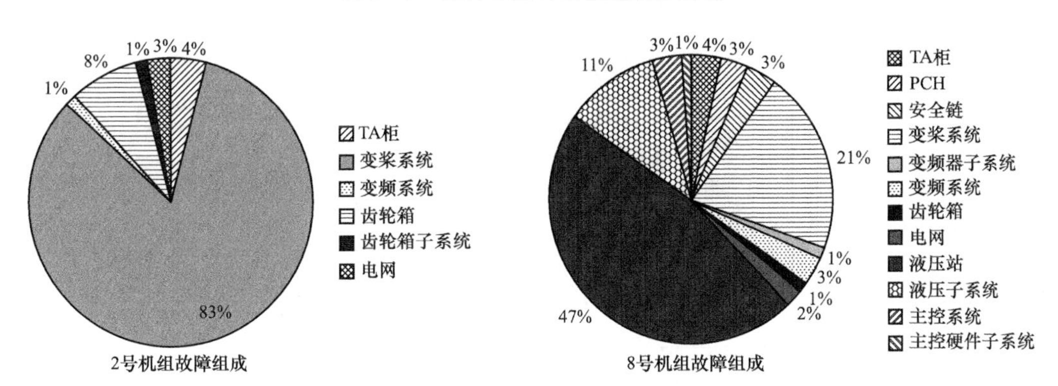

图 1－8　统计 5 月每台机组故障类型

与其他机组不同，导致现场检修能力欠缺，备件储备不足；而8号机组的液压系统采用与其他机组不同的液压站，由于产品本身可靠性低，导致故障频发。

3. 故障树分析法

故障树分析技术是美国贝尔电报公司的电话实验室于1962年开发的，它采用逻辑的方法，形象地进行危险的分析工作，特点是直观、明了，思路清晰，逻辑性强，可以做定性分析，也可以做定量分析。体现了以系统工程方法研究安全问题的系统性、准确性和预测性，它是安全系统工程的主要分析方法之一。

故障树是一种特殊的倒立树状逻辑因果关系图，它用事件符号、逻辑门符号和转移符号描述系统中各种事件之间的因果关系。逻辑门的输入事件是输出事件的“因”，逻辑门的输出事件是输入事件的“果”。

一个故障树图是从上到下逐级建树并且根据事件而联系，它用图形化“模型”路径的方法，使一个系统能导致一个可预知的、不可预知的故障事件（失效），路径的交叉处的事件和状态，用标准的逻辑符号（与、或等）表示。在故障树图中最基础的构造单元为门和事件，这些事件与在可靠性框图中有相同的意义并且门是条件。

故障树常用符号如图1－9和图1－10所示。

符号名称		定义
事件符号	底事件	底事件是故障树分析中仅导致其他事件的原因事件
	 基本事件	圆形符号是故障树中的基本事件，是分析中无需探明其发生原因的事件
	 未说明事件	菱形符号是故障树分析中的未探明事件，即原则上应进一步说明其原因，但暂时不必或暂时不能探明其原因的事件，它又代表省略事件，一般表示那些可能发生但概率值微小的事件；或者对此系统到此为止，不需要再进一步分析的故障事件，这些故障事件在定性分析中或定量计算中一般都可以忽略不计
	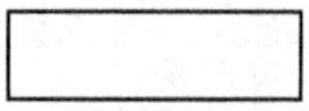 结果事件	矩形符号是故障树分析中的结果事件，可以是顶事件，由其他事件或事件组合所导致的中间事件和矩形事件的下端与逻辑门连接，表示该事件是逻辑门的一个输入
	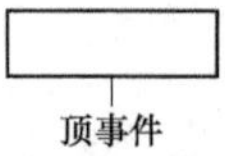 顶事件	顶事件是故障树分析中所关心的结果事件
	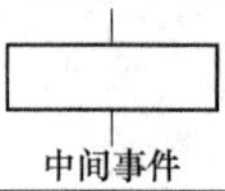 中间事件	中间事件是位于顶事件和底事件之间的结果事件
	特殊事件	特殊事件是指在故障树分析中需用特殊符号表明其特殊性或引起注意的事件
	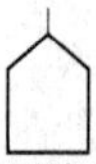 开关事件	房形符号是开关事件，在正常工作条件下必然发生或必然不发生的事件。当房形中所给定的条件满足时，房形所在门的其他输入保留，否则除去。根据故障要求，可以是正常事件，也可以是故障事件
	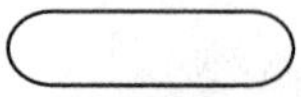 条件事件	扁圆形符号是条件事件，是描述逻辑门起作用的具体限制的事件

图1－9　故障树常用符号（事件符号）

符号名称		定义
逻辑符号	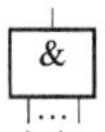 与门	与门表示仅当所有输入事件发生时，输出事件才发生
	 或门	或门表示至少一个输入事件发生时，输出事件才发生
	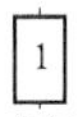 非门	非门表示输出事件是输入事件的对立事件
	 表决门	表决门表示仅当n个输入事件中有k个或k个以上的事件发生时，输出事件才发生
	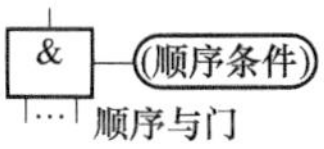 顺序与门（顺序条件）	顺序与门表示仅当输入事件按规定的顺序发生时，输出事件才发生
	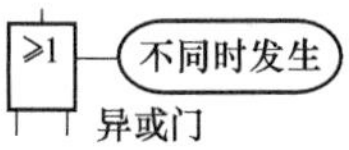 异或门（不同时发生）	异或门表示仅当单个输入事件发生时，输出事件才发生
	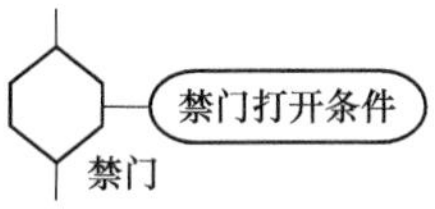 禁门（禁门打开条件）	禁门表示仅当条件发生时输入事件的发生方导致输出事件的发生
	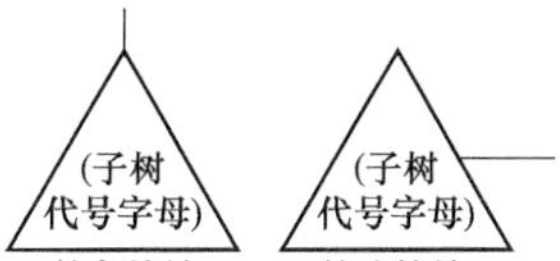 转向符号、转此符号（子树代号字母）	相同转移符号用以指明子树的位置，转向和转此字母代号相同
	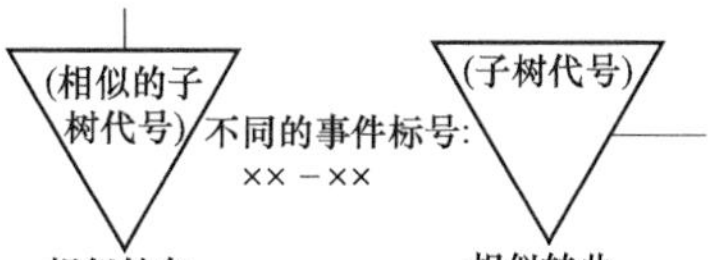 相似转向（相似的子树代号）、相似转此（子树代号）；不同的事件标号：××－××	相似转移符号用以指明相似子树的位置，转向和转此字母代号相同，事件的标号不同

图 1－10 故障树常用符号（逻辑符号）

(1) 故障树分析的方法有定性分析和定量分析两种：

1) 定性分析。

找出导致顶事件发生的所有可能的故障模式，即求出故障的所有最小割集。

2) 定量分析。

主要有两方面的内容：一是由输入系统各单元（底事件）的失效概率求出系统的失效概率；二是求出各单元（底事件）的结构重要度、概率重要度和关键重要度，最后可根据关键重要度的大小，排序出最佳故障诊断和修理顺序，同时也可作为首先改善不可靠单元的数据。

它对系统故障不但可以做定性的而且还可以做定量的分析；不仅可以分析由单一构件

所引起的系统故障，而且也可以分析多个构件不同模式故障而产生的系统故障情况。因为故障树分析法使用的是一个逻辑图，因此，不论是设计人员或是使用和检修人员都容易掌握和运用，并且由它可派生出其他专门用途的“树”。

显然，故障树分析法也存在一些缺点。其中主要是构造故障树的多余量相当繁重，难度也较大，对分析人员的要求也较高，因而限制了它的推广和普及。在构造故障树时要运用逻辑运算，在其未被一般分析人员充分掌握的情况下，很容易发生错误和失察。例如，很有可能把重大影响系统故障的事件漏掉；同时，由于每个分析人员所取的研究范围各有不同，其所得结论的可信性也就有所不同。

(2) 故障树分析法在风电中的应用举例。

某风电场运用故障树分析叶片断裂失效原因的实例，如图 1-11 所示。

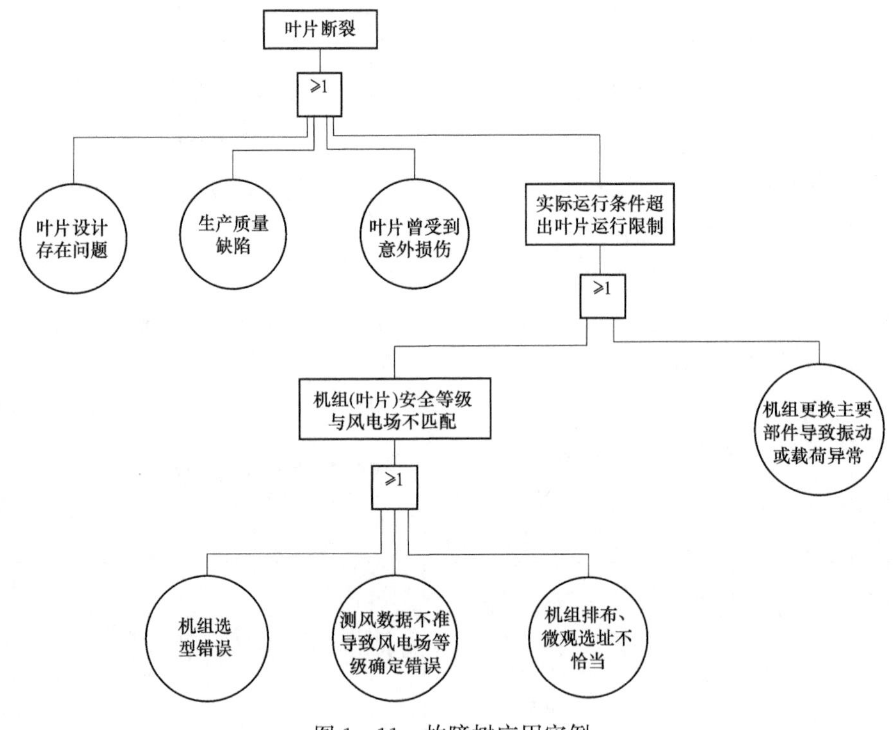

图 1-11　故障树应用实例

从图 1-11 中可以看出叶片断裂的可能原因如下：

(1) 叶片设计存在问题：如果叶片设计存在问题，包括结构设计（极限强度设计、疲劳寿命设计等）和工艺设计等，将可能导致其在正常运行条件下，无法承受载荷（极限载荷、疲劳载荷等）的作用而发生断裂破坏。

(2) 生产质量缺陷：如果叶片在生产过程中存在质量缺陷（包括原材料性能、生产工艺控制等），将导致叶片实际强度达不到设计要求，从而无法承受设计载荷的作用而发生断裂破坏。

(3) 叶片曾受到意外损伤：如果叶片在使用前，例如运输、吊装等过程中，曾经发生过意外损伤，将可能导致叶片实际强度降低，达不到设计要求，从而无法承受设计载荷的

作用而发生断裂破坏。

(4) 机组选型错误：如果选用风电机组及叶片的安全等级与风电场风况条件不符（综合考虑平均风速、极限风速、湍流强度、空气密度等），可能导致风电机组及叶片的实际运行条件超出其使用限制条件，从而发生失效。

(5) 测风数据不准导致风电场等级确定错误：如果项目可研阶段的测风数据不准确，可能使风电场的风况条件被低估，导致据此选用的风电机组及叶片的实际运行条件超出其使用限制条件，从而发生失效。

(6) 机组排布、微观选址不恰当：风电机组的排布及微观选址应充分考虑地形、机组尾流等影响，并根据实际情况校核机组及叶片强度，选址不当将可能导致一些机位的实际运行条件超出其使用限制条件，从而使机组或叶片发生失效。

(7) 机组更换主要部件导致振动或载荷异常：为保证风电机组安全性，设计时要进行充分的计算、分析和认证。由于更换主要部件（例如叶片、齿轮箱、发电机、控制系统、塔架等）对机组的模态、载荷等都会产生重大影响，因此应重新进行计算、分析、校核及认证，否则可能导致机组模态及载荷异常，从而使机组或主要部件（例如叶片）发生破坏。

通过故障树分析方法结合叶片生产和运行数据调查，逐步排除各种可能情况后确定该叶片断裂失效原因为生产质量缺陷。原因具体分析如下：

该叶片断裂属于典型的大梁褶皱。由于褶皱的存在致使叶片在运行中长期处于应力集中状态，久而久之造成叶片在同等载荷下应变偏大并超出材料的应力承受范围，致使叶片表面应力集中处逐步产生微小裂纹并逐渐扩展、延长加深，直至撕裂叶片承载主梁纤维。

对大梁褶皱产生原因进一步分析，从生产工艺分析知道大梁褶皱一般发生在环氧树脂的凝胶阶段，且主要发生在大梁厚度较厚的坐标区域；褶皱产生的直接原因是树脂放热峰时的散热不畅导致热量聚集造成产品内外表面收缩速度不一致造成的外观与内在缺陷；几乎所有的大梁褶皱（鼓包）缺陷大都发生在环境温度较高的生产过程中。该叶片由于在夏季生产，环境温度较高，导致大梁固化过程中局部散热不良，固化速度不一致，局部区域树脂已经凝胶或者硬化，不具有活动性，而邻近区域的树脂仍旧具有流动性，反应放热使树脂膨胀，左右没有释放空间，只能向上下方向膨胀，进而造成褶皱（鼓包），大梁发生鼓包时一般表现为上表面凸起，下表面凹陷。

4. 其他分析方法

除上面三种比较常见的故障分析方法外，还有故障模式和影响分析法、故障模式、影响及危害度分析法、事件树分析法、共因故障分析法等其他分析方法。

思考题

1. 检修和维修的区别。
2. 检修包括的维护、检查、修理的定义。
3. 简述对现代工业生产产生影响的几种设备检修管理理论。
4. 简述设备检修的原则，介绍风电场采用的原则。

5. 简述设备检修的方式。
6. 介绍预防检修的三种方式及区别。
7. 常见设备可靠性指标都包括哪些?
8. 故障的定义。磨损理论中磨损的几个阶段。
9. 简述浴盆理论中对故障规律的分类。
10. 简述设备故障几种常见的分析方法。

风电场检修管理

2.1 概述

2.1.1 检修管理的目的及意义

近年来，我国的风电发展非常迅速，很多大型风电场不断建立起来。风电场的检修和管理工作越来越受到风电企业的重视。然而，风电在我国起步较晚，我国很多检修和管理人员无论是在专业技能上还是检修管理经验上都有待提高，这就给风电场带来新的挑战，所以风电场要不断提高职工的专业素质，不断学习先进的检修和管理经验，才能有效保证风电场的长足发展。

所谓设备检修管理，是指依据企业的生产经营目标，通过一系列的技术、经济和组织措施，对设备寿命周期内的所有设备物质运动形态和价值运动形态进行的综合管理工作。

对于风电行业，设备检修管理工作具有自身的特点：

(1) 设备数量多、分布广泛。由于我国南北地质条件的差异，在经济发展上也存在一定的差距。风电场多设立在经济比较落后的西北部，同时呈现出设备数量多、分布区域广泛的特点。从整体上来看，每座风电场都有几十台风电机组，并且每台机组的距离相对较远，这就给检修管理工作带来了困难。

(2) 气候条件恶劣。为了充分利用风力资源，风电场多建立在人烟稀少的荒滩野外，气候条件恶劣，常常有大风、沙尘、雨雪等恶劣天气。同时工作地点远离城市，工作生活条件十分艰苦。

(3) 工作强度大。风力发电的特点普遍是设备多、工作人员少。在进行检修施工时，要求的专业知识跨度较大，无论在电气上还是在机械上都需要检修人员进行检修施工。同时检修作业还存在工作量大、工作强度高的特点。检修人员经常需要在有风的天气下爬到几十余米高的机舱来完成检修任务，这对于检修人员的身体素质有很高的要求。

做好设备管理工作对企业竞争力有重要意义。在生产的主体由人力向设备转移的今天，设备管理的好坏对企业的竞争力有重要影响。

(1) 设备管理水平的高低直接影响企业的计划、生产产出、生产过程的均衡性等方面的工作。

(2) 设备管理水平的高低直接关系到企业产品的产量和质量。

(3) 设备管理水平的高低直接影响着产品制造成本的高低。

(4) 设备管理水平的高低关系到安全生产和环境保护。

(5) 在工业企业中，设备及其备品备件所占用的资金往往占到企业全部资金的50%～60%，设备管理水平的高低影响着企业生产资金的合理使用。

2.1.2 检修管理的主要内容

风电场检修管理工作的主要内容包括：

(1) 安全管理。安全管理是检修管理的重要组成部分。风电场因其所处行业的特点，安全管理涉及生产的全过程。风电场的安全要协同生产进行，细化标准内容，健全安全监察机制、安全监察机构和安全网，推行标准化管理，形成一个覆盖全局、笼罩风电场的安全网络，以优质、安全、高效的安全管理创造设备的最佳效益。

(2) 日常检修和定检管理。工作主要包括日常故障的排除、大型零件的定期维护、检修计划的制订和设备检修管理的动态管理等。通常以厂家提供的年度例行保养内容为主要依据，制订每年的风电场的检修计划。在制定检修和管理制度时，根据风电机组的实际运行状况，保证顺利地进行检修和管理工作。同时，在保证风电机组安全运行的前提下，及时调整维护时间，尽量将维护作业安排在每一年的小风月，避免在恶劣的气象条件下作业，从而减少停机维护时间，降低维护成本。同时要对备件进行科学合理的评价，找到符合实际生产要求的管理方法，从而更好地完成检修作业。

(3) 技术管理。风电场的技术管理主要包括风电场各项技术指标、技术档案、检修施工作业标准、管理标准和年度技术改造措施的修订。其中，风电场的技术档案主要是指使用说明书、技术协议、设备出厂记录、主要零件清单等相关资料，同时设备的检修报告、事故报告和风电场日常运行报告也都记录在案。相关标准主要包括设备缺陷管理制度、质量标准、设备检修的程序和工艺方法等。

2.1.3 检修管理的基本原则和要求

风电场检修应充分总结、利用多年积累的检修经验，利用现代信息管理系统，促进检修管理现代化。坚持质量标准，严格控制工期和成本，确保检修后机组的安全性、经济性、可靠性得到提高。风电企业按照规定的技术监督法规、制造厂提供的设计文件、同类型机组的检修经验以及设备状态评估结果等，从可靠性、经济性、安全性三个方面综合考虑，合理安排设备检修。

1. 风电检修管理的基本原则

(1) 风电场检修应遵循“预防为主、定期维护和状态检修相结合”的原则，在定期检修的基础上，逐步扩大状态检修的比例，最终形成一套融定期检修、状态检修、改进性检修和故障检修为一体的优化检修模式。以检修的安全和质量为保障，以实现设备可靠性和经济性的最优化，实现机组修后长周期安全、稳定、经济、环保运行为目标，合理安排设备检修。

(2) 检修应自始至终贯彻“安全第一、预防为主、综合治理”的方针，杜绝各类违章，确保在检修生产活动中的人身和设备安全。

(3) 应在检修前建立组织机构和质量管理体系，编制质量管理措施手册、完善程序文件，推行工序管理。检修质量实行全过程管理，严格执行检修作业指导书、推行标准化作业。

(4) 应制订检修过程中的环境保护和安全作业措施，做到文明施工、清洁生产。要求检修现场设备、材料和工具摆放整齐有序，现场实行定置管理，安全措施到位、标志明显，并做到“工完、料尽、场地清”。

(5) 检修项目的管理要实行全过程项目管理负责制，对检修的机组和项目要积极实行监理制，对安全、质量、工期、作业环境进行全面监督管理。

(6) 检修管理实行“责任追溯制”，做到“四个凡事”，即“凡事有人负责、凡事有人监督、凡事有章可循，凡事有据可查”。

(7) 设备检修管理积极采用 PDCA（P—计划；D—实施；C—检查；A—总结）循环的闭环管理方式，注意检修管理的持续改进。

(8) 机组检修管理应在满足设备可靠性的前提下，追求检修费用最低，有效控制成本。

(9) 要积极学习和采用先进的管理手段和方法，以管理体制的扁平化、管理方式精细化、机构配置精简化、人员素质专业化等手段，以追求“实效、高效”为原则，不断提升检修管理水平。

2. 检修管理的基本要求

应按照检修的全过程管理和全面质量管理的要求，从检修准备工作开始，根据 PDCA 的质量管理办法，制订各项计划和具体实施细则，开展好设备检修、验收、管理和后评估工作。

(1) 应按照设备的具体情况和现行检修管理水平，认真编制检修计划、施工组织及技术措施、实施方案等。

(2) 加强检修质量全过程监督，确保检修质量。项目检修和质量验收均应实行验收签字责任制和质量追溯制。

(3) 加强检修基础管理工作，对参与检修的所有物项（管理、组织、人力资源、程序过程等）和质量因素应制定有关规章制度、管理程序和措施、实施计划等，以使其始终处于受控状态。

(4) 加强检修分析，风电企业应建立健全检修定期分析制度，特别应重视对设备异常情况及检修管理过程中的经验、教训的分析、总结，以不断提高检修管理水平，提高设备的可靠性。

2.2 风电场运检模式

2.2.1 运检管理模式的分类

运检管理标准模式是以风电场场长所管辖的风电场作为基本单元。风电场由一个或多个升压站及相应数量风电机组组成。

依据风电场工作内容的分工差异对运检管理模式进行分类。不同的风电场工作内容基本相同，但工作内容的分工有所区别，依据风电场工作内容的分工差异对运检管理模式进行分类。

1. 风电场主要工作内容

风电场工作内容主要包括运行类（兼点检）和检修类，其中运行工作包括运行监视、运行操作、运行巡查、运行异常处理、电网调度业务、检修工作许可与验收、生产统计报表、备件管理、技术监督管理、设备台账管理、设备点检、后勤管理；检修工作包括设备大修、设备技改、风电机组定期维护、设备缺陷处理，如表 2-1 所示。

表 2-1　　风电场主要工作内容

运行（兼点检）												检修			
运行工作												故障检修	常规检修		
运行监视	运行操作	运行巡查	运行异常处理	电网调度业务	检修工作许可与验收	生产统计报表	备件管理	技术监督管理	设备台账管理	设备点检	后勤管理	设备缺陷处理	设备大修	设备技改	风电机组定期维护

2. 检修模式分类

根据风电场设备是否处在产品质保期，可分为质保期内风电场和质保期外风电场两种。

对于风电场处于厂家质保期内的，风电场只承担运行工作。该模式适用于风电机组未出质保期的风电场，风电场只设置运行班组。

质保期内风电场负责所属发电设备的运行工作，完成安全目标和生产指标。负责设备运行监控，根据调度指令调整运行方式，正确处理运行中异常和突发事件，督促相关单位及时完成设备缺陷处理工作，开展运行分析，确保设备安全经济运行；开展设备点检以及设备健康状况的统计分析工作，根据规定做好设备管理工作；做好设备大修、技改、风电机组定期维护、设备缺陷处理的监督验收工作，加强现场检修工作的安全监管；负责风电场备件采购计划的编制及备件的日常管理工作；负责风电场的安全保卫、文明生产、消防管理及后勤管理工作。

对于风电场处于厂家质保期外的，风电场检修的主要模式分为两种：

(1) 风电场自行检修。

风电场自身拥有一批高素质的专业知识和经验丰富的管理团队来进行风电场的运行和检修。就这批专业人员来看，他们需要有一定的技术储备和相对完整的检修培训，当然也有完备的运行检修所必需的工具及装备。目前，国内拥有自主维护能力的大型风电场只是少数，这需要多年的检修管理经验和一定的经济实力，检修人才尤为重要，只有经过多年的经验、设备和人才的积累，才能具备一定的自主检修能力。

(2) 专业检修公司进行检修。

就我国当前情况来看，专业检修公司还处于起步阶段。随着近几年风电行业越来越得到国家的支持，专业检修公司不断发展壮大。然而为了进一步加强管理，专业检修公司还需要进一步规范管理制度。由于地理位置的原因，很多国外生产厂在完成质保期内的服务后，不能保证后续的服务，这就促使了国内专业检修公司的发展。随着国内风电机组制造商增加，当前国内的专业检修公司能够基本保证长期的技术服务，所以这种操作方式在未来还将有很大的发展空间。目前，风电机组检修总承包和部分承包是专业检修公司开展检修的两种主要方式。风电机组检修总承包就是指风电机组的检修、更换零件、定期检修所需要的人力、工具、配件等全部由承包方负责。部分承包就是风电机组的故障处理和零件更换的大型检修任务由承包方完成，一些小的检修任务由业主自行完成。

对于以上两种检修模式，存在着各自的利弊。

目前，国内风电企业检修和管理模式还处于探索阶段。由于安全管理经验和技术水平的不足，这项工作在开展过程中还不够顺利。当前，风电企业基本上采用统一的管理运行模式。就两种运行检修模式来看，一般国有大型风电企业拥有先进的技术、丰富的检修管理经验和高素质的专业检修管理人员，所以这类大型风电企业拥有自行检修的能力；而对于一些规模较小、发展较晚的风电企业，因为不具备自行检修的能力，所以一般选用专业检修公司承包运行检修的模式。从经济角度来看，专业检修公司承包所需要的承包费用较高，其中风电机组检修全包费用最高，但是安全系数也是最高的。部分承包所需费用相对较低，但需要风电企业拥有一定的检修能力，安全系数较低，风险系数较大。

3. 风电场岗位设置及规程

根据风电场运检管理模式，设置风电场的各级岗位，各级岗位的设置随风电场运检管理模式及风电场规模的变化做适度调整。

(1) 风电场岗位设置。

风电场岗位分为生产管理岗位和生产岗位，生产管理岗位一般设置场长、副场长、技术专责、安全专责四个岗位。

根据不同的运检管理模式，生产岗位一般分为运检岗位、运行岗位、检修岗位三类，各类岗位分级设置。

根据上述岗位设置，从安全管理、组织协调、计划制订与实施、生产工作任务、工作流程控制、安全生产培训等方面对风电场各岗位职责进行分类明确。

1) 场长全面负责本风电场的安全生产工作，副场长主要职责是协助场长开展各项生产管理工作。当场长不在岗位时，可代理行使场长的部分职责。

2) 技术专责负责风电场技术管理工作，安全专责负责风电场安全管理工作。这两个岗位主要从专业角度协助风电场开展安全生产管理，指导和监督班组完成生产工作任务。

3) 值班长（值长、班长）全面负责本班组的安全生产工作，主运检员（主运行员、主检修员）主要职责是协助值班长开展各项生产管理工作，当值班长不在岗位时，可代理行使值班长的部分职责。

4) 一级运检员（一级运行员、一级检修员）主要承担一般检修工作负责人、许可人和一般运行操作监护人等职责，是现场安全生产工作的具体负责人。

5) 二级运检员（二级运行员、二级检修员）主要承担检修工作班成员、运行操作执行人等职责，是现场安全生产工作的具体执行人。

(2) 风电场管理规程。风电场运行检修必须遵守三大规程：《风力发电场运行规程》(DL/T 666)、《风力发电场安全规程》(DL/T 796) 和《风力发电场检修规程》(DL/T 797)。

2.2.2 日常检修工作流程

根据各类模式下的岗位设置和职责标准，对风电场日常工作流程进行归类，主要包括：工作票执行流程、检修质量验收流程、技术措施和方案审批流程等。可根据本书提供的参考流程制订现场相关工作流程，以规范日常工作。主要参考流程如表 2-2～表 2-4 所示。

表 2-2

工作票执行流程

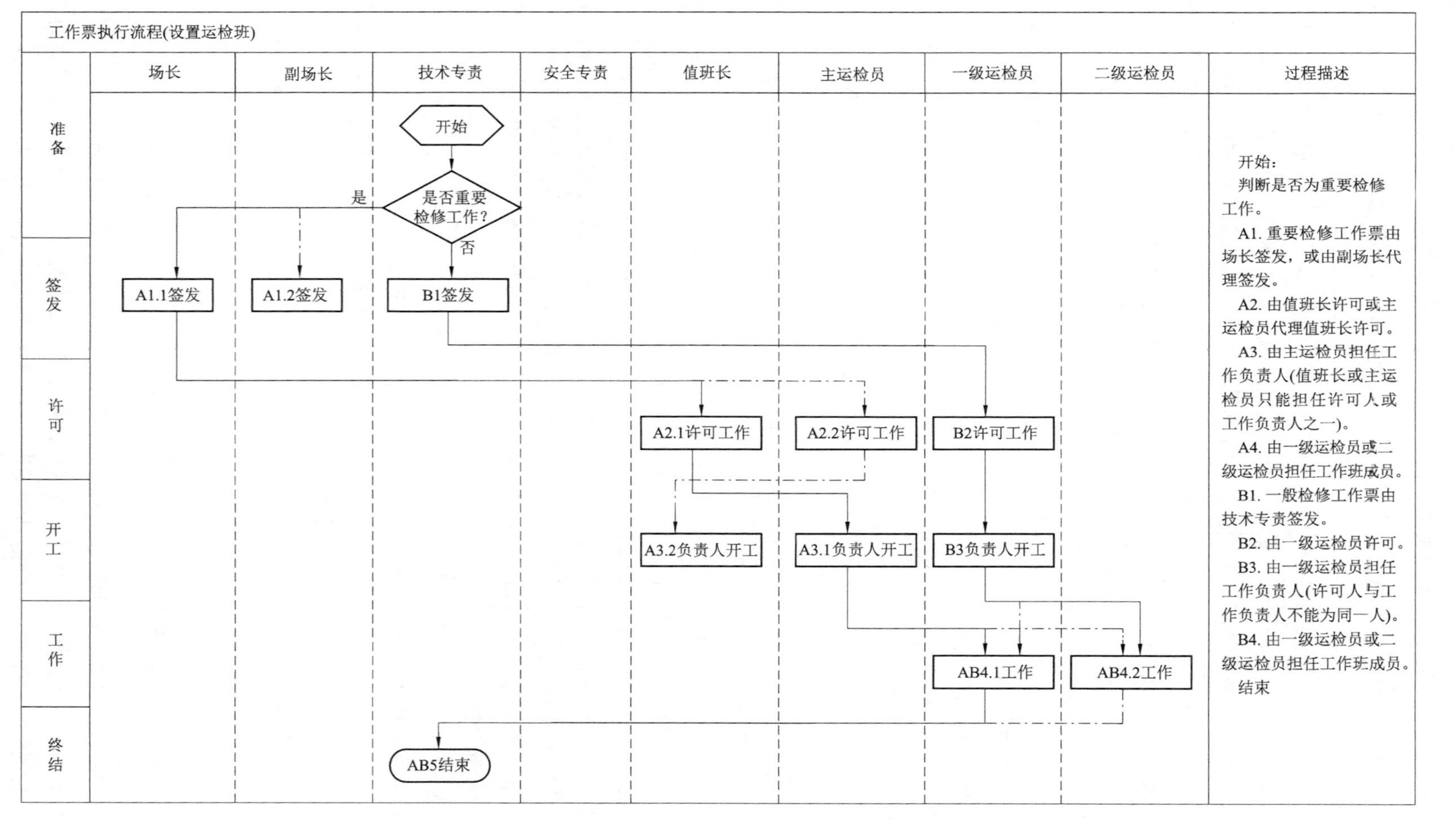
工作票执行流程(设置运检班)
场长
副场长
技术专责
安全专责
值班长
主运检员
一级运检员
二级运检员
过程描述
准备
签发
许可
开工
工作
终结
开始
是否重要检修工作?
是
否
A1.1签发
A1.2签发
B1签发
A2.1许可工作
A2.2许可工作
B2许可工作
A3.2负责人开工
A3.1负责人开工
B3负责人开工
AB4.1工作
AB4.2工作
AB5结束
开始：
判断是否为重要检修工作。
A1. 重要检修工作票由场长签发，或由副场长代理签发。
A2. 由值班长许可或主运检员代理值班长许可。
A3. 由主运检员担任工作负责人(值班长或主运检员只能担任许可人或工作负责人之一)。
A4. 由一级运检员或二级运检员担任工作班成员。
B1. 一般检修工作票由技术专责签发。
B2. 由一级运检员许可。
B3. 由一级运检员担任工作负责人(许可人与工作负责人不能为同一人)。
B4. 由一级运检员或二级运检员担任工作班成员。
结束

续表

工作票执行流程(设置运行班、检修班)

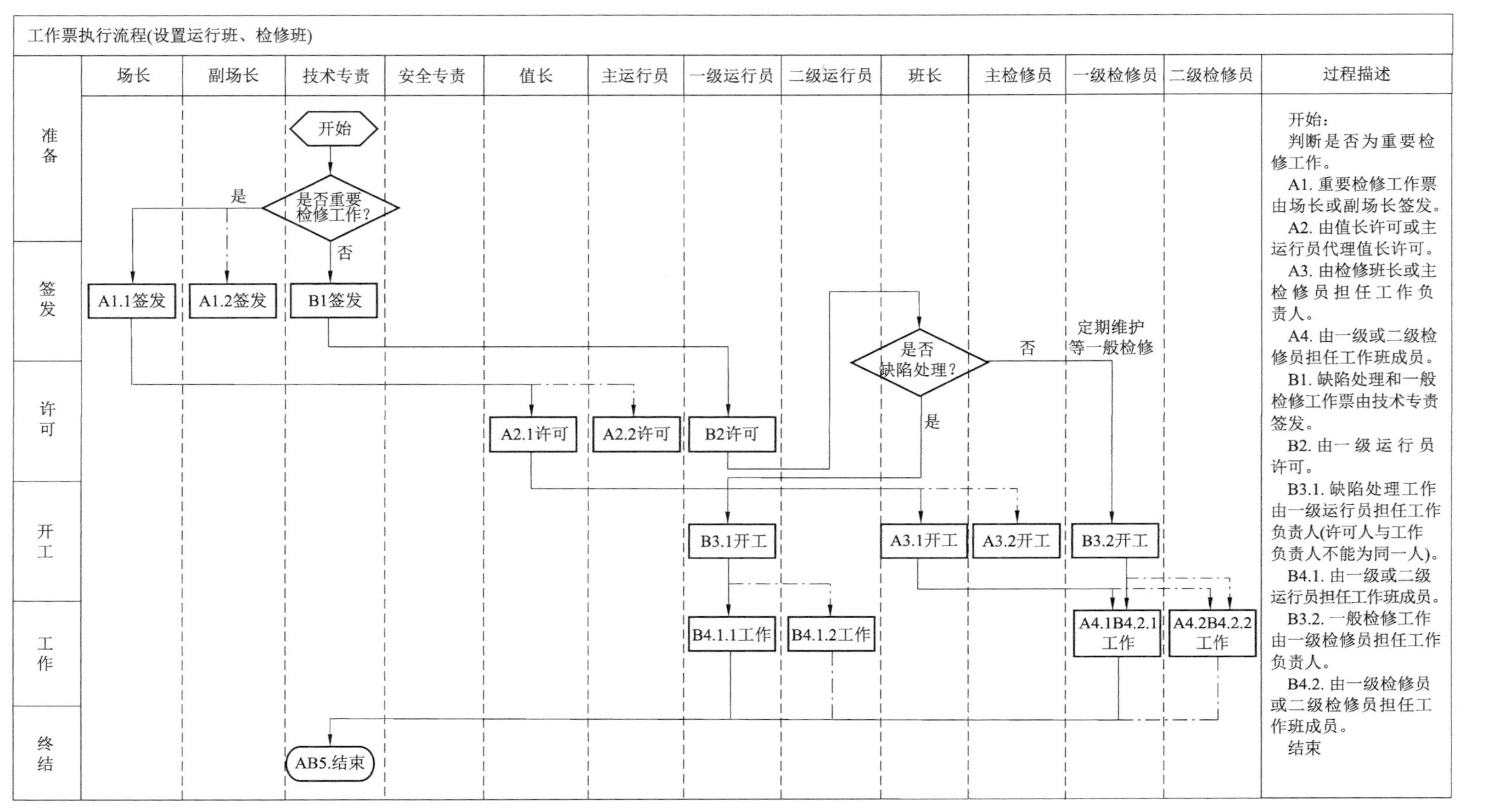

表 2-3　　检修质量验收流程

检修质量验收流程

	场长	副场长	技术专责	安全专责	值班长或值长	主运检员或主运行员	一级运检员或一级运行员	过程描述
准备					大修技改	开始 是否检修项目？ 定期维护	缺陷处理	开始： 判断检修项目类型。 A1. 大修技改等检修项目，先由工作许可人验收。 A2. 经值班长或值长组织的班组级验收。 A3. 经场长或副场长组织的风场级验收，报公司验收。 B1. 定期维护先由工作许可人验收。 B2. 经值班长或值长组织的班组级验收。 C1. 缺陷处理工作先由许可人验收。 C2. 经值班长、值长或主运检员、主运行员组织的班组级验收。 结束
工作结束后验收					A1.1许可人验收	A1.2许可人验收	BC1许可人验收	
班组级验收					ABC2.1班组级验收	ABC2.2班组级验收		
风场级验收	A3.1风场级验收	A3.2风场级验收 经公司级验收后	配合风场级验收	配合风场级验收				
结束						ABC4结束		

表 2-4

技术措施和方案审批流程

技术措施和方案审批流程

	场长	副场长	技术专责	安全专责	值班长	值长	班长	过程描述
准备			开始 是否技术或安全?					开始: 判断类型。 A1. 技术类措施和方案由技术专责制定。 A2. 经场长或副场长审核。 A3. 必要时报公司审批，由值班长、值长、班长负责落实执行。 B1. 安全类措施和方案由安全专责制定。 B2. 经场长或副场长审核。 B3. 必要时报公司审批，由值班长、值长、班长负责落实执行。 结束
制定			A1技术方面	B1安全方面				
审核	AB2.1审核	AB2.2审核						
执行			必要时经公司批准后		AB3.1执行	AB3.2执行	AB3.3执行	
结束			结束					

2.2.3 检修管理基本指标

风电场运检管理基本指标包括安全类指标、生产类指标、经营类指标和综合类指标。各类指标按职责、权限和考核范围分风电场与班组两级管理。

上级公司结合基本指标以及相关工作情况，制定风电场以及班组绩效考核办法，同时，根据岗位履职情况、指标完成情况等方面，对风电场各岗位及岗级实行动态调整，由上级公司结合岗位职责及相关指标情况制定具体管理办法。

风电场检修管理基本指标包括但不限于以下各项：

安全指标：设备一类障碍、设备二类障碍、设备异常、人身及设备未遂事件等。

经营指标：发电量、损失电量、利用小时。

生产类指标：风电机组可用系数、不可用时间等。

2.3 检修计划

风电场每年应编制年度检修计划并严格执行，不得随意更改或取消，不得无故延期或漏检，切实做到按时实施，也可根据需要编制跨年度检修规划。而检修计划需依据设备的检修周期、设备的状态监测报告、设备维护手册提供的检修要求，以及当地的气象特点等进行编制。

2.3.1 检修计划的分类

定期维护周期是指风电机组的五年期定检、三年期定检、一年期定检、半年期定检。

大修是指对风电机组叶片、轮毂、偏航、主轴、齿轮箱、发电机、塔架、箱式变压器、开关等发电设备进行全面的解体检查、修理或更换，以保持、恢复或提高设备性能。

根据机组、设备的健康状况和机组的标准检修间隔设置机组各级检修的实际间隔，制订出每年的每台机组的检修计划。同时根据设备故障的动态分析结果，辅助检修计划的制订。

2.3.2 检修计划的制订与编写

年度检修、维护计划的编制可参考如下：

(1) 风电企业应根据下列依据合理编制年度检修、维护项目计划。

1) 本风电场主、辅设备的检修周期。

2) 设备的技术指标和健康状况。

3) 设备生产厂对其设备的维护检修要求。

4) DL/T 797—2012《风力发电场检修规程》对设备检修工作的要求。

5) 风电场当地的风况规律。

(2) 年度各类检修、维护计划表。

1) 风电机组大修计划表：包括机号，机组型号，项目名称，开工、竣工时间，计划安排时间，列入计划原因，领用物资（材料和备件），各种费用等，如表 2-5 所示。

2) 定期维护计划表：包括机号、机组型号、维护时间和维护级别、外委修理费、领用物资等，如表 2-6 所示。

3) 其他检修和试验项目计划表：包括项目名称、申报理由、起止日期、领用物资和各项费用，如表 2-7 所示。

表 2-5　××集团股份有限公司 20××年大修计划表

填报单位：　　　　　　　　　　　　　　　　　　　　　　　　　　　　单位：万元

序号	机号	型号	大修项目名称	起止日期	列入原因	外委修理费	运输费	租赁费	技术开发费	试验、校验费	领用物资	其他	单项总费用	备注
各项费用合计：														
大修费用总计：														

制表：　　　　审核：　　　　批准：　　　　批准日期：

注　大修定义：凡计划修理或更换风电机组叶片、主轴、齿轮箱、发电机、塔架、箱式变压器、升压站内的变压器和开关的，需要报大修计划。

外委修理费：本栏为支付外单位的修理费。

领用物资：本栏为每一项大修项目所领用物资的总金额。

其他：本栏为每一项大修项目“其他”的总金额，需要在备注栏中说明用途。

表 2-6　××集团股份有限公司 20××年定期维护计划表

填报单位：　　　　　　　　　　　　　　　　单位：万元

序号	机号	机组型号	定期维护时间Ⅰ	维护级别	定期维护时间Ⅱ	维护级别	外委修理费	领用物资	合计费用	备注
修理费小计：										
材料费小计：										
定期维护费用总计：										

制表：　　　　审核：　　　　批准：　　　　批准日期：

注　1. 如果有 8 台风电机组计划进行相同级别的检修，可在“机号”栏内填“1～8 号机”，在“备注”栏内填“共 8 台”。领用物资：本栏为每一序号下领用物资总金额。

2. 本表可根据需要增减行数。

表 2-7　××集团股份有限公司其他检修和试验项目计划表

填报单位：　　　　　　　　　　　　　　　　　　　　　　　　　　单位：万元

序号	项目名称	申报理由	起始日期	完成日期	外委修理费	试验、校验费	领用物资	其他	单项总费用	备注
小计：										
费用总计：										

制表：　　　　　　　审核：　　　　　　　批准：　　　　　　　批准日期：

注　本表为大修和定期维护以外的检修和试验项目。

外委修理费：本栏为支付外单位的修理费用。

领用物资：本栏为每一项目所领用物资总金额数。

其他：需在备注中说明用途。

本表可根据需要增减行数。

（3）维护检修计划的编制完成后应上报上级生产主管部门审批。应根据设备运行情况，提出当年大修的补充计划，根据上半年设备运行情况，平衡、协调下半年的大修计划。

2.4 检修实施

检修施工管理是设备全过程管理的重要组成部分，涵盖了从检修准备工作至竣工、投运的全过程。风电企业应精心做好检修施工管理工作，以期达到预期的检修效果和质量目标。

2.4.1 检修基础管理

在检修工作实施前应从人员条件、准备工作、安全措施条件三方面进行检查，以确保检修工作的顺利开展实施。

2.4.2 开工前准备

1. 检修工作开工前，必须做好的各项准备工作

（1）针对系统和设备的运行情况、存在缺陷、经常性维护核查结果，结合上次定期维护总结进行现场查对。根据查对结果及年度维护检修计划要求，确定维护检修的重点项目，制定符合实际情况的对策和措施，并做好有关设计、试验和技术鉴定工作。

（2）落实物资（包括材料、备品、安全用具、施工机具等）准备和维护检修施工场地布置。

（3）准备好技术记录表格。

（4）确定需测绘和校核的备品备件加工图。

（5）制订实施定期维护计划的网络图或施工进度表。

（6）组织维护检修人员学习、讨论维护检修计划、项目、进度、措施、质量要求及经济责任制等，并做好特殊工种和劳动力的安排，确定检修项目的施工和验收负责人。

（7）做好定期维护项目的费用预算，报主管部门批准。定期维护前，检修工作负责人应组织有关人员检查上述各项工作的准备情况，开工前还应全面复查，确保定期检修顺利进行。

2. 定期维护工作开工还应具备的条件

（1）维护进度、项目、技术措施、安全措施、质量标准已组织维护人员学习，并已掌握。

（2）劳动力、主要材料和备品备件以及生产、技术协作项目等均已落实，不会因此影响工期。

（3）施工机具、专用工具、安全用具和试验器械已经检查、试验并合格。

2.4.3 安全措施和要求

检修风力发电设备时必须要满足如下安全条件：

(1) 检修人员必须戴安全帽。

(2) 电气设备检修，风电机组故障处理、定期维护和大修的检修应填写工作票和检修报告。

(3) 事故抢修工作可不用工作票，但应通知当班值长，并计入操作记录簿内。

(4) 在开始工作前必须做好安全措施，并由专人负责。

(5) 所有维护检修工作都要按照有关维护检修规程要求进行。

(6) 维护检修必须实行监护制；现场检修人员对安全作业负有直接责任，检修负责人负有监督责任。

(7) 不得一个人在维护检修现场作业。

(8) 转移工作位置时，应经过工作负责人许可。

(9) 登塔维护检修时，不得两个人在同一段塔筒内同时登塔；登塔应系好安全带、戴安全帽、穿安全鞋。

(10) 零配件及工具应单独放在工具袋内，工具袋应背在肩上或与安全绳相连；工作结束后，所有平台窗口应关闭。

(11) 检修人员如身体不适、情绪不稳定，不得登塔作业。

(12) 塔上作业时风电机组必须停止运行；带有远程控制系统的风电机组，登塔前应将远程控制系统锁定并挂警示牌。

(13) 维护检修前，应由负责人检查现场，核对安全措施；打开机舱前，机舱内人员应系好安全带，安全带应挂在牢固构件上或安全带专用挂钩上。

(14) 检查机舱外风速仪、风向仪、叶片、轮毂等，应使用加长安全带；风速超过12m/s不得打开机舱盖，风速超过14m/s应关闭机舱盖。

(15) 吊运零件、工具，应绑扎牢固，需要时应加导向绳；进行风电机组维护检修工作时，风电机组零部件、检修工具必须传递，不得空中抛接。

(16) 塔上作业时，应挂警示牌，并将控制箱上锁，检修结束后立即恢复。

(17) 在电感、电容性设备上作业前或进入其围栏内工作时，应将设备充分接地放电后方可进行；重要带电设备必须悬挂醒目警示牌；箱式变电站必须有门锁，门锁至少有两把钥匙；一把供值班人员使用，另一把供紧急情况使用；箱式变电站钥匙由值班人员负责保管。检修工作地点应有充足照明，升压站等重要场所应有事故照明。

(18) 进行风电机组大修时应使用专用工具，更换风电机组零部件，应符合相应技术规范。

(19) 雷雨天气不得检修风电机组；拆装叶轮、齿轮箱、主轴等大的风电机组部件时，应制定安全措施，设专人指挥。

(20) 维护检修发电机前必须停电并验明三相确无电压。

(21) 拆除制动装置应先切断液压、机械与电气连接；安装制动装置应最后连接液压、机械与电气连接；拆除能够造成叶轮失去制动的部件前，应首先锁定风轮；检修液压系统前，必须用手动泄压阀对液压站泄压。

(22) 每半年对塔筒内安全钢丝绳、爬梯、工作平台、门防风挂钩检查一次，发现问题及时处理。

2.4.4 进度控制

检修进度应以保证质量为前提，风电企业可以采用进度网络图的方法来统筹规划和管理检修的进度。要随时掌握检修工作的进展情况，对检修工作进行跟踪分析，及时修正检修进度。

实施单位应做好大修项目工程月报工作，汇报大修完成情况报表，包括工程实施动态、进展情况、月资金使用情况、项目完成情况、存在的问题等材料。

2.5 检修质量

2.5.1 总体要求

检修工作必须强化检修全过程质量管理。应根据现场的实际情况，在实行“三级验收、质检点验收”的基础上逐步推广执行“ISO 9000”系列标准，建立质量管理体系和组织机构，编制质量管理手册，必要时可在大型项目中施行检修监理制度，以招投标的形式确定有资质的监理队伍，明确责任，以加强对检修质量的监督和考核。“三级验收”指质量验收实行班组、风电场、企业三级验收制度。

（1）定检、大修开工前，编制下发检修质量验收组织措施，明确质检点验收和三级验收的责任人员与验收方式。

（2）检修过程中必须严格按照质量计划中制定的“W”、“H”点执行质量验收。“H”点（停工待检点）是实施检修过程时，必须有指定见证人员到场给予放行才允许继续进行该停工待检点以后的工作。没有书面论证和相关负责人的批准不得超越或取消停工待检点。“W”点（见证点）是检修过程中要求指定的人员对该步骤的作业过程进行见证或检查，目的是验证该步骤的工作是否已按批准的控制程序完成。

（3）质量检验实行检修人员自检和验收人员检验相结合、共同负责的办法。检修人员必须在检修过程中严格执行检修工艺规程和质量标准；验收人员必须深入检修现场，调查研究，随时掌握检修情况，及时帮助检修人员解决质量问题，工作中应坚持原则，坚持质量标准，认真负责地做好质量验收工作。

（4）质量验收的职责分工如下：

1）质检管理人员对检修项目质量验收方式及奖惩办法的制定与执行情况等负责；对直接影响检修质量的H点、W点进行检查和签证。

2）技术人员对设备检修的工艺过程、验收点质量标准、验收技术指标及执行情况负责。

3）作业人员对检修工艺质量及测量的数据准确性负责。

4）例外放行不合格项目的许可人，是发电企业的生产主管领导或总工程师或其授权的管理人员。

（5）检修过程中发现的不符合项，应填写不符合项通知单，并按相应程序处理。

（6）所有项目的检修施工和质量验收均应实行签字制和质量追溯制。

必须认真做好设备检修的质量管理工作，应特别加强检修过程中的质量管理，特殊项目可采取工程监理的办法，对检修质量进行全过程管理。

2.5.2 质量目标

质量管理是检修管理工作的中心。应建立健全三级质量监督和保证体系（包括人员、组织、资格保证、监督检查制度、管理方法等），即班组、风电场、企业的三级体系。检修的全过程，按照“质量管理环”（计划—实施—检查—反馈）的要求，制定各项计划和具体实施细则，开展好设备检修、验收、管理和后评估工作，不断循环反复，提高质量水平。

为促进检修管理工作规范化，在检修中选择施工企业时应优先考虑已通过“ISO 9000”认证的队伍。有条件的企业检修管理应建立市场机制，实行项目合同制、工程监理制和招投标制。

质量管理体系的基础是班组。班组应对所管辖范围内的设备，逐台、逐系统的建立质量管理环，并进行分析比较，使每一次质量管理环的循环呈上升趋势。

2.5.3 验收

在机组检修后，应及时组织对检修机组进行静态、动态调试及验收，投运后对所有检修设备运行安全性、稳定性、经济性进行跟踪，并对设备发生的问题、原因进行分析，总结经验。

1. 机组检修后，各发电企业应对下列问题做出进一步跟踪分析

（1）按照年度检修计划对项目进行分析和评估，对检修标准项目进行必要的调整，对特殊项目进行论证，判断是否达到预期的安全、经济、技术进步等目标。

（2）对检修中消耗的备品备件及材料进行分析，并对备品备件、材料定额进行修订。

（3）对检修项目的工时费用进行分析总结。

（4）对检修外委项目的招标进行说明，对参加检修的队伍资质重新进行评价。

（5）对检修资金进行能效监察，核查是否超计划、是否超定额及是否挪用资金等。

（6）对设备日常检修和运行工作提出建议。

（7）检修后，要及时进行设备评级，对设备遗留问题应进行重点分析并报上级公司。

2. 质量管理的关键是严格工艺要求，抓好班组、风电场、企业三级验收

（1）班组验收：班组验收项目是指班组长布置给工作负责人的各个检修项目（或施工工艺比较简单的工序）。每个项目检修结束后，工作负责人应向验收人详细汇报检修情况并将技术记录交付审阅，验收人应在验收单上备注栏填写质量评价和设备鉴定意见。班组验收人为班长（或班技术员）。

（2）风电场验收：风电场验收项目一般为重点项目、重要工序及分段验收项目以及技术监督、监察项目。验收工作主要应由风电场场长主持。验收时，应先由班长或班技术员汇报检修情况，然后按质量标准对照逐项检查，审阅检修记录和测量（测试）数据，确认符合质量标准后填写验收单并签字。

（3）企业验收：企业验收是由企业专职工程师对经专业验收合格后的一些重要项目进

行验收，必要时请有关专业人员参加。验收时应详细了解项目的施工过程、修后设备状况，包括设备外观及环境清洁情况，认真审阅反映检修质量的有关技术记录、检查和复测相关数据，经验收确认达到质量标准后，验收人在验收单上做出评价并签名。

大修及更新改造工程中，确因工作难度大、专业性强或技术复杂等由外包单位进行施工的，其外包项目的质量监督和检查验收由本企业负责，技术主管部门、风电场及各专业有关质量监督和保证的相关责任应列入相应合同的条款中。

对个别未达到施工标准的项目，能返工检修的坚决返工检修。确实难以返工检修的项目，通过质量验收小组认定，在不影响安全、经济、运行前提下，可由企业的相关主管领导或其授权的管理人员签字后例外放行，但是必须追究施工者和相关管理人员的责任。

2.6 检修总结

2.6.1 检修评价与总结

风电企业应进行年度检修总结和专项检修总结。总结包括：已完成的检修项目和未完成项目的进度、效果评价、费用，本企业风电机组的健康状况、好的经验、存在的问题、建议等。

在检修后，应对所检修设备运行状态进行跟踪，并对设备发生的问题、原因进行分析，同时对设备日常维护工作提出建议，总结经验教训。

检修中发现重大设备问题，要立即向上级生产主管部门汇报并制定解决方案。

企业应对检修中消耗的备品及材料进行分析，并对备品备件定额每年进行一次修订完善。

2.6.2 资料归档

检修资料应整理归档，以备之后查阅及检修交流和考核工作。

思考题

1. 风电检修管理和传统火电、水电的检修模式有何区别？
2. 检修管理包括哪些内容？
3. 风电场运检模式有哪几类？
4. 风电场一般设置有哪些岗位？
5. 质量管理环包括哪些环节？
6. 三级验收具体内容是什么？

检修基本技能及工器具

3.1 概述

3.1.1 检修基本技能

检修基本技能主要讲解内容包括：电工识图及低压电控柜装配基础；钳工装配及装配图识别；起重作业及吊索具等。其中风电机组经常用到的螺纹紧固件的安装与拆卸，轴对中知识将单独进行介绍。

3.1.2 检修工器具

将风电检修工作中常用的工具、量具及仪表等，分成扭矩扳手、电动工具、电工仪表、常用量具及仪表四大类进行讲解。

3.1.3 表述方式

本节内容采用图文并茂的方式，以求用最简洁的文字帮助读者理解。

3.2 电工基础

3.2.1 电工识图

风力发电机组作为一种发电设备，其内部有复杂的电气线路，无论是从设计、调试的角度还是从故障处理、技术改造和运行维护的角度，都必须掌握机组的电气控制原理，因此，有必要学习简单的电气制图，熟练读懂一些较为复杂的电气图纸已成为风电行业的一种基本技能。本章将对电气制图的基本规则和电气读图的基本技巧进行概述。

1. 图面规定

电气图的图纸幅面、标题栏、明细表和字体等：遵守 GB/T 14689《技术制图图纸幅面和格式》的要求。

图线：电气图用图线主要有四种，如表 3-1 所示。

在电气制图中，为区分不同的含义，采用了三种形式的箭头，如表 3-2 所示。

表 3-1　　图线的形式和应用范围

图线名称	图线形式	一般应用	图线宽度（mm）
实线	————————	基本线、简图主要内容（图形符号及连线）用线、可见轮廓线、可见导线	0.25、0.35、0.5、0.7、1.0、1.4、2.0
虚线	‐ ‐ ‐ ‐ ‐ ‐ ‐ ‐	辅助线、屏蔽线、机械（液压、气动等）连接线、不可见导线、不可见轮廓线	
点划线	——·——·——	分界线（表示结构、功能分组用）、围框线、控制及信号线路（电力及照明用）	
双点划线	——··——··——	辅助围框线	

表 3-2　　箭头形式及意义

箭头名称	箭头形式	意　　义
空心箭头	——>——	用于信号线、信息线、连接线，表示信号、信息、能量的传输方向
实心箭头	——►——	用于说明非电过程中材料或介质的流向
普通箭头	——→	用于说明运动或力的方向，也用做可变性限定符、指引线和尺寸线的一种末端

指引线用于将文字或符号引注至被注释的部位，用细实线画成，并在末端加注标记：如末端在轮廓线内，加一黑点，如图 3-1（a）所示；如末端在轮廓线上，加一实心箭头，如图 3-1（b）所示；如末端在连接线上，加一短斜线或箭头，如图 3-1（c）所示，表示从上到下第 1、3 根导线截面为 $4mm^2$，第 2、4 根导线截面为 $2.5mm^2$。

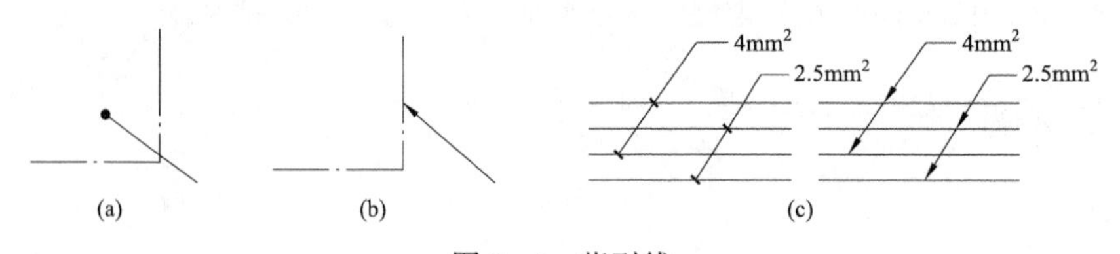

图 3-1　指引线

2. 简图的布局

电气技术文件编制中简图的布局通常采用功能布局法和位置布局法。

功能布局法是指按功能划分，以便元件等在图上的布置使功能关系易于理解的一种布局方法。在系统图、电路图中常采用此方法。

位置布局法是指按元件在图上的布置，以使其在图上的位置反映其实际相对位置的一种布局方法。在系统安装简图、接线图与平面图中常采用此方法。

简图的绘制应做到布局合理，排列均匀，使图面清晰地表示出电路中各装置、设备和系统的构成以及组成部分的相互关系，以便于看图。

其具体要求如下：

（1）布置简图时，首先要考虑的是如何有利识别各种过程（含非电过程）和信息的流

向，重点是要突出信息流及各级之间的功能关系，并按工作顺序从左到右、从上到下排列。

(2) 表示导线或连接线的图线都应是交叉和折弯最少的直线。图线可水平布置，此时各个类似项目应纵向对齐；也可垂直布置，此时各个类似项目应横向对齐。

(3) 功能上相关的项且要靠近，以使关系表达得清晰；同等重要的并联通路，应按主电路对称地布置；只有当需要对称布置电元器件时，可以采用斜的交叉线。

(4) 图中的引入线和引出线，最好画在图纸边框附近，以便清楚地看出具有输入/输出关系的各图纸间的衔接关系，尤其是当绘制在几张图上时。

3. 连接线的表示方法

电气图中的连接线起着连接各种设备、元器件的图形的作用，它可以是传输信息的导线，也可以是表示逻辑流、功能流的图线。连接线用实线绘制。

(1) 连接线的粗细选择。

一张图中连接线宽度应保持一致。但为了突出和区别某些功能，也可用不同粗细的连接线，如在电动机控制电路中，电源主电路、一次电路、主信号通路、非电过程等采用粗实线表示，测量和控制引线用细实线表示。

(2) 连接线的标记。

无论是单根还是成组连接线，其识别标记一般标注在靠近连接线的上方（水平布置）或左方（垂直布置），也可将连接线中断，并在中断处标注，如图 3－2 所示。

(3) 中断线。

允许连接线中断，但中断两端加注同样的标记，如图 3－2 所示。

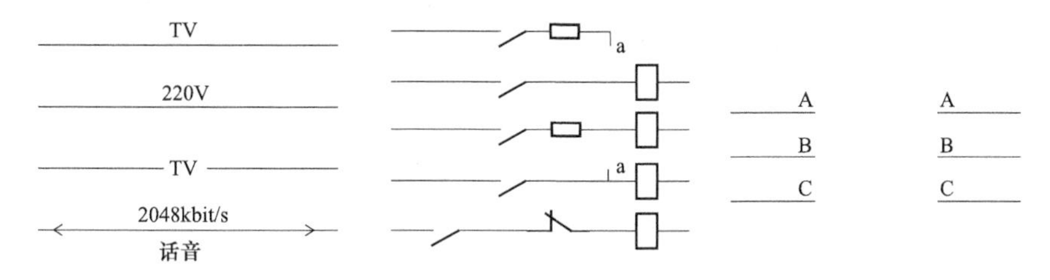

图 3－2　连接线、中断线的标记

(4) 导线连接形式的表示方法。

导线连接有“T”形连接和“十”形连接两种形式。

“T”形连接可加实心圆点“·”，也可以不加实心圆点。

“十”形连接表示两导线相交时，必须加实心圆点“·”，表示两导线相交而未连接（即跨越时），在交叉处不能加实心圆点。

4. 围框

围框有两种形式：点画线围框和双点画线围框。

(1) 点划线围框。当需要在图上显示出图的某一部分，如功能单元、结构单元、项目组（继电器装置等）时，可用点划线围框表示。为了图面的清晰，围框的形状可以是不规则的。图 3－3 所示的继电器－K 由线圈和三对触点组成，用一围框表示，其组成关系更加明显。

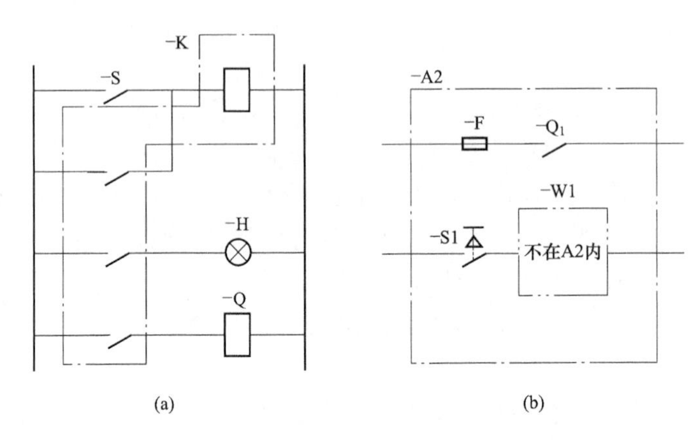

图 3－3　围框示例

（a）点划线围框；（b）含双点划线围框架

（2）双点划线围框。

在表示一个单元的围框内，对于在电路功能上属于本单元而结构上不属于本单元的项目，可用双点划线围框围起来，并在框内加注释说明。如图 3－2（b）所示－A2 单元中的按钮－S1 控制的－W1 单元不在－A2 单元中，用双点划线表示。

5. 电气元件的表示方法

同一电气设备、元件在不同类型的电气图中往往采用不同的图形符号表示。对于在驱动部分和被驱动部分之间具有机械连接关系的器件和元件，特别是被驱动部分包含有多组触点的继电器、接触器等，在电气图中可以将各相关的部分用集中表示法、半集中表示法，内部具有机械的、磁的和光的功能联系的元件可采用分开表示法。比较见表 3－3。

表 3－3　　集中、半集中、分开三种方法的比较

方法	表示方法	特点
集中表示法	图形符号的各组成部分在图中集中（即靠近）绘制	易于寻找项目的各个部分，适用于较简单的图
半集中表示法	图形符号的某些部分在图上分开绘制，并用机械连接符号（虚线）表示相互的关系，机械连接线可以弯折、交叉和分支	可以减少电路连线的往返和交叉，图面清晰，但是会出现穿越图面的机械连接线。适用于内部具有机械联系的元件
分开表示法	图形符号的各组成部分在图上分开绘制，不用机械连接符号而用项目代号表示相互的关系，并表示出图上的位置	可减少连线的往返和交叉，机械连接线不穿越图面，但是为了寻找被分开的各部分，需要采用插图或表格

6. 元器件技术数据的表示方法

技术数据（如元器件型号、规格、额定值等）可直接标在图形符号的近旁，必要时，应放在项目代号的下方。技术数据也可标在继电器线圈、仪表、集成块等的方框符号或简化外形符号内。图 3－4 所示的电流继电器，项目代号为－KA，继电器的额定电流为 5A。

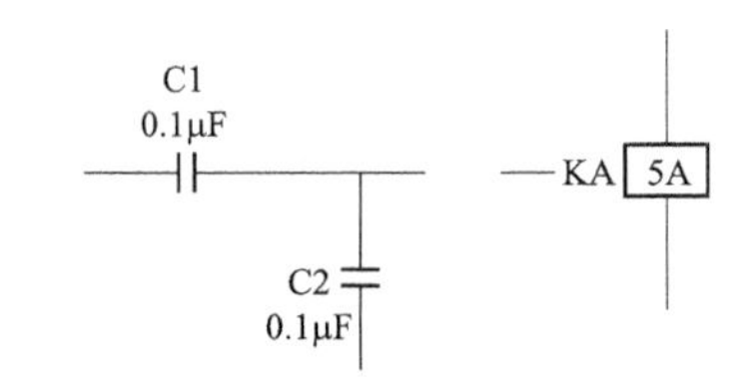

图 3-4 元器件技术数据表示方法

当然技术数据也可以用表格的形式给出，如表 3-4 所示。

表 3-4 设 备 表

项目代号	名称	型号、技术数据	数量	备 注
C1	电容器	0.1μF/400V 瓷解电容	1	
C2	电容器	0.1μF/400V 瓷解电容	1	
KA	继电器	5A 电流继电器	1	

7. 读图时的注意事项

(1) 电路图的外围信息。读图时，首先要观察所读图纸是否与配套设备一致，与实际设备不一致的图纸可能会导致致命的后果。

1) 电路图的外围信息是指电路图的名称、项目名称、版本、日期、制图者、设计者、批准者、单位名称等信息。这些信息能够向读图人员提供一些技术之外的信息，方便读图人员判断图纸的准确性。

2) 电路图的外围信息还包括图纸的区域标识和页码标识。所有的电路图每一页都划分为不同的区域，犹如地球的经纬度一样，只不过经纬度是用角度表示，电路图是用数字和字母表示。电路图的纵向一般均分为 10 格，用数字 0～9 进行区别，横向一般均分为 6 格，用字母 A～F 表示。但是各个国家的标准不一样，图纸区域分割有区别，但目的都一样，都是为了读图时定位方便。区域标识与页码标识共同组成电路图纸的位置标识，为读图人员读图提供了很大方便。图幅分区如图 3-5 所示。

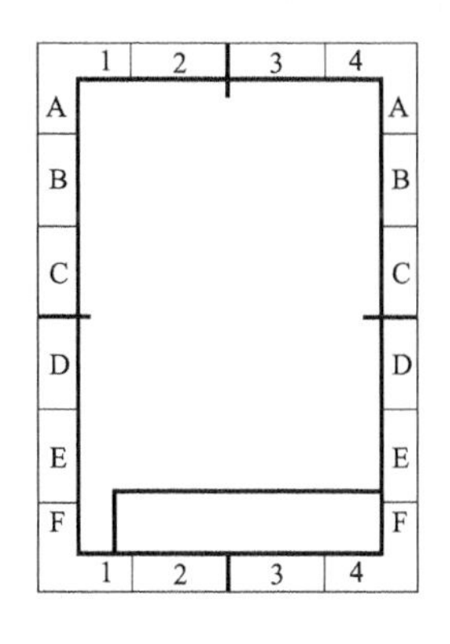

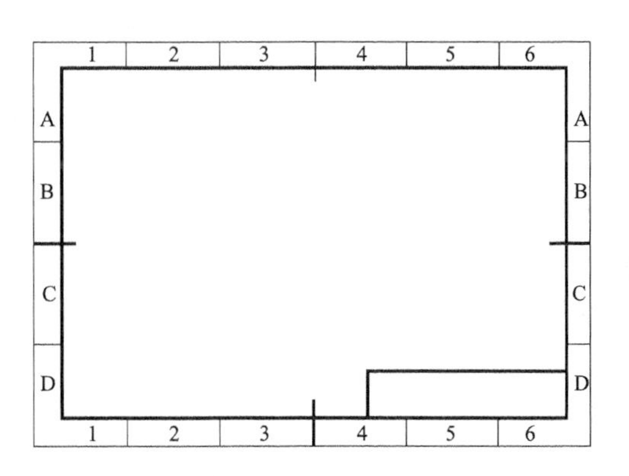

图 3-5 图幅分区

（2）电路图的组成。电路图纸除外围信息外，主要包括三大部分：一是模块，二是连接介质，三是标识。

1）模块。模块是指功能上相对独立、外部设置有接口（接线端子）的独立产品或独立电路块。如变频器模块、断路器、接触器、继电器、传感器、电路板、电动机、变压器等各种高低压电器，以及D/A、A/D、编码器、译码器等电路块。显然模块是有层次之分的，大模块里面可以嵌套小模块。

2）连接介质。连接介质是各个模块之间的关联方式和关联物质，包括电缆、光缆（光导纤维）、铜排以及无线电连接等。

3）标识。标识是对模块、连接介质以及它们之间关联方法、相关工艺等的标注、说明和解释。

各种绘图标准都是对模块画法、连接介质粗细颜色、标识的字体大小和颜色以及图纸大体布局做出规定，以便增加图纸的可读性和通用性。

（3）电路图的层次。

1）电路图与电路实体对应。电路实体是指实际存在的电路设备或者设计中的即将在实际中存在的电路设备，以及设备之间连接的集合体。因此电路实体就是电路设备，或者简称设备，包括已经存在的设备和即将存在的设备（研究中的）。

2）电路图需要划分层次，电路图本身不可能无限详尽。在实际中，电路图不可能详尽到画出实际电路设备的每一个元器件（零部件），也不可能将整个系统绘制在一份电路图中，而是根据实际需要选择一定的电路实体范围，绘制出详细到一定程度的电路图；同时这也为电路图的使用者带来方便。

3）绘制电路图的横向范围和纵向深度：在绘制电路图时，需要根据实际需要，首先选择电路图所要对应的电路实体，要确定所对应的电路实体是整个部分还是其子部分，对应的是子部分中的哪一块，也即确定电路图对应的电路实体的横向范围，也就是电路图的对象；另外还要根据实际用途，确定电路图的详尽程度，或者是确定电路图的纵向深度，即电路图的深度。在查看电路图时，也要选择正确的横向范围和适当的详尽程度的电路图。

确定电路图的横向范围和纵向深度的过程，统称为电路图的层次划分。

对于双馈式电动变桨型风力发电机组，其电路图系统一般分为如图3-6所示的层次。

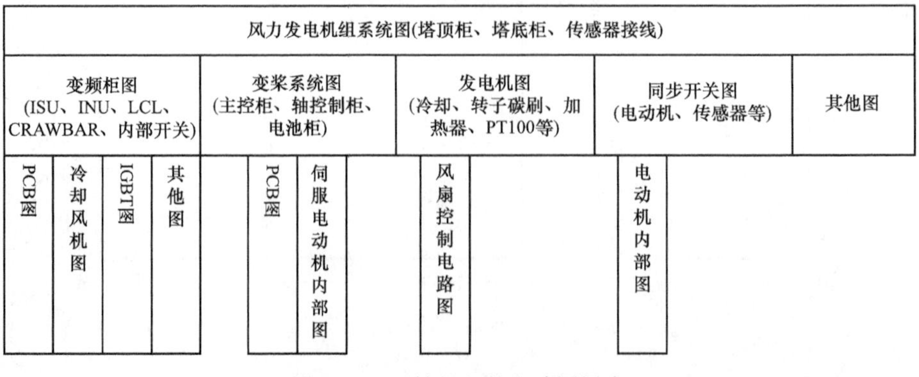

风力发电机组系统图(塔顶柜、塔底柜、传感器接线)

- 变频柜图(ISU、INU、LCL、CRAWBAR、内部开关)
  - PCB图
  - 冷却风机图
  - IGBT图
  - 其他图
- 变桨系统图(主控柜、轴控制柜、电池柜)
  - PCB图
  - 伺服电动机内部图
- 发电机图(冷却、转子碳刷、加热器、PT100等)
  - 风扇控制电路图
- 同步开关图(电动机、传感器等)
  - 电动机内部图
- 其他图

图3-6　双馈机组的电路图层次

如果要绘制这个机组的电路图，首先确定电路图的横向范围，选择电路图的对象；然后根据实际需要，确定电路图的纵向深度，也即是确定绘制电路图的详细程度。

那么对应的电路图可以对应整个机组、可以对应变桨系统、可以对应变频器，甚至可以对应某个 PCB 板，或者对应某个零部件，比如主接触器的内部电路。

4）电路图划分层次的原则。电路图的层次在划分上一般采取“兼顾功能块和位置两个方面，但是以功能为主”的原则。

比如某机组的电路图第一层为机组系统电路图，第二层次是变频柜图、变桨系统图（电动变桨）、发电机图，第三层次可以是变频器 PCB 图纸等。针对同一模块绘制的电路图，一般绘制在一份图纸上，此时要求所有的标识都具有唯一性，否则有可能造成混乱。

8. 电路图的标识内容

电路的标识主要分为四个类型：端子标识、线头标识（线号）、模块命名标识、连接介质性质标识。

电路标识分两个部分：

一是图纸标识。图纸标识在实际设备中可能存在，也可能不存在（比如电缆上电流流向标识）。

二是设备标识。设备标识在电路图中可能存在（比如模块端子标识），也可能不存在（比如模块厂信息等），根据实际需要而定。

电路图的标识要兼顾两个方面：第一是每个模块本身标识和外部端子的接线说明；第二是每个电路块的功能说明。

电路图标识要求不易混淆、可读性强。

1. 端子标识——模块外部标识

端子是指模块外部设置的接线位置。端子是模块的外围接口。

端子标识，一般都由模块的生产厂家标识出来，如果厂家标识不清楚，可以打印出标签贴上去。端子标识一般都标识功能（如 U、V、W、A1、A2、…）或者顺序号 1、2、3、…（端子排上一般都有端子号 X1、X2、…和顺序号 1、2、3…）。

图纸上要准确标注模块的端子标号，必须和模块生产厂的标注一致。对于端子标识，电路图标识和设备标识一般都存在，且这两者一致。

2. 线头标识（线号）——连接介质末端标识

各个模块之间需要用连接介质（电缆）进行连接，连接介质的两个末端就是线头。线头一般有线号管，线号管上打印有线号。

线头标识：就是线头上的线号。

线号一般分为两种：一是指电路图纸上的标识，实际设备上一般没有这个标识，称为图纸线号；二是设备上实际的标识，称为设备线号。在读图时一定分清楚这两种线号。图纸上也尽量将两种线号都标上，而且要标清楚。图纸线号一般标在图纸中连接介质的端上，图纸换页时都需要标注图纸线号；设备线号一般标到图纸中模块端子的附近，并且紧贴在线的上侧（连接介质水平时）或者左侧（连接介质竖直时），如图 3-7 所示。

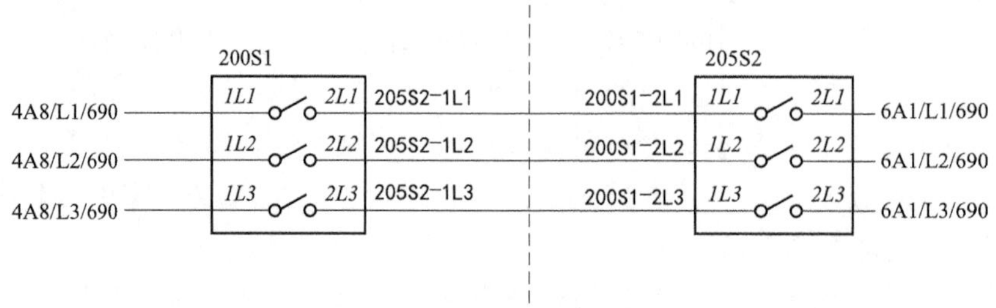

图 3-7　线号标识

图 3-7 中，黑色的线号为图纸线号，黑体字的线号为设备线号，显然根据图纸线号可以方便地读图，根据设备线号可以方便地接线和查找线路。斜体字标识为模块的端子标识。200S1、205S2 为模块的命名。

3. 图纸线号需要标识的内容

(1) 功能标识，如 U、V、W、N、L1、L2、L3、L+、L-、24VDC、GND 等。功能标识在各个模块之间会有很多相同。

(2) 图纸位置标识，包括页码和坐标，如 4A2——第 4 页图中的 A2 区域，若是本页则直接标为 A2。

(3) 其他：如电压等级 230、400、690。

不同标识之间可以用"/"分开。比如机组电路图中，电网到发电机定子的电缆可以标示为：4A3/L1/690。

4. 设备线号需要标识的内容

接线位置标识：一根电缆一般用于连接两个模块之间的端子，线号就标明电缆来处端子的位置，如 200S1-L1。设备线号标识的内容一般不在图纸中进行标识。

在实际施工中，工人接线时所使用的电缆可能没有标识线号，或者电缆生产厂只是简单地标识了 1、2、3、4 之类的线号。但是对于柜体内接线时所使用的电缆一般都要求有明确的设备线号，一根电线的两端都有明确标识，一般都用线号管打印上线号，这为工人接线和现场查线带来了很大方便。

对于线头标识，电路图标识和设备标识两者差别较大，应用时要注意。

5. 模块命名标识——模块内部标识

各个模块在电路图中都要进行命名和排序，而且这个名字在电路图中是唯一的（是指在一个电路图本里，不同层次的电路图，或者同一层次电路图的不同模块之间，可以有相同的标号）。比如继电器用 K1、K2、K3 标识，或者用 233K1、233K2 标识，前一个数字表示所在的页码。

所有的模块命名，都可以包含电路图的页码信息，这样便于图纸与设备对应。

对于模块命名标识，图纸标识和设备标识都存在，并且这两者一致。

6. 连接介质性质标识——连接介质中间标识

连接介质的标识根据实际需要而定。

(1) 若有必要，电路图中的连接介质上要用箭头标明电流或信号的方向（仅在图纸标

识中有)。

(2) 连接介质所用线条颜色要符合标准规定，但图纸中连接介质的颜色和实际连接介质的颜色一般不符合，若有必要可用英文缩写或汉字标明连接介质的实际颜色。

(3) 有时要在连接介质上用虚线标注柜内、柜外的界线(仅在图纸标识中有)。

(4) 有时连接介质在连接时有一定工艺要求，比如双绞或者需要专门做线，这时需要有工艺说明(仅在图纸标识中有)。

(5) 对于电缆和铜排可标明规格型号(截面尺寸、长度、材质)和厂家，电缆需要压接端子(线鼻子)的地方，要标明端子(线鼻子)的型号；对于模块可标明厂家和型号甚至基本参数(仅在图纸标识中有)。

(6) 对于连接介质性质标识，只用于图纸中，设备中不单独进行标识，设备出厂时会印有部分相关信息。

3.2.2 低压电控柜安装规范

1. 元器件安装

(1) 所有元器件应按制造厂规定的安装条件进行安装。

(2) 组装前首先看清图纸及技术要求。

(3) 检查产品型号、元器件型号、规格、数量等与图纸是否相符。

(4) 检查元器件有无损坏。

(5) 必须按图安装(如果有图)。

(6) 元器件组装顺序应从板前视，由左至右，由上至下。

(7) 同一型号产品应保证组装一致性。

(8) 面板、门板上的元件中心线的高度应符合规定。

(9) 元件名称 安装高度：

1) 指示仪表、指示灯 0.6～2.0m。

2) 电能计量仪表 0.6～1.8m。

3) 控制开关、按钮 0.6～2.0m。

4) 紧急操作件 0.8～1.6m。

(10) 组装产品应符合以下条件：

1) 操作方便。元器件在操作时，不应受到空间的妨碍，不应有触及带电体的可能。

2) 维修容易。能够较方便地更换元器件及维修连线。

3) 保证一、二次线的安装距离。

(11) 组装所用紧固件及金属零部件均应有防护层，对螺钉过孔、边缘及表面的毛刺、尖峰应打磨平整后再涂敷导电膏。

(12) 对于螺栓的紧固应选择适当的工具，不得破坏紧固件的防护层，并注意相应的扭矩。

(13) 主回路上面的元器件，一般电抗器，变压器需要接地，断路器不需要接地。

(14) 对于发热元件(如管形电阻、散热片等)的安装应考虑其散热情况，安装距离应符合元件规定。额定功率为75W及以上的管形电阻器应横装，不得垂直地面竖向安装。

所有电器元件及附件，均应固定安装在支架或底板上，不得悬吊在电器及连线上。

(15) 接线面每个元件的附近有标志牌，标注应与图纸相符。除元件本身附有供填写的标志牌外，标志牌不得固定在元件本体上。

(16) 标号应完整、清晰、牢固。标号粘贴位置应明确、醒目。

(17) 安装于面板、门板上的元件，其标号应粘贴于面板及门板背面元件下方，如下方无位置时可贴于左方，但粘贴位置尽可能一致。

(18) 保护接地连续性：

1) 保护接地连续性利用有效接线来保证。

2) 柜内任意两个金属部件通过螺钉连接时，如有绝缘层均应采用相应规格的接地垫圈，并注意将垫圈齿面接触零部件表面（红圈处），或者破坏绝缘层。

3) 门上的接地处（红圈处）要加“抓垫”，防止因为油漆的问题而接触不好，且连接线尽量短。

(19) 安装因振动易损坏的元件时，应在元件和安装板之间加装橡胶垫减振。

(20) 对于有操作手柄的元件应将其调整到位，不得有卡阻现象。

2. 二次回路布线

(1) 基本要求：按图施工、连线正确。

(2) 二次线的连接（包括螺栓连接、插接、焊接等）均应牢固可靠，线束应横平竖直，配置坚牢，层次分明，整齐美观。同一合同的相同元件走线方式应一致。

(3) 二次线截面积要求：

1) 单股导线，不小于 1.5mm^2。

2) 多股导线，不小于 1.0mm^2。

3) 弱电回路，不小于 0.5mm^2。

4) 电流回路，不小于 2.5mm^2。

5) 保护接地线，不小于 2.5mm^2。

(4) 所有连接导线中间不应有接头。

(5) 每个电器元件的接点最多允许接 2 根线。

(6) 每个端子的接线点一般不宜接 2 根导线，特殊情况时，如必须接 2 根导线，则连接必须可靠。

(7) 二次线应远离飞弧元件，并不得妨碍电器的操作。

(8) 电流表与分流器的连线之间不得经过端子，其线长不得超过 3m。

(9) 电流表与电流互感器之间的连线必须经过试验端子。

(10) 二次线不得从母线相间穿过。

(11) 带电阻的 Profibus 插头的连接（适用于一根电缆的连接）：

1) 仅一根电缆连接时，则导线与第一个接口连接。

2) 推动开关置“ON”位置。

3) 编织的屏蔽带准确地放置在金属导向装置上。

(12) 带电阻的 Profibus 插头的连接（适用于两根电缆的连接）：

1）连接的两根导线是在插头之内的串联。

2）推动开关置“OFF”位置。

3）编织的屏蔽带准确地放置在金属导向装置上。

（13）不带电阻的 Profibus 插头的连接：

1）编织的屏蔽带准确地平放在金属导向装置上。

2）导向装置中的两根红绿线放置在刀口式端子上。

3）绿导线：连接点 A。

4）红导线：连接点 B。

（14）回拉式弹簧端子的连接：

1）导线的剥线长度为 10mm。

2）导线插入端子口中，直到感觉到导线已插到底部。

（15）抽屉中 Profibus 屏蔽电缆的连接：

1）拧紧屏蔽线至约 15mm 长为止。

2）用线鼻子把导线与屏蔽压在一起。

3）压过的线回折在绝缘导线外层上。

3. 一次回路布线

（1）一次配线应尽量选用矩形铜母线，当用矩形母线难以加工时或电流小于或等于 100A 可选用绝缘导线。接地铜母排的截面面积＝电柜进线母排单相截面面积×1/2 接地母排与接地端子。

（2）汇流母线应按设计要求选取，主进线柜和联络柜母线按汇流选取，分支母线的选择应以自动空气开关的脱扣器额定工作电流为准，如自动空气开关不带脱扣器，则以其的额定电流值为准。对自动空气开关以下有数个分支回路的，如分支回路也装有自动空气开关，仍按上述原则选择分支母线截面。如没有自动空气开关，比如只有隔离开关、熔断器、低压电流互感器等则以低压电流互感器的一侧额定电流值选取分支母线截面。如果这些都没有，还可按接触器额定电流选取，如接触器也没有，最后才是按熔断器熔丝额定电流值选取。

（3）铜母线载流量选择需查询有关文档，聚氯乙烯绝缘导线在线槽中，或导线成束状走行时，或防护等级较高时应适当考虑裕量。

（4）母线应避开飞弧区域。

（5）当交流主电路穿越形成闭合磁路的金属框架时，三相母线应在同一框孔中穿过。

（6）电缆与柜体金属有摩擦时，需加橡胶垫圈以保护电缆。

（7）电缆连接在面板和门板上时，需要加塑料管和安装线槽。柜体出线部分为防止锋利的边缘割伤绝缘层，必须加塑料护套。

（8）柜体内任意两个金属零部件通过螺钉连接时，如有绝缘层均应采用相应规格的接地垫圈，并注意将垫圈齿面接触零件表面，以保证保护电路的连续性。

（9）当需要外部接线时，其接线端子及元件接点距结构底部距离不得小于 200mm，且应为连接电缆提供必要的空间。

(10) 提高柜体屏蔽功能，如需要外部接线，出线时，需加电磁屏蔽衬垫，柜体孔缝要求为缝长或孔径小于 λ（λ 为电磁波波长）/（10～100）。如果需要在电柜内开通风窗口，交错排列的孔或高频率分布的网格比狭缝好，因为狭缝会在电柜中传导高频信号。柜体与柜门之间的走线，必须加护套，否则容易损坏绝缘层。

(11) 螺栓紧固标识：

1）生产中紧固的螺栓应标识蓝色。

2）检测后紧固的螺栓应标识红色。

(12) 注意装配铜排时应戴手套。

3.3 机械装配基础

3.3.1 机械装配图识图

1. 装配图基础

装配图是用来表达机器或部件的图样，它是机械工程中的重要技术文件。

在对现有机械设备的使用和维修过程中，常需要通过装配图来了解机器的结构和连接关系。装配图也常用来进行设计方案的论证和技术交流。因此，装配图是设计、安装、维修机器或进行技术交流的一项重要的技术资料。常见的机械装配图示例如图 3-8 所示。

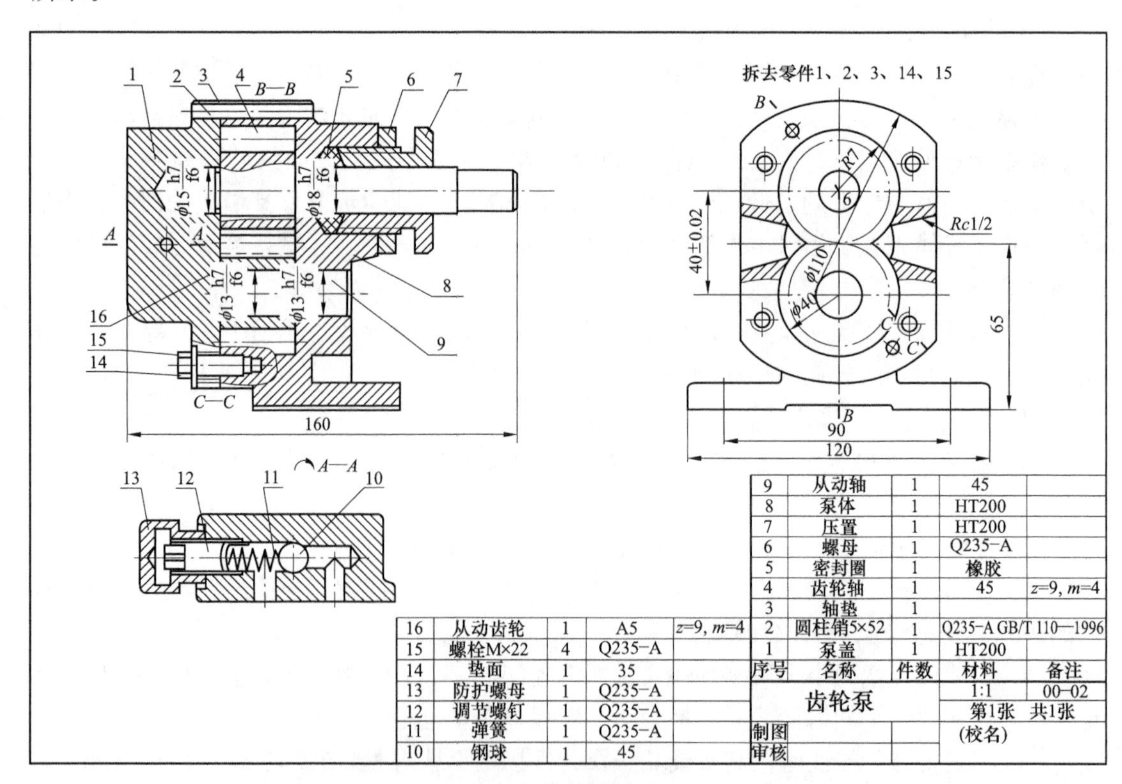

图 3-8 机械装配图示例

装配图应包括以下内容：

(1) 一组视图。

表达各组成零件的相互位置、装配关系和连接方式，部件（或机器）的工作原理和结构特点等。

(2) 必要的尺寸。

包括部件或机器的规格（性能）尺寸、零件之间的配合尺寸、外形尺寸、部件或机器的安装尺寸和其他重要尺寸等。

(3) 技术要求。

说明部件或机器的性能、装配、安装、检验、调整或运转的技术要求，一般用文字写出。

(4) 标题栏、零部件序号和明细栏。

在装配图中对零件进行编号，并在标题栏上方按编号顺序绘制成零件明细栏。

2. 装配图读图

读装配图的目的是了解部件的作用和工作原理，了解各零件间的装配关系、拆装顺序及各零件的主要结构形状和作用，了解主要尺寸、技术要求和操作方法。在设计时，还要根据装配图画出该部件的零件图。

读装配图的方法和步骤如下：

(1) 概括了解。

主要了解部件的名称、性能、作用、大小，以及装配体中零件的一般情况等。

首先从标题栏入手，了解部件的名称。再结合生产实际经验了解一下它的性能和作用。

从图 3-8 的编号中可以了解到该阀共有 16 种零件。明细表中列出了所有零件的名称、数量、材料、规格和标准代号等。还可以了解哪些是标准件，哪些是一般零件。

(2) 分析视图及表达方法。

首先分析装配图中用了几个视图来表达，确定出主视图及各视图之间的投影关系。即确定每个视图的投影方向、剖切位置、表达方法，分析各视图所表达的主要内容。

(3) 工作原理及装配关系。

即了解机器或部件是怎样工作的，运动和动力是如何传递的。弄清楚各有关零件间的连接方式和装配关系，搞清部件的传动、支承、调整、润滑和密封等情况。

(4) 分析零件的结构形状。

分析零件的目的是为弄清每个零件的主要结构形状和作用，以及进一步地了解各零件间的连接形式和装配关系。

首先从主要零件开始，区分不同零件的投影范围。即根据各视图的对应关系，及同一零件在各个视图上的剖面线方向和间隔都相同的规则，区分出该零件在各个视图上的投影范围，按照相邻零件的作用和装配关系构思其结构，并依次逐个进行分析确定。

对于部件装配图中的标准件，可由明细表中确定其规格、数量和标准代号。如螺柱、螺母、滚动轴承等的有关资料可从有关手册中查到。

(5) 分析尺寸和技术要求。

分析装配图中所标注的尺寸，对弄清部件的规格、零件间的配合性质、安装连接关系和外形大小有着重要的作用。分析技术要求，了解装配、调试、安装等注意事项。

3.3.2 公差配合

1. 基孔制和基轴制

为了设计和制造上的经济性，把其中的孔公差带（或轴公差带）的位置固定，而改变轴公差带（或孔公差带）的位置来形成所需要的各种配合。这种制度称基准制。

在同一基本尺寸的配合中，是将孔的公差带位置固定，通过变动轴的公差带位置，得到各种不同的配合。基孔制的孔称为基准孔，如图 3－9（a）所示。

在同一基本尺寸的配合中，是将轴的公差带位置固定，通过变动孔的公差带位置，得到各种不同的配合。基轴制的轴称为基准轴，如图 3－9（b）所示。

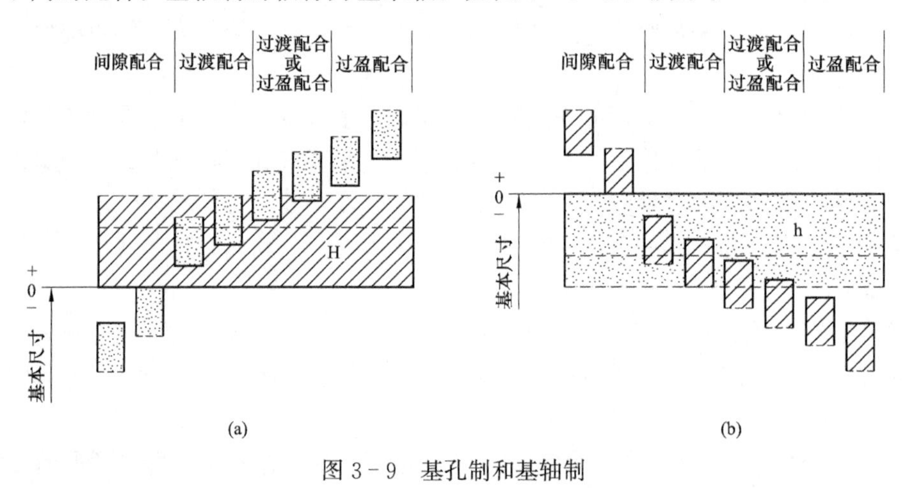

图 3－9 基孔制和基轴制
（a）基孔制；（b）基轴制

2. 配合类型

轴孔配合有 3 种基本配合类型：

（1）间隙配合。

孔的公差带完全在轴的公差带上，任取其中一对轴和孔相配都成为具有间隙的配合（包括最小间隙为零），如图 3－10 所示。间隙的作用在于：储存润滑油，补偿温度引起的尺寸变化，补偿弹性变形及制造与安装误差。

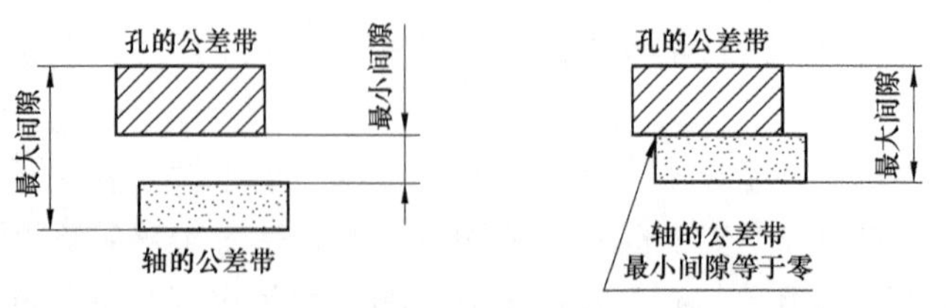

图 3－10 间隙配合

（2）过盈配合。

孔的公差带完全在轴的公差带下，任取其中一对轴和孔相配都成为具有过盈的配合

（包括最小过盈为零），如图 3－11 所示。过盈配合用于孔、轴的紧固连接，不允许两者有相对运动。

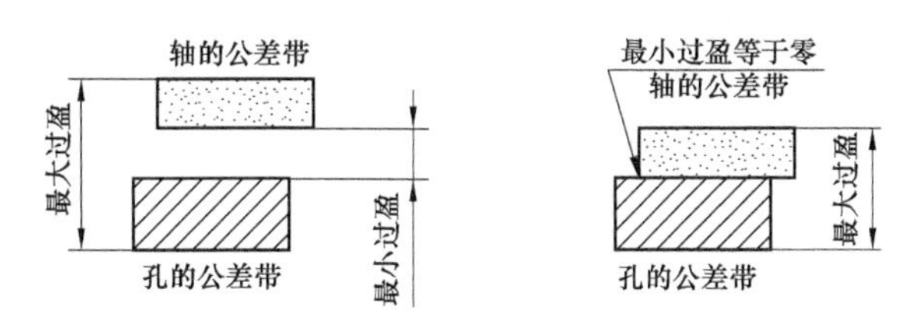

图 3－11 过盈配合

（3）过渡配合。

孔和轴的公差带相互交叠，任取其中一对孔和轴相配合，可能具有间隙，也可能具有过盈的配合，如图 3－12 所示。过渡配合主要用于孔、轴间的定位联结（既要求装拆方便，又要求对中性好）。

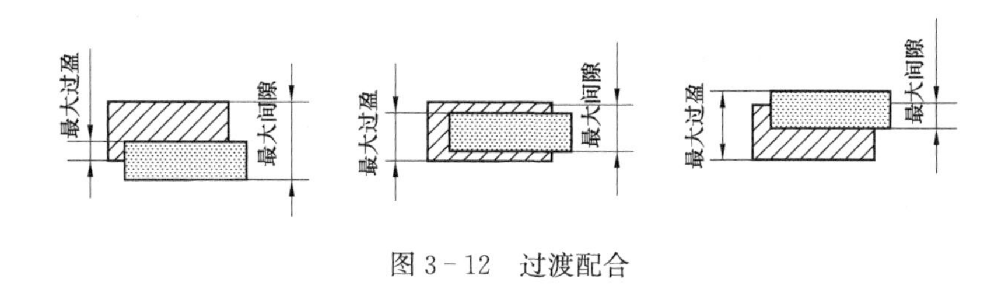

图 3－12 过渡配合

3.3.3 拆卸清洗

1. 拆卸

在机械设备的使用与维修过程中，常常对设备或部件中的零件根据需要进行拆卸、清洗、修复或更换。因此，机械拆卸是机械工应具备的重要操作技能之一。

（1）机械拆卸的顺序及注意事项。

遵循“恢复原机"的原则，在开始拆卸时就要考虑再装配时要与原机相同，即保证原机的完整性、准确度和密封性等。在拆卸设备时，应按照与装配相反的顺序进行，一般是由外向内，从上向下，先拆成部件或组件，再拆成零件。

（2）机械拆卸的常用方法。

对于机械设备拆卸工作，应根据其零部件的结构特点，采用不同的拆卸方法。常用的拆卸方法有击卸法、顶压法、拉拔法、温差法和破坏法等。

1）击卸法。

利用锤头的冲击力打出要拆卸的零件，这种拆卸法用于零件比较结实或精度不高的零件。为保证受力均匀，常采用导向柱或导向套筒，导向柱或导向套应略小于被拆零件的直径。如图 3－13 所示，可利用弹簧支承在孔中，当导向柱（套）压出被拆卸零件时，可防止损坏零件；也可在锤击时垫上软质垫料，如木材、铜垫等，或者用铜锤、木锤等，以防止锤击力过大而损坏所拆卸的零件。

2）顶压法。

顶压法适用于形状简单的过盈配合件的拆卸，常利用油压机、螺旋压力机、千斤顶、C形夹头等进行拆卸。这种拆卸方法作用力稳而均匀，作用力的方向容易控制，但需要一定的设备。如图3-14所示，在压力机作用下，齿轮与轴分离的示意图，这种方法常用于有少量过盈的带轮、齿轮及滚动轴承的拆卸。

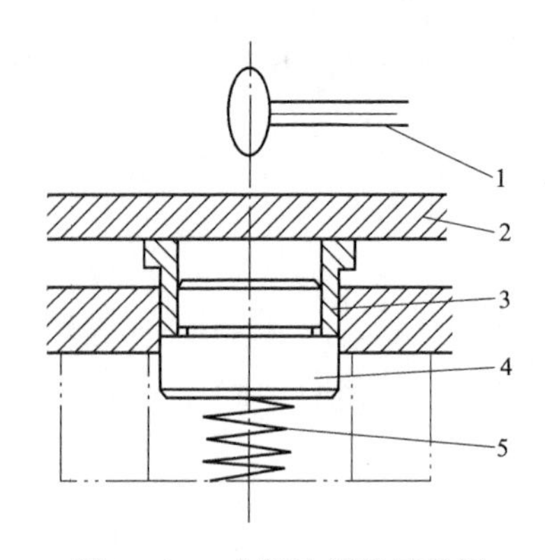

图3-13　击卸法拆卸示意图

1—手锤；2—垫板；3—导向套；4—拆卸件；5—弹簧

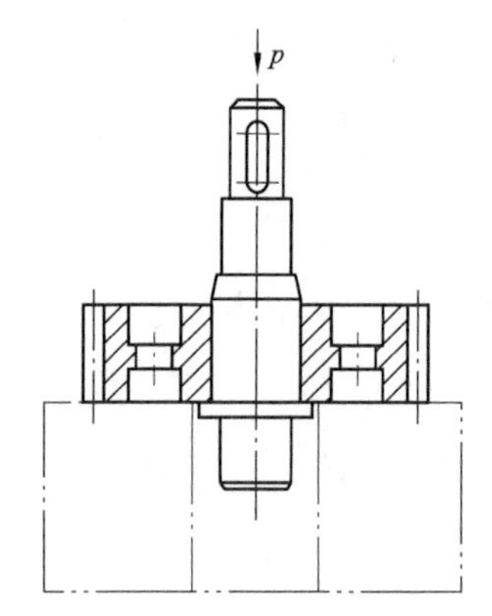

图3-14　用压力机拆卸零件

3）拉拔法。

拉拔法常用一些特殊的螺旋拆卸辅助工具，其样式较多，图3-15（a）所示为可拆滚动轴承、轴套、凸缘半联轴器及带轮等的工具；图3-15（b）所示为利用卡环（两个半圆）拆卸轴承，使轴承受力更均匀；图3-15（c）所示为拆卸损坏零件的工具。

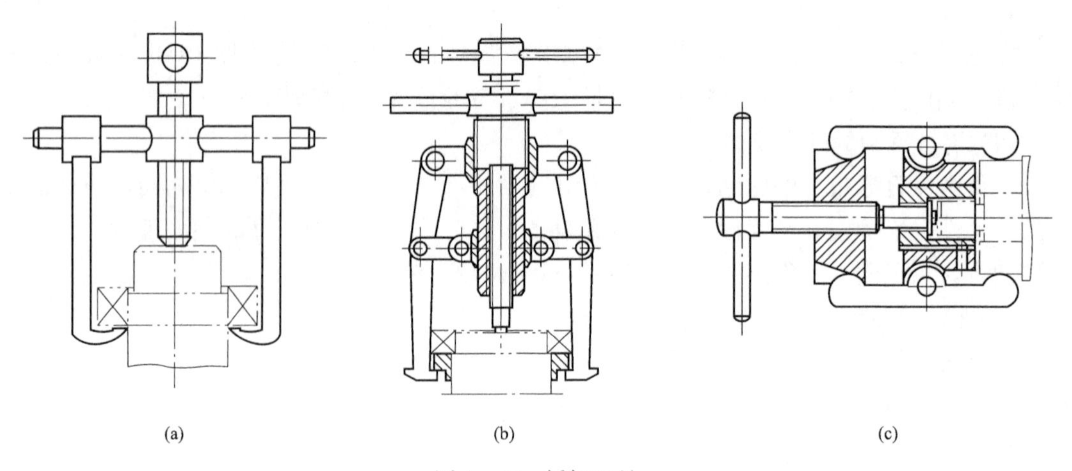

图3-15　拆卸工具

（a）拆卸轴承、皮带轮用的工具；（b）利用卡环拆卸零件；（c）拆卸损坏零件的工具

4）温差法。

温差法是采用加热包容件或冷冻被包容件，同时借助专用工具来进行拆卸的一种方法。温差法适用于拆卸尺寸较大、配合过盈量较大的机件或精度要求较高的配合件。加热

或冷冻必须快速，否则会使配合件一起胀缩使包容件与被包容件不易分开。图 3－16（a）所示是使轴承内圈加热而拆卸轴承，在加热前用石棉把靠近轴承那一部分轴隔离开，然后在轴上套一个套圈使之与零件隔热。用拆卸工具的抓钩抓住轴承的内圈，迅速将加热到100℃的油倒入，使轴承加热，然后拉出轴承。也有用干冰局部冷却轴承外圈，迅速从齿轮中拉出轴承的外圈，如图 3－16（b）所示。

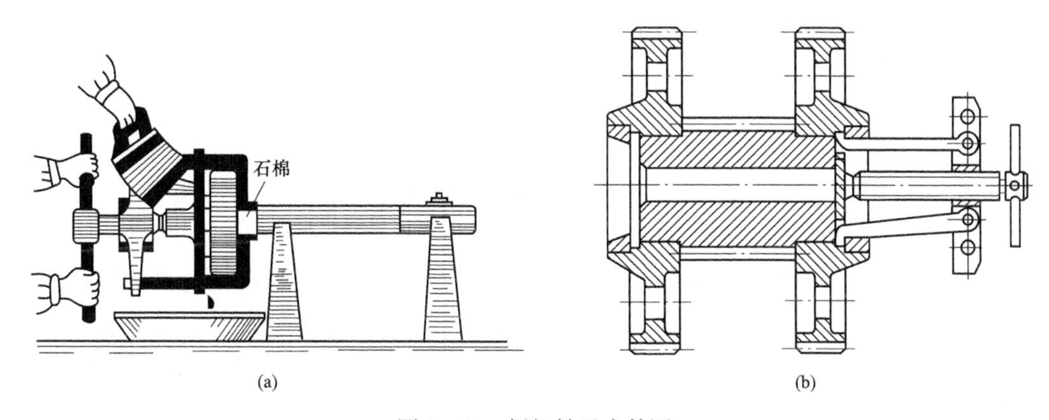

图 3－16　拆卸轴承内外圈

（a）用热胀法拆卸轴承内圈；（b）用冷缩法拆卸轴承外圈

5）破坏法。

对于必须拆卸的焊接、铆接、胶接及难以拆卸的过盈连接等固定连接件，或因发生事故使花键轴扭曲变形、轴与轴套咬死及严重锈蚀而无法拆卸的连接件，可采用车、锯、錾、钻、气割等方法进行破坏性拆卸。

2. 清洗

（1）零件清洗与清理的内容。

装配前，要清除零件上残存的型砂、铁锈、切屑、研磨剂及油污等。对孔、槽及其他容易残存污垢的地方，更要仔细清洗。

装配后，应对配钻、配铰、攻螺纹等加工时产生的切屑进行清除。

试车后，应对因摩擦而产生的金属微粒进行清理和清洗。

（2）零件清洗与清理的注意事项。

对于橡胶制品零部件，如密封圈、密封垫等，严禁使用汽油进行清洗，以防发胀变形，应使用酒精或清洗剂进行清洗。

清洗滚动轴承时，不能采用棉纱进行清洗，防止因棉纱进入轴承内而影响轴承的精度。

清洗后的零件，应待零件比较干燥后，再进行装配。还应注意，零件清洗后，不能放置过长时间，防止灰尘和油污再次将零件弄脏。

有些零件在装配时应分两次进行清洗。第一次清洗后，检查零件有无碰伤和拉伤，齿轮有无毛刺，螺纹有无损伤。对零件上存在的毛刺和轻微碰伤应进行修整。经检查修整后，再进行第二次清洗。

3.3.4 装配作业基本要求

装配作业一般要求（应满足 GB/T 19568《风力发电机组装配和安装规范》要求）

（1）进入装配的零件及部件（包括外购件、外协件）均有检验部门的合格证，方能进行装配。

（2）零部件在装配前应当清理并清洗干净，不得有毛刺、翻边、氧化皮、锈蚀、切屑、油污、着色剂和回程等。

（3）装配前应对零部件的主要配合尺寸，特别是过盈配合尺寸及相关精度进行复查。经钳工修正过的配合尺寸，应进行复检，合格后方可进行装配，并有复检报告存入该机组档案。

（4）除有特殊规定外，装配前应将零件尖角和锐边倒钝。

（5）装配过程中零部件不允许磕伤、碰伤、划伤和锈蚀。

（6）油漆未干的零部件不得装配。

（7）对每一装配工序，都要有装配记录，并存入设备档案。

（8）零部件的各润滑处装配后应按照装配规范要求注入润滑油（润滑脂）。

3.3.5 过盈连接的装配

1. 压装

（1）压装采用的方法选取，如表 3-5 所示。

表 3-5　压装工艺方法及设备

装配方法	主要设备和工具	工艺特点	适用范围
冲压压入	手锤或重物冲击	简单，但导向不易控制，易出现歪斜	适用于配合面要求较低或长度较短的过盈配合连接件，如销、键、短轴等。多用于单件生产
工具压入	螺旋式，杠杆式，气动、液压压入工具	导向性比冲击压入好，生产效率较高	适用于不宜用压力机压入的小尺寸连接件，如小型轮圈、轮毂、齿轮、套筒、连杆、套筒和一般要求的轴承等。易于实现压入过程自动化，或批量生产中广泛使用
压力机压入	立式或卧式压力机	压力在 1000kN 以上	用于压入大型、重型连接件，多用于单件或小批生产

（2）压装时压入力的估算。

压入力的计算按式（3-1）计算

$$p = p_{max} \pi d_1 L_1 \mu \tag{3-1}$$

式中　p——压入力，N；

p_{max}——结合表面承受的最大单位压力，N/mm^2；

d_1——结合直径，mm；

L_1——结合长度，mm；

μ——结合表面摩擦系数，各种材料表面摩擦系数（见表 3-6）。

表 3-6　　各种材料表面摩擦系数 μ

材料	μ	
	无润滑	有润滑
钢—钢	0.07～0.16	0.05～0.13
钢—铸钢	0.11	0.07
钢—结构钢	0.10	0.08
钢—优质结构钢	0.11	0.07
钢—青铜	0.15～0.20	0.03～0.06
钢—铸铁	0.12～0.15	0.05～0.10
铸铁—铸铁	0.15～0.25	0.05～0.10

最大单位压力的计算：

最大压入力 p_{max} 的计算按式（3-2）计算

$$p_{max}=\frac{\delta_{max}}{d_1\left(\frac{C_2}{E_2}+\frac{C_1}{E_1}\right)} \tag{3-2}$$

其中

$$C_2=\frac{d_2^2+d_1^2}{d_2^2-d_1^2}+\upsilon \tag{3-3}$$

$$C_1=\frac{d_2^2+d_1^2}{d_2^2-d_1^2}-\upsilon \tag{3-4}$$

式中　δ_{max}——最大过盈量，mm；

C_2、C_1——系数，计算式见式（3-3）和式（3-4）；

E_2、E_1——分别为包容件和被包容件的材料弹性模量，N/mm^2；

d_2、d_1——分别为包容件和被包容件的内径（实心轴 $d_1=0$），mm；

υ——泊松系数，材料的弹性模量及泊松系数（见表 3-7）。

表 3-7　　材料的弹性模量及泊松系数

<table>
<tr><th rowspan="2">材料</th><th rowspan="2">弹性模量 E
（kN/mm²）</th><th rowspan="2">泊松系数 υ</th><th colspan="2">线胀系数 α（×10⁻⁶/℃）</th></tr>
<tr><th>加热</th><th>冷却</th></tr>
<tr><td>碳钢　低合金钢
合金结构钢</td><td>200～235</td><td>0.30～0.31</td><td>11</td><td>−8.5</td></tr>
<tr><td>灰口铸铁 HT150
HT200</td><td>70～80</td><td>0.24～0.25</td><td>11</td><td>−9</td></tr>
<tr><td>灰口铸铁 HT250
HT300</td><td>105～80</td><td>0.24～0.26</td><td>10</td><td rowspan="3">−8</td></tr>
<tr><td>可锻铸铁</td><td>90～100</td><td>0.25</td><td>10</td></tr>
<tr><td>非合金球墨铸铁</td><td>160～180</td><td>0.28～0.29</td><td>10</td></tr>
<tr><td>青铜</td><td>85</td><td>0.35</td><td>17</td><td>−15</td></tr>
<tr><td>铝合金</td><td>69</td><td>0.32～0.36</td><td>21</td><td>−20</td></tr>
<tr><td>镁铝合金</td><td>40</td><td>0.25～0.30</td><td>25.5</td><td>−25</td></tr>
</table>

(3) 压装的技术要求：

1) 压装的轴套允许有引入端，其导向锥角为10°~20°，倒锥长度不大于配合长度的5%。

2) 实心轴压入盲孔时，允许开排气槽，槽深应不大于0.5mm。

3) 压入件表面除特殊要求外，压装时应涂清洁的润滑剂。

4) 采用压力机压入时，其压力机的压入力一般为所需压入力的3~3.5倍，压装过程中压力变化应平稳。

2. 热装

(1) 热装加热方法的选取，如表3-8所示。

表3-8　　热装工艺方法及设备

装配方法	主要设备和工具	工艺特点	适用范围
火焰加热	喷灯、氧炔焰、丙烷加热炉等	加热温度低于350℃，操作简便，温度不易控制	适用于中小件或局部加热的重型和大型连接件
介质加热	沸水槽、蒸汽加热槽、热油槽	沸水槽加热温度80~100℃，蒸汽加热槽温度可到120℃，热油槽可达90~320℃，均可使简介件除油干净、热胀均匀	适用于过盈量小的连接，如滚动轴承、液体静压轴承、连杆、衬套、齿轮。对忌油连接件可用沸水或蒸汽加热
电阻加热和辐射加热	电阻炉、红外线辐射加热箱	加热温度可达400℃以上，热胀均匀、表面清洁、加热温度容易控制	使用于中小型连接件
感应加热	感应加热器	加热温度可达400℃以上，加热时间短、调节温度方便、热效率高	适用于采用重型或热重型过盈配合的大中型连接件

(2) 热装温度的选择。

热装时包容件的加热温度计算：

加热时包容件的加热温度可按推荐式(3-5)计算

$$t_n = \frac{e_{on}}{\alpha d_1} + t = \frac{\Delta_1 + \Delta_2}{\alpha d_1} + t \tag{3-5}$$

式中　t_n——包容件加热温度,℃；

e_{on}——包容件内径的热涨量，mm（等于过盈量Δ_1与热装时最小间隙Δ_2之和）；

α——材料的线胀系数，1/℃；

d_1——结合直径，mm；

t——环境温度,℃。

热装时的最小间隙选用如表3-9所示。

表3-9　　热装时的最小间隙选用　　单位：mm

参数	参数指标							
直径 d	>80-100	>100-120	>120-150	>150-180	>180-220	>220-260	>260-310	>310-360
装配间隙 Δ_2	0.1	0.12	0.20	0.25	0.30	0.38	0.46	0.54
直径 d	>360-440	>440-500	>500-560	>560-630	>630-710	>710-800	>800-900	>900-1000
装配间隙 Δ_2	0.66	0.75	0.84	0.94	1.10	1.20	1.40	1.60
直径 d	>1000-1120	>1120-1250	>1250-1400	>1400-1600	>1600-1800	>1800-2000		
装配间隙 Δ_2	1.80	2.00	2.20	2.60	2.90	3.20		

(3) 热装的技术要求。

1) 油浴加热零件的加热温度，应比所用油的闪点低20～30℃。

2) 热装后零件应自然冷却，不允许快速冷却。

3) 零件热装后应靠近轴肩或其他相关定位面，冷缩后的间隙不得超过配合长度的0.3/1000。

4) 加热和保温时间的经验数据，一般可按照10mm厚度需要10min的加热时间，40mm厚度需要10min的保温时间。

3. 冷装

(1) 冷装时，常用冷却方法的选择如表3-10所示。

表3-10　　冷装工艺方法及设备

装配方法	主要设备和工具	工艺特点	适用范围
干冰冷缩	干冰冷缩装置	可冷至－78℃，操作简便	适用于过盈量小的小型连接件和薄壁衬套
低温箱冷缩	各种类型低温箱	可冷至－40～－140℃，冷缩均匀，表面洁净，温度易于控制，生产效率高	适用于配合面精度较高的连接件
液氮冷缩	移动式或固定式液氮槽	可冷至－195℃，冷缩时间短，生产效率高	适用于过盈量较大的连接件
液氧冷缩	移动式或固定式液氧槽	可冷至－180℃，冷缩时间短，生产效率高	适用于过盈量较大的连接件

(2) 冷装时，零件的冷却温度及时间的确定方法。冷装时的冷却温度应控制合适，可按推荐式(3-6)计算

$$t_c = \frac{e_u}{\alpha d_1} = \frac{2\Delta_1}{\alpha d_1} \tag{3-6}$$

式中　t_c——冷却温度，℃；

e_u——被包容件外径的冷缩量，mm；

α——材料的线胀系数，1/℃；

d_1——结合直径，mm；

Δ_1——过盈量，mm。

零件的冷却时间按式(3-7)计算

$$T_c = k\delta + 6 \tag{3-7}$$

式中　T_c——零件冷却所需时间，min；

δ——被冷却件的最大半径或壁厚，mm；

k——与零件材质和冷却介质有关的综合系数，min/mm。

材料与冷却介质系数如表3-11所示。

表3-11　　材料与冷却介质系数

零件材质		钢	铸铁	黄铜	青铜
冷却介质	液态氮	1.2	1.3	0.8	0.9
	液态氧	1.4	1.5	1.0	1.1

（3）冷装的技术要求：

1）制冷零件取出后应立即装入包容件。

2）对零件表面有厚霜者，不得装配，应重新冷却。

3）冷装后零件应自然升温、不允许快速加热。

4）零件冷装后应靠近轴肩或其他相关定位面，升温后的间隙不得超过配合长度的0.3/1000。

3.4 螺纹紧固件的安装与拆卸

3.4.1 螺纹紧固件的类型

1. 螺纹类型

螺纹有外螺纹和内螺纹之分，共同组成螺纹副使用。起连接作用的螺纹称为连接螺纹，起传动作用的螺纹称为传动螺纹。按螺纹的旋向可分为左旋及右旋，常用的为右旋螺纹。螺纹的螺旋线数分单线、双线及多线，连接螺纹一般用单线。螺纹又分为米制和英制两类，我国除管螺纹外，一般都采用米制螺纹。

常用螺纹的类型主要有普通螺纹、管螺纹、矩形螺纹、梯形螺纹、锯齿形螺纹。前两种主要用于连接，后三种主要用于传动。

2. 螺纹连接类型

螺纹连接的主要类型有螺栓连接、双头螺柱连接、螺钉连接、紧定螺钉连接。其中螺栓连接还可分为普通螺栓连接（螺栓与孔之间留有间隙）和铰制孔螺栓连接（孔与螺栓杆之间没有间隙，常采用基孔制过渡配合）两种结构。螺纹连接的主要类型结构、尺寸关系、特点和应用如表3-12所示。

表3-12　　螺纹连接的主要类型

类型	结构	尺寸关系	应用
螺栓连接	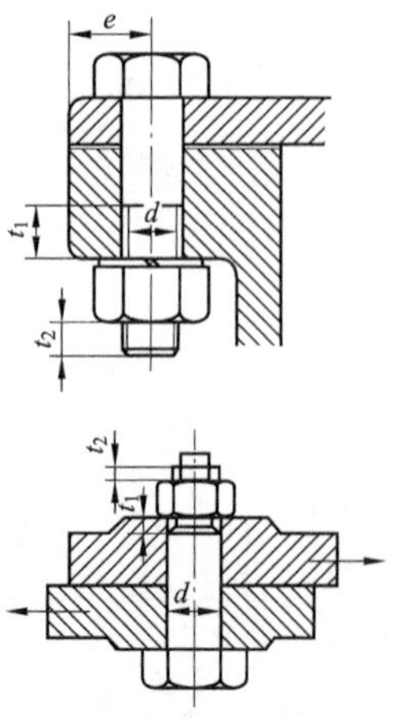 e d t_1 t_2	螺纹预留长度 t_1，静载荷 $t_1 \geqslant (0.3\sim0.5)d$；冲击载荷 $t_1 \geqslant d$；变载荷 $t_1 \geqslant 0.75d$。铰制孔用螺栓 t_1 尽可能小，螺纹伸出长度 $t_2 \approx (0.2\sim0.3)d$。螺栓轴线到边缘的距离 $e=d+(3-6)$ mm	用于通孔，螺栓损坏后容易更换

续表

类型	结构	尺寸关系	应用
双头螺柱连接	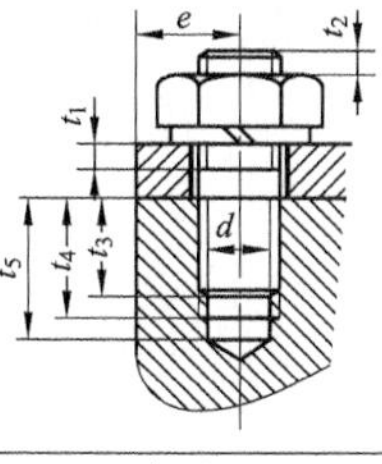	座端拧入深度 t_3，当螺孔为钢或青铜 $t_3 \approx d$；铸铁 $t_3 \approx (1.5 \sim 2.5)d$；铝合金 $t_3 \approx d$。螺纹孔深度 $t_4 = t_3 + (2 \sim 2.5P)$。钻孔深度 $t_5 = t_4 + (0.5 \sim 1)d$。$t_1$、$t_2$、$e$ 值同螺栓连接	多用于盲孔，被连接件需经常拆卸时
螺钉连接	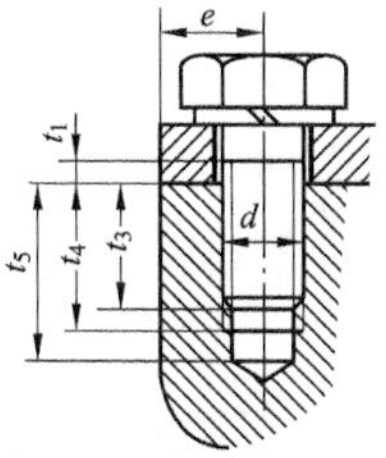		多用于盲孔，被连接件很少拆卸时
紧定螺钉连接	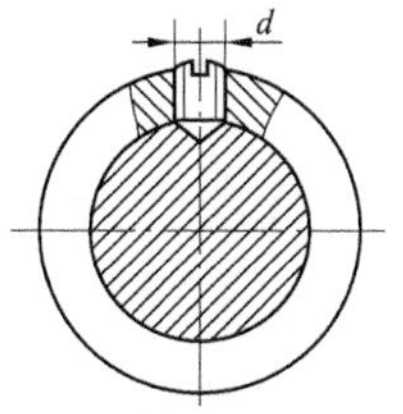		用于固定两个零件的相对位置，可传递不大的力和转动

3.4.2 螺纹紧固件的预紧

1. 螺纹紧固件预紧的基本要求

螺栓、螺钉和螺母紧固时严禁打击或使用不合格的旋具和扳手。紧固后螺钉槽、螺母和螺钉、螺栓头部不得损坏。

有规定拧紧力矩要求的紧固件，应采用力矩扳手按规定的力矩值拧紧。未规定拧紧力矩值的紧固件在装配时也要严格控制，其拧紧力矩值可参考如表 3-13 所示。

表 3-13　　紧固件拧紧力矩表

螺栓性能等级	螺栓公称直径（mm）										
	6	8	10	12	16	20	24	30	36	42	48
	拧紧力矩 T_n（N·m）										
5.6	3.3	8.5	16.5	28.7	70	136.3	235	472	822	1319	1991
8.8	7	18	35	61	149	290	500	1004	1749	2806	4236
10.9	9.9	25.4	49.4	86	210	409	705	1416	2466	3957	5973
12.9	11.8	30.4	59.2	103	252	490	845	1697	2956	4742	7159

注 1. 用于粗牙螺栓；
2. 拧紧力矩偏差为±5%；
3. 拧紧力矩载荷按 $70\%\sigma_b$ 计算；
4. 材料摩擦系数 $\mu = 0.125$；
5. 所给数值为使用润滑剂的螺栓，未使用润滑剂的螺栓拧紧力矩为表 3-13 中值的 133%。

同一零件用多件螺钉或螺栓连接时，各螺钉或螺栓应交叉、对称、逐步、均匀拧紧，这样保证连接受力均匀。如有定位销，应从定位销开始拧紧。

螺钉、螺栓和螺母拧紧后，其支撑面应与被紧固零件贴合，并做好标记。

螺母拧紧后，螺栓头部应露出2～3个螺距。

沉头螺钉紧固后，沉头不得高出沉孔端面。

2. 螺纹紧固件的常用预紧方法

(1) 扭矩法。

采用专门的扭力扳手，如手动扭力扳手、测力扳手、液压扭力扳手、电动或风动扭力扳手等。使用这种方法操作简单，也是目前采用最广泛的预紧方法，但是由于螺栓头部和螺纹之间的摩擦随被连接件表面状况和润滑状态不同，其摩擦系数变化很大，因此其误差较大。在紧固件螺纹上涂少许润滑油膏，使所有紧固件获得均匀的摩擦阻力。由于紧固方法简单、效率高，风力发电机组的螺栓中多采用扭矩法。

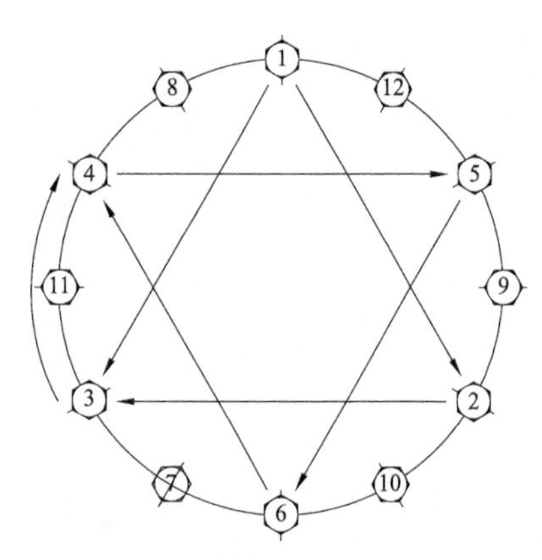

图3-17 星形图法预紧螺栓顺序

对于同一零件用多件螺钉或螺栓连接时，常采用以下方法：

1) 分步紧固法。

通常分两步或三步进行，第一步先进行预紧，第二（三）步再完全拧紧，二步预紧法，每个循环通常采用总拧紧力矩值的50%和100%。三步预紧法，每个循环通常采用总拧紧力矩值30%、70%和100%。

2)“十字”交叉法或星形图法拧紧。

采用“十字”交叉对角预紧或采用星形图法预紧，以保证螺栓组受力均匀，星形图法预紧螺栓顺序如图3-17所示。

通常以上两种方法组合使用，可在圆周上获得均匀的紧固效果。

3) 同步紧固法。

用多台工具将螺栓组进行对称分组，同时进行预紧，以达到均匀的预紧力。通常采用同步预紧的工具有液压力矩扳手或螺栓拉伸器，同步法通常有二同步、四同步或多同步等。

(2) 扭角法。

将螺栓组预拧紧后（通常200N·m）后，再旋转一定的角度。采用这种方法不受摩擦系数及润滑条件的影响，较扭矩法准确。但是扭转的角度难用精确测量，通常都用估算法。螺栓预紧后，下次的检测较为困难，通常只能检查拧紧的标记。在风电机组上应用较少。

(3) 拉伸法。

用液压拉伸器将螺栓拉伸到一定的载荷或一定的长度后，将螺母手动锁紧。使用这种方法螺栓只承受拉伸载荷，不承受扭矩和剪切力。预紧力只与拉伸有关，与其他外部因素无关。风电机组叶片和地脚螺栓的预紧常使用此方法。

3.4.3 螺纹紧固件的拆卸

紧固件的拆卸可采用与预紧相同的工具拆卸，但是遇到紧固件锈蚀的情况，可采用螺纹松动剂松动后拆卸。对于采用以上方法仍无法拆卸的情况，可以采用螺母破拆器拆卸，对于拆卸过程中断裂的紧固件，可采用以下工艺方法拆除。

1. 断丝取出

螺柱（螺栓、螺杆、螺钉）由于锈蚀或拆装时用力过大等原因，都可能被扭断，尤其是在通用机械装备上作为固定或连接用的螺柱（螺栓、螺杆、螺钉）更易发生扭断，使一部分螺柱残留于基体内不易取出而影响正常工作。可以采取多种方法，如锯、錾、攻、焊或折断螺栓取出器等方法，快速将断螺柱取出。

（1）用錾削法将断头螺柱取出。

对于断头螺柱稍露出基体的情况，通常的做法是用錾子从螺栓折断处沿着螺栓旋进的相反方向小心錾削，借助錾削时产生的扭矩和冲击力将断螺栓旋出。这种方法一般用于螺栓配合不太紧的场合。

（2）用冲击螺丝刀击打将断头螺柱取出。

这种方法用于断头螺柱稍露出连接基体的情况，只需要将断头螺柱露出部分的端面锉平，接着在其上锯出一字形或十字形槽，然后用一字形或十字形冲击螺丝刀击打，最后用普通螺丝刀即可将断头螺柱旋出。若露出部分较长，也可直接用大力钳或管子钳将断头螺柱夹住并旋出。

（3）用钻孔法结合楔铁将断头螺柱取出。

这种方法是利用钻削破坏螺柱，从而将残余部分取出。以M18的断螺柱为例：首先，取一段长度合适的圆钢，在钻床上钻出12mm的内孔，制成一个套筒。将套筒放在螺栓的折断位置，并且用老虎钳将其夹紧（便于操作），然后选用10mm的钻头，用手电钻插入套筒内孔钻孔（采用这种方法钻孔的目的是，保证所钻的孔不歪斜，从而保证钻孔时不伤及螺栓孔的螺纹，同时保证拧出断螺栓时的扭力均匀）。钻好孔后，选用合适的带锥度方形楔铁击打入孔中，用活络扳手夹住楔铁头部反向拧转，即可旋出断螺栓。

（4）用塞孔焊工艺将断头螺柱取出。

该法对比较难旋的大直径断头螺柱很有效，尤其是断头螺柱不露头的情况。

1）根据断头螺柱尺寸选用合适的六角螺母或方螺母，注意螺母螺纹直径 D（螺纹大径）必须小于断螺柱螺纹小径 d_2，目的是防止电弧将熔化的金属把螺柱和基体熔为一体，而无法取出断螺柱。一般取用螺母比断头螺柱小一规格，如螺柱为M20，则可配用M16的螺母。

2）根据常用的螺柱、螺母材料（一般为35号结构钢），使用普通低碳结构钢焊条即可，如E4303，焊条直径不宜过大，通常采用 $\phi 2.5$mm焊条，便于焊接工作时焊条在圆孔内运行。塞孔焊工艺如图3-18所示。

3）施行塞孔焊。操作时将螺母放于基体上并保证与断螺柱同心；先在螺母内断螺柱端头中心处，用低电弧、短时间断续点焊，每点焊一次清理一次焊渣和飞溅，经过多次点

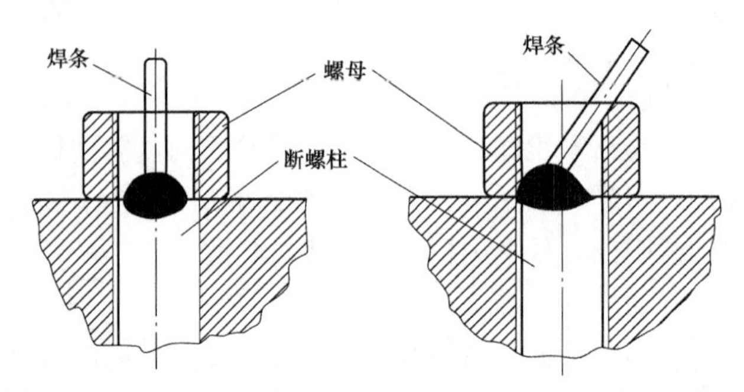

图 3-18　塞孔焊工艺

焊，在其端部堆焊成一圆底边直径略小于断螺柱螺纹小径的凸形圆头。凸头焊成后，倾斜焊条沿螺孔内下边缘和凸头之间对称点焊。点焊时仍需低电弧、短时间进行，均匀间断点焊一周后即清理一次焊渣，然后将未焊部位点焊封闭补齐，这样使螺柱凸头与螺母孔内壁熔为一体。为了保证有足够的扭转强度，调大焊接电流进行塞孔焊。有时为了防止螺柱端部与基体熔为一体，可用直径 1～2 mm 的铁丝卷一个略小于螺母螺纹小径的圆环，放于螺柱端部即螺孔内下部再进行点焊。

4）旋取断螺柱。断螺柱凸头与螺母焊为一整体后，稍候趁尚热时用扳手沿旋出方向轻轻拧转，将断螺柱从基体拧出。

对于尺寸较大的断螺柱，也可采用合适的钢管代替螺母，焊后用管子钳旋动钢管将断螺柱旋出。

（5）用断丝取出器将断头螺柱取出。

目前市场销售的断丝取出器一般由一组钻头、取出器体组成，有时还在工具盒内配上一支铰手架或一组钻套。钻头即为普通的麻花钻头，用于在断头螺栓的中心钻孔，取出器体是一种由合金工具钢制造并经热处理工艺制成的带有反向螺旋的圆锥形物体。

1）使用方法。

螺栓由于锈蚀或拆装时用力过大等原因，都可能被折断，被留在机体中的那部分断螺栓，需用折断螺栓取出器取出。使用时，首先根据被折断的螺栓的直径选取合适的钻头，在断螺栓的中心钻一盲孔，如图 3-19（b）所示，然后选取合适的取出器体放入已钻好的孔中，如图 3-19（c）所示，用活动扳手或铰手架夹住取出器体尾部，逆时针转动，即可将断裂在机体中的螺栓取出。另外，由于螺栓的内六角或外六角失效，无法取出时，也可

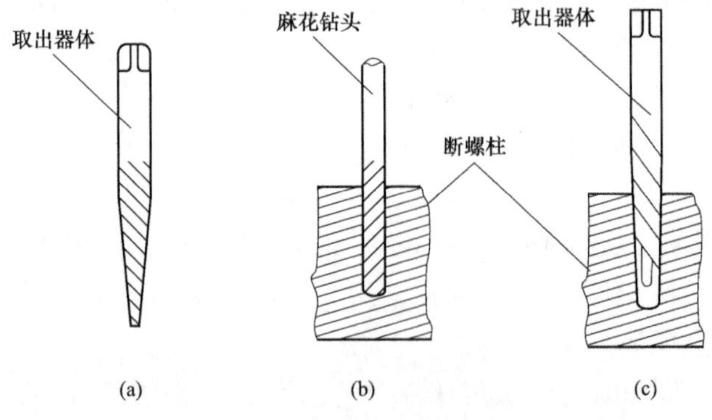

图 3-19　断丝取出器使用方法

用此工具取出。

2）使用注意事项。折断螺栓取出器常出现取出器体折断、崩刃等失效现象，为此应注意在旋转取出器体取出折断螺栓时严禁用力过猛，防止取出器体被折断。受其工作条件限制，取出器体的直径较小（特别是小号的取出器体），带有沟槽，易产生应力集中，无法承受较大的扭矩。因此在取出折断螺栓作业时，若发现转动取出器体的阻力较大，应找出原因，一般是由于锈蚀严重所至，可采取松动剂浸润或振动等方法，去除锈蚀阻力，再取出折断螺栓。

3）几点建议：

a. 上述几种方法应根据实际情况灵活选用，也可组合运用。

b. 在旋出断螺柱前应先行滴注适量的润滑油，最好能喷涂专用的螺栓松动剂。

c. 旋出断螺柱后应用合适的丝锥将螺纹再加工一遍，以清除螺孔中的铁锈和残渣。

d. 在旋入新螺柱前，应先在螺孔内或螺柱上涂抹适量的润滑脂，可有效预防螺柱扭断。

2. 螺母破拆

检修工作中常遇到螺母咬合而无法打开，传统采用动火方法，安全性差、经济性差，易伤设备，液压螺母劈开器可轻松将螺母劈开而不损伤螺栓。螺母劈开器如图 3－20 所示。

图 3－20　螺母劈开器

（1）液压螺母劈开器用途。工业生产广泛使用的螺母在露天高温或腐蚀性环境中，有的被锈蚀咬死，有的由于被砸碰而丝扣受损，要拆卸螺母非常困难，以往通常的做法是用气割将螺母和螺栓一齐割掉，然而在一些特殊工况环境中，有时严禁用火（电）焊操作，如煤矿井下、发电厂的煤粉仓、输油管道高压高温管道路等处，要更换螺母、螺栓就更让人束手无策。液压螺母劈开器能简便、快捷、安全、高效地解决螺栓螺母的拆卸，不动火，不用电，不损伤螺栓丝扣。

（2）螺母劈开器的使用方法：

1）打开注油螺塞，将手动油泵箱注满 10 号变压器油或 32 号抗磨液压油，并关闭卸荷阀。

2）将螺母劈开器头部孔套入待劈的螺母，并摆正放平。

3）压动手动油泵，使刀头顶出推进至螺母，注意在刀头没有顶到螺母之前，压力表显示为零，劈入螺母后指针开始上升，当刀头劈入螺母 1/2 时，须小心地压动手动油泵，以免用力过猛，劈快速将螺母劈开损伤螺栓丝扣。

4）当听到“叭”的劈裂声时，表明螺母已被劈开，同时，手动油泵压力表指针迅速回零，即停止压动。

5）拧开卸荷阀，劈刀后退回原位，取下劈开器，工作结束。

6）有的螺母也可在劈开的对面再劈一刀，使之分为两瓣，与螺栓分离。

3.5 轴对中

3.5.1 轴对中的基本概念

1. 轴对中的定义

旋转设备通常都有一根轴，如风机、压缩机、齿轮箱、泵等。轴的断面可能是圆的或是椭圆的；在轴向上，可能是直的或是弯曲的；可能在静态是直的，但在旋转过程中是弯曲的。但是，不管轴的几何形状如何，在旋转过程中，总能产生一条回转中心线。如图 3 - 21 所示。

所谓轴对中，就是主动设备与从动设备的回转中心线重合，如图 3 - 22 所示。

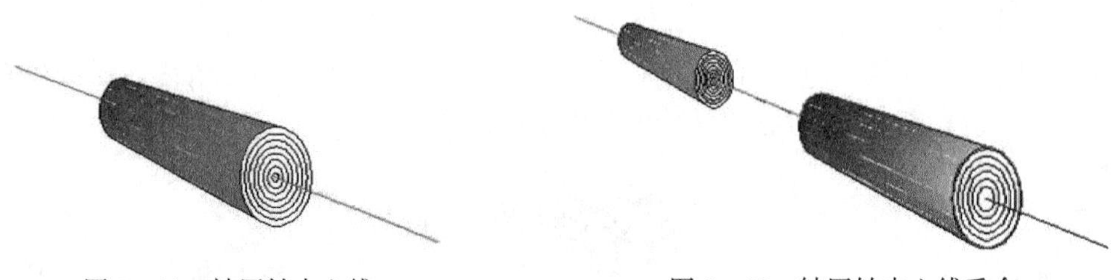

图 3 - 21　轴回转中心线　　　　图 3 - 22　轴回转中心线重合

2. 轴不对中的类型

轴不对中分为平行不对中和角度不对中两种类型，通常的不对中为两种类型的组合形式。平行不对中与角度不对中如图 3 - 23 所示。

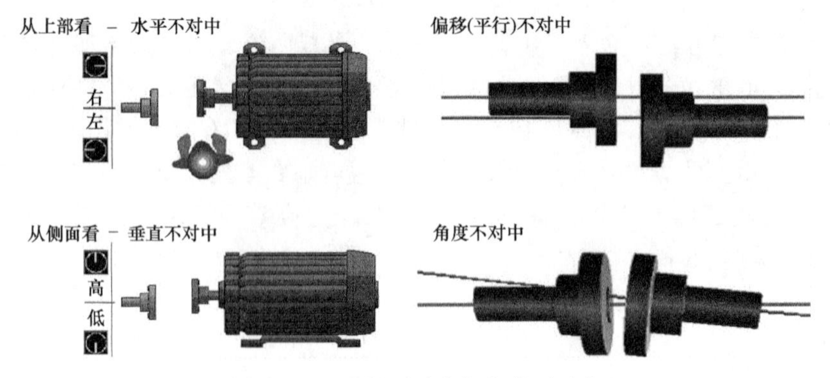

图 3 - 23　平行不对中与角度不对中

3.5.2 轴对中方法

1. 机械法（直刀口/试塞尺法，见图 3 - 24）

确定平行偏差的方向和数量用直尺边缘和塞尺测量，分别测量 180°两点间隙确定角度不对中的方向和数量。

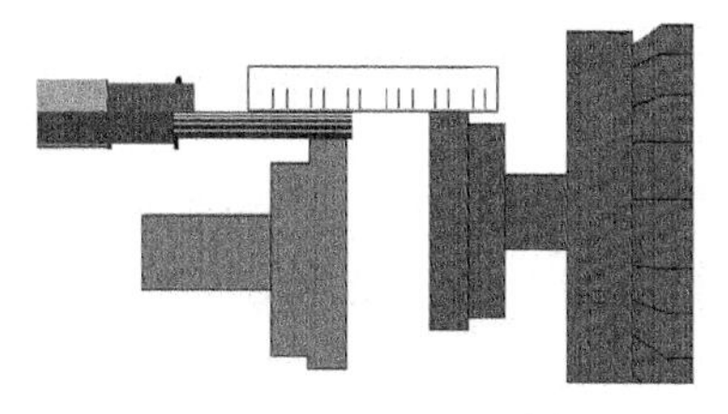

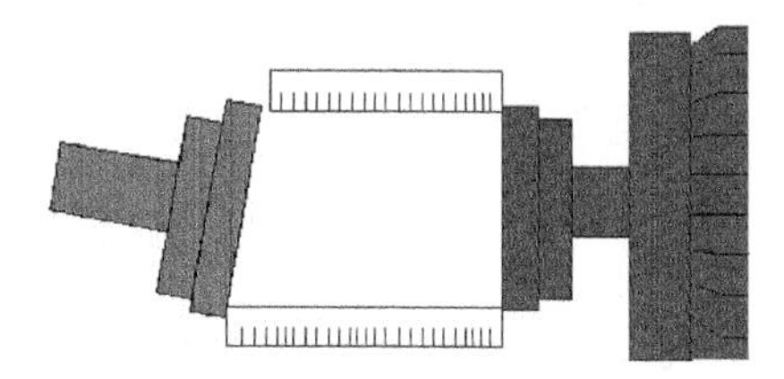

图 3-24 直刀口/试塞尺法

2. 百分表法

主要有两种方法：外圆—端面法和逆转（翻转)—外圆法。

外圆—端面法：用两块百分表测量，外圆百分表测量偏差，端面百分表测量角度，如图 3-25 所示。

逆转（翻转)—外圆法：两块百分表都测量外圆的偏差，角度偏差为两个偏差值间的斜度，能轻易绘出或计算地脚的调整量，如图 3-26 所示。

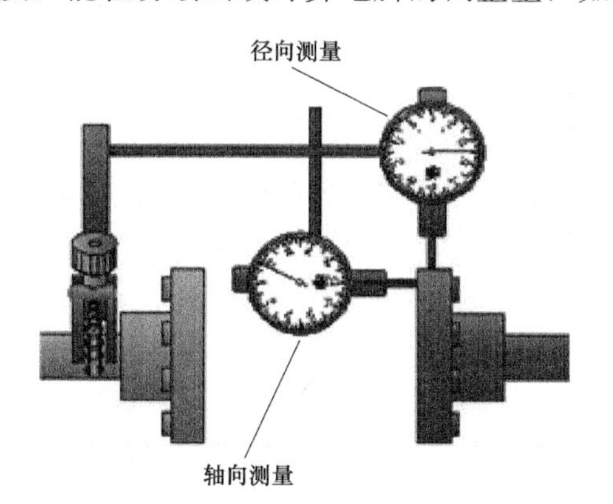

图 3-25 外圆—端面法

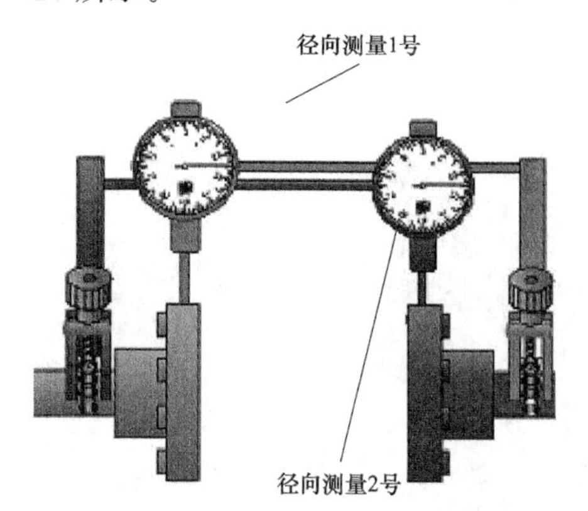

图 3-26 逆转（翻转)—外圆法

3.5.3 激光对中

1. 激光对中系统

激光对中仪采用单激光系统和双激光系统。

单激光系统具有单独或两个探测器（靶子)，如图 3-27 所示。

双激光系统利用 逆转（翻转)——外圆法，如图 3-28 所示。

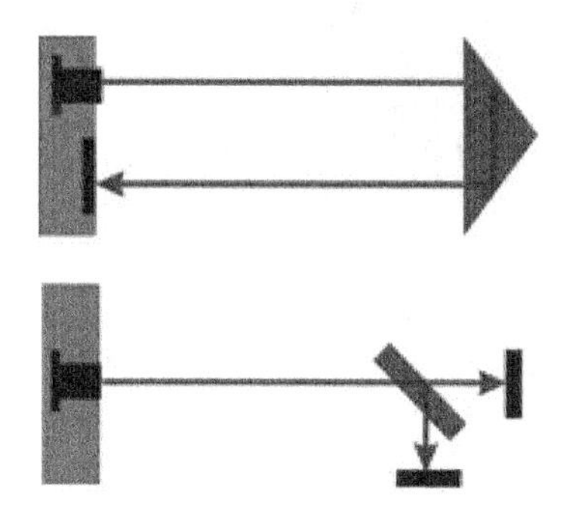

图 3-27 单激光系统

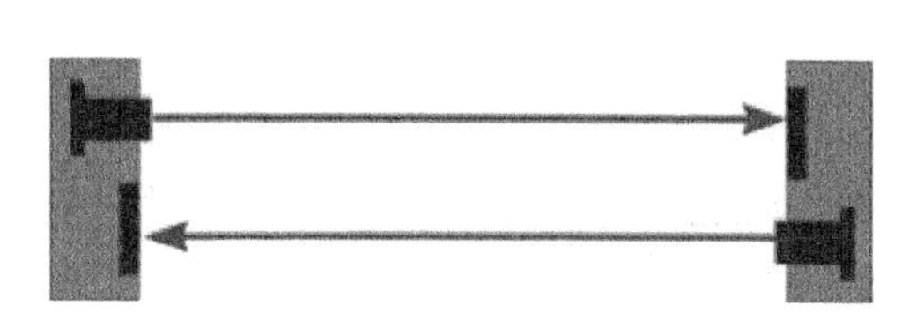

图 3-28 双激光系统

2. 激光对中仪的使用

（1）固定测量单元。

1）S 为测量单元固定在基准端的设备上，M 为测量单元固定在调整端的设备上。

2）S、M 测量单元面对面固定，确保 S、M 单元固定在相同的半径上（等高）、初始角度一致，如图 3－29 所示。

图 3－29　激光对中仪的安装

（2）参数输入。

操作激光对中仪输入相关的参数（单位：mm），输入的参数如图 3－30 所示。

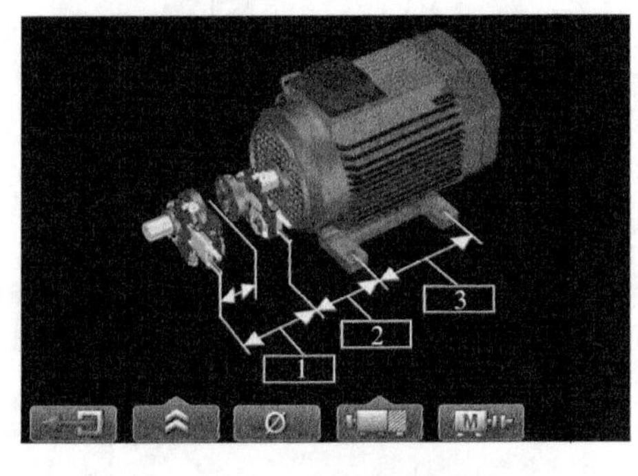

图 3－30　参数输入

1）测量 S、M 探杆中心间距，输入 S、M 测量单元距离。

2）输入 M 单元到第一对地脚的距离。

3）输入第一对地脚到第二对地脚的距离。

（3）粗调。

激光对中仪在测量前需要粗调，粗调步骤按图 3－31 所示。

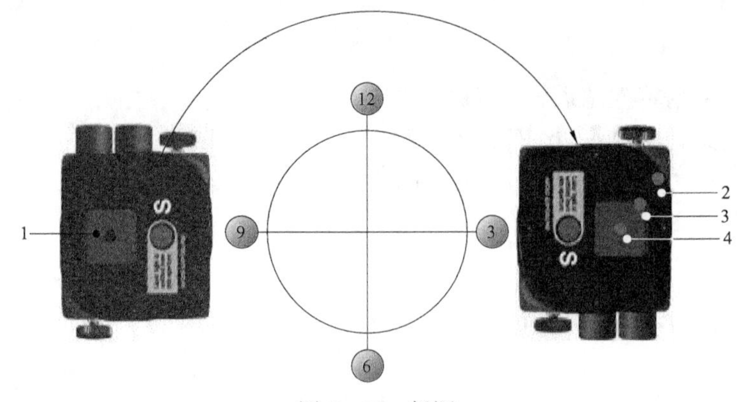

图 3－31　粗调

1）将 S、M 单元转到 9 点钟位置，调整激光束到目标靶的中心位置（1）。

2）转动轴到 3 点钟位置，确认激光束在探测器上的位置（2）。

3）使用激光束调整钮，调整激光束到靶心距离的一半位置（3）。

4）移动可调整机器直到激光打到靶心位置（4）。

（4）测量。

激光对中仪的使用如图3-32所示。

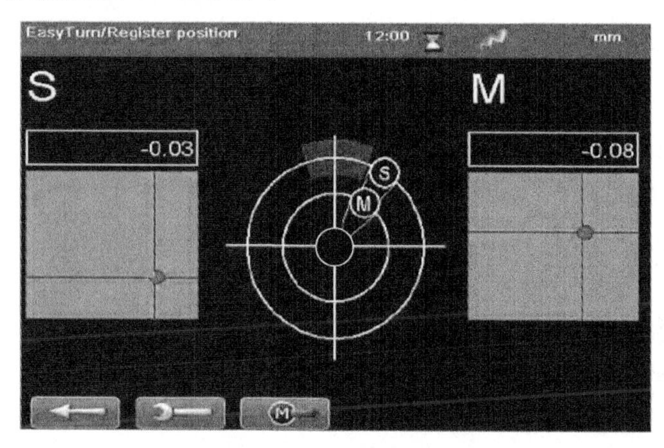

图3-32　测量

1）调整激光束到PSD（接受靶）的中心。如果需要，可以调整测量单元在探杆上的位置（确保S、M测量单元在同一高度），然后调整激光束。

2）按OK记录第一个位置的测量值，第一个位置的测量值自动置为0，然后显示一个红色的角度标记。

3）转动轴超过红色的20°角度标记。

4）按OK键记录第二个位置的测量值。

5）转动轴超过红色的角度标志。

6）按OK键记录第三个位置的测量值。

显示测量结果。

（5）测量结果。激光对中仪清晰地显示偏移值、角度值和地脚值，同时显示水平和垂直方向的实时调整值，调整机器变得更容易。当测量结果在容差范围内，测量值变为绿色，如图3-33所示。

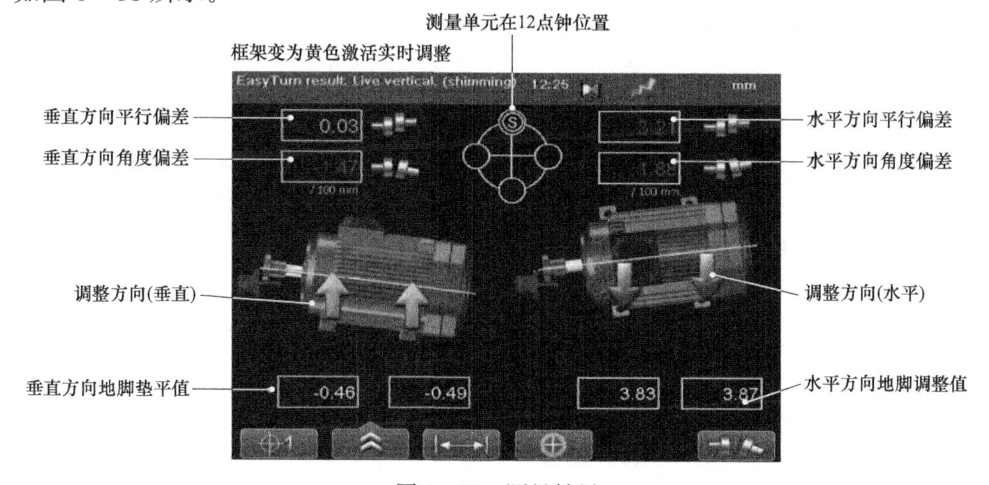

图3-33　测量结果

3.6 起重作业

3.6.1 起重作业基础知识

起重作业是指所有的利用起重机械或起重工具移动重物的操作活动。除了利用起重机械搬运重物外，还使用起重工具，如千斤顶、滑轮、手拉葫芦、自制吊架、各种绳索等，垂直升降或水平移动重物，均属于起重作业范畴。

3.6.2 起重机械

起重机械是指用于垂直升降或者垂直升降并水平移动重物的机电设备，其范围规定为额定起重量大于或者等于0.5t的升降机；额定起重量大于或者等于1t，且提升高度大于或者等于2m的起重机和承重形式固定的电动葫芦等。

1. 起重机械的分类

起重施工可按工件重量划分为以下四个等级：

(1) 超大型：工件重量大于或等于300t或工件高度大于或等于100m；

(2) 大型：工件重量为80～300t或工件高度大于或等于60m；

(3) 中型：工件重量为40～80t或工件高度大于或等于30m；

(4) 小型：工件重量小于40t或工件高度小于30m。

按形式可分为：

(1) 桥架式（桥式起重机、门式起重机）；

(2) 缆索式；

(3) 臂架式（自行式、塔式、门坐式、铁路式、浮式、桅杆式起重机）。

2. 起重术语

(1) 起重施工。

指用机械或机具装卸、运输和吊装工作。

(2) 工件。

设备、构件、其他被起重的物体的统称。

(3) 安全系数。

在工程结构和吊装作业中，各种索具材料在使用时的极限强度与容许应力之比。

(4) 索具。

在起重作业中，用于承受拉力的柔性件及其附件的统称。一般常用索具包括麻绳、尼龙绳、尼龙带、钢丝绳、滑车、卸扣、绳卡、螺旋扣等。

(5) 专用吊具。

为满足起重工艺的特殊要求而设置的设备吊耳、吊装梁或平衡梁等的统称。

(6) 地锚。

用于固定拖拉绳的埋地构件或建筑物，稳定抱杆、使其保持相对固定的空间位置，也可用于稳定卷扬机、钢结构、定滑车和起重机的平衡索。

(7) 吊耳。

设置在工件上，专供系挂吊装索具的部件。

(8) 主吊车。

抬吊被吊装工件顶（或上）部的吊车。

(9) 辅助吊车。

抬吊被吊工件底（或下）部的吊车。

(10) 单吊车吊装。

用一台主吊车和一台或两台辅助吊装进行的吊装。

(11) 双吊车吊装。

用两台主吊车和一台或两台辅助吊车进行的吊装。

(12) 侧偏法吊装。

是提升滑车组动滑车的水平投影偏离设备基础中心，设备吊点位于重心上且偏于设备中心的一侧，在提升滑车组作用下，设备悬空呈倾斜状态，然后由调整索具校正其直立就位的吊装工艺。

(13) 捆绑绳（吊索）。

连接滑车吊钩与重物之间的绳索。

(14) 临界角。

当设备处于脱排瞬时位置，设备重力作用线与尾排支点共线时，设备的仰角（即设备吊装临界角）。

(15) 信号。

在指挥起重机械操作时，常因工地声音嘈杂不易听清，或口音不对容易误解，或距离操作台司机较远无法听见等，故常用信号来指挥，常用的信号有手示信号、旗示信号及口笛信号三种。

(16) 额定起重量。

额定起重量是指起重机在各种工作状况下安全作业时所允许的起吊重物的最大重量，常用 Q 表示，单位为吨（也有为千克的）。

通常起吊重物时，不仅要计算重物的重量，而且还包含起重机吊钩的重量，吊装使用的起重工索具，例如吊索、卸扣以机使用起重专用铁扁担—平衡梁等的重量，这些重量的总和不能大于或超过额定起重量。

(17) 作业半径。作业半径是指起重机吊钩中心线（即被吊重物的中心垂线）到起重机回转中心线的距离，单位为米。

(18) 起重机曲线。起重机曲线是指起重机吊臂曲线，是表示起重机吊臂在不同吊臂长度和不同作业半径时空间位置的曲线，规定直角坐标的横坐标为幅度（即作业半径），纵坐标为起升高度。起升高度是表示最大起升高度随幅度改变的曲线。不难看出，当幅度变小（作业半径变小），起重量增加，起升高度也随之增加，此时的起重机吊臂的仰角也同时增加。同样，同等的变幅，不同的臂长，起重量也有所不同，如图 3－34 所示。

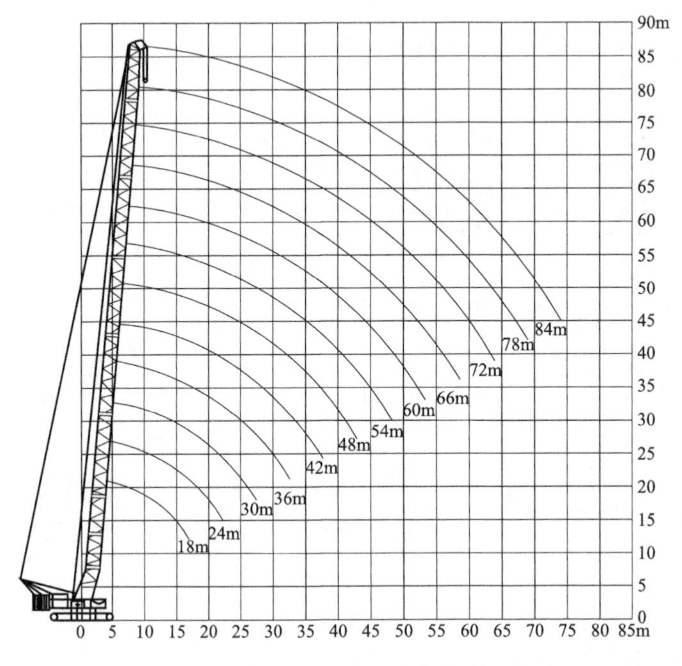

图 3-34 起重机曲线

3.6.3 起重指挥人员使用的手势信号

1. 起重指挥人员通用手势信号及说明（见图 3-35）

A—“预备”（注意），手臂伸直，置于头上方，五指自然伸开，手心朝前保持不动；B—“要主钩”，单手自然握拳，置于头上，轻触头顶；C—“要副钩”，一只手握拳，小臂向上不动，另一只手伸出，手心轻触前只手的肘关节；D—“吊钩上升”，小臂向侧上方伸直，五指自然伸开，高于肩部，以腕部为轴转动；E—“吊钩下降”，手臂伸向侧前下方，与身体夹角约为 30°，五指自然伸开，以腕部为轴转动；F—“吊钩水平移动”，小臂向侧上方伸直，五指并拢手心朝外，朝负载应运行的方向，向下挥动到与肩相平的位置；G—“吊钩微微上升”，小臂伸向侧前上方，手心朝上高于肩部，以腕部为轴，重复向上摆动手掌；H—“吊钩微微下落”，手臂伸向侧前下方，与身体夹角约为 30°，手心朝下，以腕部为轴，重复向下摆动手掌；I—“吊钩水平微微移动”，小臂向侧上方自然伸出，五指并拢手心朝外，朝负载应运行的方向，重复做缓慢的水平运动；J—“微动范围”，双小臂曲起，伸向一侧，五指伸直，手心相对，其间距与负载所要移动的距离接近；K—“指示降落方位”，五指伸直，指出负载应降落的位置；L—“停止”，小臂水平置于胸前，五指伸开，手心朝下，水平挥向一侧；M—“紧急停止”，两小臂水平置于胸前，五指伸开，手心朝下，同时水平挥向两侧；N—“工作结束”，双手五指伸开，在额前交叉。

2. 起重指挥人员专用手势信号（见图 3-36）

A—“升臂”，手臂向一侧水平伸直，拇指朝上，余指握拢，小臂向上摆动；B—“降

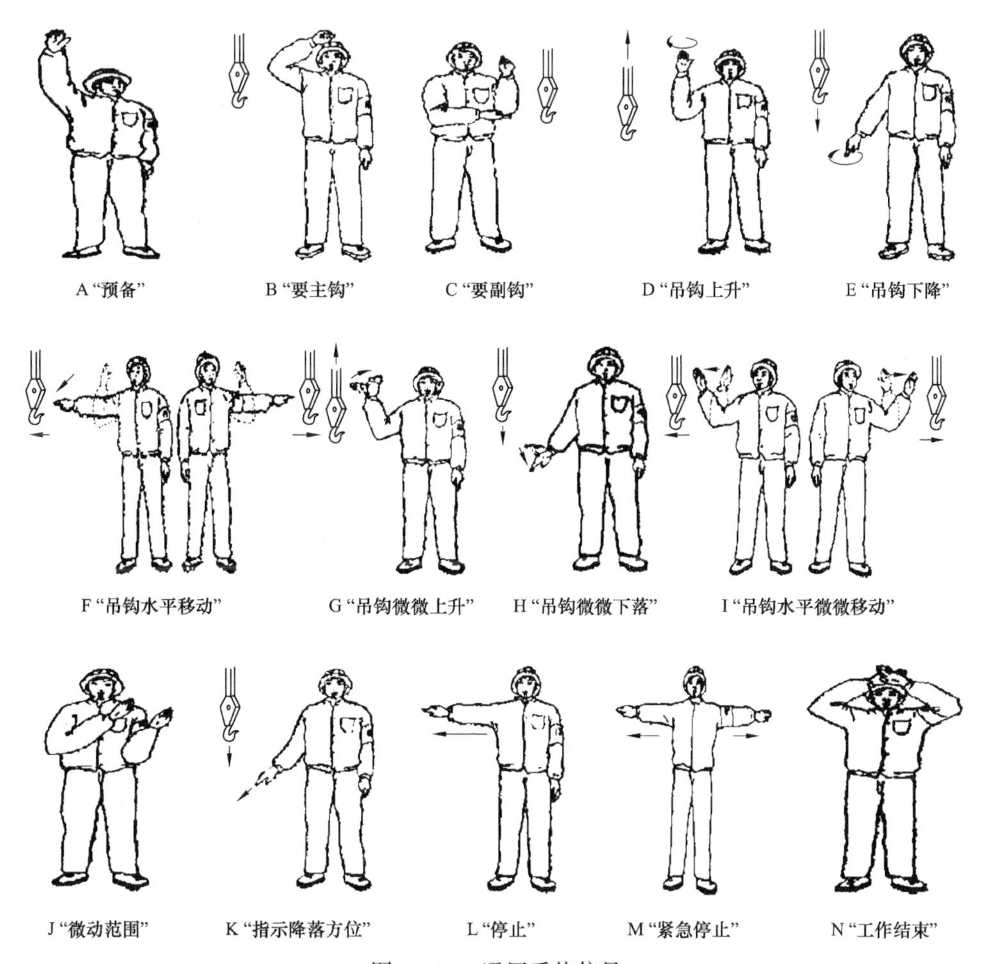

图3－35　通用手势信号

臂”，手臂向一侧水平伸直，拇指朝下，余指握拢，小臂向下摆动；C—“转臂”，手臂水平伸直，指向应转臂的方向，拇指伸出，余指握拢，以腕部为轴转动；D—“微微伸臂”，一只小臂置于胸前一侧，五指伸直，手心朝下，保持不动；另一手的拇指对着前手手心，余指握拢，做上下移动；E—“微微降臂”，一只小臂置于胸前的一侧，五指伸直，手心朝上，保持不动，另一只手的拇指对着前手心，余指握拢，做上下移动；F—“微微转臂”，一只小臂向前平伸，手心自然朝向内侧。另一只手的拇指指向前只手的手心，余指握拢做转动；G—“伸臂”，两手分别握拳，拳心朝上，拇指分别指向两则，做相斥运动；H—“缩臂”，两手分别握拳，拳心朝下，拇指对指，做相向运动；I—“履带起重机回转”，一只小臂水平前伸，五指自然伸出不动；另一只小臂在胸前作水平重复摆动；J—“起重机前进”，双手臂先后前平伸，然后小臂曲起，五指并拢，手心对着自己，做前后运动；K—“起重机后退”，双小臂向上曲起，五指并拢，手心朝向起重机，做前后运动；L—“抓取”（吸取），两小臂分别置于侧前方，手心相对，由两侧向中间摆动；M—“释放”，两小臂分别置于侧前方，手心朝外，两臂分别向两侧摆动；N—“翻转”，一小臂向前曲起，手心朝上，另一小臂向前伸出，手心朝下，双手同时进行翻转。

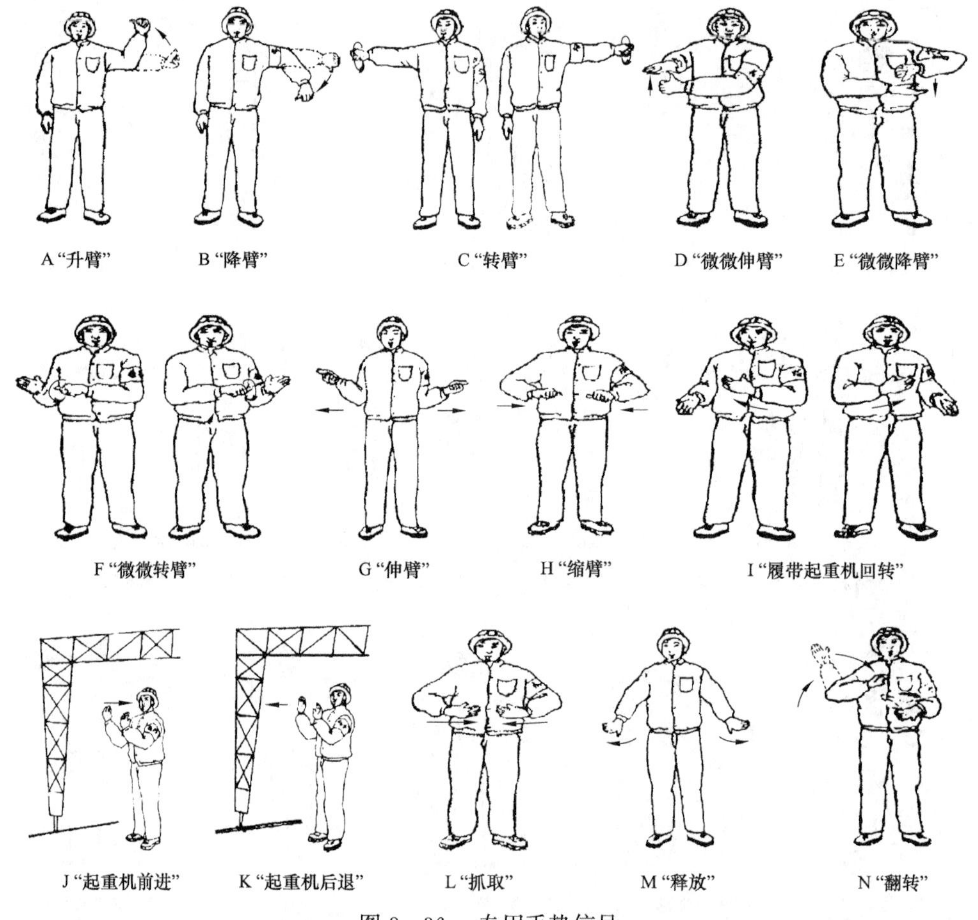

图 3-36　专用手势信号

3.6.4　常用吊索具

1. 钢丝绳索具的使用注意事项

（1）成套钢丝绳索具在使用前，须看清楚标牌上的工作载荷及适用范围，严禁超载使用。

（2）成套钢丝绳索具在使用时，将钢丝绳索具直接挂入吊钩的受力中心位置，不能挂到钩尖部位，如图 3-37 所示。

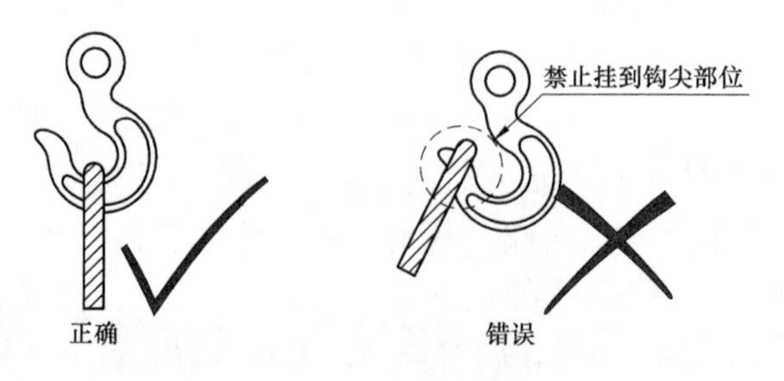

图 3-37　钢丝绳索具（一）

(3) 两根钢丝绳索具使用时，将两根钢丝绳索具直接挂入双钩内，两根钢丝绳索具各挂在双钩对称受力中心位置，四根钢丝绳索具使用时，每两根钢丝绳索具直接挂入双钩时，注意双钩内两根钢丝绳索具不能产生重叠或者相互挤压，四根钢丝绳索具要对称于吊钩受力中心，如图 3－38 所示。

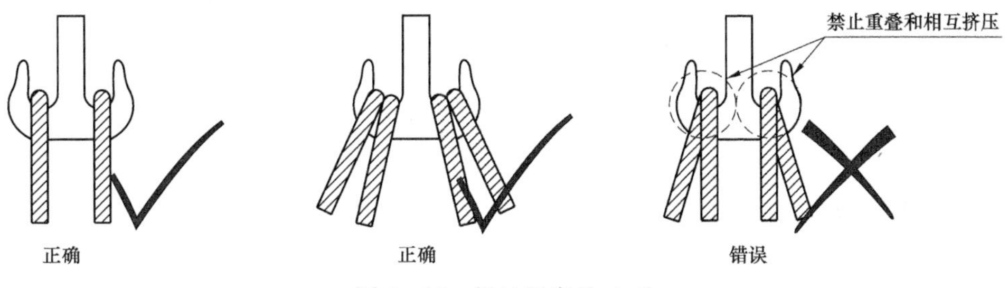

图 3－38 钢丝绳索具（二）

(4) 成套索具吊装时应避免吊装角度超过 60°（以压制钢丝绳索具为例，插编钢丝绳索具同理），如图 3－39 所示。

(5) 钢丝绳索具禁止打结，禁止钢丝绳间直接接触，应加卸扣或吊环隔开（以压制钢丝绳索具为例，插编钢丝绳索具同理），如图 3－40 所示。

(6) 成套钢丝绳索具在负载运行过程中发生异响，应停止使用，等有资质人员检查后再进行处理。

(7) 成套钢丝绳索具在吊装过程中应尽量平稳，人员严禁在物品上通过且吊运物品下面严禁站人。

(8) 钢丝绳索具在运输、安装和使用时避免弯曲受力，以免铝管、螺纹、接头或钢丝绳受到伤害（以压制钢丝绳索具为例，插编钢丝绳索具同理），如图 3－41 所示。

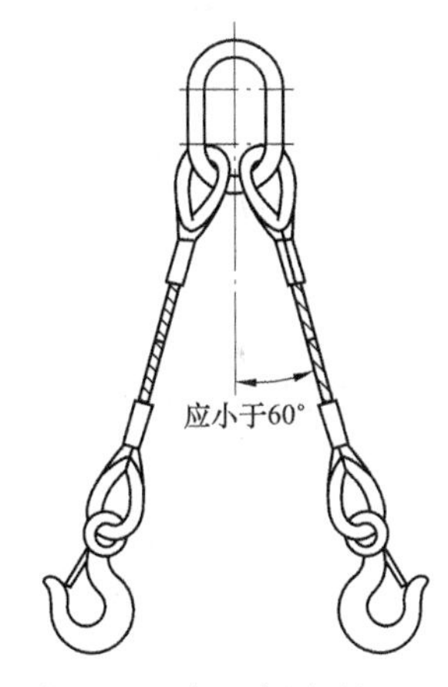

图 3－39 钢丝绳索具（三）

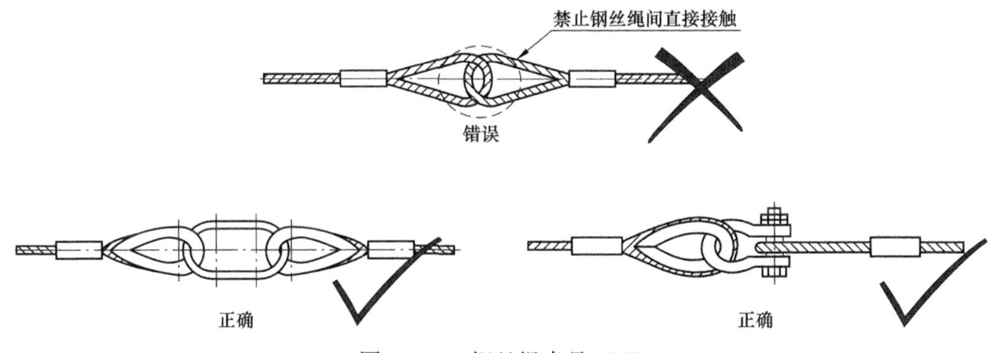

图 3－40 钢丝绳索具（四）

(9) 成套钢丝绳索具在出现以下情况之一时，应禁止使用。

1) 钢丝绳与铝合金压制接头部位有裂纹或滑移变形；插编钢丝绳索具插编部位有严重抽脱。

2) 成套钢丝绳索具各端配件磨损、变形、锈蚀等原因而影响正常使用。

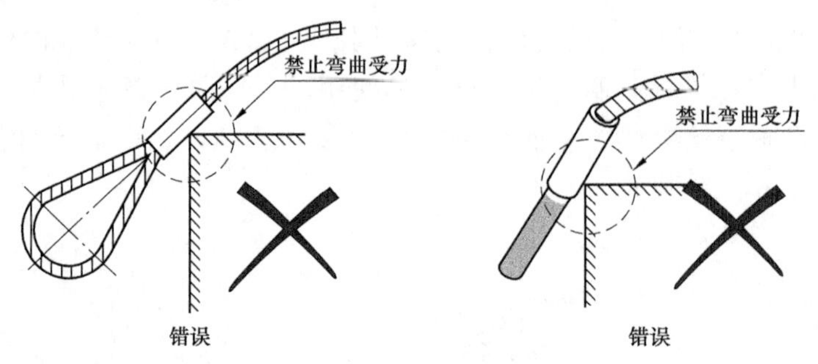

图 3-41　钢丝绳索具

3）成套钢丝绳索具的钢丝绳部分报废标准参照钢丝绳报废标准。

2. 合成纤维吊装带使用注意事项

（1）操作人员在受到培训后方可使用合成纤维吊带。

（2）严禁超载使用。

（3）两根吊装带作业时，将两根吊装带直接挂入双钩内，吊装带各挂在双钩对称受力中心位置，四根吊装带同时使用时，每两根吊装带直接挂入双钩内，注意钩内吊装带不能产生重叠和相互挤压，吊装带要对称于吊钩受力中心，如图 3-42 所示。

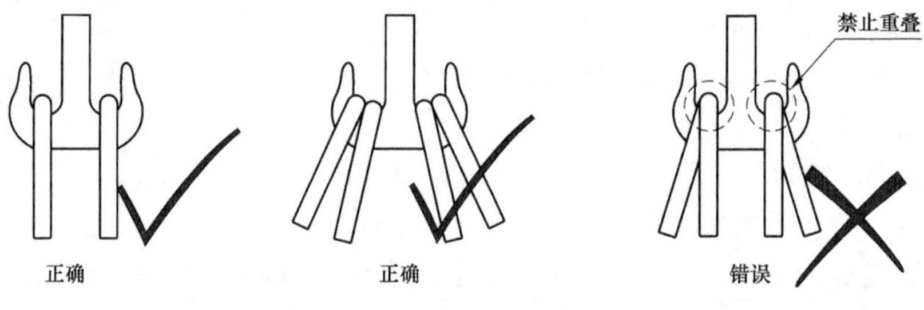

图 3-42　合成纤维吊带（一）

（4）吊装带使用时，不允许采用如图 3-43 所示的拴结方法进行环绕。

（5）吊装带使用时，将吊装带直接挂入吊钩受力中心位置，不能挂在吊钩钩尖部位。合成纤维吊带如图 3-44 所示。

图 3-43　合成纤维吊带（二）　　　图 3-44　合成纤维吊带（三）

（6）在吊装作用中，吊装带不允许交叉、扭转，不允许打结、打拧，应该采用正确的吊装带专用连接件来连接，如图 3-45 所示。

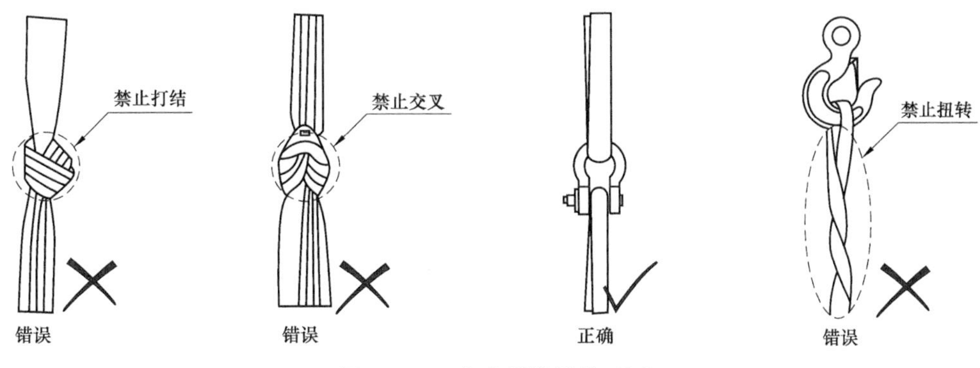

图 3-45 合成纤维吊带（四）

(7) 当遇到负载有尖角、棱边的货物时，必须采取护套、护角等方法来保护吊带，以延长吊装带的使用寿命。严禁在粗糙表面使用吊带，以免吊带被棱角割断和粗糙的表面划伤，如图 3-46 所示。

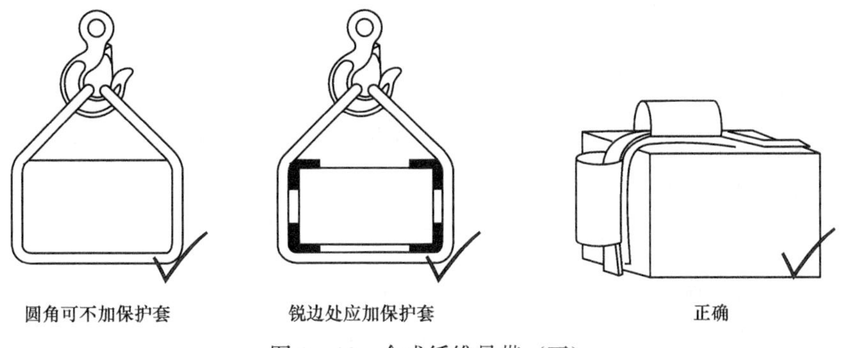

图 3-46 合成纤维吊带（五）

(8) 双匝扼圈捆扎更为安全，如图 3-47 所示。

(9) 使用吊带时，由于吊钩的弯曲部分使扁平吊装带在宽度方向不能均匀承载，受到吊钩内径的影响。吊钩直径太小时，与织带环眼结合得不充分，应采取正确的连接件连接，如图 3-48 所示。

图 3-47 合成纤维吊带（六）　　图 3-48 合成纤维吊带（七）

(10) 圆形吊装带环眼张开角度禁止大于 20°，吊装过程中避免环眼处开裂，如图 3-49 所示。

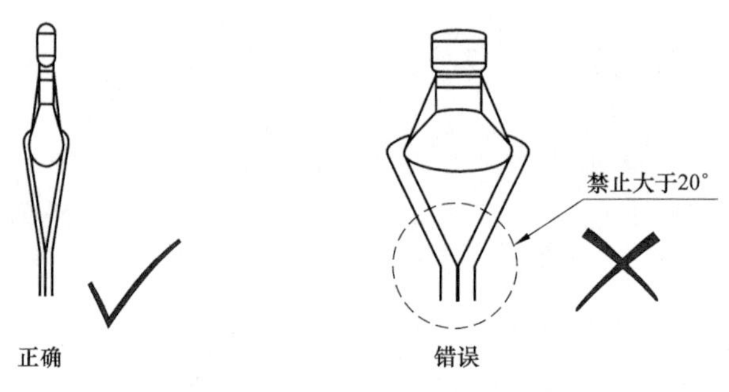

图 3-49　合成纤维吊带（八）

(11) 吊装管类无提示要采取正确的吊装方式，吊装角度过大会产生安全隐患，如图 3-50 所示。

图 3-50　合成纤维吊带（九）

(12) 不应将物品压在吊装带上，会造成吊装带损坏，不应试图将吊装带从下面抽出来，造成危险。应用物体垫起，留出足够的空间以便吊装带顺利拿出来，如图 3-51 所示。

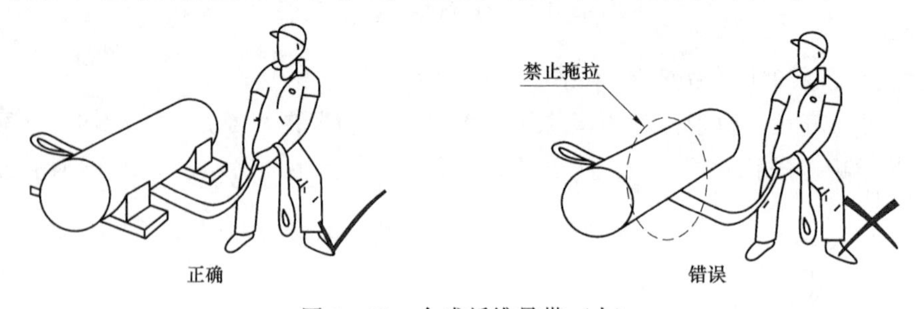

图 3-51　合成纤维吊带（十）

图 3-52　合成纤维吊带（十一）

(13) 吊装带不应在地面或粗糙表面拖拉，如图 3-52 所示。

(14) 使用完毕后吊装带应选择悬挂存放法。

(15) 扁平、圆形吊带发生下列情况之一时，应停止使用。

1) 本体被切割、严重擦伤、带股松散、局部破裂时，应报废，如图 3-53 所示。

2) 表面严重磨损，吊装带异常变形起毛，磨损达

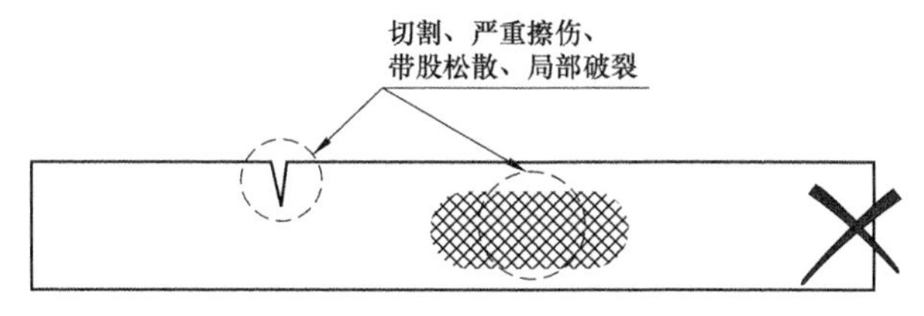

图 3-53 合成纤维吊带（十二）

到原吊装带宽度的 1/10 时，应报废，如图 3-54 所示。

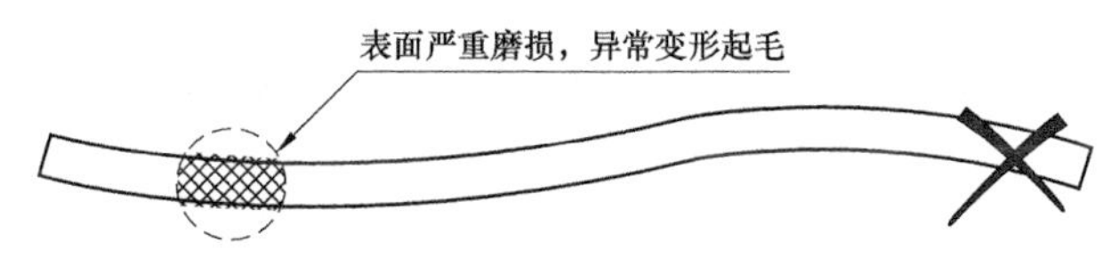

图 3-54 合成纤维吊带（十三）

3）合成纤维出软化或老化（发黄）、表面粗糙、合成纤维剥落、弹性变小、强度减弱时，应报废，如图 3-55 所示。

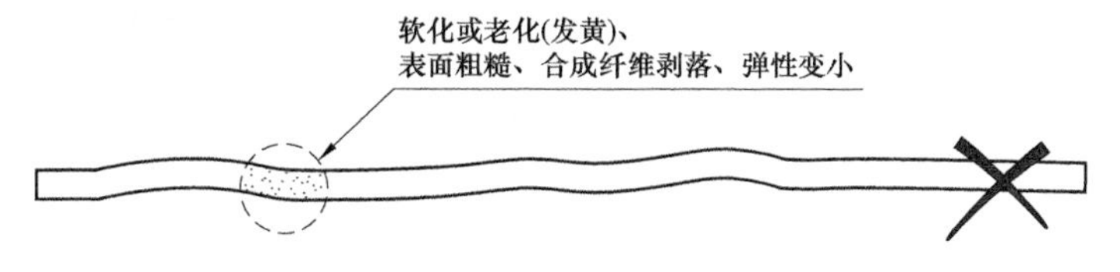

图 3-55 合成纤维吊带（十四）

4）吊装带发霉变质、酸碱烧伤、热融化或烧焦、表面多处疏松、腐蚀时，应报废，如图 3-56 所示。

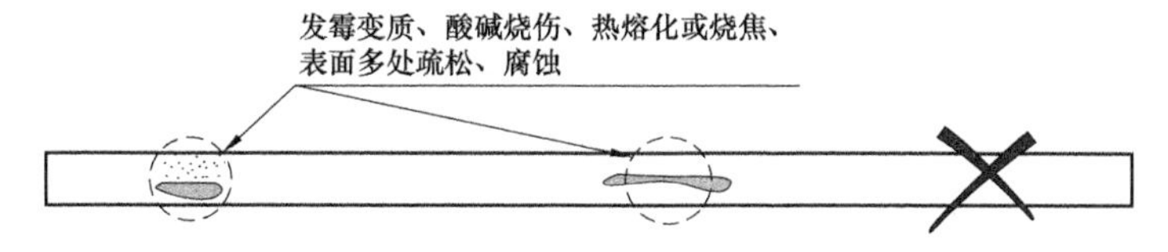

图 3-56 合成纤维吊带（十五）

3. 卸扣使用注意事项

（1）操作人员在受到培训后方可使用卸扣。

（2）作业前，检查所有卸扣型号是否匹配，连接处是否牢固、可靠。

（3）禁止使用螺栓或者金属棒代替销轴。

（4）起吊过程中不允许有较大的冲击与碰撞。

（5）销轴在承吊孔中应转动灵活，不允许有卡阻现象。

（6）卸扣本体不能承受横向弯矩作用，即承载力应在本体平面内。

（7）在本体平面内承载力存在不同角度时，卸扣的最大工作载荷也有所调整。

（8）卸扣承载的两腿索具间的最大夹角不得大于 120°，如图 3-57 所示。

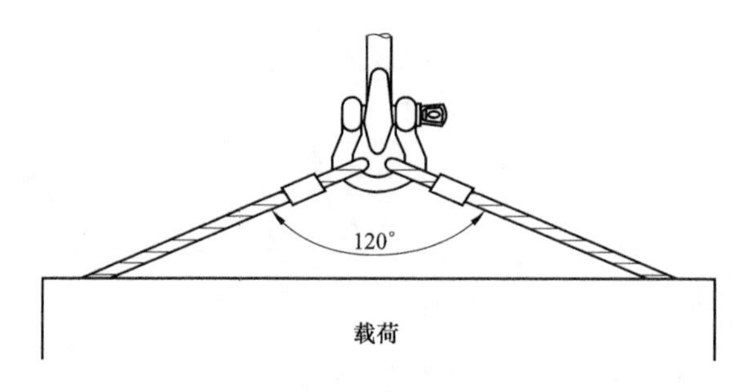

图 3-57　卸扣（一）

（9）卸扣要正确地支撑着载荷，即作用力要沿着卸扣的中心线的轴线上。避免弯曲，不稳定的载荷，更不可以过载，如图 3-58 所示。

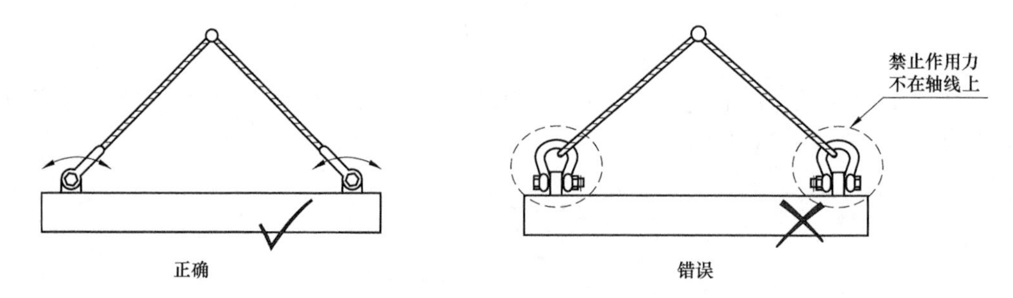

图 3-58　卸扣（二）

（10）避免卸扣的偏心载荷，如图 3-59 所示。

（11）卸扣在与钢丝绳索具配套作为捆绑索具使用时，卸扣的横销部分应与钢丝绳索具的锁眼进行连接，以免索具提升时，钢丝绳与卸扣发生摩擦，造成横销转动，导致横销与扣体脱离，如图 3-60 所示。

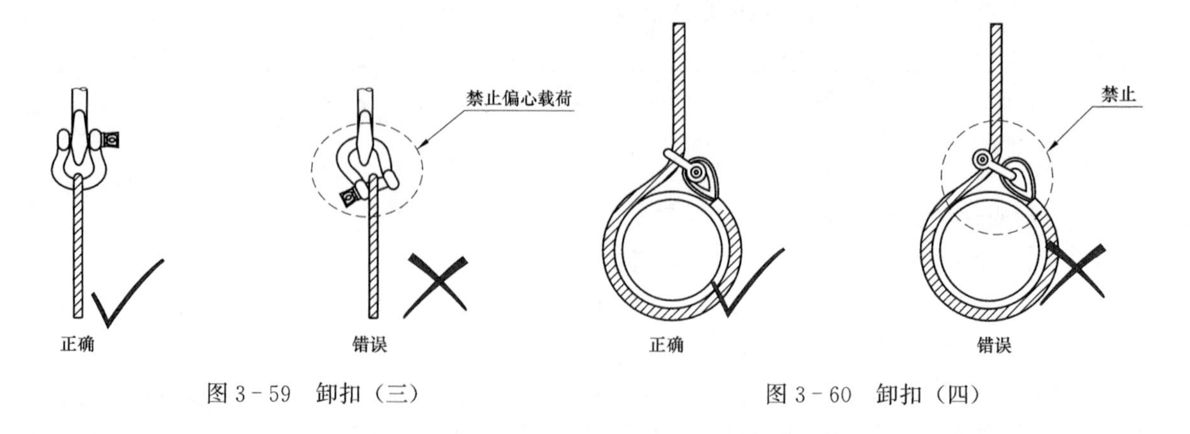

图 3-59　卸扣（三）　　图 3-60　卸扣（四）

（12）根据使用的频度、工况条件、恶劣程度应该确定合理的检查周期，定期检查周期不应低于半年，最长不超过一年，并做检验记录。

（13）如果在高温环境中使用，载荷减小应考虑，如表 3-14 所示。

表 3-14 卸扣许用载荷与工作温度对照表

温度（℃）	温度升高载荷减少后的新额载
≤120	原额定载荷的 100%
120～200	原额定载荷的 90%
200～300	原额定载荷的 75%
400 以上	不允许

（14）卸扣发生下列情况之一时，应禁止使用。

1）卸扣本体及销轴的任何一处，用肉眼观测时有裂纹，应立即报废。

2）磁粉探伤和超声波探伤有裂纹时，应立刻报废。

3）卸扣本体有明显变形、销轴有变形不能转动时，应立即报废。

4）卸扣本体及销轴的任何一处截面磨损量超过名义尺寸 10%时，应立即报废。

5）卸扣本体及销轴有大面积腐蚀或锈蚀时，应立即报废。

4. 吊环螺钉使用注意事项

（1）操作人员在培训后方可使用吊环。

（2）选用正确的螺纹型号、等级和长度的吊环。

（3）工作载荷、螺纹规格、批号、厂商标记是否清晰可辨。

（4）每一个吊环在使用前必须要认真检查，请检查吊环是否已经被损伤变形。

（5）吊环必须旋至与支撑面紧密贴合，不允许使用工具扳紧，并且确保螺纹和螺纹孔配合紧密。

（6）对于按照 GB 699 生产的吊环螺钉，起吊方向与垂直方向夹角不超过 45°，如图 3-61 所示。

（7）对 RUD VLBG 型号的螺栓型旋转吊环，起吊方向应该在设计受力方向范围内，如图 3-62 所示。

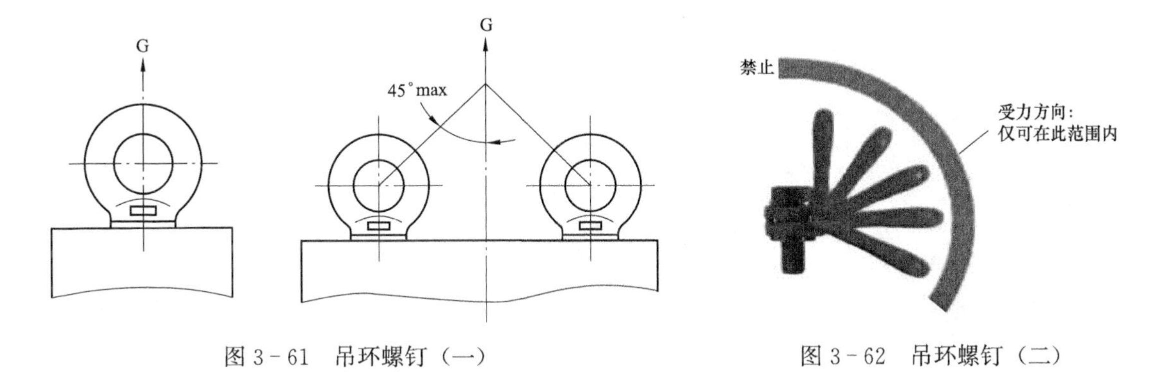

图 3-61 吊环螺钉（一）　　图 3-62 吊环螺钉（二）

（8）对 RUD VWBG 型号的螺栓型旋转吊环在使用时应注意吊环不同起吊方向对应不同的许用载荷值，标称 16（25）T 的 VWBG 吊环许用载荷如图 3-63 所示。

（9）吊环的最大起吊重量为额定载荷，严禁超载使用。

（10）避免在酸、碱中使用吊环。

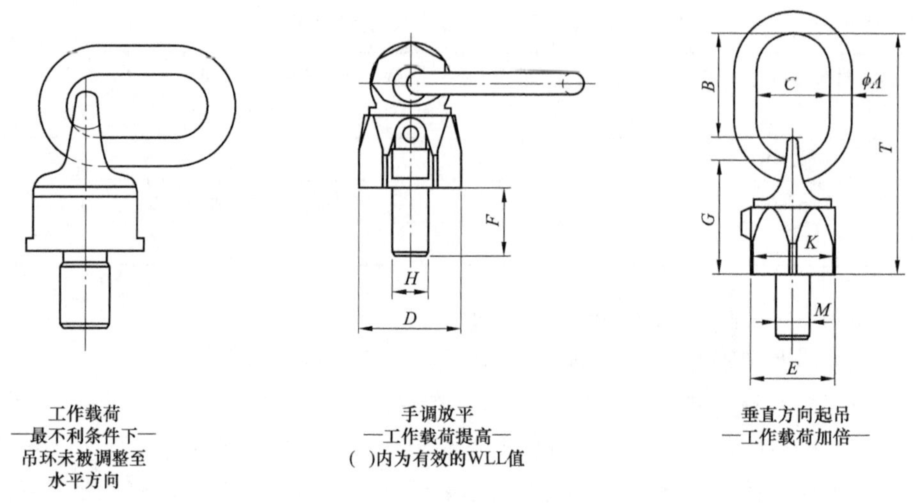

图 3-63　吊环螺钉（三）

（11）避免抢夺或震荡造成吊环的负载。

（12）不要使用已经被切割、热或化学损伤、过度的磨损或有其他缺陷的吊环。

（13）磨损超过截面直径的 10%时，应立刻停止使用。

5. 成套索具使用注意事项

（1）操作人员在培训后方可使用成套索具。

（2）根据所要吊装物体重量，选择合适的成套索具，成套索具严禁超载使用，如图 3-64 所示。

（3）每一个成套索具在使用前必须要认真检查，请检查成套索具是否已经被损伤。

（4）成套索具在使用过程中，不允许交叉或者扭转，不允许打结、打拧，如图 3-65 所示。

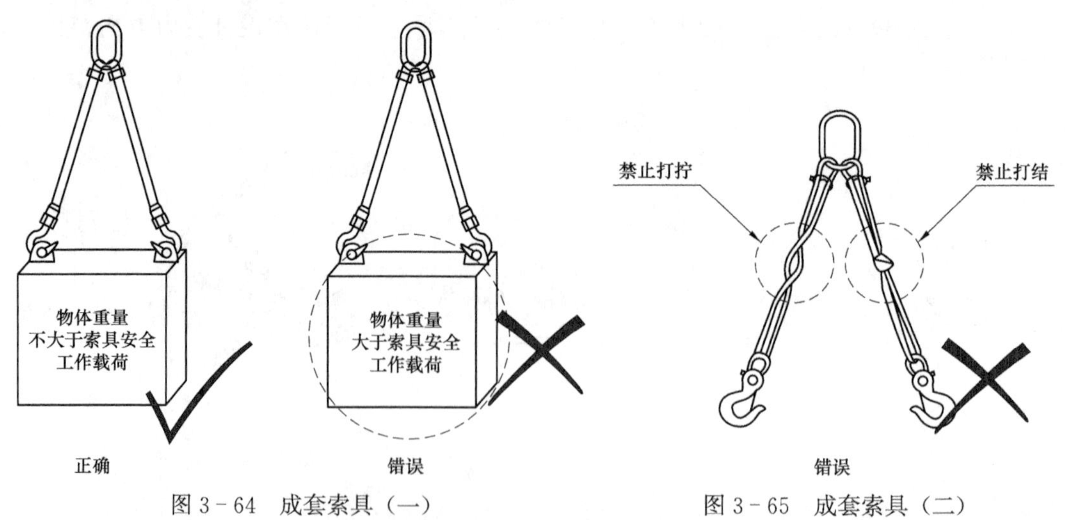

图 3-64　成套索具（一）　　图 3-65　成套索具（二）

（5）成套索具在吊装时，应避免吊装角度 α 超过 60°，如图 3-66 所示。

（6）成套索具（两腿、三腿、四腿）使用过程中，严禁单根吊带索具受力，应使负载均匀分布在每条腿上，如图 3-67 所示。

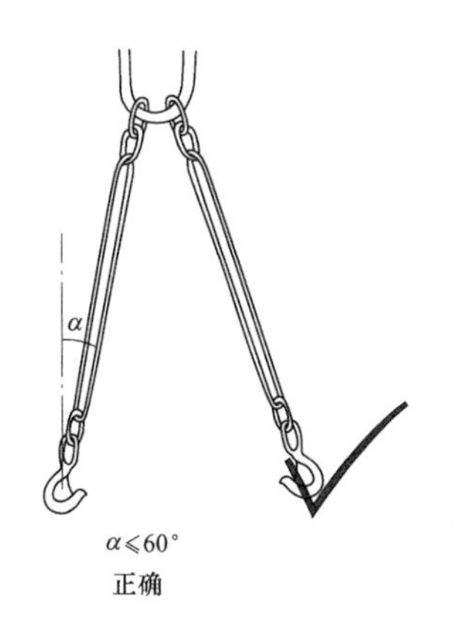

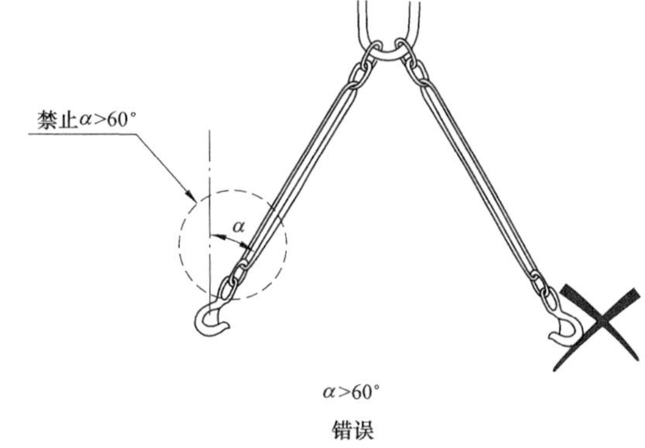

图 3-66 成套索具（三）

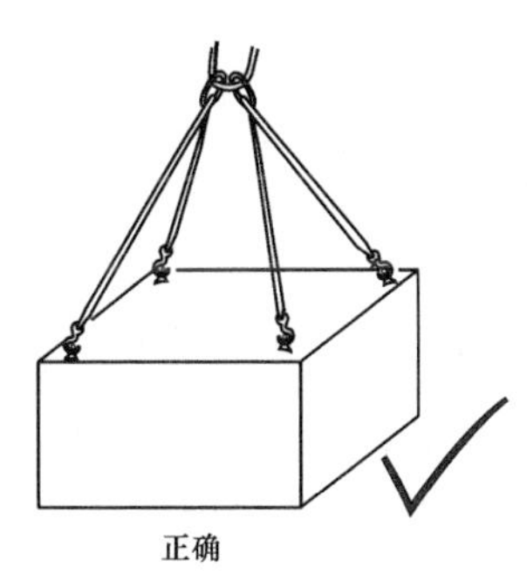

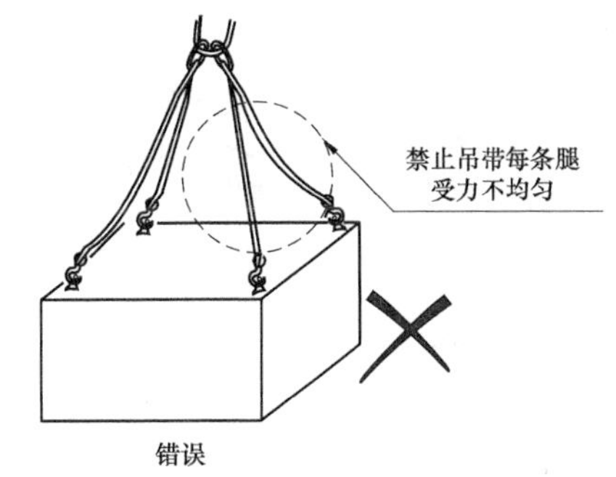

图 3-67 成套索具（四）

(7) 避免在酸、碱中使用成套索具。

(8) 避免强夺或震荡造成成套索具的负载。

(9) 不要使用已经被切割、热或化学损伤、过度的磨损或有其他缺陷的成套索具。

(10) 成套索具发生下列情况之一时，应停止使用。

1) 本体被切割、严重擦伤、带股松散、局部破裂时，应报废。

2) 表面严重磨损，吊装带异常变形起毛，磨损达到原吊装带宽度的 1/10 时，应报废。

3) 合成纤维出软化或老化（发黄）、表面粗糙、合成纤维剥落、弹性变小、强度减弱时，应报废。

4) 吊装带发霉变质、酸碱烧伤、热融化或烧焦、表面多处疏松和腐蚀时，应报废。

5) 成套索具金属件严重碰伤，产生变形影响使用。

6) 成套索具金属件严重锈蚀影响强度。

3.7 检修典型工具

3.7.1 扭矩扳手

1. 扭矩扳手的分类及特点

(1) 手动扭矩扳手。

1) 精度高、常用于生产线。

2) 扭矩设定简单，不需要扭矩对照表。

(2) 液压扭矩扳手。

1) 扭矩大，适用于大螺栓的紧固与拆卸。

2) 操作空间小。

(3) 气动、电动扭矩扳手。

1) 效率比液压扳手高。

2) 精度较低，常用于螺栓的初预紧。

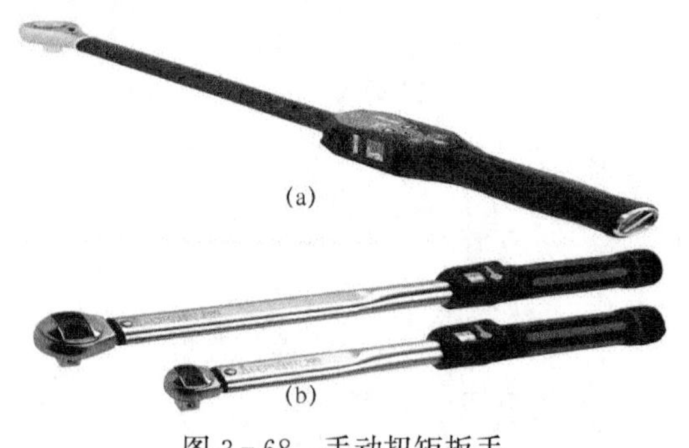

图 3-68　手动扭矩扳手

(a) 示值式；(b) 预置式

2. 手动扭矩扳手类型（见图 3-68）

(1) 示值式：

1) 指针式；

2) 数显式。

(2) 预置式。

3. 手动扭矩扳手使用注意事项

(1) 不能使用预置式扭力扳手去拆卸螺栓或螺母。

(2) 严禁在扭力扳手尾端加接套管延长力臂，以防损坏扭力扳手。

(3) 根据需要调节所需的扭矩，并确认调节机构处于锁定状态才可使用。

(4) 使用扭力扳手时，应平衡缓慢地加载，切不可猛拉猛压，以免造成过载，导致输出扭矩失准。在达到预置扭矩后，应停止加载。

(5) 预置式扭力扳手使用完毕，应将其调至最小扭矩，使测力弹簧充分放松，以延长其寿命。

(6) 应避免水分侵入预置式扭力扳手，以防零件锈蚀。

(7) 所选用的扭力扳手的开口尺寸必须与螺栓或螺母的尺寸相符合，扳手开口过大易滑脱并损伤螺件的六角。

(8) 为防止扳手损坏和滑脱，应使拉力作用在开口较厚的一边，这一点对受力较大的开口扳手尤其应该注意，以防开口出现“八”字形，损坏螺母和扳手。

(9) 扭力扳手是按人手的力量来设计的，遇到较紧的螺纹件时，不能用锤击打扳手；除套筒扳手外，其他扳手都不能套装加力杆，以防损坏扳手或螺纹连接件。

(10) 扭力扳手使用时，当听到“啪”的一声时，此时是最合适的。

4. 液压扳手及配套专用泵站的主要结构类型

液压扳手主要有方驱型和中空型两种结构形式，如图 3-69 (a) 所示。方驱型与重型套筒配合使用，中空型适用于狭窄的空间，如图 3-69 (b) 所示。

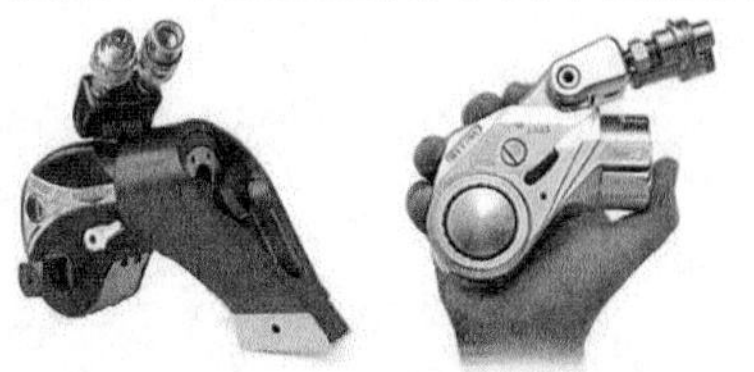

(a)　(b)

图 3-69　液压扳手

(a) 方驱型；(b) 中空型

5. 液压扳手的连接

通过油管将液压扳手与泵站连接，液压扳手即可以正常使用。在连接过程中应注意，接头必须旋紧，不能留有空隙，否则油管接头截止阀（钢珠）会卡住，使油路不通，扳手不能正常工作，如图 3－70 所示。

6. 液压扳手的调试

使用液压扳手之前，应对其进行调试。调试方法为：按住启动开关，顺时针方向旋拧调压阀，将压力从零调至最高，观察压力是否稳定，有无明显漏油的现象。如果一切正常，即可开始正常使用，如图 3－71 所示。

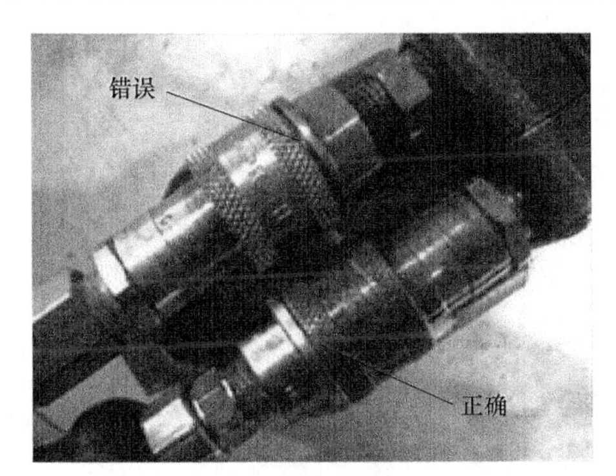

图 3－70　液压扳手连接图

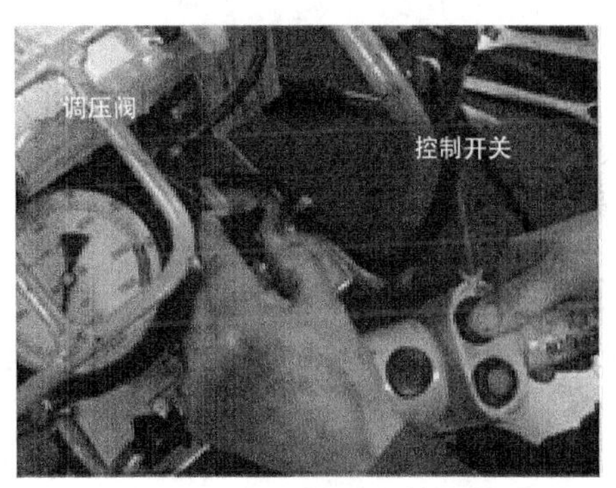

图 3－71　液压扳手调试

注意：在调压前要先将调压阀调到零（顺时针），试压的时候，必须从低向高调。

3.7.2　电工仪表

1. 万用表

万用表是一种多功能、多量程的便携式电子电工仪表，一般的万用表可以测量直流电流、直流电压、交流电压和电阻等。有些万用表还可测量电容、电感、功率、晶体管共射极直流放大系数 hFE 等。万用表是电子电工行业设备检修的必备仪表之一。

万用表一般可分为指针式万用表和数字式万用表两种。

数字式万用表是指测量结果以数字的方式显示的万用表，如图 3－72 所示。

2. 绝缘电阻表

绝缘电阻表俗称兆欧表、摇表，是用来测量大电阻和绝缘电阻的，它的计量单位是兆欧（MΩ）。绝缘电阻表的种类有很多，但其作用大致相同，常用绝缘电阻表的外形如图 3－73 所示。

绝缘电阻表的选择：主要是根据不同的电气设备选择绝缘电阻表的电压及其测量范围。对于额定电压在 500V 以下的电气设备，应选用电压等级为 500V 或 1000V 的绝缘电阻表；额定电压在 500V 以上的电气设备，应选用 1000～2500V 的绝缘电阻表。

测试前的准备：测量前将被测设备切断电源，并短路接地放电 3～5min，特别是电容量大的，更应充分放电以消除残余静电荷引起的误差，保证正确地测量结果以及保证人身和设备的安全；被测物表面应擦干净，绝缘物表面的污染、潮湿对绝缘的影响较大，而测量的目的是为了解电气设备内部的绝缘性能，一般都要求测量前用干净的布或棉纱擦净被测物，否则达不到检查的目的。

图 3-72　数字式万用表

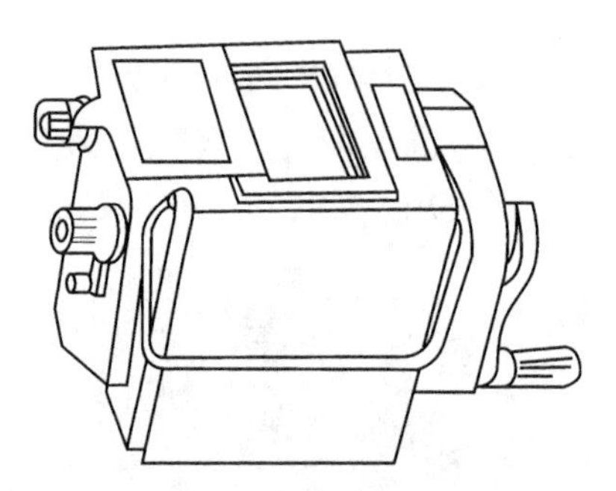
图 3-73　绝缘电阻表

绝缘电阻表在使用前应平稳放置在远离大电流导体和有外磁场的地方；测量前对绝缘电阻表本身进行检查。开路检查，两根线不要绞在一起，将发电机摇动到额定转速，指针应指在“∞”位置。短路检查，将表笔短接，缓慢转动发电机手柄，看指针是否到“0”位置。若零位或无穷大达不到，说明绝缘电阻表故障，必须进行检修。

图 3-74　钳形电流表

3. 钳形电流表

钳形电流表（见图 3-74）是一种不需断开电路就可直接测电路交流电流的携带式仪表，在电气检修中使用非常方便，应用相当广泛。

测量电流时，按动扳手，打开钳口，将被测载流导线置于穿心式电流互感器的中间，当被测导线中有交变电流通过时，交流电流的磁通在互感器二次绕组中感应出电流，该电流通过电磁式电流表的线圈，使指针发生偏转，在表盘标度尺上指出被测电流值。

4. 微欧计

数字微欧计是专门用于测量低电阻的数字式仪器。由于它采用了集成化 A/D 转换器、低漂移运算放大器，因此具有测量精度高、性能稳定、测量范围广、抗干扰能力强、操作方便等特点。仪器可内附干电池工作，给野外和现场测试带来了方便。

微欧计通常可测量 $1\times10^{-5}\sim2\times10^{3}\Omega$ 范围内的电阻，因此它可适用于测量各种线圈的电阻、电动机、变压器绕组的电阻，各种电缆的导线电阻，开关插头、插座等电器元件的接触电阻，如图 3-75 所示。

图 3-75　微欧计

3.7.3 电动工具

1. 常用电动工具

(1) 电动注脂机（见图 3－76)。使用电动注脂机代替手动油枪，能明显提高检修效率。从时间上来说，一个技术人员 10min 内就可以润滑一个轴承。

(2) 电动冲击扳手（见图 3－77)。电动冲击扳手主要应用于钢结构安装行业，用于安装钢结构高强度螺栓（见图 3－77)。高强度螺栓是用来连接钢结构接点的，通常是以螺栓组的方式出现。

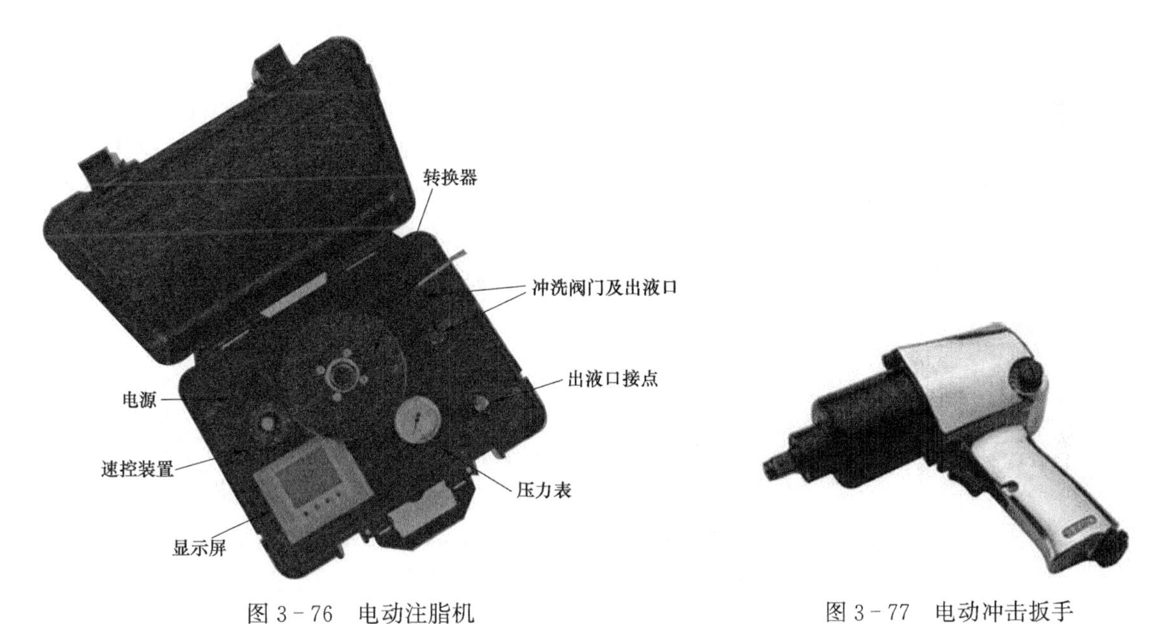

图 3－76　电动注脂机

图 3－77　电动冲击扳手

2. 手持电动工具使用注意事项

手持电动工具按对触电的防护可分为三类 ：

Ⅰ类工具的防止触电保护不仅依靠基本绝缘，而且还有一个附加的安全保护措施，如保护接地，使可触及的导电部分在基本绝缘损坏时不会变为带电体。

Ⅱ类工具的防止触电保护不仅依靠基本绝缘，而且还包含附加的安全保护措施（但不提供保护接地或不依赖设备条件)，如采用双重绝缘或加强绝缘。它的基本型式有：①绝缘材料外壳型，是具有坚固的基本上连续的绝缘外壳；②金属外壳型，它有基本连续的金属外壳，全部使用双重绝缘，当应用双重绝缘不行时，便运用加强绝缘；③绝缘材料和金属外壳组合型。

Ⅲ类工具的防止触电保护是依靠安全特低电压供电。所谓安全特低电压，是指在相线间及相对地间的电压不超过 42V，由安全隔离变压器供电。

随着手持电动工具的广泛使用，其电气安全的重要性更显得突出。使用部门应按照国家标准对手持电动工具制定相应的安全操作规程。其内容至少应包含：工具的允许使用范围、正确的使用方法、操作程序、使用前的检查部位项目、使用中可能出现的危险和相应的防护措施、工具的存放和保养方法、操作者应注意的事项等。此外，还应对使用、保养、维修人员进行安全技术教育和培训，重视对手持电动工具的检查、使用维护的监督，防震、防潮、防腐蚀。

使用前，应合理选用手持电动工具：

一般作业场所，应尽可能使用Ⅰ类工具。使用Ⅰ类工具时，应配漏电保护器、隔离变压器等。

在潮湿场所应使用Ⅱ类或Ⅲ类工具，如采用Ⅰ类工具，必须装设动作电流不大于30μA、动作时间不大于0.1s的漏电保护器。在锅炉、金属容器、管道内作业时，应使用Ⅲ类工具，或装有漏电保护器的Ⅱ类工具，漏电保护器的动作电流不大于15μA、动作时间不大于0.1s。在特殊环境如湿热、雨雪、存在爆炸性或腐蚀性气体等作业环境，应使用具有相应防护等级和安全技术要求的工具。

安装使用时，Ⅲ类工具的安全隔离变压器，Ⅱ类工具的漏电保护器，Ⅱ、Ⅲ类工具的控制箱和电源装置应远离作业场所。

工具的电源引线应用坚韧橡皮包线或塑料护套软铜线，中间不得有接头，不得任意接长或拆换。保护接地电阻不得大于4Ω。作业时，不得将运转部件的防护罩盖拆卸，更换刀具磨具应停车。

在狭窄作业场所应设有监护人。

除使用36V及以下电压、供电的隔离变压器二次绕组不接地、电源回路装有动作可靠的低压漏电保护器外，其余均佩戴橡胶绝缘手套，必要时还要穿绝缘鞋或站在绝缘垫上。操作隔离变压器应是一、二次双绕组，二次绕组不得接地，金属外壳和铁芯应可靠接地。接线端子应封闭或加护罩。一次绕组应专设熔断器，用双极闸刀控制，引线长不应超过3m，不得有接头。

工具在使用前后，保管人员必须进行日常检查，使用者在使用前应进行检查。日常检查的内容有：外壳、手柄有无破损裂纹，机械防护装置是否完好，工具转动部分是否灵活、轻快无阻，电气保护装置是否良好，保护线连接是否正确可靠，电源开关是否正常灵活，电源插头和电源线是否完好无损。发现问题应立即修复或更换。

每年至少应由专职人员定期检查一次，在湿热和温度常有变化的地区或使用条件恶劣的地方，应相应缩短检查周期。梅雨季节前应及时检查，检查内容除上述检查外，还应用500V的绝缘电阻表测量电路对外壳的绝缘电阻。对长期搁置不用的工具在使用前也须检测绝缘，Ⅰ类工具绝缘电阻应小于2MΩ，Ⅱ类工具绝缘电阻应小于7MΩ，Ⅲ类工具绝缘电阻应小于1MΩ；否则应进行干燥处理或维修。

工具的维修应由专门指定的维修部门进行，配备有必要的检验设备仪器。不得任意改变该工具的原设计参数，不得使用低于原性能的代用材料，不得换上与原规格不符的零部件。工具内的绝缘衬垫、套管不得漏装或任意拆除。

维修后应测绝缘，并在带电零件与外壳间做耐压试验。由基本绝缘与带电零件隔离的Ⅰ类工具其耐压试验电压为950V，Ⅲ类工具为380V，用加强绝缘与带电零件隔离的Ⅱ类工具的试验电压为2800V。

3.7.4 常用量具及仪表

1. 塞尺

塞尺又称厚薄规或间隙片。主要用来检验机械设备，特别是紧固面和紧固面、活塞与气缸、活塞环槽与活塞环、十字头滑板与导板、进排气阀顶端与摇臂、齿轮啮合间隙等两个结合面之间的间隙大小。塞尺是由许多层厚薄不一的薄钢片组成。按照塞尺的组别制成一把一把的塞尺，每把塞尺中的每片具有两个平行的测量平面，且都有厚度标记，以供组合使用，如图 3-78 所示。

测量时，根据结合面间隙的大小，用一片或数片重叠在一起塞进间隙内。例如用 0.03mm 的一片能插入间隙，而 0.04mm 的一片不能插入间隙，这说明间隙在 0.03～0.04mm 之间，所以塞尺也是一种界限量规。

2. 百分表

(1) 百分表结构，如图 3-79 所示。

百分表的行程目前市面上主要是 3mm、5mm、10mm 三种。

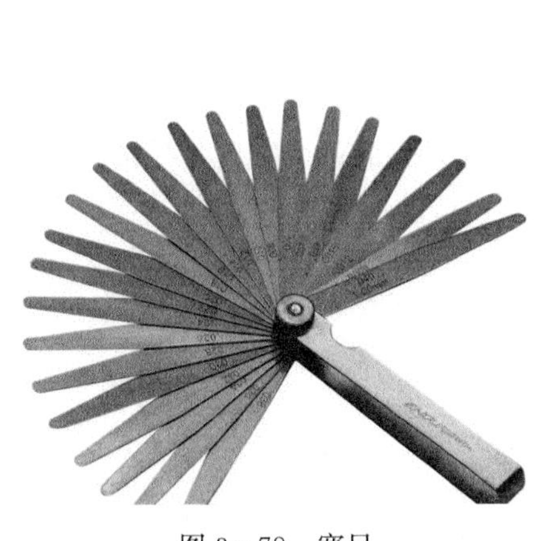

图 3-78 塞尺

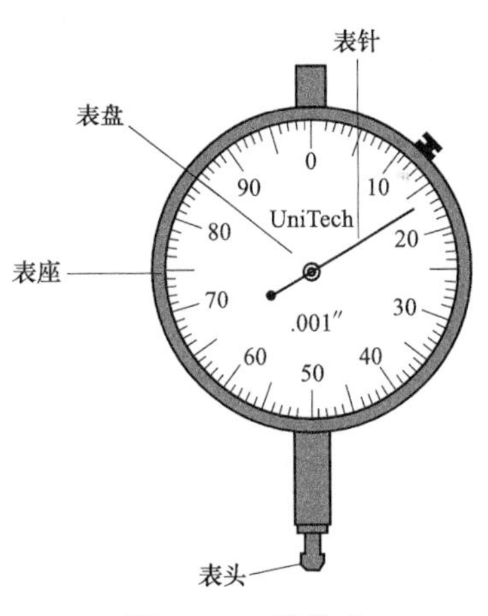

图 3-79 百分表

(2) 百分表正负定义，如图 3-80 所示。

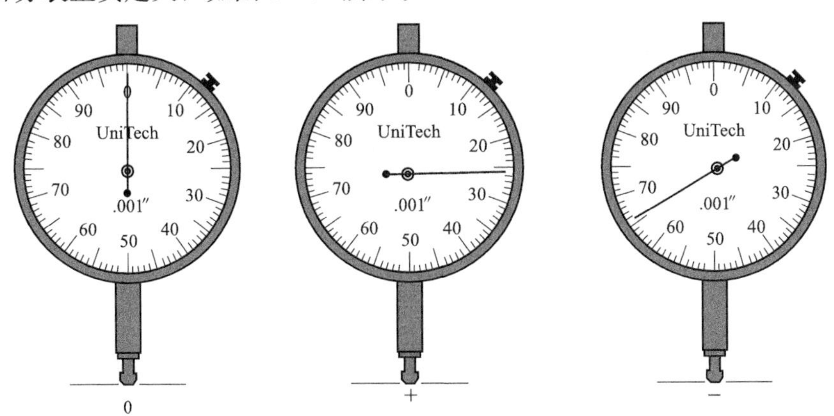

图 3-80 百分表正负定义

＋　当指针顺时针旋转时，或表头在 0 线以内；

－　当指针逆时针旋转时，或表头在 0 线以外。

（3）表架挠度的影响和补偿。

1）一般意义上讲，该影响只在高低方向的位移中有影响。

2）补偿量的测量办法是将用于对中的百分表及表架安装在刚性足够好的心轴上，将其置于 12 点，表盘归 0，旋转到 6 点，其读数即为挠度补偿量。

3）补偿办法是在 6 点读数基础上加上补偿量即可。

思考题

1. 低压电控柜装配有哪些注意事项？
2. 螺纹紧固件常用哪几种紧固方法，各有什么特点？
3. 常用吊索具有哪些种类，使用中有哪些注意事项？
4. 轴对中有哪些对中方法，简述激光对中仪器的使用。
5. 断丝取出有哪些方法，怎样操作？
6. 过盈连接有哪些操作方法，怎样操作？
7. 机械零部件有哪些拆卸方法，怎样操作？
8. 常用扭矩扳手有哪几类，怎样使用？

变桨系统维护与检修

4.1 概述

4.1.1 变桨系统的功能

风电机组的变桨是变桨距的简称，是指叶片围绕其纵向轴线进行旋转以改变气流对其攻角的过程。

变桨机构必须具备两个基本功能：

(1) 在风电机组正常运行时，能够根据控制系统的指令实时、快速地调节叶片角度，使风电机组获得优化的功率曲线；

(2) 在风电机组遇到故障需要紧急停车时，能够迅速顺桨，保障风电机组的安全。

4.1.2 变桨系统的结构原理

风电机组的变桨系统根据动力的不同，分为电动变桨和液压变桨两大类型。电动变桨采用电动机作为驱动，而液压变桨采用液压缸作为驱动。

两者基本原理类似：变桨系统接收来自风电机组控制系统（上位机）的命令，经过变桨控制器对命令进行处理，通过预先设定的算法将控制信号转变为可调制的功率信号，驱动执行器进行动作，从而驱动叶片变桨。在这个过程中，变桨系统与上位机和执行机构的通信，是控制的重要部分。变桨系统结构原理图如图 4-1 所示。

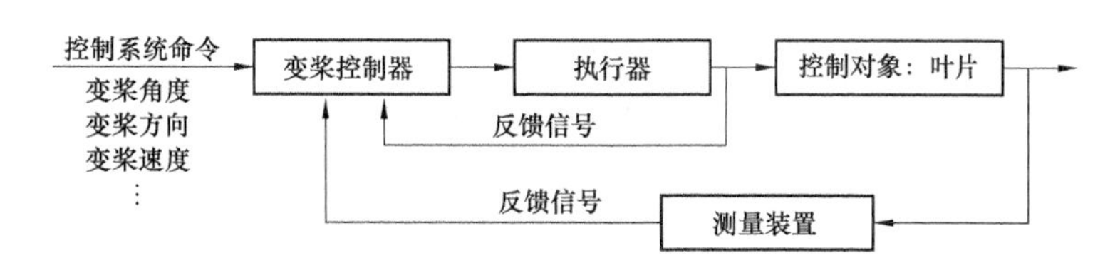

图 4-1 变桨系统结构原理图

为了提高系统的控制精度和动态特性，变桨系统使用闭环控制：对执行器的输出信息和控制对象的动作信息进行测量，并反馈给控制器，控制器再将实际的输出和动作信息与上位机给定的命令信息做比较，计算出两者的差值，然后根据这个差值调整输出，消除这个差值，从而使实际输出与上位机的控制命令相一致。因此，变桨系统需要实时采集控制对象的动作信息反馈，以作为执行器的输出信息的参考。

而由于动力源和控制方式的不同，液压变桨系统与电动变桨系统在结构上又各有不同。

1. 液压变桨的基本原理

液压变桨系统通过液压站阀门控制变桨油路中液压油的流速、流量和流向，直接反映为液压缸中油量的变化快慢、变化多少和变化方向，进而反映为液压缸活塞运动的快慢、行程和方向。活塞连杆的前后运动通过曲柄连杆机构转换为叶片的旋转运动，达到变桨的目的。

该控制技术中与控制有关的核心器件为比例阀和位置传感器。

比例阀是在普通液压阀基础上，用比例电磁铁取代阀的调节机构及普通电磁铁构成的。采用比例放大器控制比例电磁铁就可以实现对比例阀进行远距离连续控制，从而实现对液压系统压力、流量、流速、方向的无级调节。比例阀的原理图如图 4-2 所示。

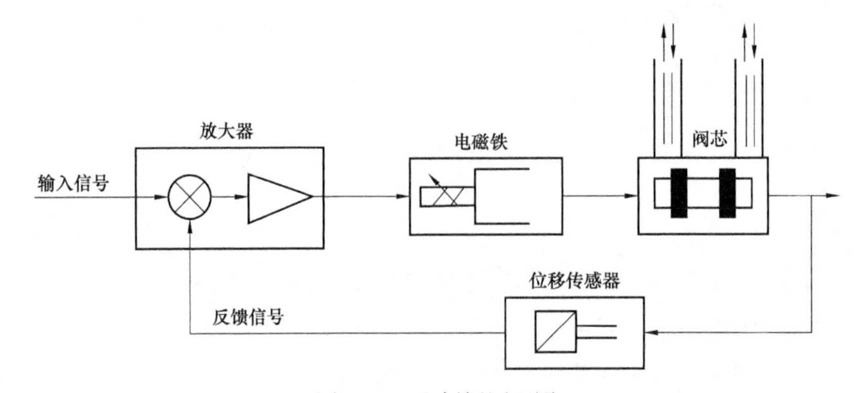

图 4-2　比例阀原理图

位置传感器用于测量目标的位置，线性可变差动变压器（Linear Variable Differential Transformer，LVDT）是位移传感器中较简单的一种，由绕在与电磁铁推杆相连的铁芯上的一个一次线圈和两个二次线圈组成，如图 4-3 所示。

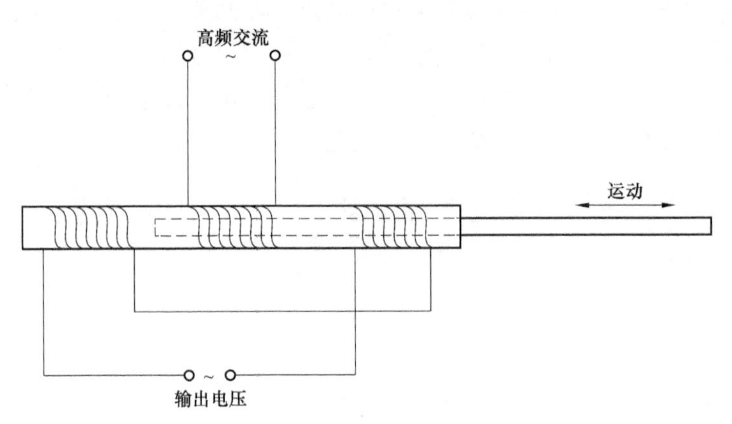

图 4-3　位移传感器原理

位移传感器在液压变桨系统中主要作用：

(1) 比例阀的阀芯位移传感器，用于比例阀内部控制的阀芯位置反馈，一般与比例阀为一体式结构，无单独部件；

(2) 变桨液压缸活塞杆的位移传感器，用于检测活塞杆的位置，间接地检测叶片角

度——因为活塞杆的位置与叶片角度有着固定的对应关系，因此通过活塞位置很容易计算出叶片的角度。

液压变桨控制系统的桨距控制是通过比例阀来实现的。如图 4－4 所示，比例阀内的控制器根据给定的桨距信号（电压信号），通过比例阀内的控制器（放大器）转化成一定范围的电流信号，控制比例阀输出液压油的流速、流量和流向。变桨液压缸按比例阀输出的方向和流量操作叶片桨距角在一定角度（例如－5°～88°，0°～90°，或－5°～90°，因风电机组型号而异）内运动。

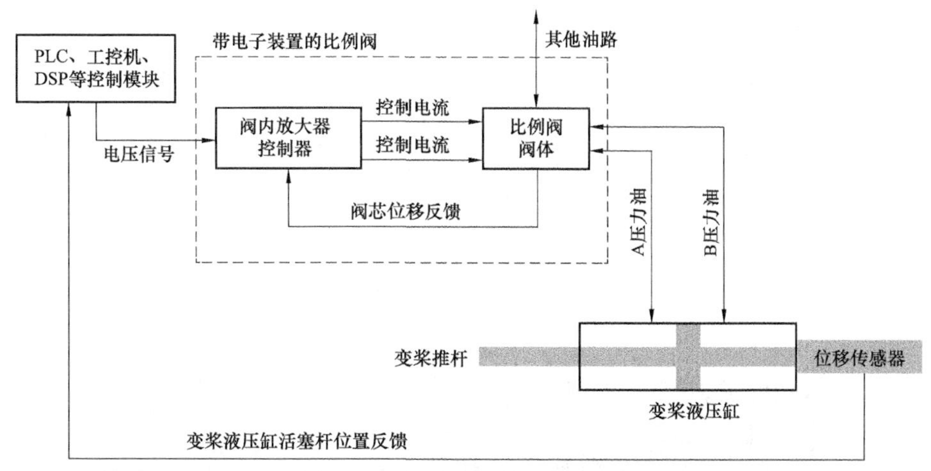

图 4－4　机械式变桨系统原理图

2. 电动变桨系统的基本原理

电动变桨系统中，变桨电动机为变桨系统提供动力，电动机输出轴与减速齿轮箱同轴相连，减速器将电动机的扭矩增大到适当的倍数后，将减速器输出轴上的力矩通过一定方式传动到叶根轴承的旋转部分，从而带动叶片旋转，实现变桨。

目前变桨轴承的驱动方式有两种：齿轮传动和齿形带传动。因此可以将电动变桨分为电动机—减速器—齿轮传动形式和电动机—减速器—齿形带传动形式两种。

图 4－5 所示为一种独立式电动变桨机构的原理图，属于电动机—减速器—齿轮传动形式，图 4－5 中只画出了一个叶片的变桨机构，其他两个叶片的变桨机构与此完全相同。

每个叶片采用一个带位移反馈的伺服电动机进行单独调节，其中位移传感器大多采用旋转编码器或者小型测速电动机，安装在伺服电动机输出轴上，实时监测电动机的转动角度。伺服电动机通过减速器增大力矩，减速器输出侧齿轮与轮毂内叶片根部的内齿圈相啮合，电动机旋转带动叶片进行旋转，从而实现对叶片桨距角的控制。

3. 变桨系统的后备动力源

变桨系统还需保证在系统因故障失电时，能够将叶片调整为顺桨位置，因此变桨系统需要有后备的驱动能源。

电动变桨系统中，变桨电动机需要有后备的驱动电源和控制电源，一般的电动变桨型风电机组都配备超级电容或大容量充电电池，可以充电重复使用。图 4－6 所示为常见的超级电容与充电电池。

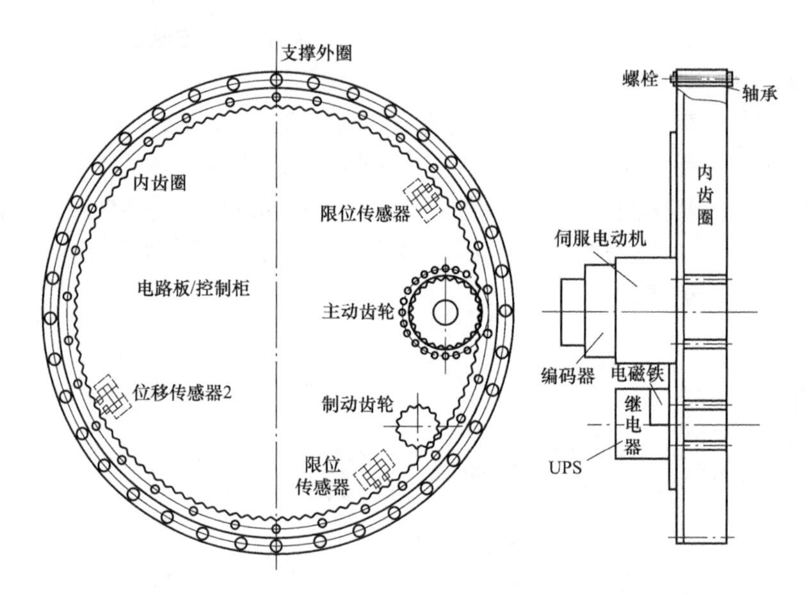

图 4-5　电动变桨系统结构

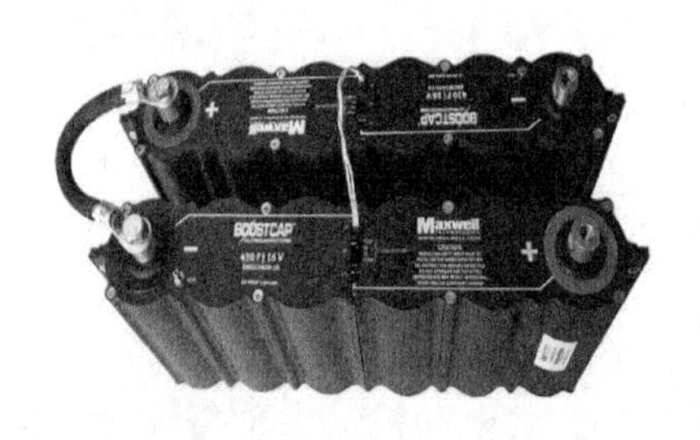

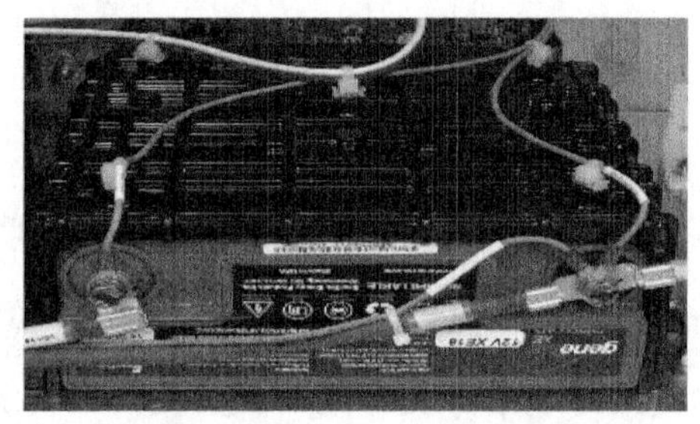

图 4-6　超级电容与充电电池

图 4-7　液压变桨系统蓄能器

液压变桨一般采用蓄能器作为后备动力源。蓄能器是一个钢制容器，内置一个橡胶内胆，内胆内充有氮气。蓄能器泵入油后，橡胶充气球会受压，其存储的压力作为液压变桨系统的后备动力。液压变桨系统蓄能器如图 4-7 所示。

4. 变桨系统的结构分类

由于动力和结构上的差异，一般可以按照表 4-1 方式对变桨系统进行分类。

表 4-1　　变桨系统分类方式

动力源	统一/独立	驱动机构	后备动力	代表机型
液压变桨	统一变桨	液压缸	蓄能器	Gamesa 850kW
	独立变桨			Gamesa 2.0MW，Vestas 2.0MW
电动变桨	独立变桨	电动机—减速器—齿轮	蓄电池	华锐 1.5MW，GE1.5MW
		电动机—减速器—齿形带	超级电容	金风 1.5MW

4.1.3 变桨系统的常见故障类型

变桨系统的电气和液压系统复杂，其故障率远高于风电机组其他系统。故障呈现多种不同的表现形式，同样的故障表现往往由不同的故障原因导致，因此其常见故障类型也复杂多变。

1. 液压变桨系统的故障类型

液压变桨系统的故障类型包括液压站和电气控制，常见的故障类型如下：

（1）液压站故障。

主要体现为液压站的各种附件和传感器的故障。一般是由于液压系统的驱动和油路、油质、油温出现问题导致的。如油泵异常、油温异常、油压异常、油路卡涩等。

（2）位置传感器故障。

如前所述，位置传感器是液压伺服系统中重要的传感器，也是液压变桨系统的一个检测重点。其故障往往表现为信号丢失、信号异常等。

（3）液压阀故障。

液压系统为了实现其功能，往往配备多种液压阀，而液压系统的故障也往往是由于各种阀的渗漏、损坏造成的。尤其是液压变桨系统的核心控制器件比例阀，是液压变桨系统故障的一大来源。

（4）电气回路故障。

液压系统的泵和各个控制阀块，均需要外部电气回路进行供电，在供电回路上存在大量的接触器、保护开关等，当这些开关出现故障时，液压系统也会出现工作不正常的情况。

2. 电动变桨系统的故障类型

电动变桨系统故障可以根据故障情况按照各个组件分别检查的方法确定故障源。电动变桨系统常见的故障类型如下：

（1）变桨系统通信故障。

变桨系统需要接收风电机组主控系统的位置命令信号，同时也需要实时反馈给主控系统自身的位置信号。这个信号回路需要连接静止的机舱控制柜与旋转的变桨控制柜，必须经过旋转的信号滑环和电气滑环。为了完成变桨系统的功能，变桨系统的三个叶片需要协调动作，相互间也存在通信的需求，通信是电动变桨系统的重要组成部分，也是其故障的重要来源。

（2）伺服电动机故障。

伺服电动机是电动变桨系统的执行机构，需要外接电源，并且频繁启动、停止，随着风况变化和叶片旋转，承受的负载情况也在不停的变化中，工作条件较为恶劣。伺服电动机也是变桨系统的一个重要故障来源。

（3）变频器故障。

为了控制伺服电动机，电动变桨系统一般需要配备变频器，变频器常发生输出过流、过热、过载、输出不对称，由于变频器原因造成电动机抖动等故障。

（4）控制器故障。

由于变桨系统为一个相对独立的控制系统，其控制器处于核心位置，且长时间处于旋转运动过程中，因此，控制器也是一个常见的故障源。当控制器异常时，会导致通信中断、电动机异常等相关现象。

（5）编码器故障。

编码器是变桨电动机尾部的位置传感器，是监测计算变桨位置的重要传感器，作用与液压系统中的位置传感器类似，其故障一般体现为编码器故障和变桨位置信号故障。

（6）后备电源故障。

蓄电池、超级电容器作为变桨系统的后备电源，是有关安全性的重要后备动力源，有多种传感器对其进行测量，当电池、电容器的电压、充电时间、充电电源出现问题时，则会报出后备电源相关故障，此类故障一般均会导致风电机组停机，排除后才能保证风电机组继续运行。

（7）变桨限位开关故障。

变桨系统在变桨的极限位置上设置有限位开关，以对风电机组的极限位置和安全位置进行准确定位。叶片只能在极限位置和安全位置间运动。当变桨系统出现故障时，系统会将电源输入从电网切换至后备电源，利用后备电源存储的能量去驱动电动机，推动变桨轴承，直至叶片到达安全位置，触动安全位置限位开关为止。安全位置限位开关被触动后，电动机电源被切断。不论是变桨限位开关信号错误还是被触碰，都会报出对应的故障信号。

4.2 变桨系统的检查与测试

4.2.1 变桨系统气动刹车性能测试

变桨系统对风电机组的整体保护有重要意义。

风电机组的制动系统主要通过三种方式进行：气动制动，通过变桨系统的动作，使风电机组接收的气动转矩减小，使得风电机组的转速降低至安全范围；机械制动，通过刹车片和刹车盘的摩擦力提供制动力矩；电磁制动，通过发动机的电磁转矩提供制动力矩。

风电机组将气动制动系统作为主制动系统。一般制动过程中，由气动制动系统与电磁制动系统相互配合使风电机组转速逐渐下降直至停机。在风电机组发生脱网等故障时，发电机的电磁制动转矩瞬间丢失，此时必须由变桨系统在短时间内将至少一个叶片从0°转动至90°，使风电机组接收的风能减小，从而实现安全停机。

在失电情况下，变桨系统无法从电网获取必要的能量以实现上述过程，其必须具备足够的后备能源，以保证至少一个叶片的安全动作。如果此时后备能源失效，则会导致出现飞车、倒塔等严重后果。后备能源的容量和安全驱动过程，是变桨系统保护性能的关键指标。所以，在设备检修和维护中，必须定期对变桨系统的气动刹车性能进行整体测试。

变桨系统的气动刹车性能一般通过下列方式进行测试：

电动变桨系统的流程如下：

（1）在风电机组处于静止或低速状态下。主控系统将待测叶片转动至负的极端位置（−5°或0°），其余两个叶片处于安全位置（85°或90°）。

（2）主控系统切断至待测试叶片变桨系统的控制信号，并切断该叶片变桨系统的外接电源。

(3) 待测叶片的变桨系统进入紧急状态，调用其后备电源，使叶片从负的极端位置转动至安全位置。

叶片从负的极端位置向安全位置运动的过程为顺桨过程。从安全位置恢复至负的极端位置的过程为回零过程。

电动独立变桨系统一般采用逐叶片测试，在顺桨过程中使用变桨系统后备电源，在回零过程中使用外接电源，以减少后备电源的消耗。图 4-8 所示为外接电源供电的变桨系统，图 4-9 所示为电池应急变桨供电时的变桨系统，其中箭头方向为电源供电方向。

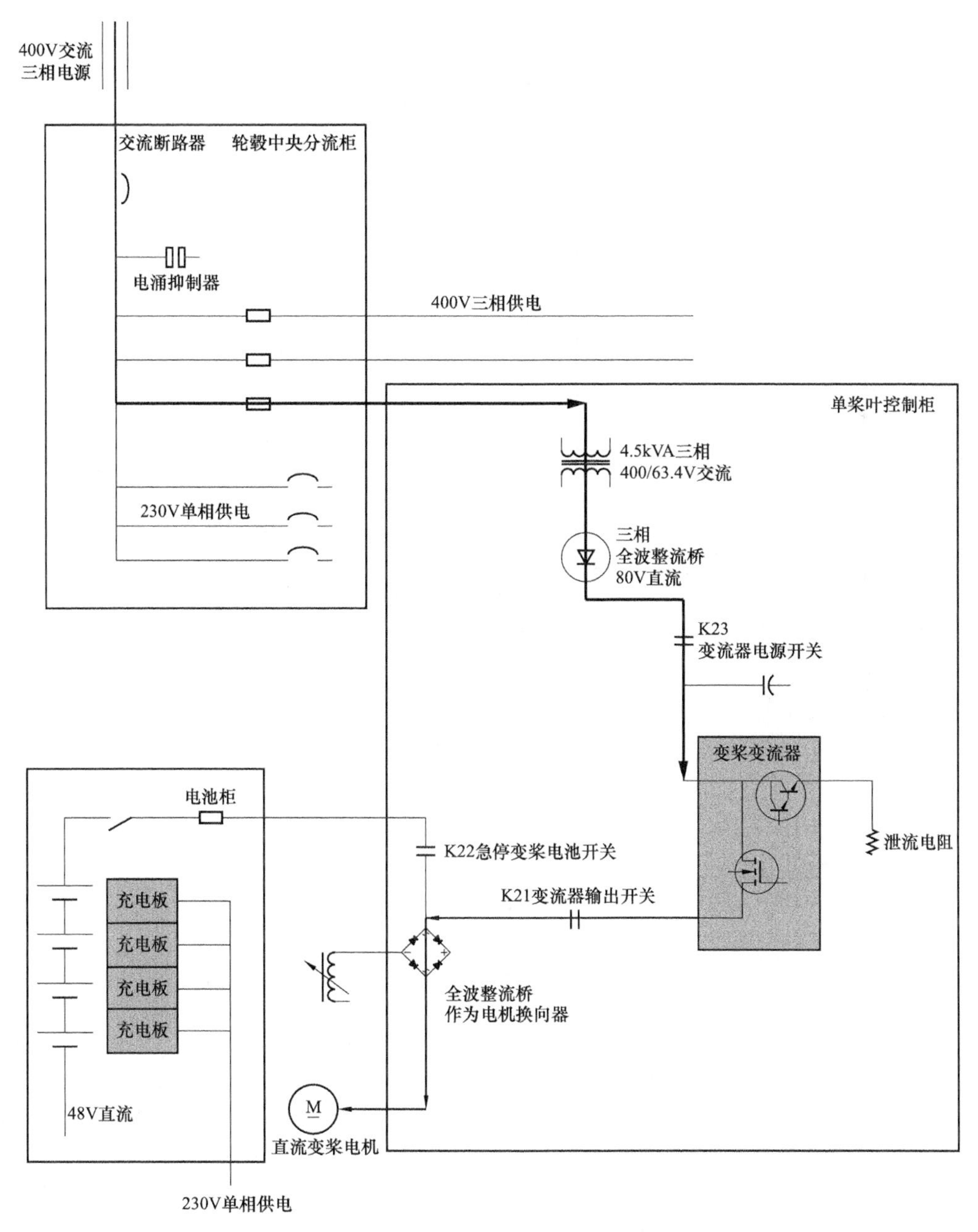

图 4-8 外接电源供电的变桨系统（GE1.5MW 风电机组）

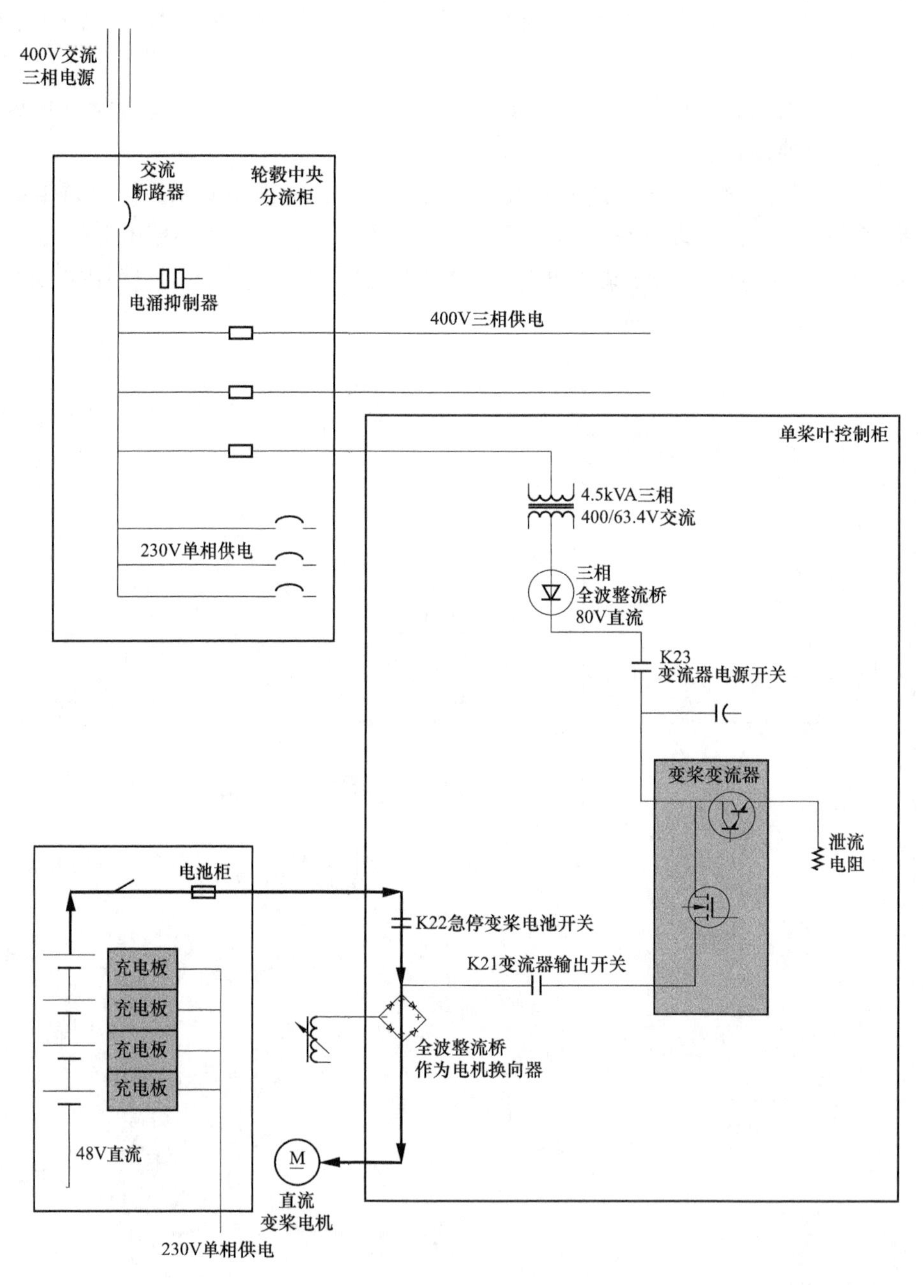

图 4-9 电池应急供电的变桨系统（GE1.5MW 风电机组）

测试过程中，主要监测变桨系统顺桨过程的运动速度。不同的工况下顺桨速度要求不同，测试状态下的合格标准比实际运行时更高。

液压变桨系统的测试与此类似，但主要测试对象为蓄能器。如果蓄能器氮气压力不足，则无法保证安全顺桨。经过一定时间，风电机组将对蓄能器压力进行测试，以确保其满足安全要求。

独立液压变桨叶片将按下列流程对叶片逐一进行测试：

(1) 在测试之前，控制器将风电机组转为暂停模式。待测叶片变桨至负的极限位置，同时其他叶片必须确保至少一个处于安全位置，释放掉整个液压系统的压力。

(2) 待测叶片的应急回路打开，利用紧急变桨蓄能罐的压力将待测叶片变桨至安全位置。

(3) 如果测试失败，表明待测叶片的蓄能器未被预加压至给定值，或蓄能器发生故障，此时风电机组停机，等待故障被修复。

(4) 测试完一个叶片，液压泵重新启动，为系统提供压力，在下一个叶片上重复这一测试。

图 4-10 所示为使用正常压力变至—5°时的液压油流向，图 4-11 所示为急停变桨时的液压油流向，其中实线路线为进油有压力回路，虚线部分为回油无压力回路。图 4-12 所示为后备动力源测试时三个桨叶随时间变化的理论角度值。

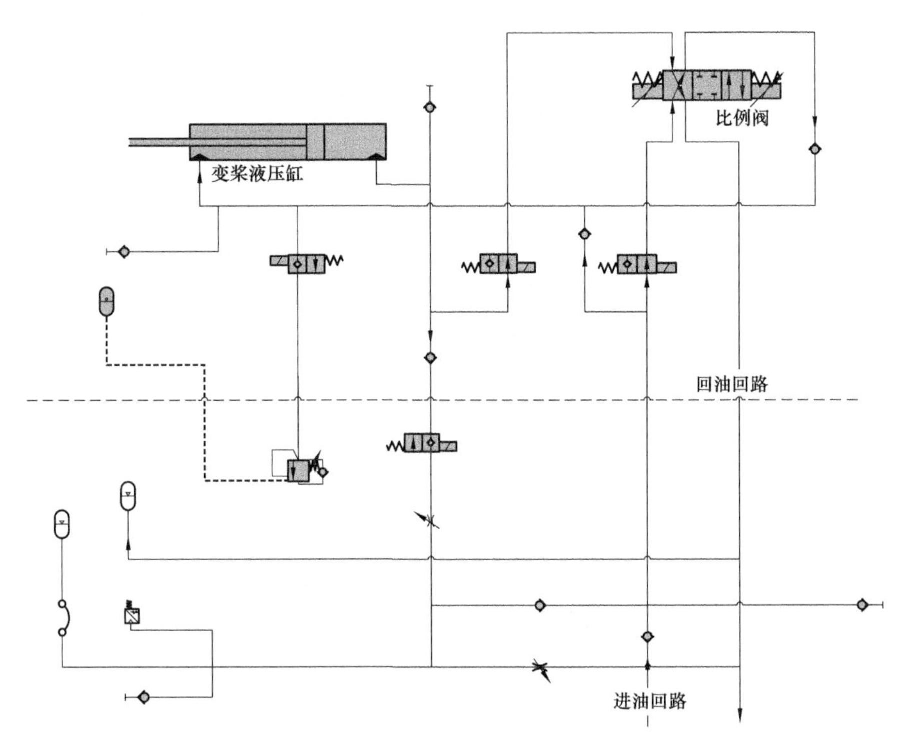

图 4-10 使用正常压力变至—5°(Gamesa 2.0MW 风电机组)

4.2.2 液压变桨系统位置校正检测

液压变桨系统须获取液压杆位置信号，以提供给控制系统进行闭环控制。而由于存在装配偏差和机械振动，位置传感器采集到的位置信号精度将逐渐降低，因此，对位置传感器进行定期的校准，是保证液压变桨系统长期准确运行的重要技术手段。

变桨位置的校正，核心任务是确定变桨位置的 0 位，对于变桨位置传感器，即确定输出信号与位置间的准确关系。以 Gamesa 850kW 和 Gamesa 2.0MW 机组上广泛使用的 Balluff 传感器为例。其基本流程如下：

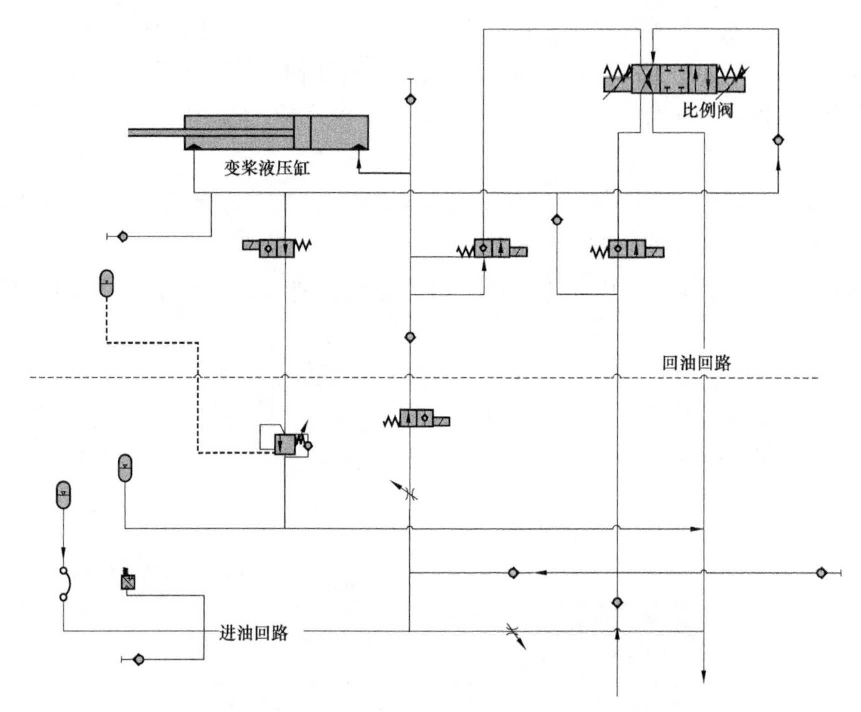

图 4-11　急停变桨液压回路，使用蓄能器压力变至 90°（Gamesa 2.0MW 风电机组）

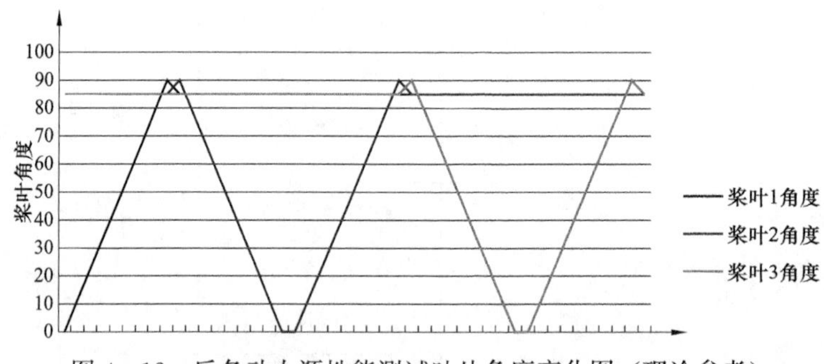

图 4-12　后备动力源性能测试叶片角度变化图（理论参考）

（1）确定传感器输出电信号的范围：0.040V±0.010V～9.858V±0.010V。

（2）使用传感器专用调节装置对位置传感器位置进行调整。

（3）进入风电机组控制系统，调取相应的维护测试菜单，读取位置传感器输出的电信号值。

（4）先对负方向进行测试，确定传感器运动的一端极限。

（5）再对正方向进行测试，确定传感器运动的另一端极限。

在测试过程中，需要特别注意：

（1）在测试中，由于变桨杆较长，位置调整需要多次进行，为了降低调节的误差，每次调整的最大幅度不要超过系统规定的值。如果需要调整的幅度较大，要多次重复进行。

（2）在对正向值调整之后，要对负向值重新测试。通过多次测量减小系统的误差。

（3）如果正值和负值都需要调整，则首先调整负值，然后调整正值。

（4）在测试过程中，虽然停止了系统压力，但由于液压杆的往复运动，缸体内存在残压，在操作中注意不要产生人身伤害和设备损坏。

4.3 变桨系统的定期维护

变桨系统的定期维护与一般的设备维护项目类似，由于机械和电气的结构特点不同，有不同的维护项目，相应的周期和维护的方式、方法均各有不同。

4.3.1 电动变桨系统定期维护项目

以 GE 1.5MW 风电机组为例，其电动变桨系统规定的定期维护项目如表 4-2 所示。

表 4-2 GE1.5MW 机组变桨系统定期维护项目

条目	操作描述	半年检	一年检
1）变桨轴承	检查轮毂/变桨轴承的螺栓连接		√
2）变桨轴承的润滑	目视检验：检查密封、叶片和润滑脂管线有无润滑脂泄漏	√	√
	润滑	√	√
3）变桨轴承密封	目视检验：有无损坏、润滑脂泄漏，唇形密封环必须紧密吻合	√	√
	清洗：用环保的方式清除唇形密封环下聚积的润滑脂	√	√
4）齿圈上的润滑脂	功能测试：噪声	√	√
	检查固定情况：用规定的紧固力矩重新拧紧		√
	目视检验：腐蚀、泄漏、油位、轮齿系统的接触斑点、齿圈上的润滑脂	√	√
5）变桨电动机	目视检验：总体状况，检查碳刷是否磨损并清洗，或在刷握弹簧低于规定的最小距离时予以更换。记录实际尺寸	√	√
	辅助风扇功能测试	√	√
6）齿圈和驱动小齿轮	目视检验：腐蚀、轮齿接触斑点、清洁	√	√
	润滑：用油漆刷涂抹润滑脂	√	√
7）0°和 90°位置开关	目视检验：检查 0°和 90°转换凸轮、限位开关和托架的清洁、固定情况	√	√
	功能测试：开关信号，手动停机叶片变至 85°，紧急停机变至 89°	√	√
8）中央柜和轴柜	目视检验：中央柜和轴柜的固定情况，螺栓连接	√	√
	用规定的紧固扭矩重新紧固螺栓连接	√	√
	目视检验：紧固度、所有组件的固定情况、终端润滑、电池接点螺栓、电缆夹紧，检查端子是否安全紧固以及是否有烧痕	√	√
	功能测试：门正常关闭	√	√
9）电池系统	目视检验：电池机柜的状况，松动或缺失零件，烧痕，损坏	√	√
	维护：使用 PLC 控制软件检查蓄电池系统	√	√
	电池系统功能测试	√	√

4.3.2 液压变桨系统定期维护项目

以 G80 机组为例，与其液压变桨系统有关的维护项目如表 4-3 所示。

表 4-3　G80 机组变桨系统维护相关项目

条目	操作描述	半年	一年
3.1	目测检查变桨轴承中的密封圈	√	√
3.2	润滑变桨轴承	√	√
3.3	目测检查变桨轴承注油嘴是否有泄漏	√	√
3.4	目测检查变桨轴承和轮毂之间的螺栓连接		√
3.5	目测检查插销支架和变桨轴承板之间的螺栓连接		√
3.7	目测检查变桨轴承板插销末端固定螺母		√
4.7	检查确认：调节 BALLUF 位置传感器		√
4.21	目测检查轮毂变桨液压缸支撑件螺栓连接		√
4.22	目测检查变桨系统保护装置支架螺栓连接		√
4.23	检查确认紧急电磁阀的运行情况		√
4.24	目测检查紧急蓄压器支架螺栓连接		√
4.25	目测检查漏油收集容器与支架的螺栓连接		√
4.26	目测检查漏油收集容器支架与轮毂的螺栓连接		√
4.27	目测检查桨距系统球面滑动轴承座的螺钉		√
11.1	检查液压系统油位	√	√
11.2	检查液压系统泄漏		√
11.3	检查并调节液压系统安全阀		√
11.4	检查和更换液压系统空气过滤器	√	√
11.5	更换液压系统压力过滤器		√
11.6	检查确认并调节变桨蓄压器预加载压力		√
11.7	目测检查机舱和转子液压回路软管		√
11.8	目测检查并清洁液压系统热交换器		√
11.11	清空轮毂漏油收集容器	√	√
11.12	检查转子中液压油泄漏		√
11.13	更换轮毂压力过滤器		√
11.14	检查旋转接头液压油泄漏		√
11.15	检查并调节桨距组压力开关设置		√

以下选取比较重要的部分进行介绍：

4.3.3　变桨轴承的润滑

变桨轴承是变桨系统的关键部件之一，在非独立变桨系统中，变桨轴承的润滑不良、卡涩、损伤将导致推动变桨系统的连杆机构受力不均，整体机械性能下降，容易发生断杆、扭曲等损伤。独立变桨系统中，变桨轴承的卡涩和损伤将恶化对应驱动机构的工况，导致机构损伤、寿命下降。电动变桨系统可能造成电动机过热、受损；液压变桨系统容易造成变桨液压缸损坏。在定期维护中，必须对变桨轴承进行重点检查。主要检查项目有：

（1）检查变桨轴承表面清洁度。

（2）检查变桨轴承表面防腐涂层。

（3）检查变桨轴承齿面情况。

（4）变桨轴承螺栓的紧固。

（5）变桨轴承润滑。

在维护中，最重要的工作是变桨轴承的定期润滑。变桨轴承在运行前需要填充一定量的润滑脂，对于低转速、大载荷的变桨轴承来说，首次润滑要确保轴承50%～70%空间填有油脂。

风电机组的日常变桨润滑方式主要分为自动变桨润滑方式和手动变桨润滑方式两种。

采用自动润滑的变桨轴承，操作人员需要定期检查自动润滑机构的油脂量和管路的通畅情况，分配器、输油管等部件是自动润滑机构较容易出现堵塞的位置。由于风电机组在运行时，振动频繁，装配不良的自动润滑机构部件容易松动、脱落，甚至掉入变桨轴承齿圈中，造成卡齿和断齿，对自动润滑机构固定件的检查也是重要项目。而且，由于自动润滑机构单次润滑量较小（以滴计量，一般只有0.2g/滴），一旦堵塞、润滑不匀，容易造成不良后果。

手动变桨润滑方式需要操作人员定期对变桨轴承注油，注油周期需根据变桨轴承的运行情况、变桨轴承的工作环境、润滑脂的寿命等因素来确定，也就是说，注脂的周期就是轴承内润滑脂的失效时长。定期润滑需注入变桨轴承中的润滑脂的量并没有精确的计算方法，润滑脂的注入量依据风场的环境而定。针对我国风场的总体情况（不包括海上风场），可用下面公式为指导，确定定期重新润滑的油脂量

$$G(\mathrm{g})=0.005\times D(\text{变桨轴承外径，mm})\times B(\text{轴承宽度，mm})$$

采用手动润滑的变桨轴承，一般需按照润滑规程说明，使用指定的工具在指定的油嘴按指定油量进行注油操作。由于变桨轴承直径较大（一般在1～2m之间），而油嘴数量相对较少，操作人员需要将指定的油量在各个油嘴处均匀注入，有条件的情况下，还需要分次注入，在每次注脂间隔后人为变桨一定角度，以实现润滑的均匀。如果一次性注入的润滑油量太大，有可能造成轴承内部局部压力过大而顶开轴承密封圈。

值得注意的是，在实际操作中，手动注脂受到操作人员经验、操作质量、手动油枪注油量不准确等诸多因素的影响，注脂量随意性较大，需要加强质量监督，提高操作人员质量意识，辅助采用称重、使用电动注脂枪、使用自动润滑装置等技术手段提升润滑的操作

质量。这对延长轴承的使用寿命，降低设备故障率是至关重要的。

在长期的定期润滑中，作业人员可以根据设备的实际状况，调整润滑的次数和润滑量。对于运行条件恶劣的设备，可以增加润滑油脂的注入量。一般说来，电动独立式变桨轴承，由于电机的过载较强，对轴承的润滑不良的适应性较好。机械集中式变桨轴承，对润滑不良的适应性低，应加强润滑。国内部分风电场在原有指南的基础上加大了此类轴承的润滑，有效地降低了变桨相关的故障率。

4.3.4 变桨液压缸的维护

变桨液压缸是液压变桨系统的执行机构，不论是集中式变桨还是独立式变桨，液压缸均是故障率较高的设备，而它的误差、卡涩和损坏，都将直接影响叶片旋转的速度和精确度，轻则影响风电机组的出力，重则影响风电机组的安全性。因此，变桨液压缸的维护对于风电机组的安全、稳定运行是极为重要的。

变桨液压缸的维护一般包括下列项目：

(1) 检查紧固液压缸的固定螺栓。

(2) 检查液压缸动作是否平稳、有无异响，活塞杆有无划伤。

(3) 螺纹连接的液压缸，要注意观察是否有退丝现象。

(4) 检查液压缸本体各连接螺栓的紧固情况，特别是端盖与缸筒连接的螺栓。

(5) 检查液压缸所用液压油的清洁情况。

(6) 检查接地线的连接情况。

(7) 校验位置传感器。

液压缸通常由后端盖、缸筒、活塞杆、活塞组件、前端盖五部分构成，油液易由高压腔向低压腔或由液压缸内向缸外泄漏。为防止泄漏，在缸筒与端盖之间、活塞与活塞杆之间、活塞与缸筒之间、活塞杆与前端盖之间均具有相应的密封装置。由于变桨液压缸的主要动力来源是液压油的压力和流量，液压缸对装配质量和液压油的清洁度要求较高。如果液压油不清洁，则会造成液压缸内的卡涩和磨损，随着时间的推移，逐渐形成液压缸的内部泄漏。在缸前端盖的外侧，若液压缸内装配不良，出现退丝、松动等现象，也可能导致液压缸体与液压杆的偏心，使摩擦加剧而形成内漏。

在维护和装配液压杆时，需要注意观察液压杆与液压缸体的装配工艺，液压缸体需要检查其螺栓紧固情况，变桨液压缸与缸体均超出一般的液压缸长度，在机组的持续振动下，固定不牢极易造成变桨液压缸的弯曲变形。在进行测试和安装时，要注意液压缸与缸体间只能进行轴向相对运动，不能发生转动，且轴向相对运动应在液压缸的有效行程内进行，不能超出其运动范围，使液压杆受到弯矩或扭力。

因为变桨液压杆广泛采用位置传感器，采集行程信号，提供给变桨控制机构作为负反馈，所以必须保证该信号的准确、可靠。而位置传感器的型号较多，电磁感应式、磁致伸缩式位置传感器较易受到电磁感应信号的干扰，在维护中必须检查变桨位置传感器的屏蔽线是否有效接地，否则，一旦受到干扰后发生零位漂移，导致液压杆不在规定行程范围内运动，也容易损坏液压杆。

4.3.5 滑环的维护

通信滑环属于精密设备，承担着将机舱内的动力和信号输送至轮毂变桨系统的作用，由于长期的运行，易造成接触部件的损坏和污染，必须定期进行检查和清洁。考虑到滑环的材质不同，且作业空间较小，在清洁时必须选取不会与滑环材料发生反应的清洗剂和工具。

一般采用吹风机比较细的毛刷、毛笔对通信滑环进行清理，必要情况下还需进行清洗。清理和清洗的基本流程如下：

(1) 如在机舱清洗，必须打开机舱天窗，严禁烟火。

(2) 在滑环下边铺垫一层干净的布片。

(3) 断开通信滑环的外部接线，取下通讯滑环，小心打开。

(4) 使用喷壶在滑环表面先喷一道清洗剂，将大部分灰尘或油污冲洗干净。

(5) 使用毛笔蘸上清洗剂，顺滑道逐一进行清洗。注意：边清洗边转动滑环，清洗过程中尽量不要触动触点。清洗完后要检查触点是否在正常位置。

(6) 清洗后，待滑环自然风干（至少等待 10min）。

(7) 使用专用润滑剂对准干净的新毛笔喷上润滑剂，注意不要喷多，仅湿润即可。

(8) 使用喷有润滑剂的毛笔，在每个滑道上点一下即可。

(9) 转动滑环数圈，检查滑环滑道表面是否形成薄薄的一层润滑膜。如果出现润滑过多的现象，需要使用干净、无绒毛的布将多余的润滑剂擦除。

(10) 再次检查所有触点是否在正常位置上，如果有触点出现变形，仔细将其恢复原位，并检查接触力是否良好。注意不准强力扳动，一旦造成大的变形，将导致接触问题，必须更换新的滑环。该问题滑环必须返厂维修。

(11) 将清洗好的滑环安装好并恢复接线。注意接插件安装后必须将锁扣锁好，否则会因振动而导致接触不良、烧毁接插件，导致大的故障。

(12) 清理现场，清除并带走所有杂物。

4.3.6 后备动力的测试与维护

后备动力承担着为变桨系统在紧急情况下进行安全响应动作提供动力的重要责任。因此，定期维护中对后备动力进行检查是非常重要的。

在液压变桨系统中，主要通过蓄能器为液压变桨提供后备动力，相应的蓄能器检查过程见 4.2.1 变桨系统气动刹车性能测试。

在电动变桨系统中，主要用电池、超级电容器等设备为电动变桨提供动力来源。电池的主要测试项目为电池的电压与内阻，由于铅酸蓄电池在浮充状态下寿命较短，当检测到电池的电压和内阻不满足要求时，需要对电池组进行相应的更换。

部分风电机组还会定期检查电池的内阻，通过定期在充电回路中暂时接入小电阻，测量电池放电的电流与电压跌落。图 4－13 所示为典型的电池内阻并联后的测试波形。

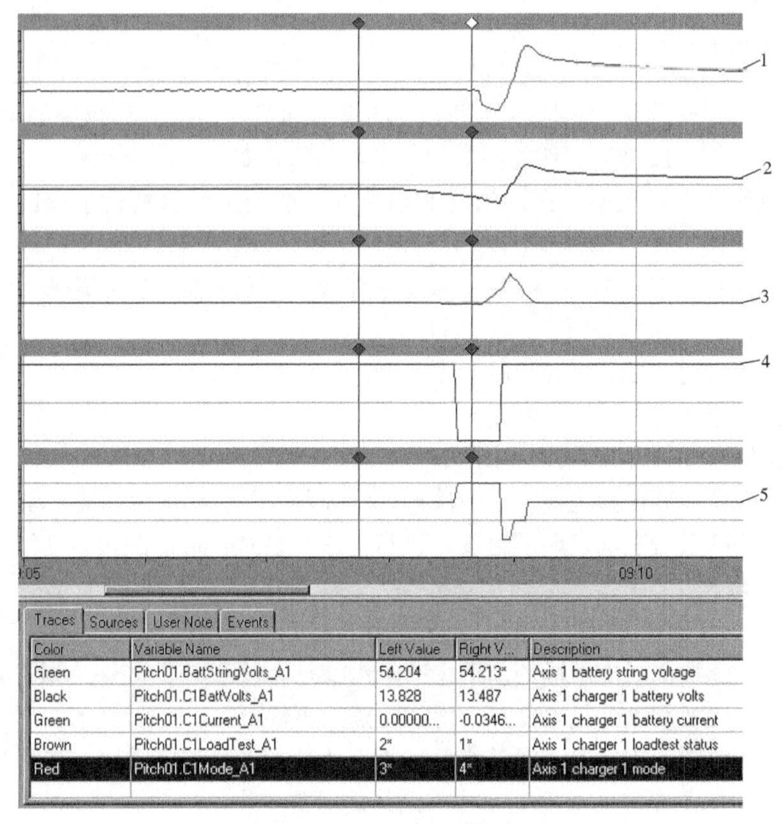

图 4－13　电池内阻测试波形图

图 4－13 中，从上到下的波形意义分别为：

1—变桨电池串（4 块）电压（V，伏特）；

2—变桨 1 号电池电压（V，伏特）；

3—变桨电池电流（A，安培）；

4—内阻测试状态（2 为未进行，1 为进行）；

5—电池充电器状态。

在电池内阻测试过程中，接入外接电阻，系统监测放电电流和电压跌落，若该信号特性超出了正常的电池状态，则系统将报出相应的电池故障。

超级电容器的测试主要通过电容器的控制模块来进行，在定检时手动进行，采用顺桨测试，将单个叶片变桨至 0°，关闭电源模块，仅使用超级电容顺桨，观察电容电压跌幅。电压跌幅必须在要求范围内。

在对电动变桨系统进行后备电源测试的过程中，系统还会自动监测充电回路的情况，在后备电源测试后，若充电回路存在故障，电池和电容测试也将无法通过。

4.3.7　皮带传动变桨系统测试与维护

皮带传动变桨系统需要定期检查皮带的状况，主要检查项目如下：

(1) 检查齿形带是否有损坏现象和裂缝，检查齿形带的齿及张紧程度，应清洁。

(2) 使用张力测量仪测量齿形带的振动频率。如大于或小于设计频率范围，应调节变

桨驱动支架上面的调节滑板，达到设计频率。

(3) 紧固调节滑板和齿形带压板的螺栓。

(4) 齿形带必须保持清洁。

4.4 变桨系统的典型故障处理

变桨系统的常见缺陷与其功能实现有关。从原因上一般分为电气、机械两大类别，但变桨系统的缺陷表现常常是综合的。

4.4.1 通信中断故障

故障：通信连接不上。

故障源推断：滑环损坏；通信接线松动；通信接线破损；通信接线的屏蔽线松动。

处理办法：清洗和修理滑环；检查通信接线，如有松动则紧固，若破损则进行修复；检查通信线路的屏蔽线，若接地损坏，则重新接地。如果接地损坏严重，则更换通信线，并重新接地。

实例：

某风电机组报“变桨控制器超时”和“变桨控制器故障”，检修人员首先分析故障现象：

“变桨控制器超时”故障解释为每150ms产生的轮毂通信超时信号数量累计超过10个。

“变桨控制器故障”解释为电网接触器吸合至少700ms后，电网电压高于360V时，未收到变桨控制器响应信号。

故障处理过程如下：

(1) 远程监控发现风电机组报出变桨控制器超时和3个叶片变桨控制器故障。

(2) 确认故障现象：风电机组可以正常启动，叶片变桨到65°后，发电机转速达到160～180r/min时，风电机组报出上述故障，导致停机。但复位后可以正常重新启动，到达相应转速时又报出相关故障。

(3) 初步判断：变桨控制器与PLC通信模块间通信出现问题。

(4) 确认电路图：轮毂变桨控制器到顶部机舱控制柜通信模块15A2的电路图如图4-14所示。

(5) 检查该回路，重点检查：

1) 滑环磨损；

2) 变桨控制器和PLC的4根通信线RX+、RX-、TX+、TX-，断线或对地短路。

(6) 检查滑环滑道：发现滑环滑道污损（见图4-15），进行清洗。

(7) 确认处理结果：清洗滑道后，故障仍未消除。图4-16所示为清洗滑道后，更换新针。

(8) 检查回路：再次打开滑环，校线：发现通信线RX+对地短路，断开滑环前段接线，查接地点，发现是滑环—轮毂变桨控制器的线路问题。

(9) 进轮毂检查变桨控制器—5F1—滑环的接线：发现为5F1下端出轮毂控制柜接口处（在护套内部）有磨损，RX+、RX-都已磨到铜线部分。包裹好两个信号线，并扎上扎带让护套部分出线不能随轮毂随便转动导致磨损。

（10）复位后发现，变桨控制器超时故障消除，故障排除。

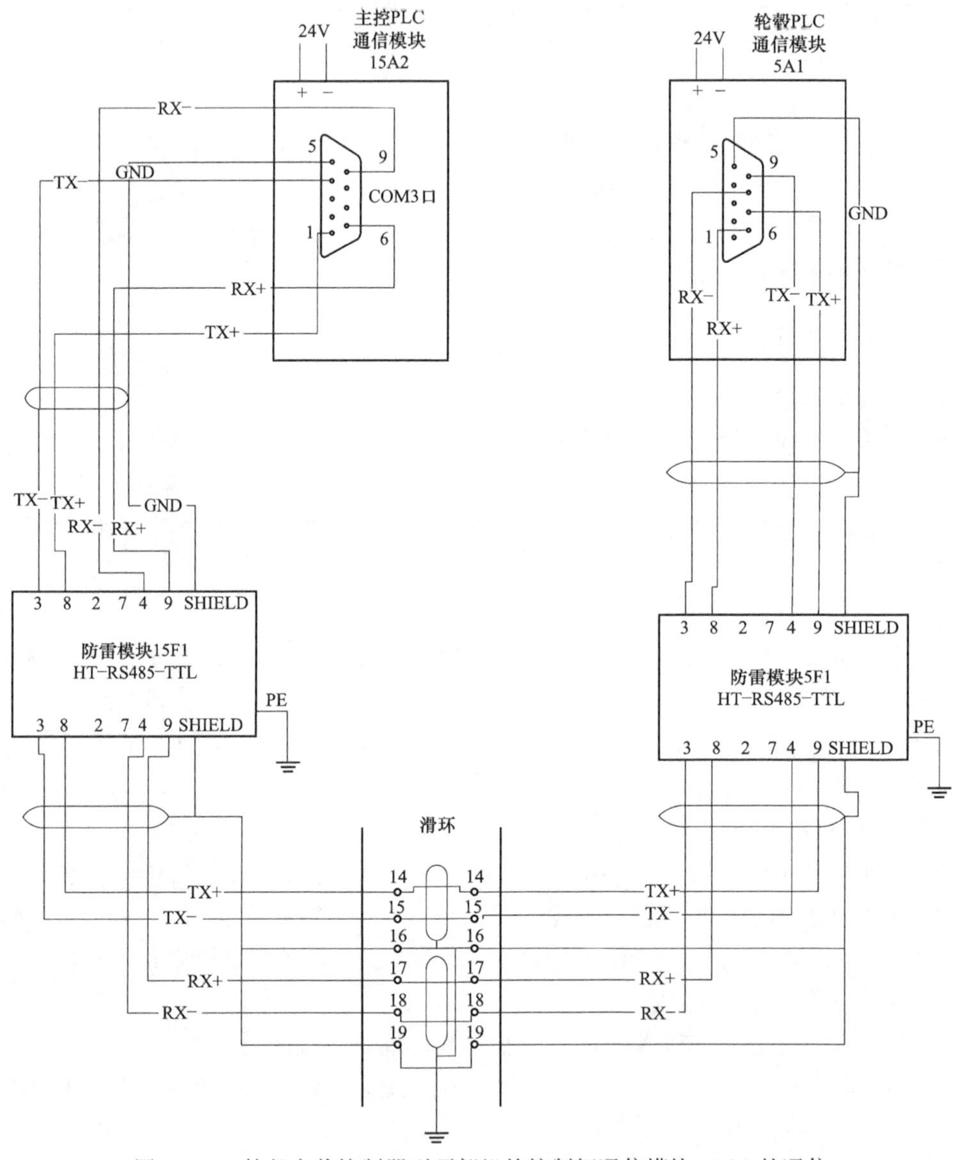

图 4－14　轮毂变桨控制器到顶部机舱控制柜通信模块 15A2 的通信

图 4－15　污损的滑环滑道

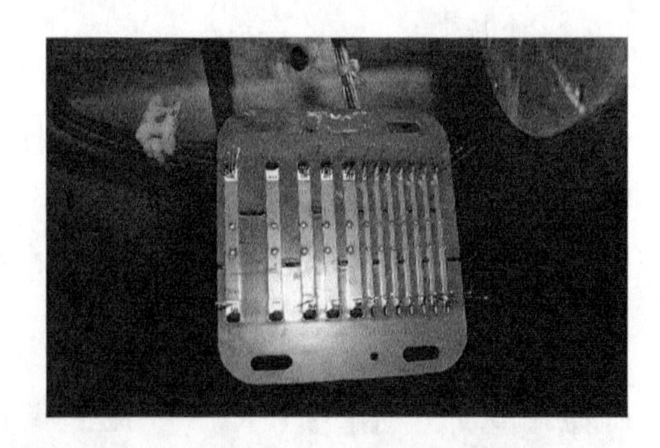

图 4－16　清洗滑环滑道后，更换新针

4.4.2 变桨不到位故障

故障：变桨不到位。

故障源推断：①位置传感器故障；②变桨电机故障；③变桨轴承故障；④变桨比例阀故障；⑤变桨三角架故障；⑥位置信号线路故障。

处理办法：①检查、校正位置传感器；②按变桨电机故障处理方法进行处置；③润滑变桨轴承，重新校正，必要情况下更换变桨轴承；④维修或更换变桨比例阀；⑤维修或更换变桨三角架（Gamesa G58 机组变桨使用的是三角形的支架，简称三角架）。

实例：

某液压变桨风电机组报出“变桨系统执行错误”故障，该故障逻辑为：风电机组在暂停、运行或联机运行中，变桨位置设置点和真实值之间持续 2s 内超 3.0°，即变桨系统无法有效跟踪变桨命令。

跟踪故障现象发现：该故障现象发生没有规律：在运行期间，有时复位后可继续运行，有时复位后使机组进入 PAUSE 按钮，叶片不变桨，报出故障；变桨测试时，有时可以通过，变桨显示一切正常，有时根本不执行变桨，叶片不动。

此类无规律现象一般与电气接触不良有关。而液压变桨系统中的电气回路一般只与位置传感器和变桨比例阀有关。经过对变桨轴承、三角架的检查，也排除了机械部件故障的可能性。

经详细检查电磁阀和位置传感器信号线路后发现，该故障是由于电磁阀 24VDC 电源插座与电磁阀线圈本体插头接触不良导致，如图 4－17 所示。将接线紧固后，故障消除。

在电动变桨系统中，变桨位置信号由变桨电机尾部的编码器采集，编码器的损坏是此类故障最有可能的故障原因，如图 4－18 所示。

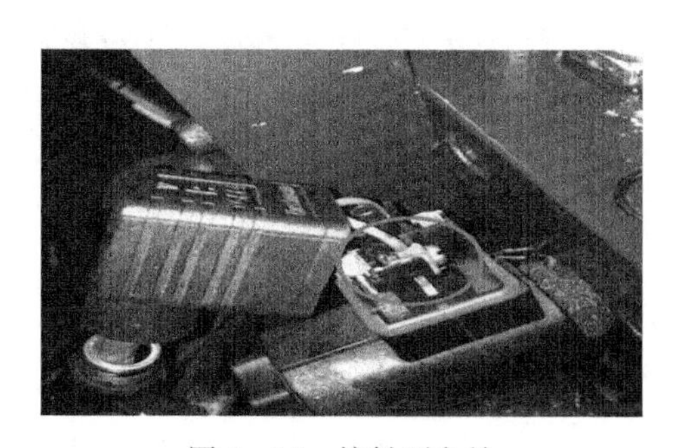

图 4－17　接触不良处

图 4－18　电动变桨电机编码器损坏故障

4.4.3 液压变桨油泵故障

故障：液压站油泵显示打压时间过长（超过 60s 泵仍没停止）。

可能故障原因：液压缸故障；泄压阀故障；液压站蓄能器故障；液压电机故障。

处理方法：检查系统压力是否掉得过快，液压系统允许一定程度的压力泄漏，掉压速度在一定范围内一般是允许的，过大则应检查液压缸；检查液压缸是否有外泄漏；检查泄压阀是否拧紧；检查液压站蓄能器是否漏气；检查液压电机是否反转，液压电机和泵之间的弹性联轴器是否损坏导致打滑等。

4.4.4 电动变桨驱动机构故障

伺服电机故障如下。

(1) 故障：直流电机电刷故障。

1) 故障源推断：电刷磨损严重，接触压力不足。

2) 处理办法：检查电刷厚度，如果磨损严重，更换电刷，并清理碳粉。

(2) 故障：交流电机缺相故障。

1) 故障源推断：电机接线松动，变频器故障。

2) 处理办法：检查电机一变频器主电路接线是否松动；如果线路完好，用示波器检查变频器输出波形是否对称，若不对称检查功率器件及其驱动电路。

(3) 故障：变桨电机温度故障。

1) 故障源推断：冷却风扇损坏。

2) 处理办法：先检查温度传感器接线是否松动，若传感器无故障，则检查冷却风扇是否旋转。

(4) 故障：通电后电动机不能转动，但无异响，也无异味和冒烟。

1) 故障源推断：①电源未通；②熔丝熔断；③过流继电器电流调得过小，或过流保护设定值过低；④控制设备接线错误。

2) 处理办法：①检查电源回路开关，熔丝、接线盒处是否有断点；②检查熔丝型号、熔断原因；③调节继电器整定值与电动机配合，调高过流保护的设定值，使之与电动机的额定功率相匹配；④改正接线。

(5) 故障：通电后电动机不转，然后熔丝烧断。

1) 故障源推断：①若为三相交流电机，则缺一相电源，或定子绕组一相反接；②定子绕组相间短路；③定子绕组接地；④定子绕组内部接线错误；⑤熔丝截面过小；⑥电源线短路或接地。

2) 处理办法：①检查主电路的开关触点是否有一相未接好，电源回路有一相断线；消除反接故障；②查出短路点，予以修复；③消除接地；④查出误接，予以更正；⑤更换熔丝；⑥消除接地点。

(6) 故障：通电后电动机不转有嗡嗡声。

1) 故障源推断：①若为三相交流电机，定、转子绕组有断路（一相断线）或电源一相失电；②绕组引出线始末端接错或绕组内部接反；③电源回路接点松动，接触电阻大；④电动机负载过大或转子卡住；⑤电源电压过低；⑥小型电动机装配太紧或轴承内油脂过硬；⑦轴承卡住。

2) 处理办法：①查明断点予以修复；②检查绕组极性；判断绕组首末端是否正确；③紧固松动的接线螺丝，用万用表判断各接头是否假接，予以修复；④查出并消除机械故障，有效减载；⑤检查是否将△接法误接为Y接法，是否由于电源导线过细使压降过大，予以纠正；⑥重新装配使电机转动灵活，更换合格油脂；⑦修复轴承。

(7) 故障：电动机启动困难，额定负载时，电动机转速低于额定转速较多。

1) 故障源推断：①电源电压过低；②△接法误接为Y接法；③笼型转子开焊或断裂；④定转子局部线圈错接、接反；⑤修复电机绕组时增加匝数过多；⑥电机过载。

2) 处理办法：①测量电源电压，设法改善；②纠正接法；③检查开焊断点并修复；④查出误接处，予以改正；⑤恢复正确匝数；⑥消除机械故障，有效减载。

(8) 故障：电动机空载电流不平衡，三相相差大。

1) 故障源推断：①定子三相绕组匝数不相等；②绕组首尾端接错；③电源电压不平衡；④绕组存在匝间短路、线圈反接等故障。

2) 处理办法：①重新绕制定子绕组；②检查并纠正；③测量电源电压，设法消除不平衡；④消除绕组故障。

(9) 故障：电动机空载，过负载时，电流表指针不稳，摆动。

1) 故障源推断：①笼型转子导条开焊或断条；②绕线型转子故障（一相断路）或电刷、集电环短路装置接触不良。

2) 处理办法：①查出断条予以修复或更换转子；②检查绕转子回路并加以修复。

(10) 故障：电动机空载电流平衡，但数值大。

1) 故障源推断：①修复时，定子绕组匝数减少过多；②电源电压过高；③Y接电机误接为△；④电机装配中，转子装反，使定子铁芯未对齐，有效长度减短；⑤气隙过大或不均匀；⑥拆除旧绕组时，使用热拆法不当，使铁芯烧损。

2) 处理办法：①重绕定子绕组，恢复正确匝数；②设法恢复额定电压；③改接为Y；④重新装配；⑤更换新转子或调整气隙；⑥检修铁芯或重新计算绕组，适当增加匝数。

(11) 故障：电动机运行时响声不正常，有异响。

1) 故障源推断：①转子与定子绝缘纸或槽楔相擦；②轴承磨损或油内有砂粒等异物；③定转子铁芯松动；④轴承缺油；⑤风道填塞或风扇擦风罩，⑥定转子铁芯相擦；⑦电源电压过高或不平衡；⑧定子绕组错接或短路。

2) 处理办法：①修剪绝缘，削低槽楔；②更换轴承或清洗轴承；③检修定、转子铁芯；④加油；⑤清理风道；重新安装置；⑥消除擦痕，必要时修整转子；⑦检查并调整电源电压；⑧消除定子绕组故障。

(12) 故障：运行中电动机振动较大。

1) 故障源推断：①由于磨损轴承间隙过大；②气隙不均匀；③转子不平衡；④转轴弯曲；⑤铁芯变形或松动；⑥联轴器（皮带轮）中心未校正；⑦风扇不平衡；⑧机壳或基础强度不够；⑨电动机地脚螺丝松动；⑩笼型转子开焊断路；绕线型转子断路；加定子绕组故障。

2) 处理办法：①检修轴承，必要时更换；②调整气隙，使之均匀；③校正转子动平衡；④校直转轴；⑤校正重叠铁芯，⑥重新校正，使之符合规定；⑦检修风扇，校正平衡，纠正其几何形状；⑧进行加固；⑨紧固地脚螺丝；⑩修复转子绕组，修复定子绕组。

4.4.5 后备电源故障

(1) 后备电源充电错误。

1) 故障源推断：充电回路错误；充电器错误；后备电源错误。

2）处理办法：检查并紧固充电回路接线，检查电源；检查充电器功能及接线；检查后备电源性能。

（2）后备电源电压错误。

1）故障源推断：后备电源故障；后备电源电压检测回路故障。

2）处理办法：检查后备电源性能；检查后备电源电压检测回路接线。

（3）变桨整体安全性能测试不通过。

1）故障源推断：变桨执行机构故障；后备电源容量不足。

2）处理办法：参考变桨执行机构故障处理办法处理；检查后备电源容量，检查后备电源基本性能，检查后备电源充电回路。

4.5 变桨系统的大修

4.5.1 更换轮毂与叶片

更换轮毂与叶片的基本流程如图 4-19 所示。

拆卸变桨系统前，首先必须锁定叶轮，根据不同的变桨系统的结构特点，拆除变桨系统。电动变桨系统的拆除比较简单，直接拆除电机和小齿轮即可，液压变桨系统的拆除相对复杂，以 Gamesa 850kW 机组为例：

（1）在机舱内利用顶部触摸屏操作，将叶片角度变桨至 90°。进入轮毂，装上 3 根 90°锁，锁住叶轮，如图 4-20 所示。

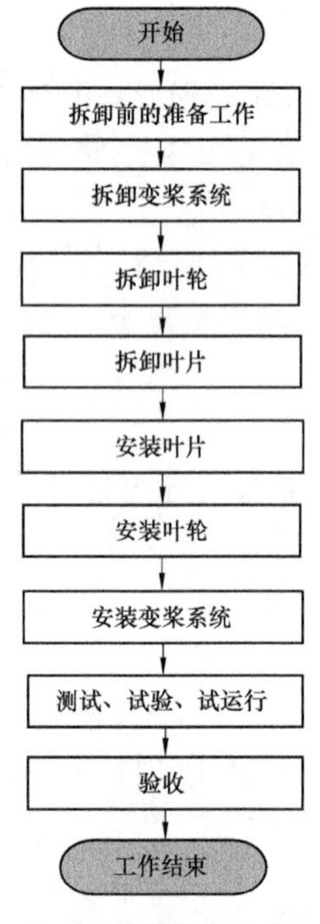

图 4-19 更换轮毂与叶片流程图

图 4-20 90°锁

（2）拆除轮毂内推力轴承和推力轴承前端的超级螺母，如图 4-21 所示。

（3）打开液压站手动泄压阀，将液压站压力全部泄掉。拆除液压站与变桨缸连接进、出油管，拆下废油回油管，并进行封堵。

（4）拆下位置传感器防护罩、接地线、电气接线。

（5）拆下变桨缸与齿轮箱连接螺栓，如图 4-22 所示。

图 4-21 变桨超级螺母

图 4-22 变桨缸与齿轮箱连接

（6）将变桨杆和变桨缸一起从齿轮箱内抽出，拔变桨缸时注意变桨缸与齿轮箱连接处有垫片，垫片要保管好。拆下的变桨杆要用抹布包好，以免损坏。

在拆除变桨机构后，需要拆除叶轮至地面。需要使用吊车和其他的吊装工具，并由具备吊装作业资格的人员进行：

（1）两人系好安全带和安全绳，使用吊篮安装叶尖护套，叶尖护套绑扎好缆风绳，如图 4-23 所示。

图 4-23 安装叶尖护套图和缆风绳

（2）拆除吊装口盖板螺栓，并用壁纸刀划开吊装口的密封胶。

（3）打开轮毂外罩吊装口挡板，拆卸叶轮吊装口两侧的两支叶片上的螺栓。

（4）将轮毂专用吊装工具（两块三角板）安装在对应两支叶片叶根部位。叶轮吊装工具的另一端，用马蹄形卸扣和圆状吊带固定好后，挂在主吊车的吊钩上，如图 4－24 所示。

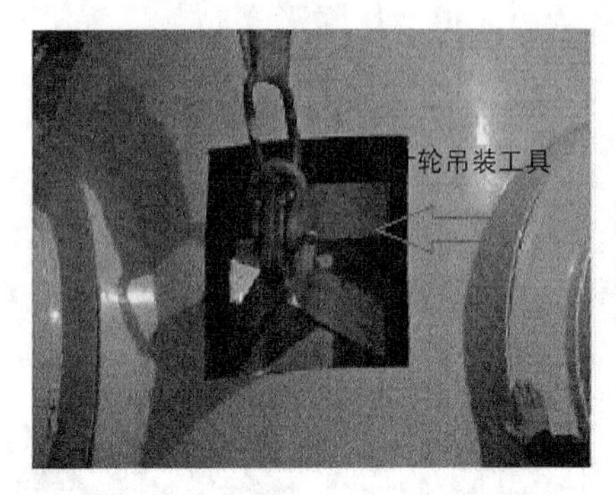

图 4－24　安装叶轮吊具

图 4－25　叶轮与机舱分离

(5) 主吊车将轮毂缓慢起吊，使吊带和卸扣受力并绷紧。在机舱内，拆除主轴与轮毂间的连接螺栓。然后使吊车吃重，将剩余的螺栓拆下。轮毂与主轴分离后，主吊车吊着叶轮缓慢下放，如图 4－25 所示。

(6) 在垂直于地面的叶片距离地面约 1m 时，将 1 根扁平吊带和叶尖护板绑在朝下叶片的叶尖部位，另一端挂在 50t 辅吊车的吊钩上。辅吊车缓慢起钩将圆环吊带拉紧，主吊车落勾同时辅助吊车起勾，直至叶轮呈水平状态，将叶轮下放落在轮毂支架上，如图 4－26 所示。

图 4－26　主、辅吊配合吊装叶轮

(7) 将轮毂与轮毂支架用螺栓固定好，再将 3 支叶片的尖部用泡沫砖垫起，以增强叶轮的稳定性，主吊车摘钩。

在拆除叶轮至地面后，需要将叶片从变桨轴承上拆除，基本流程如下：

第一步：拆除导流罩

(1) 轮毂内，拆除 90°锁。拆除 3 支叶片尖部的泡沫砖。用轮毂支架的液压缸将叶片角度变至 0°，使叶片呈水平状态，如图 4－27 所示。

(2) 在导流罩支架与轮毂上做好标记，便于安装。拆除导流罩。

第二步：安装叶片吊具

(1) 在需更换变桨轴承的叶片上安装叶片吊装工具和扁平吊带，并挂上缆风绳，如图 4－28 所示。

图 4－27　叶片角度变至 0°

图 4－28　安装叶片吊具

(2) 在需拆卸旧叶片的尖部安装叶尖护套和缆风绳。

(3) 另 2 支叶片的叶尖部位使用泡沫砖牢固支撑，如图 4－29 所示。

第三步：拆除叶片

(1) 将三角法兰和连接叶片的拐臂处螺栓拆除，将拐臂拆下。三角法兰拐臂如图 4－30 所示。

图 4－29　用泡沫砖支撑叶片

图 4－30　三角法兰拐臂

(2) 拆卸变桨轴承与轮毂连接处的螺栓。使用吊具将叶片吊起至离地面一定高度，如图 4－31 所示。

(3) 将拆卸下来的旧叶片，使用泡沫砖垫起，如图 4－32 所示，放置在地面安全位置。拆卸叶片吊具、吊带、叶尖护套和缆风绳等。

图 4-31　拆卸旧叶片

图 4-32　用泡沫砖将旧叶片垫起

安装新叶片的工作流程：

第一步：安装叶片吊具

（1）安装叶片吊装工具和扁平吊带，挂上缆风绳，如图 4-33 所示。

（2）调整叶片呈水平状态。安装叶尖护套并绑扎缆风绳。

第二步：安装叶片

（1）主吊车吊起叶片并缓慢向轮毂移动，通过缆风绳配合调整叶片在空中的位置，便于叶片与轮毂连接时的螺栓连接。

（2）校准螺栓孔位置，手动安装螺栓，用对角法将螺栓全部紧固。在所有螺栓、螺母、垫片和法兰面上做力矩标识线。

（3）完成叶片安装后，拆除叶片吊具、吊带、叶尖护套和缆风绳等。

（4）将三角法兰和连接叶片的拐臂进行螺栓紧固，安装叶根连接支臂。

第三步：安装导流罩

（1）拆除叶片下方垫的泡沫砖，将叶片角度由 0°调整到 90°，并安装锁定 90°锁。

（2）安装导流罩，如图 4-34 所示。

图 4-33　安装新叶片

图 4-34　安装导流罩

安装叶轮的基本流程如下：

第一步：安装叶轮吊具

(1) 在叶轮吊装孔两侧的叶片尖部安装叶尖护套和缆风绳绑，再将叶尖护板安装在第三支叶片尖部。

(2) 将叶轮上的叶轮吊装工具、马蹄形卸扣和圆状吊带的原装吊带挂在主吊车的吊钩上且连接牢靠。

(3) 用吊带将第三支叶片挂在辅助吊车的吊钩上。

第二步：安装叶轮

(1) 主、辅吊车吊钩分别挂好叶轮吊具后，主、辅吊车的吊钩同时吃重，拆下轮毂支架。

(2) 主、辅助吊车同时起钩（主吊车起钩速度必须快于辅助吊车起钩速度），直至叶轮在空中变成竖直状态。辅助吊车摘钩，地面人员通过缆风绳向下拉第三支叶片的叶尖护板，将叶尖护板拆除。主、辅吊车的起吊配合方式如图 4－35 所示。

图 4－35　安装叶轮

(3) 主吊车缓慢起钩，当轮毂的中心与机舱的主轴大致在同一高度时停止起钩，将轮毂缓慢靠近主轴，地面人员通过缆风绳控制叶轮的方向。

(4) 轮毂与主轴连接。紧固螺栓直到轮毂完全安装到主轴上。

(5) 安装主轴与轮毂间的固定螺栓，并打紧至额定力矩值。

(6) 拆除安装叶轮吊装工具的螺栓。

(7) 安装叶轮吊装孔处盖板的螺栓。

4.5.2　更换变桨轴承

以 Gamesa 850kW 机组为例，更换变桨轴承的基本流程如图 4－36 所示。

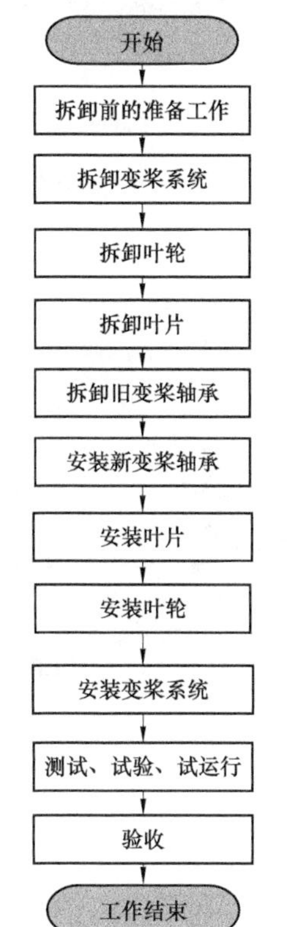

图 4－36　更换变桨轴承基本流程图

变桨轴承的拆装需要将叶片和轮毂吊至地面进行，需要拆除叶片与轮毂，具体操作流程参考 4.5.1。

拆卸旧变桨轴承的流程基本如下：

(1) 拆除变桨轴承与叶片间的连接螺栓，将导向丝杠分别安装在变桨轴承的指定位置，如图 4－37 所示。

(2) 在叶片与三角法兰连接底座相对应的位置做好标记，对拆卸下来的变桨轴承部位进行简单的清理。将吊环安装在叶根底座上方 12 点钟位置，吊车的吊钩通过吊带连接到吊环，将叶根底座拆卸下，如图 4－38 所示。

图 4-37　叶片标线位置及定位丝杠

图 4-38　拆卸叶片底座

(3) 在变桨轴承两侧各安装 1 个吊环，保持轴承稳定不倾斜，通过吊带连接到吊车的吊钩上。用壁纸刀将叶片与变桨轴承之间的密封胶刮开，用撬棍轻轻撬动变桨轴承，使其与叶片分离，使用吊车将变桨轴承吊下，如图 4-39 所示。

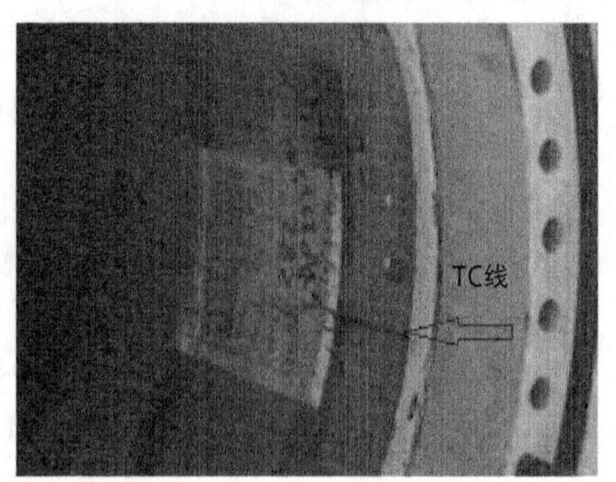

图 4-39　拆卸变桨轴承

安装新变桨轴承的基本流程如下：

(1) 在新变桨轴承两侧各安装 1 个吊环，保持轴承稳定不倾斜，通过吊带连接到吊车的吊钩上。吊车将新变桨轴承吊起并穿过叶片根部 3 点钟和 9 点钟预先放置好的导向丝杠。

(2) 吊车通过吊带和吊环将叶片底座吊起，按标线的位置穿过导向丝杠放置在变桨轴承上。

(3) 手动安装全部变桨轴承螺栓和垫片，用电动扳手全部紧固。使用液压扳手套筒将螺栓紧固。使用黑色漆笔在螺栓、垫片和法兰做力矩标记线，如图 4-40 所示。

图 4-40　安装新变桨轴承

4.5.3　更换液压变桨轴及三角架

安装液压变桨轴和三角架的基本操作流程如下：

(1) 轮毂内，使用扳手拆除 3 根 90°锁。

图 4-41　安装导向锥

(2) 使用黑头和导向锥旋紧在空心轴上，手动按压变桨接触器，使变桨杆顶着黑头，带动空心轴通过导向锥牵引到三角法兰内，端面与三角法兰面平行。如果变桨机构偏离同心位置，可借助木制基座配合液压千斤顶调整，使三角架中心与变桨杆同心。然后将液压站泄压，将黑头及导向锥拆下。导向锥安装如图 4-41 所示。

(3) 将推力轴承安装到三角法兰上，用扭矩扳手及套筒将空心轴与三角法兰连接螺栓拧紧，打紧力矩，如图 4-42 所示。

图 4-42　安装推力轴承图

(4) 液压站打压，进入维护菜单将叶片角度变到 90°，安装挡圈螺母和超级螺母，用套筒和扭矩扳手对角紧固螺栓至规定力矩值，再对角紧固螺栓至最终力矩值。

(5) 给推力轴承加注润滑脂。

思考题

1. 为什么要进行变桨系统安全整体测试，进行整体测试的主要方法是什么？
2. 更换变桨轴承的主要操作步骤分为哪几步？
3. 变桨系统通信故障主要故障原因有哪些？
4. 液压变桨系统的定期维护项目主要有哪些？

叶片的维护与检修

5.1 概述

5.1.1 叶片的功能

叶片定义为具有空气动力形状，使风轮绕其轴转动的主要构件。叶片是风电机组最重要的部件之一，会直接影响风电机组的发电效率。

5.1.2 叶片的结构原理

叶片的主要结构如图 5-1 所示。叶片的主梁和腹板是叶片的支撑结构，其强度决定了叶片的可靠性。叶片的外壳具有复杂的空气动力学造型，其形状是决定叶片升力的关键因素。

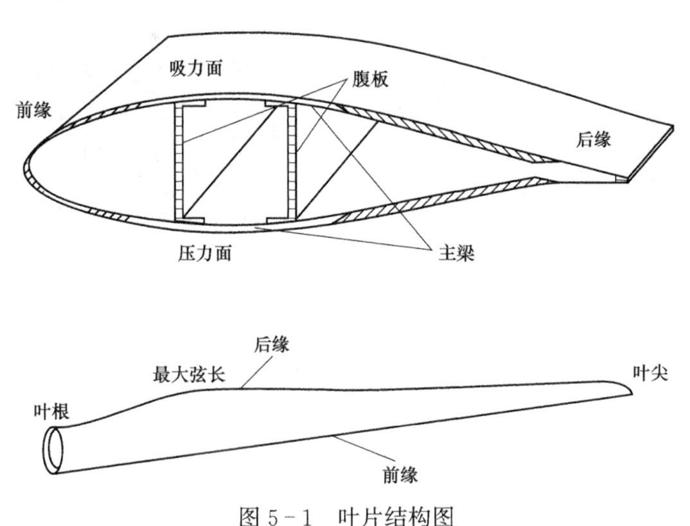

图 5-1 叶片结构图

5.1.3 叶片的常见损伤类型

1. 前缘腐蚀（见图 5-2）

由于叶片前缘的气动敏感性，前缘腐蚀会导致叶片气动性能大幅下降。

2. 前缘开裂（见图 5-3）

叶片前缘若不及时修补，随着开裂变长，蒙皮会出现脱开、开裂。

图 5-2　叶片前缘腐蚀

图 5-3　前缘开裂

3. 后缘损坏

后缘损坏应在早期及时处理，否则轻微的后缘损坏扩大会导致叶片失效。从图 5-4 中可以看出，裂缝沿着叶片弦向裂开，直通到梁，然后沿着梁撕裂，此叶片已经处于失效状态。

4. 叶根断裂（见图 5-5）

叶根断裂一般会引发灾难性失效。

图 5-4　后缘损坏

图 5-5　叶根断裂

5. 表面裂缝（见图 5-6）

即使很小的裂缝、砂眼也会使水渗入叶片复合材料，严冬时水会结冰导致内芯快速损坏。小的裂缝会蔓延生长，最终导致叶片失效。

6. 雷击损坏（见图 5-7）

虽然有雷电保护措施，而且雷电保护技术一直在进步，但轻微的表面击伤和大的结构损坏还是时有发生。叶片表面雷击一般现象为表面凹痕的黑色斑点、翘皮，前后缘程度不同的开裂。有时这种损伤呈现为叶片壳体贯穿性的孔洞，导致夹芯材料外露，从而使水分极易渗入，逐渐老化和腐蚀复合材料本体。即使内置的雷电保护系统成功地保护了叶片壳体免遭损伤，有时叶片内部水分较多，致使雷击的瞬间可能导致二次损伤，在雷电产生瞬时超高温下，水分迅速变成水蒸气，叶片内部压力瞬间大幅升高，进而膨胀，导致叶片壳体分层、开裂、脱胶及梁与蒙皮的分离。

图 5-6 表面裂缝

图 5-7 雷击损坏

7. 定桨距叶尖故障

叶尖扰流器应用解决了高风速情况下定桨距风电机组的安全停机问题。定桨距叶片由叶片主体、叶尖两个部分组成，叶尖通过钢丝绳与位于叶根部位的液压缸连接，在机组运行期间，由液压缸工作压力来保持其工作位置。

叶尖扰流器常见故障有未收到位、回收过位、不回收等情况。

5.2 叶片的检查与检测

5.2.1 目视法

目视检查法是使用最广泛、最直接的检测方法。主要通过肉眼以及借助其他工具观测叶片表面和内部可到达区域的表面。在叶片加工制造过程中，目视检查尤为重要，可检查表面划伤、起泡、起皱、凹痕、缺胶、干纤维、裂纹以及界面分层等较明显的缺陷。特别是在叶片灌注固化后、合模粘接前，通过目视检测可以较好地发现问题，并及时采取相应的补救措施。缺点是当叶片合模粘接后，目视法就仅能检测人可以到达的区域，而且当叶片表面喷漆后，目视检测法也仅局限于叶片表面的缺陷检测。

5.2.2 敲击法（见图 5-8）

敲击法是当前风电叶片现场常用的检测方法，利用棒、小锤等叩击叶片表面，通过仔细辨听声音的差异来判断缺陷。对于叶片的粘接区域（前缘、后缘合模粘接以及剪切大梁和壳体粘接），可通过敲击来判断是否缺胶或有气泡，但敲击只能判断比较大的缺陷，而且有时缺陷区域的声音与其附近区域的差别非常细微，对环境和检查人员的经验要求都较高。另外，敲击法仅对检测叶片蒙皮以及蒙皮与夹芯的分层、脱粘、大的空腔有效，但不能有效检测复合材料深层的细

图 5-8 敲击法

微缺陷。人工敲击若操作不当，还会在叶片表面蒙皮上产生小的凹痕，对整个叶片检测时，不仅效率较低，而且很可能对缺陷漏检。

5.2.3 叶片检查辅助方式

叶片检查方法按是否可接近叶片可以分为接近式和非接近式。接近式检查采用蜘蛛人、小平台、大平台、升降平台等进行检查。非接近式采用望远镜、飞行器、照相机、机器人等进行检查。各辅助设备示例如表 5-1 所示。

表 5-1 各辅助设备示例

设备名称	设备照片	用途	优点	缺点
蜘蛛人		适合叶片检查及简单叶片维修	机动灵活，操作便捷	载重量小，人员不能长时间操作
自升式高空作业平台		适合空中检查、维修	机动灵活，可覆盖叶片所有位置，定位准确，稳定性好，准备时间短	成本较高，设备普及率低
高空作业平台		适合空中检查、维修	使用率高	准备时间长，小型平台稳定性、抗风性差
望远镜		适合风电场运行人员检查叶片	设备轻便，成本低廉	对观察环境要求较高，检查效果不佳
飞行器		适合风电场运行人员检查叶片	准备时间短，可保留影像资料，较望远镜检查效果好，如用搭载摄像机拍摄效果佳	对操控有一定要求，工作时间短，一般需 20min 左右，需要配备多块电池

续表

设备名称	设备照片	用途	优点	缺点
照相机		适合风电场运行人员检查叶片	可保留影像资料	需要配置200mm以上长焦镜头，成本较高，需要一定拍摄技能
机器人		前沿技术，可适用于叶片检查	未知	未知

5.2.4 无损检测

叶片检查一般首先采用目视法和敲击法，当叶片主梁位置发现微裂纹、横向裂纹、旧伤等现象，或可能存在褶皱、粘接不全等严重问题，无法通过观察或打磨直接判断的，可对叶片主梁内部、壳体及腹板结构胶粘接情况进行无损检测（主要采用超声检测），检查叶片内部是否存在孔洞、分层、褶皱、脱胶和结构胶不均匀等缺陷。

国内外主要利用超声无损检测来开展叶片检测的研究和应用，采用P-SCAN和相控阵检测技术，检出叶片中的褶皱、分层、孔洞等缺陷。

1. P-SCAN技术

FORCE公司研发的P-SCAN系统进行叶片缺陷的检测（见图5-9），成功地检出了

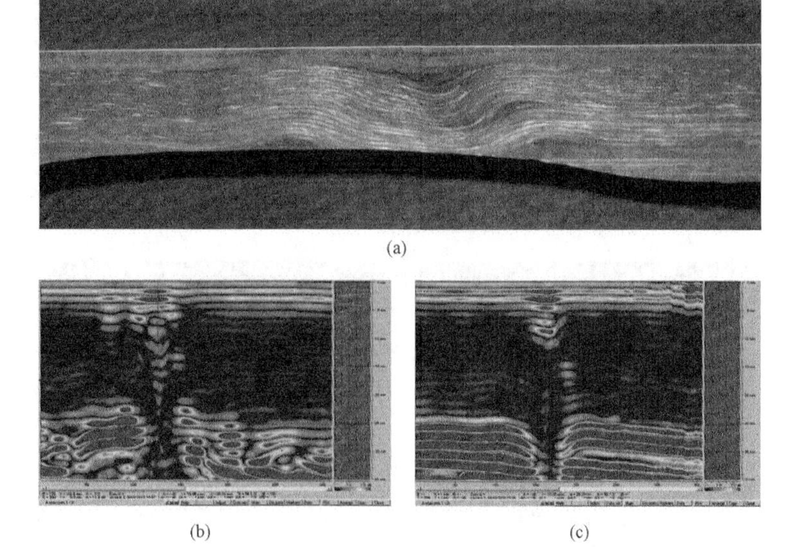

(a)

(b) (c)

图5-9 P-SCAN检测叶片褶皱

褶皱。扫查结果通过图像显示出来，不但对缺陷进行了定性，还能进行缺陷的定量检测。P－SCAN不仅能检出褶皱，还能检测叶片结构胶的粘接情况，合模之后叶片粘接情况通过图像显示出来，质检人员通过图像直观的评判检测结果，保证了良好的制造工艺。

图5－10和图5－11所示为几款无损检测设备。

图5－10　西门子叶片超声检测系统

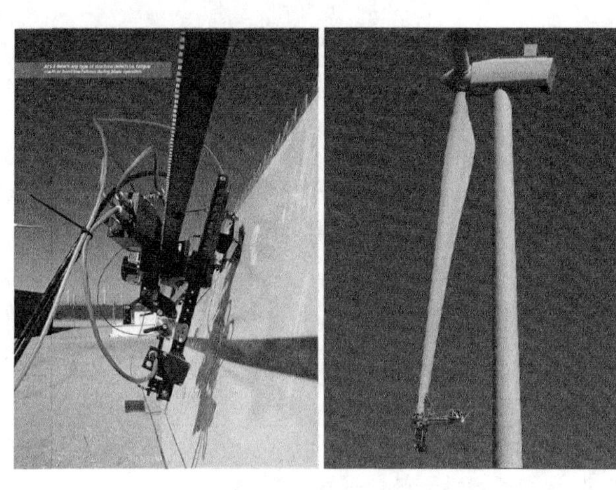

图5－11　FORCE公司ATS－2型风电叶片在役无损检测系统

2. 相控阵技术

随着科技的发展，相控阵的能量聚焦功能优势在叶片无损检测行业得到了发挥。目前，Olympus Omni SCAN SX、GE phasor XS等型号的相控阵设备都已经成功地应用到了叶片无损检测的研究和实际应用中。图5－12所示为相控阵扫查孔洞，图5－13所示为Olympus Omni SCAN SX叶片无损检测照片。

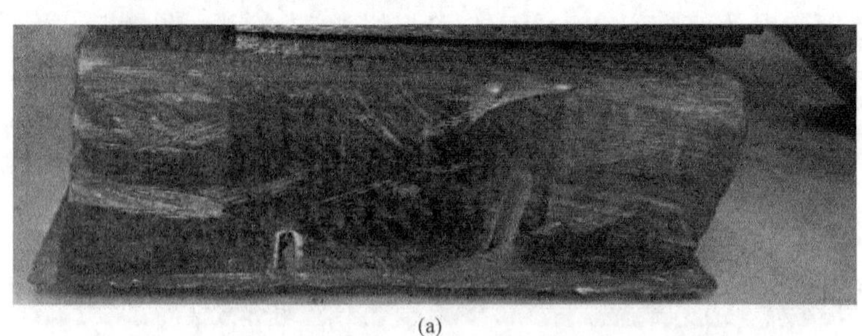

(a)

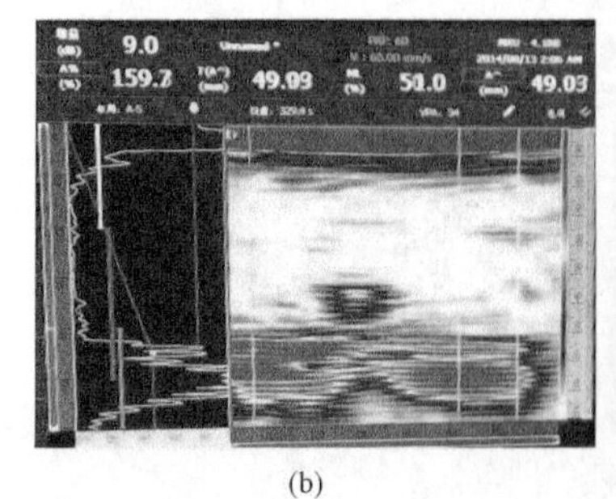

(b)

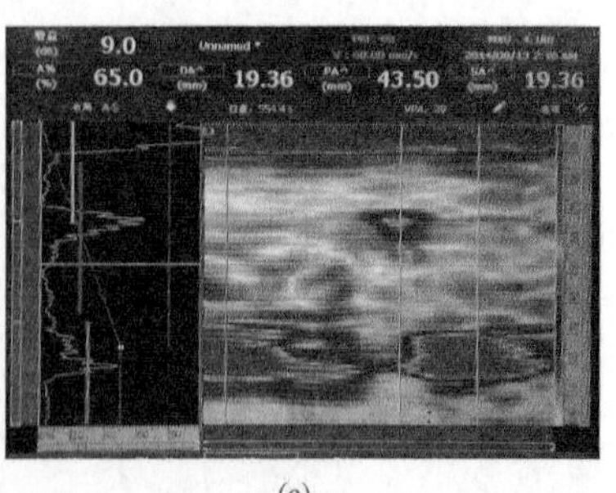

(c)

图5－12　Olympus Omni SCAN SX超声相控阵扫查孔洞

图 5-13 Olympus Omni SCAN SX 现场检测

从表 5-2 中可以看到，扫查发现的缺陷位置与实际测量位置进行对比，误差控制在 5%之内，验证了相控阵技术检测结果的可靠性。

表 5-2 超声测量数据对比

序号	超声测量位置（mm）	实际测量位置（mm）	超声测量宽度（mm）	实际测量宽度（mm）
1	49.09	49	6.3	6
2	19.36	19	6.2	6

通过大量的现场试验和工程应用，验证了超声检测在风电叶片内部缺陷的检测中结果的可靠性，因此超声检测是一种可行的风电叶片无损检测技术。

由于无损检测对于叶片的孔洞、分层、褶皱、脱胶和结构胶不均匀等缺陷都已经能检测出来，国外的主机厂家、叶片厂家、无损设备厂商和研究机构都非常重视叶片的无损检测，把无损检测作为出厂质量控制的重要手段，并且积极开拓无损检测领域，目前已有超声（UT）、热成像等方式成功应用于叶片的无损检测，为叶片的质量提供了保障。

5.2.5 叶片监测系统

1. 简介

在叶片损伤的早期若能及时发现并进行维修，维修费用可以大幅度降低，这就需要实时的状态监测手段。叶片监测系统通过在叶片上加装传感器，实时在线监测叶片状态，直接测量叶片振动加速度或应变等参数，计算得到叶片频率变化、应力变化，通过对这些数据的分析，能够对叶片损伤、结冰、雷击、不平衡等进行预警。

2. 分类

目前国内外多个厂家均有叶片监测系统产品，按照传感器类型分类，可分为加速度传感器、应变传感器、激光测振仪等，采用加速度传感器的叶片监测系统应用较多，目前有博世力士乐、联合动力、Woelfel 等厂家。

应变传感器采用惠斯特电桥原理测量叶片应变，因电桥对于安装位置、环境温度等因素较为敏感，故一般在叶片制造过程中预埋在叶片内部，传感器差异较大。不同厂家的传感器价格也有很大差距，光纤式应变传感器较加速度传感器价格贵 5 倍以上。对于后期运行叶片而言，受制于叶片内部的复杂结构，一般只能安装在叶片根部，测量叶根载荷，作为载荷测量系统，故并不适合作为叶片在线监测系统使用。

使用加速度传感器的叶片监测系统直接测量整支叶片的加速度，对叶片内部结构有更好的适应性，能够安装到叶片距叶根 1/3 长度处，测量更加准确，能够更好地反映叶片振动变化，采集信号可以采用较为成熟的分析方法，如 FFT、包络解调法、小波分析等，更加适合叶片的在线振动监测。

3. 应用举例

某叶片监测系统基本原理是在每个叶片 1/3 处加装 1 个加速度传感器（包括温度传感器），轮毂加装 1 个加速度传感器，分析传感器收集的振动信号，综合机组其他信息，如风速、功率、桨距角等，通过频谱分析，可诊断叶片的损坏和结冰问题，其系统组成及人机界面如图 5－14 所示，其功能及案例如表 5－3 所示。

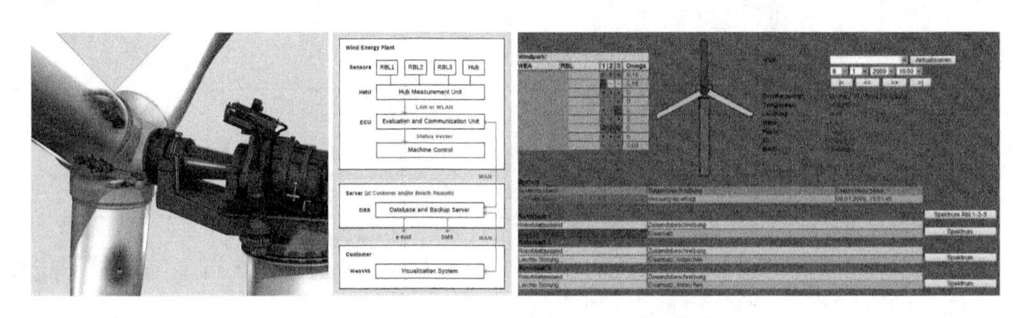

图 5－14　某系统图及人机界面

表 5－3　　**某叶片监测系统基本功能及案例**

系统功能	说明	示例
损伤监测	开裂、裂纹、结构损伤	
雷击	轻微雷击、结构损伤	
不平衡	气动不平衡、质量不平衡	
结冰	轻微结冰、重度结冰	

5.3　叶片的定期维护

叶片从制造开始至后期的运行，随着时间的增加，会出现很多问题，如表 5－4 所示。

表 5-4　　叶片随年限出现的常见问题

运行年数	常见问题
新装机	叶片制造时产生的质量问题；叶片运输过程中磕碰导致的损伤
1年	表面油漆有针眼、剥落；叶片内部芯材不良、缺胶、导雷线损坏
2年	表面油漆腐蚀、开裂；后缘开裂，前缘腐蚀；导雷线腐蚀
3年	表面油漆大面积腐蚀、开裂；叶片前后缘开裂；叶片玻纤层开裂
4年	出现以上叶片所有问题，运行有风险

由于多数叶片无备件可换，且随着叶片运行时间增加，很多型号叶片已经停产，失效后无新叶片可换，或者花费巨大以得到可替换叶片，且更换叶片本身也会产生高额费用。加之现在多数叶片已经国产化，国内叶片厂家对于质量把控不严格，会存在一定的质量问题。由于这些问题的存在，通常需要对叶片进行定期检查。

5.3.1　日常检查

现场运检人员应定期对叶片进行检查，及时发现叶片损伤，并确定损伤严重程度，如需维修，应由专业叶片维修人员进行维修，避免损伤扩大。

一般来讲，对叶片的检查分为停机检查和不停机检查两种，在雷雨高发区特别是经常发生叶片雷击的风电场，或者风电场发生叶片损伤失效等问题时，应对风电场全部机组进行专项检查。

1. 不停机检查

重点针对叶片异响进行检查，检查周期 2 周，现场人员在风电机组附近听叶片声音，尤其是叶片经过塔筒附近时的声音，辨别叶片是否存在哨声，或者是否存在 3 个叶片声响不一致现象，如有，应进行停机检查。

需要说明的是，叶片哨声一般仅由叶尖损伤导致，叶片其他部位损伤一般不会导致哨声，所以不停机检查仅作为基础检查，一般不能及时发现叶片损伤，如有条件，应进行详细的停机检查。

2. 停机检查

停机检查针对叶片表面情况进行全面检查，检查周期为 2 个月。应选择光照条件好的天气，检查过程中配合叶片变桨、偏航等动作，对叶片迎风面（压力面）、背风面（吸力面）、前后缘等所有表面进行仔细检查，重点针对叶片裂纹、发黑、破损等问题，如发现横向裂纹（弦向裂纹），叶片一般损伤较严重，需进行接近式检查并及时维修。

检查一般使用望远镜进行检查，包括双筒望远镜和单筒望远镜（观鸟镜）（见图 5-15），

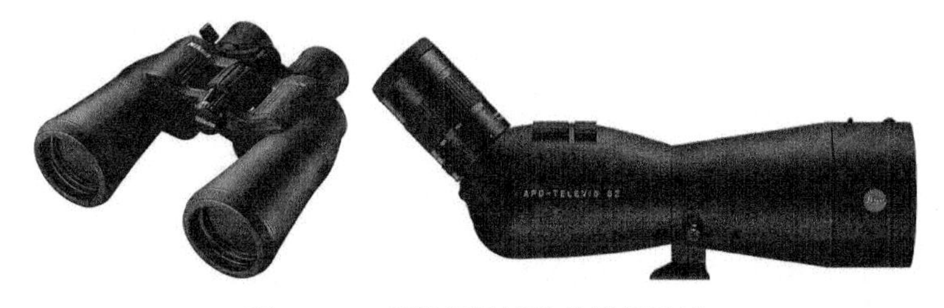

图 5-15　双筒望远镜及单筒望远镜

对于双筒望远镜来说，放大倍数应在10倍及以上，推荐使用16倍望远镜；对于单筒望远镜来说，应配备放大倍数应在20倍及以上变焦目镜，物镜直径65mm以上，并配备带三维云台的三角架，可接驳摄像机的卡口，在观察同时进行拍照留档。

目前，使用无人机进行叶片检查已在某些风电运营单位进行了尝试，其可取代望远镜检查，操纵简单，检查更清楚，可保存影像资料，有效飞行时间一般十几分钟左右，可进行一台机组的叶片检查。

3. 专项检查

雷电高发区如云南、贵州等地区风电场在强雷电天气后应进行一次叶片雷击的特殊检查，重点针对叶片表面发黑问题，如发现，应进行接近式检查并及时维修。

发生叶片损伤失效的风电场，应及时对风电场进行一次专项检查，如发现类似问题，应进行接近式检查。

5.3.2 接近式检查

叶片正常运行进行的定期检查、维护主要包括叶片前后缘，迎、背风面蒙皮，叶尖区域的外观检查；叶片内部叶根挡板及其粘接情况的检查，避雷系统（包括与金属法兰的连接、雷电记录卡、避雷线）的检查、合模粘接情况的检查、梁与蒙皮结合情况的检查、最大弦长处后缘的检查等。具体检查内容包括以下项目。

（1）对叶片防雷通道进行检测。

防雷通道检测的目的是确定风力发电机组防雷通道的电气导通性，以及风力发电机组接地装置的电气完整性。叶片接闪器接地电阻的大小对于叶片防雷起着重要的作用，所以叶片接地电阻的测量是必需的。应该检查接闪器外形是否损坏、缺失，是否与叶片结合部位出现空隙。应测量叶片接闪器与参考点之间的电阻，当直流电阻测试值异常时，应增加测量点。具体内容如表5-5所示（DL/T 475《接地装置特性参数测量导则》）。

表5-5　测试结果判断与处理（变桨机组适用）

测量电阻值			状况	处理措施
塔底设备	叶片接闪器			
	至塔底接地母线	至叶根		
＜50mΩ	＜100mΩ	＜50mΩ	良好	继续运行，按期检查
50～200mΩ，按期检查	100～200mΩ，按期检查	50～100mΩ，按期检查	尚可	宜在以后例行测试中重点关注其变化，叶片宜在适当时检查处理
200～1Ω，例行测试	200～1Ω，例行测试	100mΩ[1]～1Ω	不佳	叶片应尽快检查处理，其他设备宜在适当时间检查处理
＞1Ω	＞1Ω	＞1Ω	故障	应尽快检查处理

注　对于采用铝绞线作为叶片引下线的风力发电机组，此值可调整为200mΩ。

（2）叶片是否存在哨声、振动等明显异常。

（3）叶片前缘、后缘是否有开裂，有腐蚀。

(4) 叶片表面是否有横向、纵向裂纹。

(5) 叶片外部玻纤层是否有分层，如图 5-16 所示。

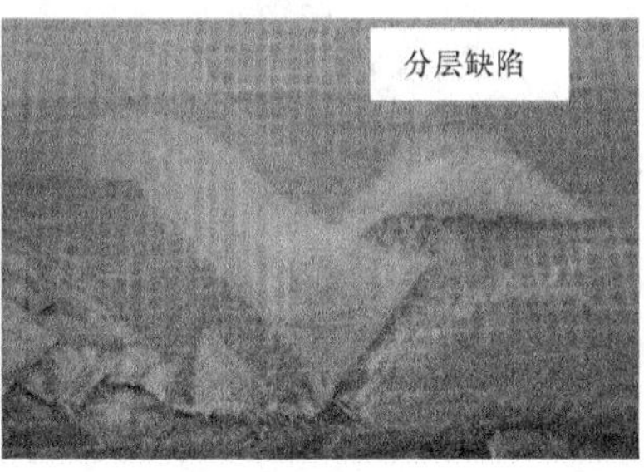

图 5-16 分层缺陷

(6) 叶片表面涂料是否有裂纹、腐蚀、起皮、剥落、砂眼。

(7) 叶片排水孔是否堵塞。

(8) 叶片表面附件如涡流板、降噪胶带等是否有损坏。

(9) 叶片表面是否有雷击的损伤。

(10) 叶片主梁与叶片腹板之间粘接是否正常。

(11) 叶片前缘、后缘两壳体间粘接是否正常。

(12) 叶片内部表面是否正常。

(13) 叶片内部芯材与玻纤连接是否正常。

(14) 叶片内部芯材之间的缝隙是否正常。

(15) 叶片内部是否有水。

5.3.3 检查周期

原则上，每年都要对叶片进行年检，且叶片的年检必须使用接触式方法（如蜘蛛人），以便准确掌握叶片的状态。每 2～3 个月和每次雷电天气后，要使用望远镜或高倍照相机对所有叶片进行地面巡查，以发现叶片的一些重大故障。

风力发电机组防雷通道检测应根据当地风电场雷害统计以及雷电活动强度开展，检测周期一般为 1～3 年。对于多雷区、强雷区以及运行经验表明雷害严重的风电场，防雷通道检测应每年进行一次；对于少雷区风电场，风力发电机组防雷通道的检测可根据实际情况进行。

5.4 叶片典型问题及案例

5.4.1 叶片横向裂纹

1. 故障现象

2009 年，在日常检查中，某风电场运行人员发现一台机组的一支叶片中部出现横向裂纹，如图 5-17 所示。

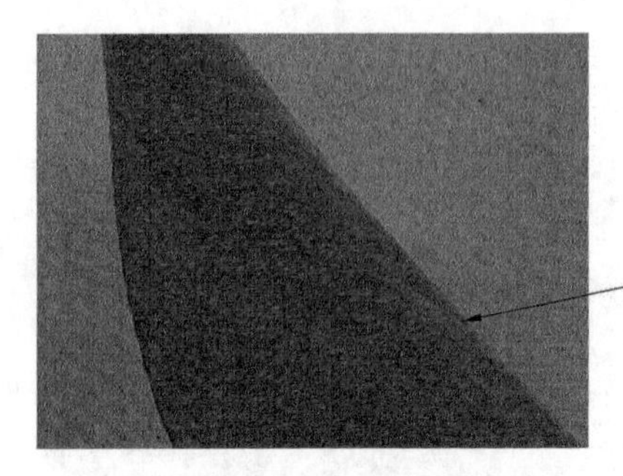
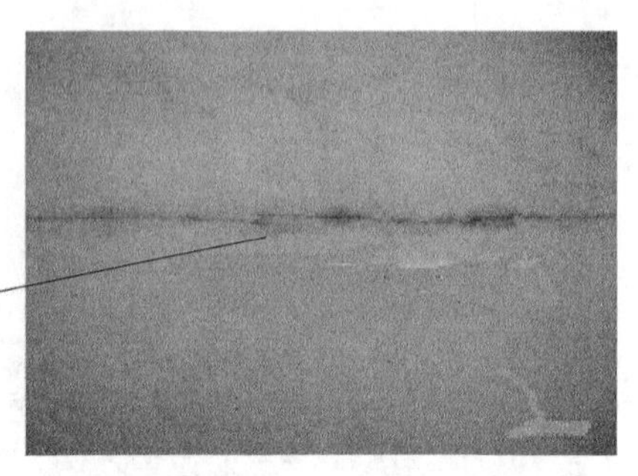

图 5-17　某型叶片横向裂纹

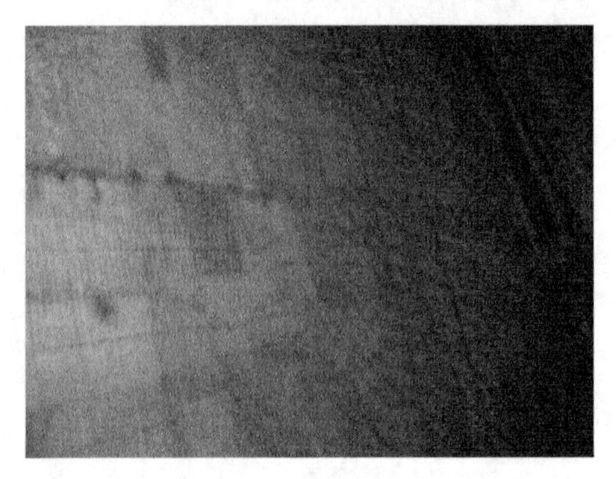

图 5-18　某型叶片裂纹位置内部

横向裂纹出现在叶片外表面迎风面，距叶根 11m，距后缘 0.75～1.63m，长度为 0.88m。通过检查叶片内部，叶片内表面未出现裂纹，即裂纹未贯穿叶片壳体，如图 5-18 所示。

在发现叶片第一例横向裂纹以后，整机厂家对其他风电场进行了检查，发现更多的叶片也存在横向裂纹问题。在全国范围内出现横向裂纹的数量统计如表 5-6 所示。

表 5-6　　各机型数量

品牌	机型 1	机型 2	机型 3
数量	77	93	40

通过检查结果得出结论，此次发现的叶片横向裂纹为批量性故障，属于叶片质量问题，共同点如下：

(1) 横向裂纹出现在该叶片厂家的该型号叶片上，其他型号叶片未发现裂纹。

(2) 裂纹出现在叶片迎风面距叶根 11m 处，位置固定。

(3) 裂纹长度从十几厘米到 2m 不等，无规律可循。

(4) 不是每支叶片都出现裂纹，故障率为 33%。

(5) 只有少数裂纹贯穿叶片表面，叶片内表面出现裂纹，绝大多数叶片内表面正常。

2. 故障分析

(1) 设计分析。

该型叶片翼型通过 GL 认证，在国外有长期的使用经验，故可不考虑由于设计原因引起的应力裂纹。

由于同一叶片在不同机型上都出现同样的裂纹，排除风电机组设计原因引起的批量故障。

(2) 结构和材料分析。

裂纹处位于主复合层和后缘之间，不是叶片的力学结构，如图 5－19 所示，此处为夹层结构，外表面为两层玻纤布，中间为15mm 厚的 BALSA 木，内表面为两层玻纤布。叶片生产使用的材料为：圣戈班玻纤布、雅士兰树脂、XXBALSA 木、材料均为 A 类，此批叶片没有新材料的使用，先不考虑由于材料不合格而引起的叶片故障。

图 5－19　某型叶片 11m 处芯材切割使下层玻纤布受损

（3）工艺过程分析。

此种裂纹最可能的原因是芯材之间间隙过大，于是在出现裂纹叶片和未发现裂纹的叶片进行内部检查。检查结果发现，所有叶片芯材间隙非常紧凑，均小于 1mm，未发现间隙不合格的叶片，排除由于芯材间隙过大导致叶片表面开裂的可能性。

进一步在生产线仔细研究叶片生产工艺过程。通过观察发现：

1）为了芯材定位准确，生产工艺规定叶片铺设芯材时从叶根和叶尖分别定位，然后向中间铺设。

2）芯材叶根套料和叶尖套料在 11m 处合拢。

3）为了芯材间隙小，芯材套料裁剪尺寸使用上公差。在 11m 结合处部分芯材套料出现叠加。

4）为了将芯材铺平，生产线工人用裁纸刀切割重叠的芯材。

5）芯材下方的两层玻纤布也受到切割。

3. 综合分析

以上分析符合故障叶片的所有特征：

（1）裂纹位置出现在距叶根 11m，芯材套件叠加区域。

（2）由于只有部分芯材需要切割，因此只有部分叶片出现裂纹。

（3）由于切割芯材的横向位置不同，切割的横向距离也不同，导致叶片裂纹出现的横向位置、长短无规律。

（4）由于叶片中间主复合层到后缘芯材较宽，凹面弧度大，芯材容易不平整，有时需要切割。而叶片中间到前缘较窄，凹面弧度小，一般不需切割。所以裂纹出现在叶片后缘附近。

4. 故障处理

基于裂纹是由于玻纤布纵向被切断而不连续引起的，制定维修方案如下：

（1）检查叶片内部，如出现裂纹或玻纤破损进行错层层压。

（2）打磨叶片外部裂纹，更换芯材。

（3）更换芯材后错层层压叶片表面。

（4）叶片表面打磨平整并滚涂油漆。

叶片维修如图 5－20 所示。

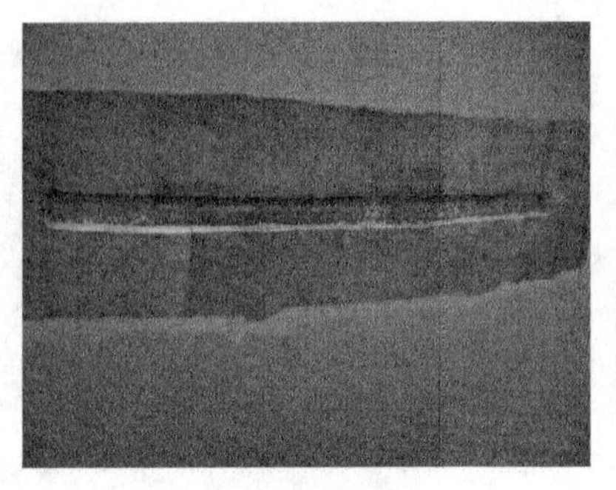

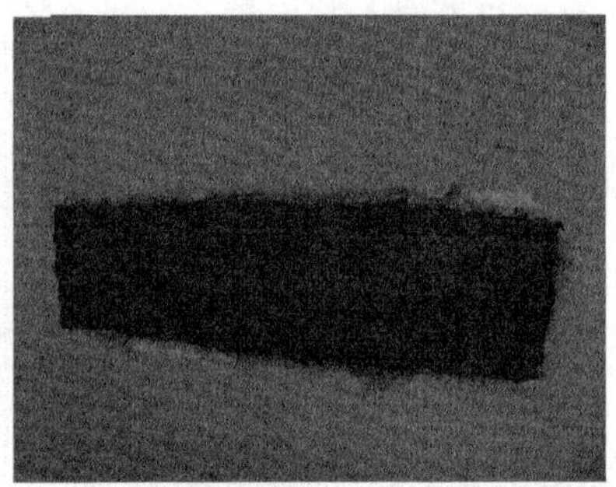

图 5-20　叶片维修

5. 叶片横向裂纹风险分析

由于裂纹出现在夹层结构，不在叶片主复合层，出现裂纹的叶片没有近期的运行风险，开裂的叶片可以继续运行直到维修。

裂纹是因为不当工艺引起的，所以维修后的叶片不会再出现裂纹。

开裂的叶片必须维修，如果叶片长期带裂纹运行，叶片会出现以下致命后果。

(1) 裂纹进入主复合层（见图 5-21）。当裂纹进入主复合层超过 20mm 后，叶片无法修复，必须报废。

(2) 裂纹穿透叶片后缘加强层，造成后期维修工序复杂，且有报废风险。

(3) 裂纹沿着主复合层和后缘加强层形成 Z 字形，报废风险加大，如图 5-22 所示。

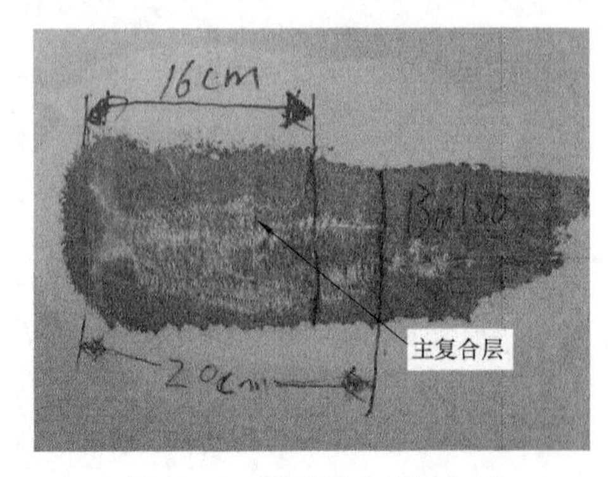

图 5-21　裂纹进入主复合层

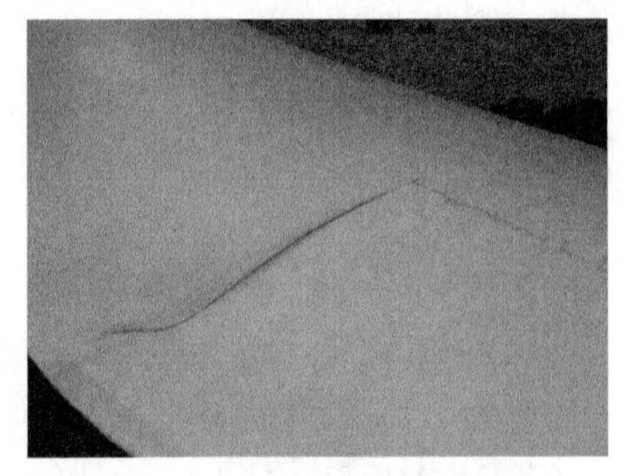

图 5-22　裂纹沿主复合层和后缘加强层呈 Z 字形损坏

5.4.2 叶片折断事故Ⅰ

1. 故障现象

某风电场A号风电机组报机舱震动，运维人员赶至现场发现一支叶片断裂，叶尖插入泥土约3m深后倒在路上，叶片（长度为42m）从PS面约L14.6m处折断，并将叶片SS面大梁撕扯至约L1.5m处，SS面与PS面壳体已经分开。

之后一个月内，同风电场另一同型号B风电机组也报机舱震动，一支叶片断裂（见图5-23）。叶片从PS面约L16.9m处折断，并将叶片SS面大梁撕扯至约L1.5m处，SS面与PS面壳体已经分开。

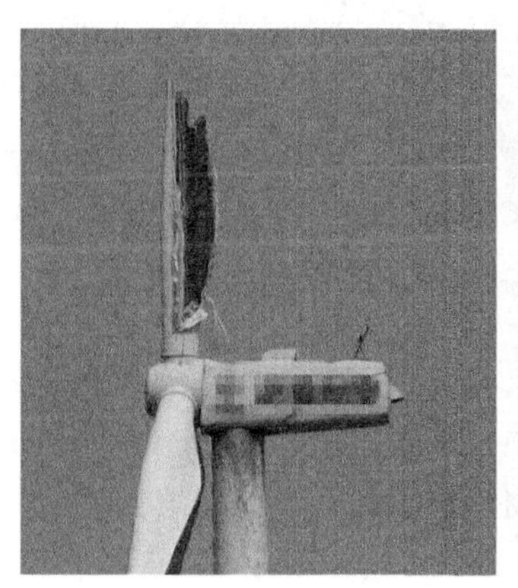

图5-23 叶片折断

2. 故障分析

(1) 设计复核。

从静强度分析、模态分析、屈曲分析等方面对叶片强度进行了仿真计算，静载试验合格；安全系数1.096。叶片净空满足要求；屈曲载荷均大于对应的极限载荷，叶片设计未发现问题。

(2) 现场运行复核。

该机组设计平均风速为7m/s，极限平均风速为37.5m/s。机组事故时1min极限风速（SCADA导出数据）最大为22.03m/s。没有超过该机型的设计风速，电机转速平稳，未发生超速现象，机舱振动在故障发生前未达到限值，从而排除风电机组超载引起叶片折断的可能性。

(3) 意外损伤。

该风电场风电机组叶片出厂装车、运输过程、到场卸货和起吊安装过程中，没有关于叶片损伤的记录。

(4) 叶片生产审查（两机组故障原因类似，以A机组为例分析）。

1) 原材料检验均符合原材料检验标准，无异常问题。

2) 该支叶片在生产制造过程中，制作与固化度良好（玻璃化转变温度T_g=76.2℃），复测现场取样的大梁断面（T_g=82.8℃）与前缘合模胶（T_g=78.2℃），后缘合模胶（T_g

=79.5℃)，腹板粘接面合模胶（T_g=79.6℃）均达到设计要求。

3）叶片断裂的直接原因是PS面大梁褶皱（见图5－24），L14.6m处大梁一直带伤运行所致；通过实物断面分析该裂纹存在的时间已经不少于3个月之久，随着运行时间加长而不断变宽加深，叶片断裂时大梁断裂层数已达到18层之多，有效厚度只剩28层［即39.13%（18/46）的大梁失效］后，叶片承力结构严重破坏。

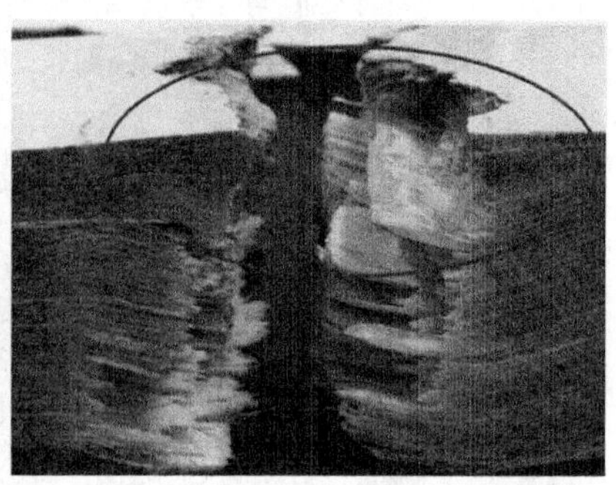

图5－24　风电机组叶片断面图片

4）叶片断裂的内在原因分析。如图5－24所示：叶片大梁折断处横切面图黑色圆圈内的富树脂厚度超过7mm，宽度为14～18mm，长度约180mm，占大梁宽度43%；表明此处属于典型的大梁褶皱；由于褶皱的存在致使叶片在运行中长期处于应力集中状态，久而久之造成叶片在同等载荷下应变偏大并超出材料的应力承受范围，致使叶片表面应力集中处逐步产生微小裂纹并逐渐扩展，延长加深，直至撕裂叶片承载主梁纤维约18层；这就能合理解释该叶片从表面上看属于长时间带伤运行，受伤裂纹逐渐加剧造成叶片弯曲折断的缘由。

3. 综合分析

大梁褶皱一般发生在环氧树脂的凝胶阶段，且主要发生在大梁厚度较厚的坐标区域L13m～L20m；褶皱产生的直接原因是树脂放热峰时的散热不畅导致热量聚集造成产品内外表面收缩速度不一致而使外观与内在缺陷；几乎所有的大梁褶皱（鼓包）缺陷大都发生在环境温度较高的生产过程中；由于夏季生产环境温度较高，导致大梁固化过程中局部散热不良，固化速度不一致，局部区域树脂已经凝胶或者硬化，不具有活动性，而邻近区域的树脂仍旧具有流动性，反应放热使树脂膨胀，左右没有释放空间，只能向上下方向膨胀，进而造成褶皱（鼓包），导致长期应力集中，致使叶片在长时间运行中单向布层逐层折断，达到一定程度超过大梁载荷后导致叶片折断。

5.4.3　叶片折断事故Ⅱ

1. 总体情况

如图5－25所示，叶片呈现严重的粉碎性断裂，除残留在风电机组上的叶根外，其他部分散落在风电机组塔筒北方100m左右范围内，主梁、壳体、腹板、芯材大部分分离，叶片碎片较多。叶片未见陈旧性裂痕、未见雷击痕迹。

图 5-25 断裂叶片总体情况

2. 主梁情况

叶片主梁部件相对完整，断口不齐，断口位于叶片根部，主梁是由于叶片断裂后撕扯导致断裂。由此可排除由于主梁褶皱或制造不良引起的叶片断裂。断裂叶片主梁情况如图 5-26 所示。

图 5-26 断裂叶片主梁情况

3. 前缘粘接情况（见图 5 - 27）

叶片前缘断裂成小段，但粘接良好，胶与叶片壳体相连或拉丝良好。

图 5 - 27 断裂叶片前缘粘接情况

4. 后缘粘接情况（见图 5 - 28）

叶片后缘中部、前部使用浅色结构胶，胶体与壳体完全分开，散落在地面，未见粘连和拉丝。叶片后缘中部和前部使用浅色结构胶的部位叶片后缘粘接不良。

图 5 - 28 断裂叶片后缘粘接情况

5. 叶片腹板与壳体粘接情况（见图 5 - 29）

腹板中部、前部腹板上有结构胶，但与壳体大范围不粘接，腹板与壳体完全分离，叶片整体强度达不到设计要求。

6. 叶片腹板制作情况

叶片的两只腹板应为从叶根到叶尖的整体结构，但此事故叶片的两只腹板均为分段式结构，中间用玻纤布连接，连接所用的玻纤布制作粗糙，粘接表面处理不佳，用手就能撕开玻纤布。分段的腹板结构，叶片整体强度大幅下降，如图 5 - 30 所示。

图 5－29 腹板与壳体粘接情况

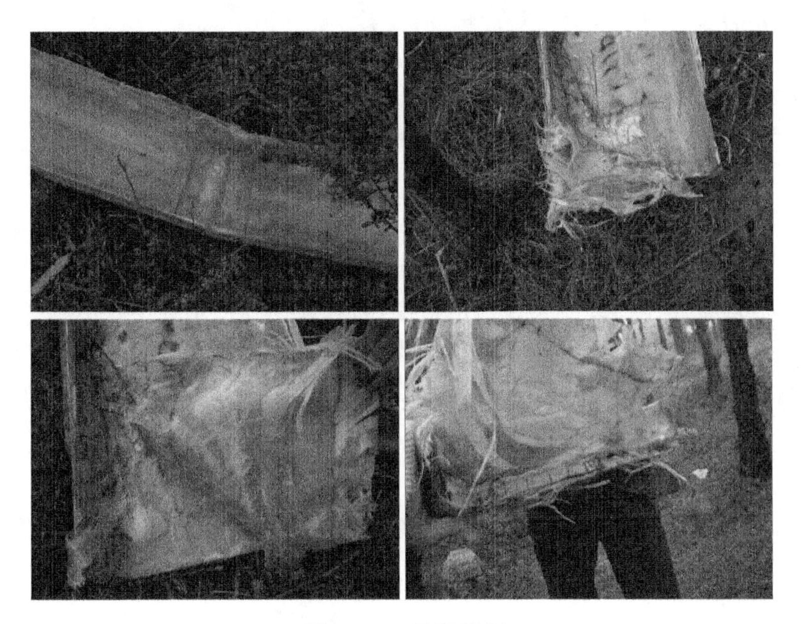

图 5－30 分段腹板

7. 事故风电机组地理位置

事故风电机组位于山脊悬崖边缘上，悬崖陡峭，并对着主风面，如图 5－31 所示。

8. 分析结论

腹板粘接、后缘粘接不良，分段腹板的结构及工艺未达到设计要求等造成了事故叶片强度大幅降低，叶片抗高速风、强力变速风、快速变向风的能力变差，是造成此次叶片断裂的主要原因。由于事故风电机组的特殊地理位置，更加速了断裂的发生。

在此情况下，应对此风电场其他机组叶片进行检查，必要时应对叶片内部进行加强作业。

图 5-31　事故风电机组地理位置

5.5　叶片的维修

复合材料在制作方法上分为三种：手工层压法、真空施压法和真空注入法。其中手工层压法在叶片维修中用到较多，真空施压法和真空注入法主要用在叶片制作工艺中。叶片表层修复在地面维修时有时采用真空施压法。

5.5.1　手工层压法

1. 准备工作

具体工作不同，准备工作也不同。叶片维修主要用到两种情况，一是在叶片上直接进行修理；二是依照模具制作出具体零部件。

在叶片上直接进行维修，首先需要打磨，以确认缺陷深度，直至打磨到缺陷消失。如果打磨到纤维，就要注意打磨掉基层纤维，为后面裁剪工作做准备。打磨缺陷周围边缘需平滑过渡，不同纤维布类型需满足相应的打磨斜坡要求。

依照磨具倒模制作工件时，首先清理磨具，避免用尖锐工具将磨具表面划伤；再做分离处理，工件与模具的分离主要依靠分离膏和分离漆。

2. 裁剪纤维材料

裁剪纤维材料需要提前计划好裁剪层数、大小、每层走向、纤维重量等。在叶片维修中，修补缺陷时所用材料为金字塔形，下面材料面积大，上面材料面积小，如图 5-32 所示。

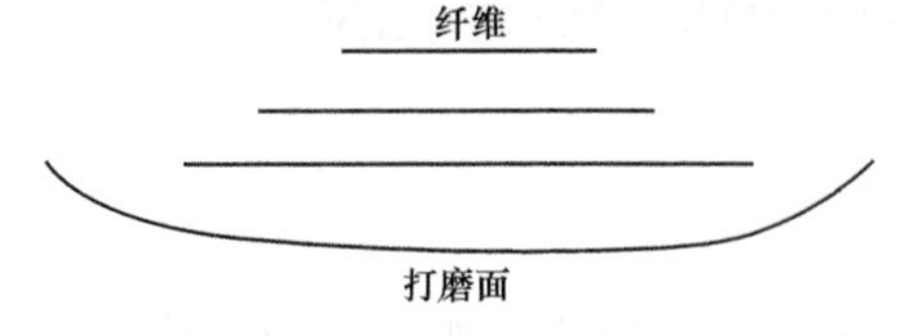

图 5-32　叶片缺陷材料布局

3. 调制基料

调制基料工作主要是将树脂和固化剂混合。维修叶片中所用树脂要和叶片制造所用树脂尽可能一致，聚酯树脂用聚酯树脂维修，环氧树脂用环氧树脂维修。

树脂、固化剂应按规定比例配比，聚酯树脂固化剂比例为 1% ～ 5%，一般取 2%；环氧树脂固化剂按照具体型号说明选取。称量树脂后，按照比例量取固化剂，再将固化剂加入树脂中进行搅拌。

4. 手工层压操作

操作顺序为一层基料，一层纤维，如此往复。

5. 后期处理

后期处理主要指对损伤表面的处理。

5.5.2 真空施压法（见图5-33）

真空施压法原理是在手工层压后，经由真空泵抽取膜内空气，利用外界大气压进行后期施压的操作。真空方法需要真空膜、分离膜、密封胶、吸收棉、真空泵等特定材料。

图5-33 真空施压法

思考题

1. 叶片检查的主要方法有哪些？
2. 叶片定期检查的项目包括哪些？
3. 叶片维修手工层压法的步骤是怎样的？

主轴及齿轮箱维护与检修

6.1 概述

主轴及支撑系统和齿轮箱总成是风电机组传动链的主要组成部分，主轴和齿轮箱的连接方式，及其在传动链的布局形式通常决定风电机组的类型，以及传动链的设计、维护与检修。因此深入了解主轴和齿轮箱连接方式对风电机组的故障诊断、维护和检修具有重要的意义。

主轴和齿轮箱的连接在传动链中的布局形式可以分为：

(1) 两点支撑。两点支撑结构由于采用双排独立的主轴轴承，主轴和齿轮箱承受扭矩和较小的径向载荷，设备可靠性较好，便于维护和检修，但风电机组造价成本较高。

(2) 三点支撑。相对于两点支撑，三点支撑的单主轴轴承传动链缩短，成本降低，但主轴前轴承和齿轮箱行星架同时承受转矩和较大的径向负载，故障率高，通常需要同时对吊装主轴和齿轮箱检修。

(3) 主轴和齿轮箱集成式。主轴和齿轮箱集成式布局结构紧凑、重量轻，对齿轮箱可靠性要求高，不便于维护和检修，传动链故障时通常需要同时吊装主轴和齿轮箱。

(4) 直驱式（无齿轮箱）。风轮直接驱动发电机，主要由风轮、传动装置、发电机、变流器、控制系统等组成。为了提高低速发电机效率，直驱式风力发电机组采用大幅度增加极对数（一般极数提高到 100 左右）来提高风能利用率，采用全功率变流器实现风力发电机的调速；直驱发电机按照励磁方式可分为电励磁和永磁两种。

(5) 半直驱式。在直驱与双馈风电机组向大型化发展过程中遇到的问题而产生的，兼有两者的特点。从结构上说半直驱通常为无主轴结构。与双馈机型比，半直驱的齿轮箱的传动比低；与直驱机型比，半直驱的发电机转速高。

主轴和齿轮箱的连接传动链中布局形式如图 6－1 所示。

此外根据风电机组齿轮箱结构设计特点，齿轮箱在机舱中的布局可连接方式也可以分为：

(1) 叶轮连接的主轴支撑在两个独立设置的轴承上，封装在前后轴承基座内或整个主轴基座内，其末端通过胀紧套与齿轮箱相连，即所谓的“一字形”四点支撑布置。叶轮的异常载荷通常由两个主轴轴承承受，齿轮箱受到影响较少，各个主要部件间隔较大，便于安装和维修，但机舱轴向尺寸较长，如图 6－2 (a) 所示。

图 6-1 主轴和齿轮箱的连接在传动链中的布局形式

(a) 两点支撑；(b) 三点支撑；(c) 主轴和齿轮箱集成式；(d) 直驱式；(e) 半直驱式

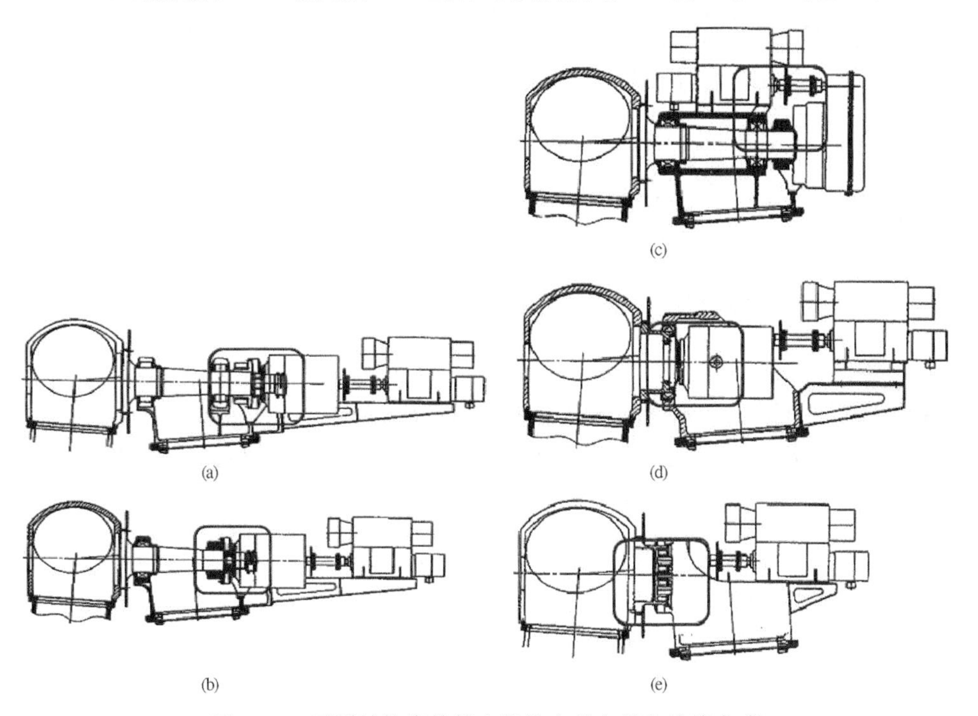

图 6-2 不同结构齿轮箱在机舱中的布局和连接方式

(2) 若省去主轴后端支撑轴承，使主轴末端直接与齿轮箱输入轴相连，就形成了所谓的“一字形”三点支撑布置，如图 6-2 (b) 所示。该结构缩短轴向尺寸，但对齿轮箱不利，需要加强其支撑刚性，同时要尽可能消除叶轮通过主轴对齿轮箱施加异常负荷的影响。

(3) 为缩短机舱长度尺寸，将发电机反向布置，发电机放置在主轴箱上，齿轮箱的输入和输出轴处于同一侧，即构成所谓的“U 字形”布置，主轴箱与机架为一体，具有足够的支撑刚性，机舱内各部分重量的集中度较好，如图 6-2 (c) 所示。

(4) 为了进一步减小机舱体积，传动链设计也可以省去主轴，将齿轮箱输入轴和叶轮轮毂过渡法兰直接连接，过渡法兰采用轴承支撑，如图 6-2 (d) 所示。

(5) 更为紧凑的设计是将齿轮箱与机舱主支架做成一体，齿轮箱低速级的行星架直接与轮毂连接，使传动线路最短，增加机组结构刚性，只是主机架和齿轮箱制造难度加大，如图 6-2 (e) 所示。

从风电场的长期运维情况来看，传动链的故障损坏与机组设备整体可靠性、关键零部件质量状况、风电场投运时间、年平均利用情况等因素密切相关。

以某海上（潮间带）示范风电项目为例，该风电场为新投运 1 年的 15 万 kW 容量项目，主要有三个品牌共计 58 台机组组成，全年平均可利用率为 97.5%。运行 1 年后该风电场累计发生故障共计 747 次，其中变桨系统故障 268 次，占比 35.87%；变频器系统故障 173 次，占比 23.29%；传动链故障 129 次，占比 17.01%，位列故障第三名。传动链故障中主轴类故障 3 次，齿轮箱类故障 41 台次，发电机类故障 60 台次，其他附属冷却系统故障 25 次。

数据分析表明，尽管传动链故障频次显著低于变桨系统和变频器系统，但由于传动链故障损坏造成的机组不可利用小时数却非常高。如传动链故障导致的平均停机时间为 6.49h，远高于变桨系统类的 3.17h，3 次主轴类故障中有 2 起停机时间达到 7 天的一类故障。

6.2 主轴和齿轮箱主要故障类型

6.2.1 主轴及支持系统的主要故障类型

1. 主轴的主要故障

主轴及支撑系统作为连接风轮和齿轮箱的关键性部件，主要功能是支撑风轮将扭矩传递给齿轮箱或发电机，而将其他载荷传递给机架或底座等支撑结构。通常结构设计需要经过静强度和刚度分析，并采用锻造工艺制造。但风电机组在实际的运行过程中由于疲劳寿命设计的裕度不足或加工制造等原因，在交变载荷和极限冲击载荷作用下，主轴会发生疲劳断裂，疲劳断裂的位置通常发生在主轴与轴承过盈装配的位置。一些典型的主轴疲劳断裂故障如图 6-3 所示。

2. 主轴轴承的主要故障

在传动链设计中采用的轴承类型根据设计要求的不同而有所不同，但较为常见的轴承

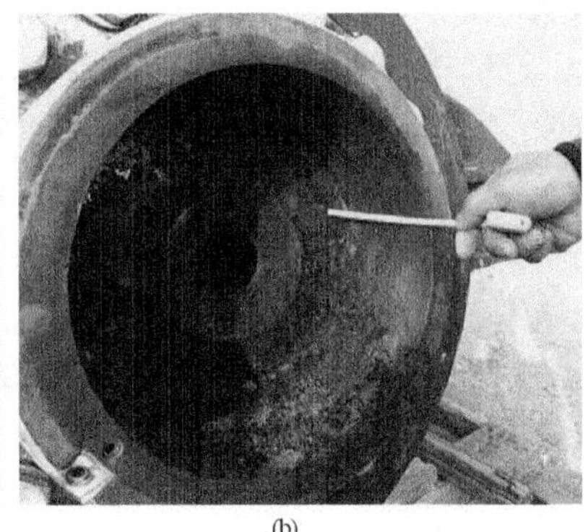

(a)　　(b)

图 6-3　主轴主要故障形式——疲劳断裂

（a）主轴前轴承位置疲劳断裂；（b）主轴后轴承位置疲劳断裂

配置为调心滚子轴承或者圆锥滚子搭配圆柱滚子轴承，大功率风力发电机采用大锥角双列圆锥滚子轴承或三列圆柱滚子轴承。主轴轴承的选型通常需要经过静强度分析和疲劳寿命的校核，选择适当的主轴轴承可以提高传动链的可靠性，降低主轴和轴承的故障率。

与一般轴承的故障类似，主轴轴承的主要故障类型主要表现为：滚动体和滚道的磨损、错误安装或过载引起的缺口或凹痕、滚子末端或导轨边缘污垢引起脏污、润滑不充分或不正确引起的表面损坏以及安装太松引起的摩擦腐蚀等早期初级损坏，以及散裂和断裂等终极破坏。

其中以主轴轴承磨损最为常见，其主要原因包括：①由于安装前或安装时清洁不到位、密封不到位等导致产生研磨颗粒；②不充分的润滑；③传动链机械振动等。

导致轴承散裂的原因主要有：①安装时预载过大、内外温差大等；②椭圆轴或椭圆基座挤压等；③轴承座或轴承安装未对准；④错误安装或未旋转轴承过载引起的缺口/凹痕；⑤深层锈蚀或严重的摩擦腐蚀；⑥轴承设计时表面的槽/坑等。

导致轴承裂缝和断裂的主要原因有：①安装时用锤子或坚硬的凿子打击后；②过分驱动、过分太高锥形座或套筒；③圆柱座上的干涉配合过多；④严重的摩擦腐蚀。

此外轴承的保持架由于振动、超速、磨损或阻塞等原因也会形成裂缝或磨损，导致破坏，进而使得轴承损坏报废。

3. 轴承支座的主要故障

轴承支座是一种起支撑和润滑作用的箱体零部件。主要承受主轴及轴承在运行时产生的轴向力和径向力。风电机组轴承支座通常采用铸铁或铸钢材料，并设计成密封安装的结构件，使得在机组运行过程中轴承得到充分润滑。

轴承支座通常负载较小、设计裕度较大，因此不易出现塑性变形等损伤，但是由于振动或周期性交变载荷作用下，通常会导致密封损坏、渗漏油问题。

6.2.2　齿轮箱总成的主要故障类型

1. 齿轮箱本体的主要故障

无论哪种类型的风电机组齿轮箱，均包含箱体与行星架、齿轮和轴系以及滚动轴承等几个主要零部件组成。因此，齿轮箱本体的损坏主要体现为上述零部件的失效。

（1）箱体、行星架（或输入轴）的主要故障和损坏。长期的现场运维经验发现，风电机组齿轮箱箱体、行星架（或输入轴）损伤主要来自制造过程中工艺的相关问题，其次为风电机组传动链的故障或极限负载冲击引起的齿轮箱或行星架的二次损伤，箱体和行星架的失效模式如图 6-4 所示。其具体损伤类型主要包括：

1）齿轮箱箱体作为铸件，通常具有铸件制造过程中的缺陷，如夹渣、砂眼、气孔、缩孔、粘砂、毛刺、缺损和变形等。

2）齿轮箱高速轴通常采用斜齿传动，当传动链出现超速时，高速轴轴向力显著增大，使得后端盖被高速轴推出。

3）在运维过程中低速端在瞬态极限冲击载荷作用下，易使前端箱体与中间端箱体螺栓和销钉断裂，局部箱体变形，以及箱体开裂等故障损坏问题。

4）相对于箱体而言，行星架铸造过程中的缺陷问题较少，同时由于安全系数较高，抵抗冲击载荷能力也较强。行星架的失效通常伴随行星轮系和齿圈的严重损坏。此外，行

图 6-4　齿轮箱箱体、行星架（输入轴）主要故障和损坏

(a) 齿轮箱存在砂眼铸造缺陷；(b) 后端盖被高速轴推出；(c) 低速端箱体变形、螺栓和销钉断裂；(d) 行星架与主轴抱死损坏问题

星架由于机加工精度或安装过程问题，导致主轴与输入轴抱死，形成接触面严重磨损等损坏形式。

(2) 齿轮、内齿圈的主要故障和损坏。齿轮失效是风电机组齿轮箱损坏最常见的问题，也是导致齿轮箱箱体和其他部件失效的主要原因。其中，以低速重载的行星轮系、太阳轮和齿圈的损坏最为集中。经验表明，上述齿轮的失效占齿轮箱损坏比例的80%。

1) 齿轮本体损坏。根据齿轮箱齿轮的工程结构设计，其失效可分为轮体失效和轮齿失效两大类。轮体失效一般较少出现，主要是由结构设计不合理或机加工引起的局部缺陷，导致的轮体材料疲劳断裂，如图6-5所示。该行星齿轮内表面由于加工精度和残余应力等导致内表面沟槽圆周方向发生多裂纹起裂的疲劳断裂。

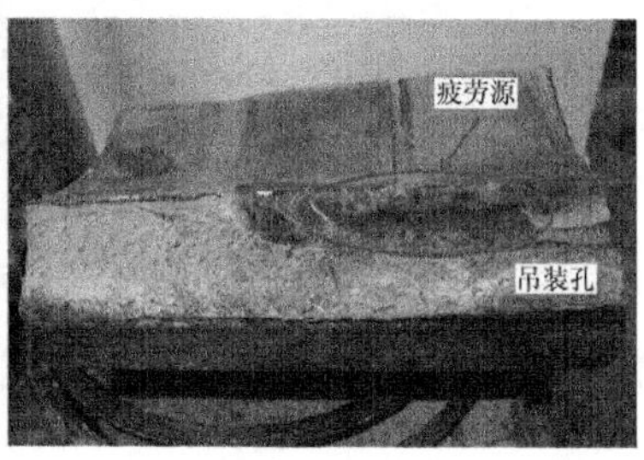

图6-5 轮体多裂纹的疲劳断裂

2) 齿轮轮齿损坏。轮齿失效是齿轮损坏的主要形式，主要包括轮齿折断和齿面失效两种。

其中，轮齿折断失效通常有轮齿的弯曲疲劳折断、过载折断和随机折断。疲劳折断是指工作时轮齿反复受载，使得齿根处产生疲劳裂纹，并逐步扩展以至轮齿折断的失效；过载折断是指齿轮受到突然过载，或经严重磨损后齿厚减薄时，轮齿会发生过载折断；随机折断通常是指由于轮齿缺陷、点蚀或其他应力集中源在轮齿某部位形成过高应力集中而引起轮齿折断，断裂部位随缺陷或过高有害残余应力的位置而定，与齿根圆角半径无关。

轮齿折断的形式有整体折断和局部折断。整体折断多发生于直齿轮，局部折断多发生于斜齿和人字齿轮，齿宽较大的直齿轮和由于安装、制造因素使得局部受载过大的直齿轮，也可能发生局部折断。疲劳折断的断口较光滑，过载折断的断口则较粗糙。通常，轮齿疲劳折断是闭式硬齿面齿轮传动的主要失效形式，典型的轮齿折断如图6-6所示。

齿面失效出现的几率非常大，齿轮在运转过程中，由于某种原因，使轮齿在尺寸、形状或材料性能上发生改变而不能正常完成规定的任务。常见的齿面失效形式有：点蚀、胶合、齿面磨损和齿面塑性变形等。

① 点蚀。齿轮在啮合过程中，相互接触的齿面受到周期性变化的接触应力的作用。若齿面接触应力超出材料的接触疲劳极限时，在载荷的多次重复作用下，齿面会产生细微的疲劳裂纹；封闭在裂纹中的润滑油的挤压作用使裂纹扩大，最后导致表层小片状剥落而形成麻点，这种疲劳磨损现象，齿轮传动中称为点蚀，如图6-7所示。节线靠近齿根的部位最先产生点蚀。润滑油的黏度对点蚀的扩展影响很大，点蚀将影响传动的平稳性并产生冲击、振动和噪声，引起传动失效。

图 6-6　轮体整体折断和局部折断

点蚀又分为收敛性点蚀和扩展性点蚀。收敛性点蚀指新齿轮在短期工作后出现点蚀痕迹，继续工作后不再发展或反而消失的点蚀现象。收敛性点蚀只发生在软齿面上，一般对齿轮工作影响不大。扩展性点蚀指随着工作时间的延长而继续扩展的点蚀现象，常在软齿面轮齿经跑合后，接触应力高于接触疲劳极限时发生。硬齿面齿轮由于材料的脆性，凹坑边缘不易被碾平，而是继续碎裂成为大凹坑，所以只发生扩展性点蚀。严重的扩展性点蚀能使齿轮在很短的时间内报废。提高齿面硬度和降低表面粗糙度，在许可的范围内增大相互啮合齿轮的综合曲率半径，采用黏度较高的润滑油等，有助于提高齿轮的抗点蚀能力。

图 6-7　齿圈的点蚀失效

② 胶合。重载或高速传动时，齿面局部金属粘接继而又因相对滑动，其齿面的金属从其表面被撕落，轮齿表面沿滑动方向出现粗糙沟痕的现象。

在高速重载情况下工作的齿轮，由于其滑动速度大而导致瞬时温度过高，使油膜破裂而产生粘焊，从而引起的胶合称为热胶合。在低速重载情况下，由于齿面应力过大，相对

速度低，油膜不易形成，使接触处产生了局部高温而发生的胶合，称为冷胶合。胶合从程度上可分为轻微胶合、中等胶合和破坏胶合。轻微胶合需要借助于显微镜才能见其粘着痕迹；中等胶合的条纹细浅，肉眼可见；破坏胶合沿齿廓相对滑动方向呈明显的粘撕沟痕，整个齿面明显发生材料移失现象，振动噪声增大，齿轮迅速失效，严重时发生咬死。提高齿面硬度，降低表面粗糙度，采用有抗胶合添加剂的润滑油，采取有效冷却，选用合理变位，减小模数和齿高来降低滑动速度，选用抗胶合性能好的材料等，有助于提高齿轮的抗胶合能力。风电机组同时具有低速重载荷高速旋转特性，在润滑不良齿面未形成油膜的情况下，极易形成齿面胶合，如图 6-8 所示。

图 6-8　行星轮、中速轴和高速轴的中等胶合

③ 磨损。齿轮传动在工作时，齿廓表面在啮合中存在着相对滑动，齿面由此产生摩擦导致齿面磨损。齿面磨损常见的具体形式包括：磨粒磨损、低速磨损和腐蚀磨损。当金属微粒、灰尘、异物等落入相啮合的齿面之间，它们将起到磨料的作用从而引起齿面磨粒磨损。磨粒磨损是开式齿轮传动最常见的失效；闭式传动新齿轮在磨合后未予清洗或密封不良等导致润滑油污染时，也会引起磨粒磨损。当齿轮圆周速度过低时，相啮合齿面间的弹性流体动力膜厚很小，会引起齿面材料的连续性磨损，称为低速磨损，它通常发生在低速传动中。润滑油中的一些活性成分会和齿轮材料发生化学与电化学作用引起腐蚀磨损。

齿面磨损造成齿厚减薄，齿廓形状破坏，啮合侧隙增大，导致振动、噪声和冲击，严重时会使得齿轮因强度不足而折断。齿轮工作过程中，保持清洁，适时更换润滑油，采用合适的密封和润滑装置，改善润滑方式，选用黏度较高的润滑剂和合适的极压添加剂，选用合适的材料等，有助于减轻齿面的磨损。风电机组齿轮箱根据运行效率和工况条件的不同，以及运行寿命等因素，会出现不同程度的磨损，如图 6-9 所示。

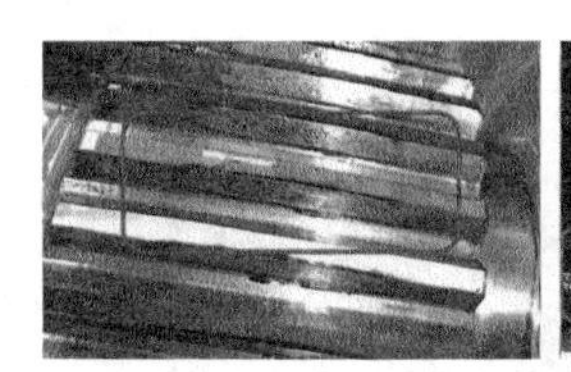
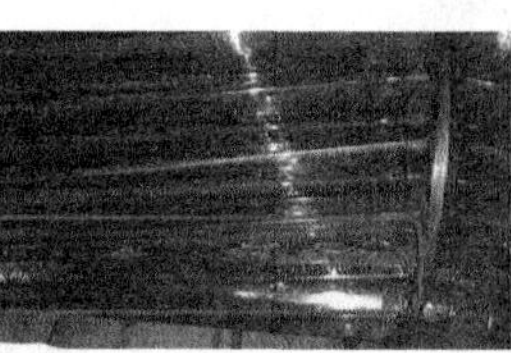

图 6-9　太阳轮花键、高速轴和行星轮不同程度的磨损

④ 齿面塑性变形或裂纹。由于载荷和摩擦力过大，齿面材料在啮合过程中，产生塑性流动从而造成齿面形状损坏，齿面塑性变形，或者在瞬间冲击载荷作用下，接触应力使得表面产生裂纹的同时，造成齿面产生裂纹。齿面塑形变形一般发生在软齿面轮齿上，而齿面裂纹则多发生在硬齿面轮齿上。

因为主动轮齿齿面上所受到的摩擦力背离节线，分别朝向齿顶和齿根作用，所以产生塑性变形后，齿面上节线附近就下凹；从动轮轮齿表面所受到的摩擦力则分别由齿顶及齿根朝向节线作用，产生塑性变形之后，齿面上节线附近就上凸。这种失效常在低速重载、频繁启动和过载传动中出现。减小接触应力，适当提高齿面硬度，提高润滑油的黏度等，有助于减轻和防止齿面塑性变形。此外，齿轮传动中，由于安装及制造误差过大、材料缺陷、磨削烧伤和裂纹、表面处理不当等原因，也会造成多种失效。加强原材料和成品检验、控制加工和安装质量，改进热处理工艺，对有效地减少齿轮失效、提高齿轮强度具有重要的意义。风电机组齿轮箱齿轮多为硬齿面，因此发生轮齿塑形变形时多为轮齿断裂或损伤后二次损坏，典型的轮齿塑形变形如图 6-10 所示。

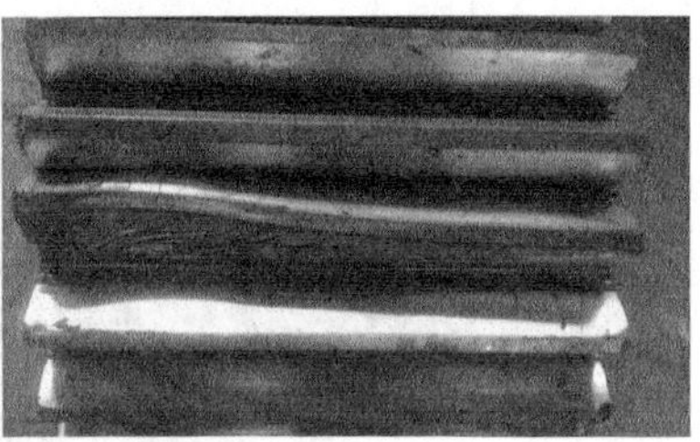

图 6-10　行星轮表面裂纹和挤压塑性变形

(3) 齿轮轴和轴的故障失效模式。

齿轮轴和轴主要是通过过盈装配与轴承连接，或通过花键配合传递扭矩。相对于齿轮啮合等作用力，齿轮轴和轴的损坏几率较小，因此相关的损坏主要发生在过盈配合界面或花键的冲击磨损等。

齿轮轴与轴承内圈过盈配合不良、齿轮轴或轴的公差选择不当或加工精度不够，以及长期过载冲击等问题容易造成齿轮轴和轴承内圈的相对位移——打滑，从而使得齿轮轴和轴发生严重磨损，如图 6-11 所示。

通常情况下，花键主要应用于太阳轮和低速空心轴之间的连接，由于低速重载和瞬态冲击、以及润滑问题使得太阳轮和低速空心轴之间容易产生摩擦导致花键磨损严重，如图 6-12 所示。

图 6-11　威能级 2MW 齿轮箱中速齿轮轴打滑磨损

图 6-12　力士乐 2MW 齿轮箱太阳轮花键冲击磨损

(4) 齿轮箱滚动轴承的主要故障和损坏。

滚动轴承的失效模式主要有疲劳剥落，过量的永久变形和磨损。疲劳剥落是正常失效形式，它决定了轴承的疲劳寿命；过量永久变形使轴承在运转中产生剧烈的振动和噪声；磨损使轴承游隙、噪声、振动增大，降低轴承的运转精度，一些精密机械轴承，可用磨损量来确定轴承寿命。图6-13所示的是行星轮系轴承的滚柱体和轨道面出现的严重磨损和疲劳剥落现象。

图6-13 齿轮箱行星轮系轴承的磨损情况

2. 齿轮箱弹性支撑的主要故障

齿轮箱通过弹性支撑装置与机架连接，是风电减振系统中重要的组成部分，主要用于减少风力和机械运行产生的振动对整机部件造成的损伤，降低机组工作的风险，提高零部件的使用寿命。常见的风电机组齿轮箱弹性支撑有：①轴瓦式减振弹性支撑；②叠簧式减振弹性支撑；③液压式复合齿轮箱减振支撑。

轴瓦式弹性支撑由上下两瓣弹性体组成，根据橡胶层数的不同，结构有所差异，如图6-14所示。弹性体采用偏心式结构设计，在一定的温度和压力下硫化成型。通过预压缩的方式将其固定于齿轮箱支撑座中，其承载能力强，能够承受来自径向和轴向的冲击载荷，有着良好的阻尼及减振性能。轴瓦式弹性支撑的主要故障表现为弹性体的攒动和老化，使得弹性支撑的性能下降或完全失效，从而导致齿轮箱甚至整个传动链受到冲击。

图6-14 轴瓦式弹性支撑结构图

叠簧式弹性支撑主要采用的是金属框架式结构，如图6-15所示。在齿轮箱扭力臂

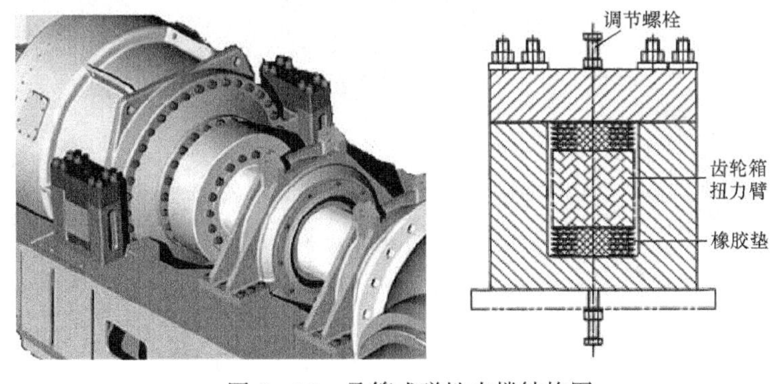

图6-15 叠簧式弹性支撑结构图

上、下各设置有一个橡胶垫。齿轮箱支撑安装时使上、下橡胶垫各产生一定的预压缩量，齿轮箱工作时的振动就在预压缩量的范围内进行。根据风力发电机组齿轮箱的工况与所承受载荷的不同，可以调整橡胶的硬度和预压缩量。这种齿轮箱弹性支撑具有出色的阻尼及减振性能，可大大减少结构噪声的传递，承载大，且安装方法简单，更换方便。叠簧式弹性支撑结构稳定性较好，橡胶垫易于更换，故障率较低。

液压减振支撑是在叠簧式减振支撑的基础上，并结合液体流动时优良的阻尼特性而发展起来的，如图 6-16 所示。这种减振支撑的橡胶弹性体的外形结构和叠簧式减振支撑类似，皆采用金属橡胶复合结构，内部设有压力膜（橡胶）、腔体、密封机构、液压管路等。与叠簧式齿轮箱减振支撑的性能相比，在获得相同的扭转刚度的情况下，液压减振支撑的垂向刚度小，从而可以大大减少由于安装所产生的过约束对系统的影响。但是由于成本较高，并且需要连接液压系统，因此还需要逐步推广。

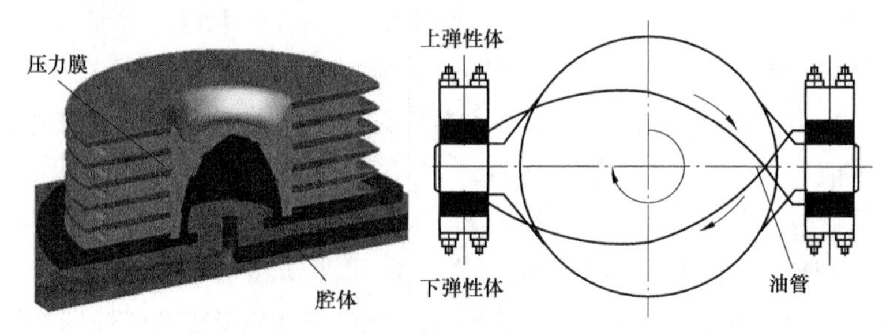

图 6-16　液压减振支撑结构图

3. 润滑及冷却系统的主要故障

齿轮箱总成除齿轮箱本体和弹性支撑外还包括润滑及冷却系统、加热器及温度开关、液位传感器及液位计、电阻温度计（pt100）、恒温开关以及压力继电器等辅助装置。其中以润滑及冷却系统最为关键。

齿轮箱的润滑及冷却系统由泵—电机组、过滤器、阀及管路，以及冷却器组成，如图 6-17 所示，用于实现齿轮箱的润滑功能，以及所需的压力、流量和温度控制，并控制润滑油的清洁度。其中冷却器作为系统集成部件主要由电机、高性能轴向风扇、散热片和温

图 6-17　齿轮箱润滑及冷却系统

1—组合式油过滤器；2—油泵；3—温控旁通阀；4—细过滤器（10μm）；
5—散热片；6—粗过滤器（50μm）；7—油泵；8—温控旁通网

控阀、旁通阀组成。

齿轮箱的润滑及冷却系统故障主要表现为其组成部件的故障和损坏，具体包括以下内容：

（1）润滑及冷却系统连接阀及管路、橡胶管路老化，以及压力异常等导致的渗漏油；

（2）油分配控制阀、温控阀、旁通阀等阀门的故障损坏；

（3）润滑系统和冷却系统电动机及电气设备的故障损坏；

（4）压力传感器、温度传感器等监测设备的故障损坏；

（5）油滤和空滤等过滤器的故障损坏；

（6）冷气器散热片由于堵塞导致冷却效能下降；

（7）润滑油失效导致齿轮箱润滑效能下降。

6.3 检查和测试

6.3.1 主轴轴承的检查

在日常检查中发现主轴轴承支座密封处渗漏油严重或集油盒内积满油脂时，应对主轴轴承进行开箱检查，检查结合油脂更换的周期，观察油脂的状况，以及主轴轴承滚动体和轨道磨损情况，轴承内外圈和保持架是否存在裂纹等状况。

6.3.2 齿轮箱本体的检查

齿轮箱本体检查主要包括油位、磁堵、箱体的检查。通过油位计检查油位，要在静止一段时间的情况下检查油位，并且确保没有油沫。齿轮箱停止运行一段时间后打开磁堵检查表面的铁屑或铁粉情况。齿轮箱箱体中行星架和齿轮箱连接位置、前端盖—大齿圈—后端盖连接位置、高速轴连接位置等渗漏油情况。检查周期为1～2个月，在日常巡检中完成该项检查工作。

6.3.3 齿轮箱弹性支撑的检查

检查齿轮箱的扭力臂是否发生窜动，弹性支撑中弹性体是否出现龟纹、开裂等老化或发生显著的移位。检查周期为1～2个月，在日常巡检中完成该项检查工作。

6.3.4 齿轮箱润滑及冷却系统的检查

齿轮箱润滑及冷却系统的检查主要包括：

（1）检查温度传感器和压力传感器的功能是否正常；

（2）阀及管路结构、橡胶管路以及散热片等位置的渗漏油检查；

（3）检查油滤和空滤等过滤器的颜色和杂质变化情况；

（4）检查润滑系统和冷却系统电动机的运转和噪声情况；

（5）检查油分配控制阀、温控阀、旁通阀等功能是否正常。

检查周期为1～2个月，在日常巡检中完成上述检查工作。

6.3.5 高强紧固件的检查

1. 外观检查

检查齿轮箱本体连接螺栓、主轴—轮毂、轴承支座—机架、齿轮箱弹性支撑—机架、锁紧盘等8.8级以上连接螺栓的标记线是否发生偏移，检查周期为1～2个月，在日常巡检中完成该项检查工作。

2. 力矩检查

对上述连接螺栓采用力矩扳手按照10%的比例进行抽检，检查力矩不大于螺栓预紧力，检查周期为6个月，在半年定检维护中完成该项检查工作。

6.3.6 主轴和齿轮箱的状态监测

通过主轴、齿轮箱的温度和压力传感器监测主轴轴承、齿轮箱油池和高速轴轴承温度，以及过滤器压力差和分配器处压力值等。检查周期为1～2个月，通过SCADA系统输出实时监测数据。

采用在线或离线振动监测设备对主轴和齿轮箱传动链进行振动监测，在线振动监测为实时监测，每季度反馈一次监测机组状态，离线监测振动监测周期至少为1年，被监测的机组每年至少出具1篇振动监测报告，以便记录机组主轴和齿轮箱传动链状态。

对齿轮箱的在用润滑油取样检验以监测油品的性能状况，油品使用36个月以内的每12个月检测一次，油品使用36个月以上的每6个月检测一次，以便风电场按照检测报告结论对油品及设备进行后续处理并做好技术备案，实现齿轮箱的按质换油。

6.3.7 主轴和齿轮箱金属部件的缺陷检测

主轴由于设计、加工制造等原因，且长期处于交变载荷的作用下也发生疲劳断裂，对于主轴内部的缺陷和裂纹通常采用无损检测方法进行检测。主轴的在役无损检测需要考虑主轴的运行和负载状态，以及表面防腐漆和具体的结构影响，通常采用超声检测的方法重点检测主轴与前后轴承过盈配合的位置。此外在主轴断裂发生问题后，风电企业应对风电场内其他机组进行主轴在役检测，建议检测由专业技术人员实施，防止主轴断裂给安全生产带来巨大的隐患。

当齿轮箱本体运行过程中出现异常噪声，长期温度或压力异常，或振动监测分析和油液监测分析出现异常时，需打开齿轮箱不同位置的观察孔，采用内窥镜检查齿轮或轴承的磨损或损坏情况，提前安排齿轮箱的检修，防止更严重的设备损坏。对于齿轮和齿轮轴可能出现的内部缺陷或运行过程中产生的疲劳裂纹，需采用无损检测的方法进行检查。

6.4 定期维护

6.4.1 主轴轴承的定期维护

主轴及支撑系统的定期维护主要是针对主轴轴承的定期维护和保养，主轴轴承的补充

润滑对其运行可靠性具有重要的意义。主轴轴承常采用的补充润滑方式有手动润滑和集中润滑两种方式。

手动润滑通常采用黄油枪或加脂机，通过轴承箱注脂孔，根据运维手册的要求直接注入相应质量或体积的润滑脂。集中润滑通常由润滑脂泵、递进式分配器和管路组成，可以保证机组主轴轴承的润滑方式为少量、频繁多次润滑，从而使主轴轴承始终处于最佳的润滑状态。常见手工润滑和集中润滑工具或设备，如图 6-18 所示。

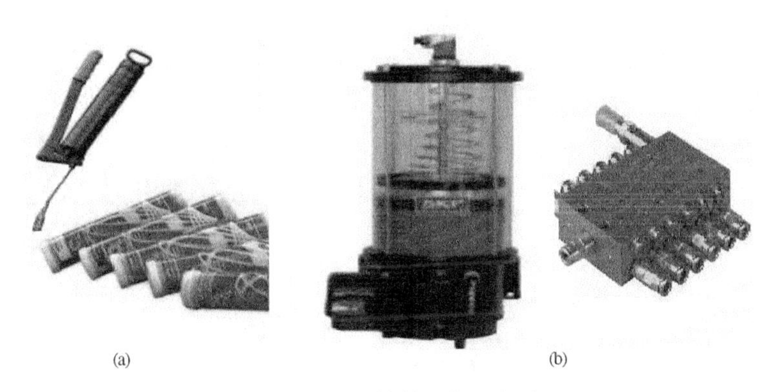

图 6-18 主轴轴承润滑方式

(a) 手动润滑工具；(b) 集中润滑设备

主轴轴承定期补充润滑脂的数量，与主轴轴承的型号、机组运行条件以及采用的润滑方式有密切的关系，需要严格遵守用户手册。以常见的 1.5MW 风电机组为例：

(1) 采用手工润滑方式，正常状况下每半年补加 2000g 润滑脂。如果发现从轴承密封处挤出的润滑脂颜色不正常，或主轴轴承的运行温度高、振动大，需相应增加手工润滑的加脂频率。如改为每三个月加注一次，每次补加 1000g 润滑脂。

(2) 采用集中润滑方式，主轴轴承可以按照表 6-1 所示的加脂量来设置集中润滑设备。

表 6-1　　某 1.5MW 主轴承集中润滑方式

集中润滑设备	工作周期	每次工作时间	供油量	泵换油间隔
采用 6L 油脂泵带 1 个泵单元共 2.5mL/min	每隔 2h 工作一次	每个工作周期泵的运行时间为 1min	15mL/天； 105mL/周；420mL/月；5000mL/年	12 个月

主轴轴承在定期维护和保养时应注意以下事项：

1) 主轴轴承润滑脂加注量、加注周期应严格遵守用户手册；

2) 注意补充润滑脂前后轴承的温度变化；

3) 注意主轴轴承密封表面的润滑脂的变化；

4) 注意密封是否完好，密封上是否有污染物；

5) 注意主轴轴承的振动状况和噪声变化；

6) 应在适当的时间对主轴轴承的润滑脂进行分析，以判断主轴轴承的运行状况；

7) 在沙尘条件下应注意机舱的密封，防止沙尘对主轴轴承的密封产生不良影响。

6.4.2 齿轮箱本体的定期维护

齿轮箱本体最关键的定期维护就是根据齿轮箱使用说明书要求规定的周期更换齿轮油。根据油品种类和质量的不同，通常更换周期为3～5年，条件允许的情况可以对油品进行检测，并根据检测结果按质换油。

换油的基本流程包括：①从放油阀放掉齿轮箱里的油；②放掉过滤器里的存油；③清除齿轮箱中的杂质；④更换滤芯；⑤检查空气滤清器，如有必要则更换；⑥关上所有打开的球阀；⑦开始重新加油，确保油位和颗粒度符合要求。

换油的注意事项：①换油可以人工换油，也可以采用已经成熟的自动换油车集中更换；②换油前应核实油品的品牌和质量无误；③建议根据实验室的检测结果按质换油；④如果改变润滑油的类型，应先征得齿轮箱制造企业的同意，齿轮箱和润滑系统必须经过仔细的冲洗，完全排除存油。

6.4.3 齿轮箱润滑及冷却系统的定期维护

1. 更换滤芯

通常齿轮箱至少每6个月检查滤芯，在齿轮箱启动8～12周之后应该第一次更换滤芯。此后，如果有需要时可以随时更换，但至少每年更换一次。

更换滤芯的基本流程：①关闭润滑系统，放油；②打开过滤器顶盖；③人工拉出存放污染物支架的滤芯，更换滤芯，观察滤芯表面的残留污物和大的颗粒；④如果必要的话，清洗过滤器桶、支架和顶盖；⑤确保顶盖和过滤器筒体连接密封性良好，如果需要更换密封圈；⑥把滤芯小心安装在支架上，把带有新滤芯的支架小心地安装到过滤器支撑轴上；⑦盒盖后，开启润滑系统，检查过滤器是否漏油。

更换滤芯的注意事项：①更换滤芯的同时注意检查滤芯上的颗粒物，如果数量较多需要检查齿轮和轴承零部件；②更换滤芯前确认新旧滤芯型号一致；③注意检查滤芯是否存在机械损伤。

2. 阀、油路分配器、管路或连接胶管的更换

润滑及冷却系统各零部件由大量控制阀、油路分配器、管路和连接胶管连接。这些控制阀和连接器件出现故障、堵塞、漏油严重或胶管严重龟裂老化时，需要对上述器件进行更换。

阀、油路分配器、管路或连接胶管等更换基本流程和注意事项：①关闭润滑系统，排除线路中润滑油；②拆卸线路或管路连接中的控制阀、分配器连接螺栓；③确保更换的新器件表面和内部无污物和损坏时进行更换；④采用适当的力矩预紧连接管路螺栓，防止内部密封圈变形和压馈；⑤确认连接无误后，开启润滑系统，检查管路接头是否漏油。

3. 齿轮箱冷却器的定期维护

由于组成部件失效或散热片污垢堆积导致齿轮箱油温高停机的现象时有发生，尤其是夏季机舱内温度较高时，因此对冷却器的定期维护对于提高发电量具有重要的意义。

散热片清洗基本流程和注意事项：①齿轮箱停止运行一段时间后，关闭润滑系统，待散热器完全冷却；②采用高压水枪冲洗散热器表面污垢，冲洗按照散热器表面纹路方向；

③采用尼龙毛刷和清洗剂擦洗堆积在散热片弯曲的拐角等位置污垢；④完成冲洗后，对表面进行擦拭处理。

6.5 典型故障处理

6.5.1 主轴轴承的故障处理

主轴轴承的异常分为运行声音异常、温度升高、振动异常以及漏脂严重，故障原因及处理方法分述如下。

1. 主轴轴承运行声音异常原因及故障处理

主轴轴承运行声音异常包括金属噪声、规则音和不规则音的三种情况。

（1）金属噪声通常来源于安装不良、载荷异常、润滑脂不足或不合适，以及旋转零件接触等问题，可以采用改善安装精度或安装方法后重新拆卸安装，修正箱体挡肩位置调整负荷，补充适当和适量的润滑脂，以及修正密封的接触状况等进行故障处理。

（2）规则音通常来源于异物造成滚动体和轨道接触面产生压痕、锈蚀和损伤等，或表面变形，以及滚道剥离等原因。这种情况通常采用更换轴承、清洗相关零件、改善密封装置、重现注入新的适当和适量润滑脂等进行故障处理。

（3）不规则音通常来源于游隙过大，异物侵入或滚动体损伤等原因。这种情况通常采用更换轴承、清洗相关零件、改善密封装置、重现注入新的适当和适量润滑脂等进行故障处理。

2. 主轴轴承温度异常原因及故障处理

导致主轴轴承温度异常升高的原因主要有润滑脂过多、不足或不合适，异常载荷、配合面蠕变、密封装置摩擦过大等。通常采用清理轴承和相关的零部件，减少或补充、更换适当和适量的润滑脂，改善轴承与轴、箱体的接触状况，必要时更换密封或整个轴承进行故障处理。

3. 主轴轴承振动大原因及故障处理

导致主轴振动大（主轴偏心）的主要原因是轴承表面变形、严重磨损或剥离、安装不良等原因。对于振动监测等级为注意的级别，通常采用清洗相关零件，改善密封装置，重新注入新的适当和适量润滑脂等进行故障处理；如果振动监测等级达到报警的级别，则通常更换轴承。

4. 主轴轴承和支承座漏脂原因及故障处理

导致轴承和支承座漏脂严重的主要原因是润滑脂过多，异物侵入或研磨粉末产生异物，以及轴承密封损坏或失效。通常采用清洗零部件，使用适量和适当的润滑剂，更换密封，必要时更换轴承等方法进行故障处理。

6.5.2 齿轮箱本体损伤与故障处理

齿轮箱本体故障处理主要针对轮齿、轴承、箱体和行星架的损坏状况确定，具体如下。

1. 轮齿损坏状况与故障处理

（1）对于因长期停机或存储、润滑不充分导致的齿面静止压痕或黑线，可做如下预防和故障处理：

1）在长时间停机时通过空转以保证充分润滑；

2）长时间存储应手动空转齿轮箱；

3）如果压痕较深，硬化层深度允许，可进行重新磨齿修复；

4）通过振动传感器进行监测；

5）正常油液和振动监测，确认后6个月进行两次内窥镜检查，如果损伤未显著扩展，齿轮箱可以正常使用。

（2）对于因频繁的载荷和速度变化，齿面粗糙度高，油品清洁度和齿面润滑状况不良导致的点蚀，可做如下预防和处理：

1）保持润滑油的冷却、清洁度和含水量等；

2）监测润滑油的质量和颗粒度；

3）监测齿轮箱的振动和载荷变化；

4）微点蚀是可以通过齿面重新磨齿来消除；

5）微点蚀（收敛性点蚀）确认后，前3个月平均每月1次用内窥镜检查，如点蚀未扩展，或呈收敛状态，则正常使用；

6）分散点蚀（扩展性点蚀）确认后，平均每两周或连续满负荷运行240h用内窥镜检查一次，存在显著扩展，提前准备备件以便更换维修。

（3）对于因齿面间的高速重载导致齿面快速升温，润滑失效或较差的齿面润滑状况，或齿面硬度不够，可做如下预防和处理：

1）保持润滑油的冷却、清洁度和含水量等；

2）确保在齿轮啮合初期的润滑；

3）监测齿轮箱振动和载荷变化；

4）如果齿面硬度层尺寸允许，胶合可以通过齿面重新磨齿来消除；

5）胶合属于较严重的轮齿失效模式，应根据现场情况加强油液和振动监测频次；

6）初期胶合平均每两周，或连续满负荷运行240h内窥镜检查一次，同时进行振动监测，如齿面进一步损伤，降负荷运行或检修；

7）中等和严重胶合，提前准备备件以更换维修。

（4）对于因选材或加工问题，齿面间重载或瞬间过载冲击，齿面或近表面存在裂纹，齿面强度和硬度不够导致的塑性变形和裂纹，可做如下预防和处理：

1）监测齿轮箱振动和载荷变化；

2）降负荷运行，防止齿轮箱受到过载冲击；

3）确认后根据塑形变形情况或裂纹尺寸尽快更换齿轮箱；

4）检查同批次齿轮箱是否存在相同情况，提前准备备件以便更换维修。

（5）对于因齿面硬度不够、超高载荷连续运行、硬质物落入齿轮啮合处、紧急制动或过载冲击等原因造成的断齿，可做如下预防和处理：

1）定期监测油品质量；

2）定期检查磁堵和磁性油标，如有金属碎屑，需做全面检查；

3）异响或较大振动需做停机检查；

4）根据现场情况尽快安排油液和振动监测，确定断齿损坏情况；

5）用内窥镜检查确认后停机，尽快更换维修。

2. 滚动轴承损坏及故障处理

对于由于齿轮箱润滑不充分或润滑油质量问题，超过极限载荷运行，更换不同型号润滑油，其他部件损坏造成的碎屑等原因导致的轴承磨损或剥落，可做如下预防和处理：

（1）确保充分润滑，特别在停机重启后；

（2）确保润滑油油品质量，避免油品型号更改；

（3）按期进行油品检测；

（4）根据现场情况加强油液和振动监测频次；

（5）通过用内窥检查确认初期磨损，平均每月检查一次轴承磨损情况，提前准备备件更换维修；

（6）通过用内窥检查确认初期磨损，出现滚动体表面疲劳剥落或永久变形，并且伴随振动和异响严重应停机，尽快更换维修。

3. 箱体开裂或行星架“抱死”等故障处理

（1）对于由于齿轮箱冲击载荷过大，风机传动链垂直轴向载荷过大，或齿轮箱箱体材料问题导致的箱体开裂，可做如下预防和处理：

1）定期检查齿轮箱箱体状况；

2）确认箱体开裂后及时停机检查，尽快更换维修；

3）确认主轴与行星架相对位移，应及时紧固锁紧盘螺栓，平均每月检查主轴锁紧盘标记刻度线，长期相对位移，应尽快更换维修。

（2）对于由于螺栓本身质量问题（材料或热处理问题），没按规定力矩拧紧螺栓（力矩过大或过小）等原因导致的连接螺栓损坏，可做如下预防和处理：

1）定期检查齿轮箱螺栓状况；

2）装配螺栓时需按规定力矩拧紧螺栓；

3）如发现螺栓变形或断裂应及时停机检查；

4）确认螺栓严重变形或断裂时，应及时停机更换，并查明原因。平均每月检查一次螺栓力矩，如果出现反复断裂，应尽快更换维修齿轮箱或锁紧盘。

（3）对于由于空气滤芯堵塞造成箱体内部压力升高、齿圈与箱体间的螺栓松动、密封胶条老化或选用不当、安装密封胶条的环槽等密封结构设计不当、盘根磨损导致回油孔堵塞等原因导致的密封失效和严重的渗漏油问题，可做如下预防和处理：

1）定期更换空气滤芯；

2）定期检查齿轮箱易漏油处的状况；

3）密封胶条损伤或选用不当需重新更换；

4）轻微漏油基本不影响机组齿轮箱正常使用，需要定期检查油位，及时补充齿轮箱油；

5）齿轮箱漏油严重影响机组正常使用，应进行封堵处理，长期漏油严重的应计划安排维修和改进密封。

(4) 对于由于箱体外部油漆脱落、齿轮箱长期存放保养不当、箱体内部部件防锈油膜损坏、换油不恰当、更换润滑油型号等原因导致的箱体或内部零部件锈蚀，可做如下预防和处理：

1) 定期检查齿轮箱箱体和内部状况；

2) 如发现箱体外部锈蚀，需去除锈蚀并补漆；

3) 对内部锈蚀，如程度轻微可以跑合除去锈蚀；

4) 对内部锈蚀严重的部件，需要开箱除锈；

5) 轻微锈蚀基本不影响齿轮箱运行，正常维护、保养即可；

6) 内部严重腐蚀应及时除锈，更换齿轮油。

6.5.3 齿轮箱润滑及冷却系统故障处理

齿轮箱润滑及冷却系统故障的直接表现为齿轮箱油池温度异常、齿轮油压力异常，常见故障处理如下。

1. 齿轮油温度异常

(1) 齿轮箱渗漏油、油位低导致的温度高，通常在检查确认齿轮油位后，添加齿轮油。

(2) 冷却系统故障导致的温度高，通常在测试齿轮油冷却系统是否正常，并用手测试冷却系统进油管和出油管是否有温差后，检查45℃阀和散热回路，可以按照冷却系统定期维护的要求进行该故障处理。

(3) 齿轮箱本体轮齿和轴承的损坏导致油温高，检查齿轮箱噪声、振动状态和油品状态等是否存在异常，因此采用上述齿轮箱本体损伤与故障处理相应的内容进行故障处理。

(4) 风电机组长时间高负荷工作导致的油温高，检查是否由环境温度较高和风机长时间高负荷工作引起，此时等温度降下后，自动复位。

(5) 温度传感器故障导致的油温高，检查pt100是否正常或线缆虚接，如电阻值差距较大，需要更换。

(6) 模块采集故障导致的远程监测系统长期报油温高，检查相应的采集模块及其接线和背板总线，必要时更换。

(7) 回路接线问题导致的油温高，检查pt100回路及其端子接线，必要时更换。

2. 齿轮油压力异常

(1) 滤芯堵塞导致的齿轮油压力高，检查滤芯内杂质，根据定期维护要求更换齿轮油滤芯，同时注意检查齿轮油质和齿轮箱运行过程中有无异常声音。

(2) 信号回路的接线问题导致的齿轮油压力异常，通过测量回路各个接点的电压情况来查找断电情况，若信号回路的接线松动或者脱落，导致24V反馈信号丢失，需及时修复或更换。

(3) 压力继电器的故障导致的齿轮油压力低，检查压力继电器故障或者设定值有误，此情况应更换压力继电器或修改设定值。

(4) 冷却器堵塞或故障导致的齿轮油压力低，该情况主要会在油温上升到45℃后，齿轮油经过45℃阀走散热器油路。因为油路堵塞，油分配器处没有压力，所以会报出该故

障。该情况按照定期维护方法更换或维修散热器。

(5) 温控阀等原因导致的齿轮油压力异常，该情况当温控阀损坏后，油路可能会出现不能完全打开或关闭的情况，导致回流回油分配器的齿轮油压力过低，造成故障。该情况按照定期维护方法更换温控阀。

(6) 润滑系统油泵的损坏、电动机缺相或出力不足导致的油压低，该情况下齿轮油泵出力不足，报出该故障。需要更换油泵或维修缺相线路。

(7) 单向阀关闭不严导致的油压低，如果单向阀被杂物卡住，关闭不严，则会导致齿轮油经过油泵后部分齿轮油直接回流回油箱，造成齿轮油压力低故障。此故障多会出现在油温上升后。当冬季油温较低的情况下，齿轮油压力依然可以在启机后保持一段时间，但当油温上升后，齿轮油压力会很快下降到 0.5Bar 以下。应清理单向阀。

6.5.4 主轴和齿轮箱的连接螺栓断裂故障处理

主轴和齿轮箱传动链的连接螺栓种类和等级，以及连接结构件的情况较多也较复杂。从故障处理的角度主要分为两大类，即螺栓与基体连接紧固（如主轴与轮毂连接螺栓、轴承箱与机架连接螺栓、锁紧盘连接螺栓等），螺栓与螺母连接紧固（齿轮箱箱体连接螺栓等）。连接螺栓不同的损坏形式主要有螺栓松动、螺纹损伤或脱落、螺栓断裂等，因此采用的故障处理方法也不相同。

1. 螺栓松动的原因及故障处理

导致螺栓松动的主要原因有机械连接部件振动异常、螺栓受到交变性的剪力作用等，通常采用定期力矩检查以及重新紧固的方法进行处理，对于出现反复松动的情况，则需要考虑采用扭力系数更小的润滑剂更换新螺栓，或适当的增加螺栓预紧力进行处理。

2. 螺纹损伤或脱落的原因及故障处理

导致螺纹损伤或脱落的主要原因有长期反复预紧螺栓使得螺纹屈服或接触疲劳，安装力矩过大螺栓塑形变形，螺栓质量不合格，或安装时有异物等。如果是基体螺纹损伤或脱落则需要对基体材料重新攻丝或扩孔攻丝，采用新螺栓或更大规格螺栓连接；如果是螺母或螺栓螺纹损伤或脱落则需要清理螺纹孔，更换新螺栓连接副，并采用适当的力矩进行螺栓连接副的紧固等方式进行故障处理。

3. 螺栓断裂的原因及故障处理

导致螺栓断裂的原因主要有螺栓承受异常的交变载荷导致疲劳断裂或结构件突然过载导致螺栓直接被拉断或切断等。对于这种情况通常要查明螺栓断裂原因，并进行相应的事故分析，再进行故障处理。故障处理的方法主要有更换断裂螺栓的同时更换断裂螺栓周边3颗左右的旧螺栓，变更安装螺栓的安装力矩或润滑剂使得螺栓预紧力更合力且数值分散度更小，或重新采用规格和级别更高的螺栓进行替换。

6.6 设备大修

6.6.1 主轴和齿轮箱更换及大修

根据主轴和齿轮箱传动链的连接方式不同，其吊装及更换方式也略有不同。无论是两点式支撑结构还是三点式支撑结构均可以采用将主轴和齿轮箱总成直接吊装，但是考虑到传动链分布式特点以及吊装成本，对于两点式支撑结构的主轴后轴承的支撑作用也可以单独吊装齿轮箱。

主轴和齿轮箱更换及大修的基本作业流程和步骤主要包括以下内容：

(1) 吊装前期工器具和备件准备工作。对于1.5MW机组通常选择500t以上主吊车和50t以上辅吊车以及一辆运输车辆。

(2) 拆卸前准备工作，主要包括：

1) 布置作业场地；

2) 机组停机；

3) 调整叶轮角度为“Y”形等。

(3) 拆卸滑环、滑环线及其他附件，主要包括：

1) 锁定叶轮锁；

2) 拆除轮毂内部电源；

3) 拆除滑环；

4) 进入轮毂内将滑环到轮毂控制柜内的接线、滑环至轮毂内的电源线断开并抽出等；

5) 对于叶片变桨的机组，需要进入轮毂内拆除液压和机械变桨机构。

(4) 拆卸发电机-齿轮箱联轴器中间体，主要包括：

1) 拆联轴器护罩；

2) 拆卸联轴器中间体。

(5) 拆卸齿轮箱传感器、电缆及其他附件，主要包括：

1) 拆除齿轮箱外部供电接线；

2) 拆除主轴温度传感器；

3) 拆除主轴前端的防护罩盖；

4) 拆除风向标、风速仪的控制线，按照接线表拆卸油泵电动机、齿轮箱散热电动机、接线箱接线，主轴承pt100接线，液压站接线盒接线和刹车磨损传感器接线。

(6) 拆卸叶轮，主要包括：

1) 主轴螺栓做标记；

2) 安装叶尖护套和缆风绳；

3) 安装叶轮吊具；

4) 拆除叶轮。

(7) 拆卸顶部机舱罩，主要包括：

1) 拆卸风向标、风速仪传感器线路、机舱照明线；

2) 拆除顶部机舱罩。

(8) 拆卸主轴/齿轮箱总成，如图6-19所示，主要包括：

1) 拆除齿轮箱弹性支撑；

2) 拆除主轴承座固定螺栓；

3) 缓慢起吊主轴和齿轮箱；

4) 做好机舱内的清理工作。

(a)

(b)

图 6－19 主轴和齿轮箱总成的吊装

(a) 两点支撑结构；(b) 三点支撑结构

(9) 主轴/齿轮箱分解，主要包括：

1) 拆除和清理胀紧套；

2) 将主轴从行星轮支架中移出。

(10) 主轴与新齿轮箱安装（新主轴与齿轮箱安装），主要包括：

1) 用新主轴或新齿轮箱替换损坏部件，加热装配主轴；

2) 安装和紧固胀紧套。

(11) 如果需要更换齿轮箱，则需要在齿轮箱上拆卸和安装刹车盘与制动器。

(12) 主轴和齿轮箱吊装至机舱，并将相应的固定螺栓按照拆卸步骤预紧。

(13) 安装顶部机舱罩，并将相应的线缆依次连接。

(14) 安装叶轮。

(15) 安装联轴器中间体。

(16) 安装齿轮箱传感器、电缆及其附件。

(17) 安装滑环、滑环线及其他附件。

(18) 发电机对中。

(19) 测试、试验、试运行，主要包括：

1) 轮毂上电检查；

2) 变桨系统测试；

3) 液压系统测试；

4) 齿轮箱系统测试；

5) 转速测试；

6) 试运行。

6.6.2 齿轮箱高速轴大修及更换

更换条件，查看图纸是否存在干涉、工艺要求和流程等注意事项。

高速轴的齿面点蚀、胶合等磨损，轮齿变形、断裂，以及配合轴承磨损、打滑等问题是风电机组齿轮箱常见的故障类型。随着齿轮箱设计的不断优化，以及风电场对运维和检修成本的控制，当出现齿轮箱高速轴故障损坏，导致机组无法正常运行时，通常在机舱内完成齿轮箱高速轴的大修及更换。高速轴的更换涉及到齿轮箱本体的拆装，对现场工艺要求较高。在进行某型号齿轮箱高速轴的在役大修和更换之前，首先要查看装配图纸或与主机、齿轮箱供应商确认该型号齿轮箱的结构设计是否具备在役更换高速轴及配套轴承的条件，防止轮齿与轴承结构干涉无法在役取出高速轴及配套轴承。

以 GE1.5MW 机组齿轮箱高速轴的大修和更换为例进行介绍。

(1) 高速轴更换前，查看公称图纸，确认高速轴连接轴承型号，通常发电机侧轴承为两个圆锥滚子轴承，叶轮侧轴承为一个圆柱滚子轴承。

(2) 在登机前，把待更换的新高速轴和三个配套轴承进行装配；装配工艺根据现场的情况，可以对冷冻高速轴与轴承配合位置冷装，也可以对轴承内圈感应加热进行热装；将专配好的高速轴与轴承装配件包装保存待用。

(3) 执行停机操作、锁叶轮，将高速轴与轴承装配件吊装至机舱备用。

(4) 松连接器连接螺栓，拆除联轴器。

(5) 松高速制动器的连接螺栓，拆卸制动器。

(6) 松刹车盘的连接螺栓，拆卸刹车盘。

(7) 拆卸齿轮箱高速轴端箱体结构上的 pt100 温度传感器，如果管路影响高速轴拆装，则需要拆卸管路。

(8) 松高速轴端盖螺栓，拆除高速轴端盖。

(9) 采用丝杠等辅助工具，将高速轴连同发电机侧的两个完整轴承、叶轮侧的圆柱滚子轴承内圈等装配件从齿轮箱中抽出；抽出过程注意不要划伤与高速轴啮合的齿轮齿面。

(10) 将新高速轴与轴承装配件安装至齿轮箱内；确保高速轴叶轮侧圆柱滚子轴承内圈安装到位，并且没有结构干涉。

(11) 安装高速轴端盖，采用适当的预紧力紧固螺栓。

(12) 恢复齿轮箱高速轴箱体结构上的 pt100 和油管等。

(13) 依次安装高速刹车盘、高速制动器和联轴器。

(14) 发电机对中，进行测试、试验、试运行。

6.6.3 齿轮箱弹性支撑大修及更换

齿轮箱弹性支撑出现故障导致机组无法稳定运行时，需要对齿轮箱的弹性支撑进行更换。不同弹性支撑结构的大修及更换方法略有不同，但其维修工艺和流程基本相同。以 1.5MW 机组碟簧弹性支撑的大修和更换为例进行介绍，如图 6-20 所示。

图 6-20 维修及更换弹性支撑

(1) 用吊耳或吊环拧紧螺杆，并将螺杆穿入发电机的后孔洞中。

(2) 紧固链式起重机到吊耳或吊环上。

(3) 对链式起动机施加拉力，并保持齿轮箱的姿态。

(4) 拆除齿轮箱扭力臂一侧碟簧弹性支撑的预紧螺栓，但不要移除螺母，使得螺母处于半旋进状态。

(5) 将液压千斤顶放置在支撑轴承中间和齿轮箱扭力臂的下面。

(6) 移除弹性支撑另外一侧的螺母。

(7) 拆除后部的上支撑轴承和橡胶单元。

(8) 使用液压千金顶提举齿轮箱扭力臂，直到前碟簧弹性支撑的上部支撑轴承触碰到松懈的螺母。

(9) 拆卸后部弹性支撑的橡胶元件。

(10) 更换并插入新的橡胶元件。

(11) 松螺杆螺栓。

(12) 清洁表面螺纹，将新螺母完全拧紧在螺杆螺栓中。

(13) 安装后弹性支撑的上部支撑轴承，并将新螺母处于半旋进状态。

(14) 相同的方式安装前侧弹性支撑架橡胶单元。

(15) 将所有螺栓按照预紧力打紧，移除紧固链式起重机和吊耳或吊环等工具。

6.6.4 齿轮箱润滑及冷却系统大修及更换

齿轮箱润滑和冷却系统是齿轮箱总成中最关键的辅助系统，其重要部件如冷却器风扇或电动机，润滑系统压力传感器、油泵或电动机等发生故障损坏后需要进行相应的大修及更换。其主要维修工艺和流程如下。以某 1.5MW 机型齿轮箱润滑剂冷却系统大修及更换为例进行介绍。

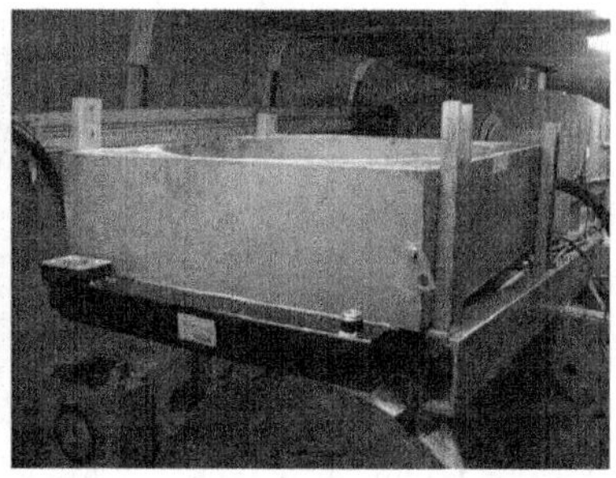

图 6-21 冷却器风扇或电动机大修及更换

1. 冷却器风扇或电动机大修及更换（见图 6-21）

(1) 关闭 400V 交流电源的断路器和风扇电动机保护断路器。

(2) 检查是否关闭 690V 输入电动机保护开关。

(3) 拆除排气口挡风罩。

(4) 打开电动机接线盒，断开所有的电线终端，避免任何潜在的电线短路。

(5) 松开并拆卸电动机支架螺丝。

(6) 脱离电动机或风扇叶片部分，安装新的冷却风扇电机或叶片。

(7) 打开电动机接线盒，将电线连接到终端 V1、U1、W1、地面和两个小电线的上部的终端接线盒上。

(8) 将断路器和电动机保护复位。

(9) 打开和关闭电动机（手动关闭接触器低速阶段和高速阶段），检查旋转方向，并确保排气充气膨胀（这意味着发动机舱的空气被吸出，而不是吸入）。

2. 润滑系统压力传感器、油泵或电机大修及更换（见图 6-22）

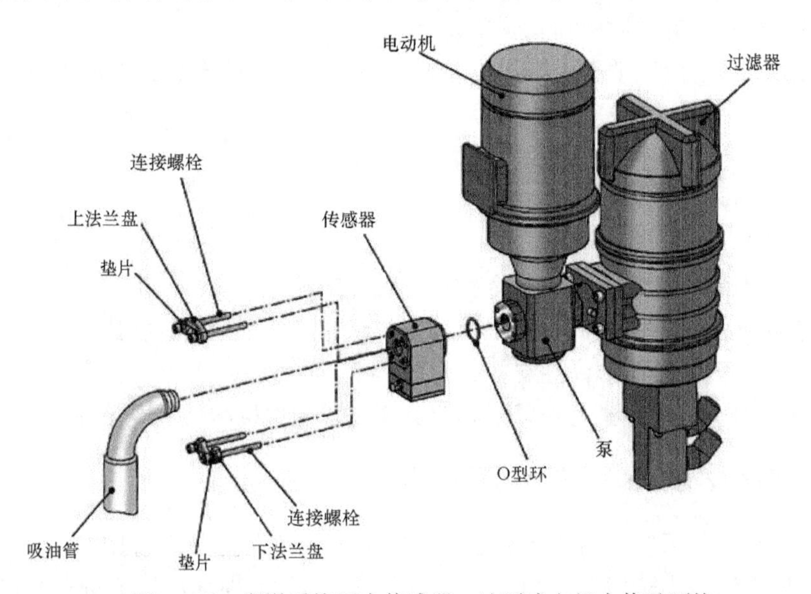

图 6-22 润滑系统压力传感器、油泵或电机大修及更换

(1) 维修或更换润滑系统部件前，验证油泵、油管等油温度足够低，防止处理时造成不必要伤害。

(2) 擦拭待更换部件安装区域的油泵和油管外部表面污物。

(3) 确保手和工具的表面清洁，没有任何碎片或颗粒，防止损害齿轮泵内部组件，或将污物转移到油管、油泵或过滤器中。

(4) 连接一个吸油管排油装置连接到齿轮箱上，并切断齿轮箱底部油路管的阀门。

(5) 松开并拆卸油管和油泵的连接螺栓，其间注意逐步松开螺栓再进行拆卸，防止其他螺栓预紧损坏油管法兰。

(6) 如果需要更换油泵及电动机，则继续松开并拆解油泵与过滤器连接螺栓。

(7) 拆卸并更换油泵和管路接头，以及油泵和过滤器接头的 O 形密封圈。

(8) 擦拭和清洗 O 形密封圈的安装接触面。

(9) 更换新的 O 形密封圈，更换前再次检查任何损坏的迹象。

(10) 依次把密封圈桩土油泵和过滤器接头，以及油泵和管路接头的环形槽中。

(11) 依次将油泵和电动机安装到过滤器上，将压力传感器安装到油泵上，安装新的螺栓和垫片，并按照规定力矩进行螺栓紧固。

(12) 打开齿轮箱底部油管的阀门。

（13）清理和擦拭泄漏的齿轮油，并准备泄漏检查。

（14）润滑系统运行10min进行泄漏检查，并确保管路连接位置没有油滴。

（15）如果发生泄漏，首先关闭润滑油泵，执行上锁/标签的程序，然后清理泄漏的润滑油。如果泄漏发生在连接处，验证所有螺栓是否正确的预紧。如果不是这个问题，或者传感器和泵之间发生泄漏时，拆卸传感器从泵和检查O形环是否存在，清洁任何碎片或颗粒。如果O形环和槽发现损坏，定期进行复检和替换组件。

思考题

1. 主轴运行过程中产生缺陷主要有哪些？如何进行检测？
2. 齿轮箱本体的损坏类型有哪些？如何进行检查和预防？
3. 齿轮箱总成的零部件和子系统的在役更换和大修应注意哪些问题？

发电机维护与检修

7.1 概述

7.1.1 发电机的功能

发电机是风电机组将机械能转化为电能的重要设备。

发电机主要功能有：当风轮带动机组传动系统将发电机转速提升至发电转速区间时，发电机通过励磁系统和并网控制系统的作用，发出与电网频率、幅值及相位相同的电能，送入电网。机组通过控制发电机的励磁或转矩，最大程度的吸收风能。发电机的电流、电压、转速等传感器为风电机组提供发电机低电压保护、过流保护及超速保护信号。

7.1.2 发电机原理及类型

发电机电气结构主要由定子和转子组成，定子主要由铁芯和绕组等零件组成，是主要的发电部件。转子为转动部件，根据结构主要分为鼠笼式、永磁体和绕线式三种结构，在风轮及传动系统的带动下旋转，定、转子之间通过轴承进行装配，存在很小的气隙。转子主要用作励磁及发电部件。

发电机产生电能主要靠电磁感应原理［右手定则，见式（7－1）］，当风轮等原动机带动发电机绕组在垂直于磁场的方向中运动时，导体两端将产生感应电动势（发电机的额定电压），此电动势在连接负载后为负载供电，形成负载电流。当绕组连接负载形成电流后，导体内产生的负载电流使导体本身产生反向力［左手定则，见式（7－2）］，对原动机形成阻力，当负载电流产生的反向力矩增大到与原动机的转矩相等时，系统达到稳定状态。整个过程由发电机的励磁和转矩控制系统通过调节负载电流 i 或风轮吸收风能的桨距角（原动机转矩）完成控制。

$$e=Blv \tag{7-1}$$

式中 e——感应电动势；
B——磁感应强度；
l——绕组长度；
v——绕组切割磁场速度。

$$F=Bli \tag{7-2}$$

式中 F——电磁力；

B——磁感应强度；

i——绕组内的电流。

发电机的工作转速存在一个固定的区间，对于定子直接并网的发电机，常见的有鼠笼异步发电机和双馈异步发电机，根据发电机的极对数不同，由式（7-3）可以计算出同步转速。对于定子直接并网型机组的转速常见有2对极和3对极，同步转速分别为1500r/min和1000r/min。正常工作时，由于风力的不稳定性，发电机转子转速在同步转速上下波动，与同步转速存在滑差s，见式（7-4），通过转矩和励磁系统的调节，使发电机定子电能输出频率始终与电网保持一致。

$$n_1 = \frac{60f}{p} \tag{7-3}$$

式中 f——电网电压频率，50Hz；

p——发电机的极对数；

n_1——同步转速。

$$s = \frac{n_1 - n}{n_1} \tag{7-4}$$

对于定子非直接并网的发电机，其发出电能需要通过交直交变换之后送入电网，其转矩控制和能量输出主要靠变频器实现。

根据风电机组叶轮吸收风能的原理进行划分，主要分为定桨距机组和变桨距机组，两种桨叶控制类型配置发电机的类型存在差异。对于定桨距机组配备的是鼠笼异步发电机；对于变桨距机组，则可以配备鼠笼异步发电机、双馈绕线式异步发电机或永磁同步发电机。

其中，鼠笼异步发电机常见于低于1MW定桨距机组，该形式的电机运行在略微超过同步转速的状态下，以2对极鼠笼异步发电机为例，其发电转速为1500～1575r/min之间。发电过程中由定子绕组向电网输送电能，鼠笼转子感应出短路电流以产生反向力矩，如图7-1所示。近几年来，由变桨驱动的鼠笼异步发电机配合全功率逆变并网的大容量风电机组相继面世，如西门子2.5MW风电机组。

图7-1 定桨距机组及其使用的鼠笼异步发电机

双馈异步发电机目前是风电机组中最常见、数量最多的发电机类型，常见于容量850kW、1MW、1.5MW及以上等变桨距机组中，配合变频器励磁，发电机的定子及转子均可向电网输送电能。该形式的发电机转子为绕线式，转子绕组需要通过滑环进行电气联接，增加了转子接线。比鼠笼异步发电机结构略微复杂，如图7-2所示。

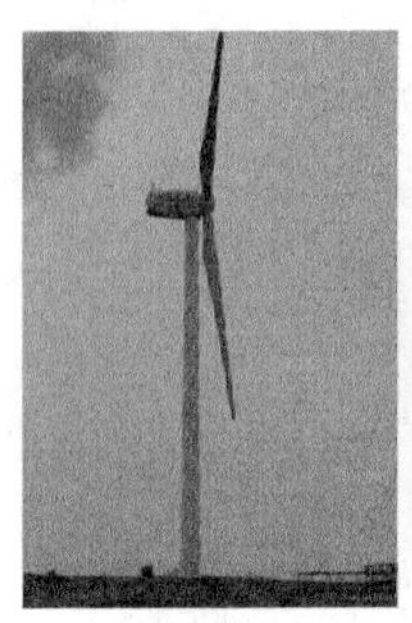

图 7-2　变桨距机组及其使用的双馈绕线式异步发电机

永磁同步发电机目前应用在风电机组 1.5、2、2.5MW 及以上等变桨距机组中，配合永磁体转子励磁，一般极对数较多，以国内某型直驱同步电动机为例，极对数为 44 对，转速为 0～19.5r/min，电动机体积大，转速低，发电机的定子通过全功率变频器交直交变换向电网输送电能，如图 7-3 所示。

图 7-3　变桨距机组及其使用的永磁同步发电机

7.1.3　常见故障类型

因为发电机属于旋转电气设备，所以其发生的故障类型主要有机械故障和电气故障两大类。机械故障主要有轴承故障、鼠笼式转子断条故障、动平衡故障等；电气故障主要有绕组绝缘击穿故障、集电环故障等。此外发电机冷却系统也可能发生故障。

1. 机械故障

(1) 轴承故障。

主要表现为轴承高温卡死，定转子扫膛。故障原因主要有：发电机安装后对中度不合格；发电机润滑不及时或者不合理，造成欠润滑；变频器励磁型发电机部分轴承为非绝缘轴承，当轴承端盖绝缘破损后，导致轴电流增大，造成轴承电腐蚀；轴承端盖的圆周度、转子转轴的挠度、轴承安装位置的精度在拆装轴承时被破坏，在轴承高速运行时发生振动。

(2) 转子断条故障。

转子断条故障主要表现为鼠笼式发电机定子三相不平衡，无法并网。主要原因鼠笼转子加工过程焊接工艺不良造成断条。

(3) 动平衡故障。

动平衡故障主要表现为转子旋转过程中振动大、噪声大。主要原因是转子动平衡衬块损坏或丢失。

2. 电气故障

(1) 绕组绝缘击穿故障。

绕组绝缘击穿主要表现为绕组对地绝缘为零、相间短路、匝间及层间短路故障。主要原因有：机械故障导致定转子摩擦扫膛，绝缘破坏；运行环境温度过高，散热效果劣化造成绕组工作在超过规定绝缘温度的情况下，造成绕组绝缘快速老化，直至损坏；发电机长时间工作在过载运行状态下；发电机制造绕组工艺存在缺陷，绕组引线、槽内绝缘等部位发生绝缘损坏；发电机风扇扇叶脱落损坏绕组。

(2) 集电环故障。

集电环故障主要表现在集电环短路烧毁，滑道磨损严重，刷架损坏。主要原因有：集电环维护不到位，碳刷不能按时更换，碳粉不能及时清除；集电环安装不当，碳刷未经过预磨，集电环拉弧；集电环或碳刷生产质量较差，使用时间较短便发生严重磨损。

3. 冷却系统故障

冷却系统故障表现在效率下降造成设备过热停机，主要原因：尘土等污物附着造成冷却风道阻塞，使冷却效率下降。部分型号发电机冷却风扇电机功率下降，通风量及风速不足；冷却水循环系统密封件老化损坏。

7.2 检查与测试

7.2.1 鼠笼式异步发电机

鼠笼式异步发电机的检测手段主要有机械振动检测和电气绝缘检测，机械振动检测主要目的是检查发电机轴承及转子潜在的隐患，双馈异步发电机轴承及机械传动潜在故障也可通过相同的方法进行必要的振动检测。目前还没有针对永磁直驱发电机的振动检测方法，只能通过定转子气隙间接检查。电气绝缘检测的主要目的是检查笼式转子断条及定子绕组的绝缘故障。

1. 异步发电机的振动检测

振动检测系统主要由测振传感器、信号调理电路、信号分析仪等组成。其工作原理是将测振传感器安装在测振点上，通过传感器将机械振动信号转变为电信号进行信号处理，之后通过分析软件得出运行结论。

运检人员可以通过巡回检查为基础，感官发现设备运行异常时，再对设备进行测试和分析，查找故障原因，评价运行状况，为检修提供依据。

检测周期的确定应以能及时反映设备状态变化为前提，根据设备的不同种类及其所处的工况确定振动检测周期，风电机组振动检测的实施方法有定期检测、连续检测和故障检测，分述如下：

(1) 定期检测。

定期检测即每隔一定的时间间隔对设备检测一次，间隔的长短与设备类型及状态有关。对于比较关键设备、振动状态变化明显的设备，新安装及维修后的设备都应较频繁检测，直至运转正常。

（2）连续检测。

对关键或运行不稳定的设备应进行在线检测，一旦测定值超过设定的门槛值即进行报警，进而对机器采取相应的保护措施。

（3）故障检验。

对不重要的设备或故障率不高的设备，一般不定期地进行检测。发现设备有异常现象时，可临时对其进行测试和诊断。

振动检测标准一般可分为绝对判断标准、相对判断标准和类比判断标准三大类。

（1）绝对判断标准。

绝对判断标准是将被测量值与事先设定的“标准状态槛值”相比较以判定设备运行状态的一类标准。常用的振动判断绝对标准有 ISO 2372、ISO 3495、VDI 2056、BS 4675、GB/T 6075.1—1999、ISO 10816 等。

（2）相对判断标准。

对于有些设备，由于规格、产量、重要性等因素难以确定绝对判断标准，因此将设备正常运转时所测得的值定为初始值，然后对同一部位进行测定并进行比较，实测值与初始值相比的倍数叫相对标准。

（3）类比判断标准。

数台同样规格的设备在相同条件下运行时，通过对各设备相同部件的测试结果进行比较，可以确定设备的运行状态。类比时所确定的机器正常运行时振动的允许值即为类比判断标准。

需要注意的是，绝对判定标准是在规定的检测方法基础上制定的标准，因此必须注意其适用频率范围，并且必须按规定的方法进行振动检测。适用于所有设备的绝对判定标准是不存在的，因此一般都是兼用绝对判定标准、相对判定标准和类比判定标准，这样才能获得准确、可靠的诊断结果。

对旋转电动机而言，振动测试点、测量信号类型的选择以轴向和径向的振动为主，在条件允许的情况下，应在此两个方向上都布置测点。测量信号类型包括位移、速度和加速度。

进行故障信号测量时，直接得到的是时域信号，然后通过傅里叶变换得到频谱图。发电机波形呈现出明显的周期特性，反映出振动量的大小和相位，用峰值来标示，而频谱图采用有效值来度量。对于某些故障其特征频率相同，例如转子弓形弯曲、缺损和不平衡都是以一倍频为主，不易区分，这时就需要从相位上进行区分。故障诊断最重要的就是频谱分析法，频谱图能反映出各种故障所对应的特征频率和振动量的大小，据此可判断故障发生的位置、发展程度和趋势等，为诊断工作提供依据。

图 7-4～图 7-6 所示为某风电场双馈异步发电机驱动端轴承故障案例，使用振动检测方法，判定出潜在的轴承故障，防止了故障扩大。经过现场人员登塔在机组并网运行时收集发电机的振动数据，将测得的振动数据上传至分析中心使用专业分析软件进行时域、

频域分析，发现了发电机驱动端轴承内圈故障特征。

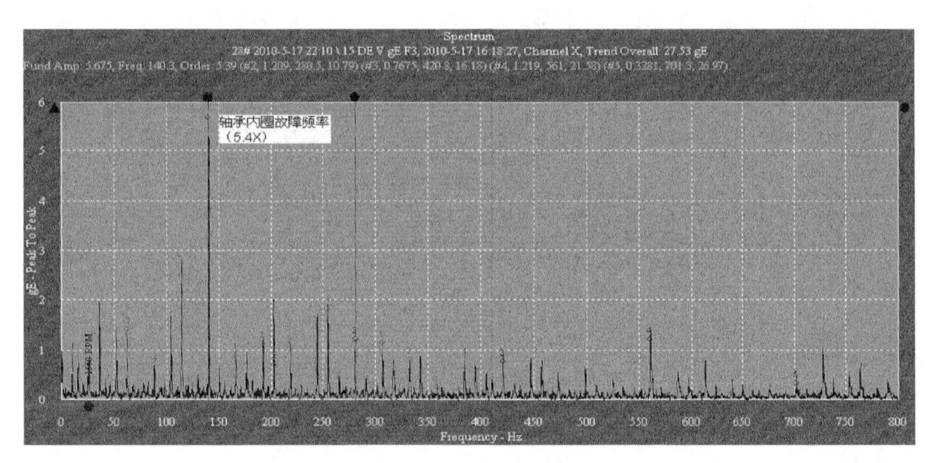

图 7－4　驱动端轴承垂直方向频谱分析

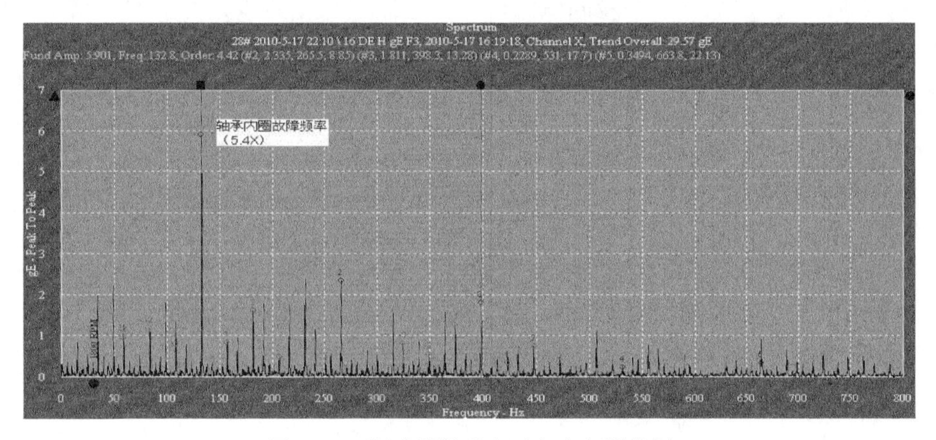

图 7－5　驱动端轴承水平方向频谱分析

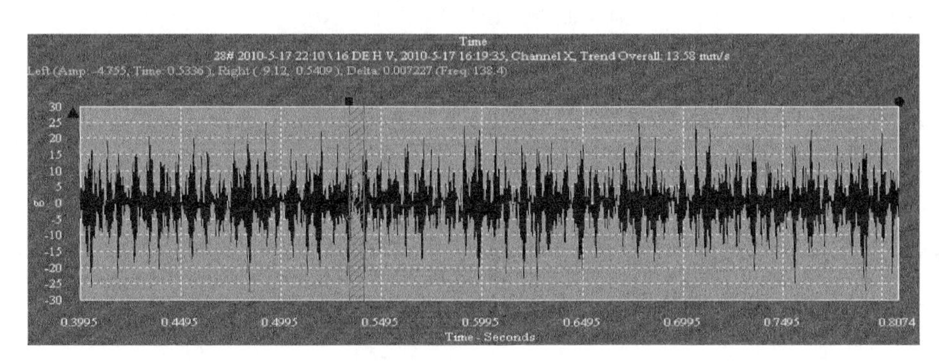

图 7－6　驱动端轴承水平方向时域图分析

图 7－6 中时域图冲击现象明显，冲击幅值很高，通过上述现象，分析得出结论：发电机驱动端轴承内圈严重剥落或裂痕。

经过检修人员登塔检查，发现驱动端轴承内圈剥落，一共有 6 处，符合振动检测诊断结论，具体现象如图 7－7 所示。

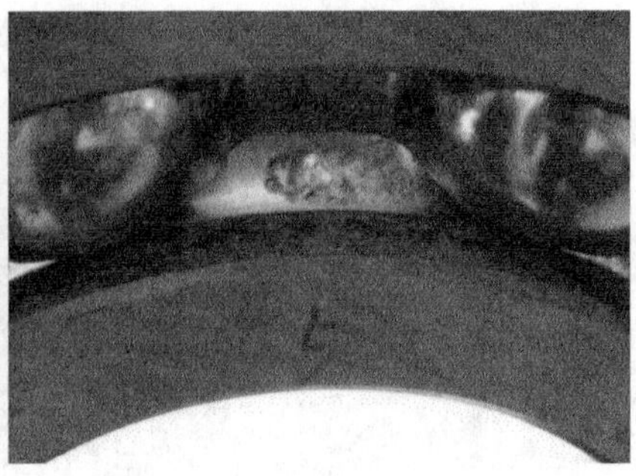

图 7-7　故障轴承内圈剥落

通过振动检测，风电场检修人员及时更换驱动端故障轴承，防止机械部分进一步损坏发生转子扫膛的事故，有效降低了故障损失。

2. 鼠笼式转子检查与测试

鼠笼式转子电磁特性评估是检测笼型异步发电机转子故障的有效方法，将转子一周分成 12 等分，每旋转 30°测量定子相间电感值，并绘制成三相曲线，观察测量结果，可以判定笼型转子的铸造缺陷及断条故障。

鼠笼式定子绕组的直阻、电抗平衡度及绝缘测试可参照下文中双馈异步发电机绕组测试方法进行。

7.2.2　双馈异步发电机

1. 使用直阻测量法分析发电机电气故障

通过直阻测量进行判定是风电场现场常用的故障测量和判定方法，判定标准：绕组三相不平衡度不能高于 2% 。

例如：某风电场 850kW 双馈异步发电机发生电气故障，发电机主要技术参数如表 7-1 所示。

表 7-1　某 850kW 双馈异步发电机参数

发电机类型	双馈异步发电机	功率因数	$\cos\varphi=1$
制造商及型号	M2CG 400JB 4 B3	保护等级	IP54
绕组连接	星形连接（转子）	冷却系统	外部风扇表面冷却
额定电压	690V	绝缘等级	F/H（定子/转子）
额定频率	50Hz	极数	4

发电机故障时机组报故障 335：Ext. high cur. rotor inv. L2（变流器逆变侧 L2 相电流高）后紧急停机，现场人员根据提供的技术手册（见表 7-2）进行检修。在检修人员在登机测试时通过控制屏维护菜单第 17 项（发电机）子菜单中观察到发电机转速达到 1450r/min 后，直流母线能够完成预充电（电压等级：直流 800.1V）且整流侧 3 相电流平衡，但逆变侧出现三相电流严重不平衡，其中 L2 相电流在 L1 相、L3 相达到 130A 时仅为 60A 左右。由于变流器逆变侧电流不平衡导致发电机不能并网并报故障急停，在此过程中发电机内部转子在转动过程中有异常声音。在排除控制系统、滑环部件、检测部件故障的

可能性后，对发电机绕组进行绝缘测试。

表 7-2　　发电机故障处理手册

故障代码	故障描述	信号检测点及逻辑判断	风机状态	复位权限	复位规定	故障原因
335	转子侧转换电路电流高	A524，525，526 电流超过部件给定的极限	停止	短时间自动重启	可以复位 1～2 次	参数 HighRotorInvPx 设置不正确
						滑环绝缘损坏
						硬件检测部件 CT294/CT318 损坏
						发电机的定子绕组损坏

(1) 测量发电机定子绕组相间、相对地绝缘及转子绕组相对地绝缘：

1) 使用工具：500V 绝缘电阻表；

2) 测量数值：均不小于 100MΩ。

(2) 测量定、转子直流电阻：

1) 使用工具：QJ44 型直流电桥；

2) 检测结果 L 相直阻比 M 相要高出 53%。

因此得出结论：由以上数据分析可以得出转子三相直阻不平衡，转子绕组存在故障。

2. 使用倍频、相角测试法判定发电机电气绝缘故障

目前，比较先进的电动机故障检测系统，采用发电机的静态电路分析（MCA）测试技术，该系统包括手持式的检测仪，数据管理软件并配专家诊断系统软件。这种技术的核心是使用倍频、相角测试法判定发电机电气绝缘故障，精度和准确度相对较高。通过将电机看成一个包含电阻、电感和电容的复杂电路进行分析，这是 MCA 技术的基本原理。

当电机绕组通入交流信号，通过频率加倍，得出电流的减小量（I/F），可以以此评判绕组电路的电磁特性。完好的绕组接近于理想电感，频率加倍后，电流减少约－50%。匝间短路发生发展的过程，即是电感失效、电磁特性变化的过程，也就是 I/F 从－50%向－0%发展的过程。真实绕组的这一参数是匝间短路最有效的判据。对交流电机三相 I/F 值的比较，很容易发现早期微小的匝间短路。例如三相测试结果分别为－48%、－48%、－47%，说明最后一相有较轻微的匝间短路；而－48%、－47%、－43%的结果则意味着相间可能发生严重的短路。

电机故障检测系统如图 7-8 所示。

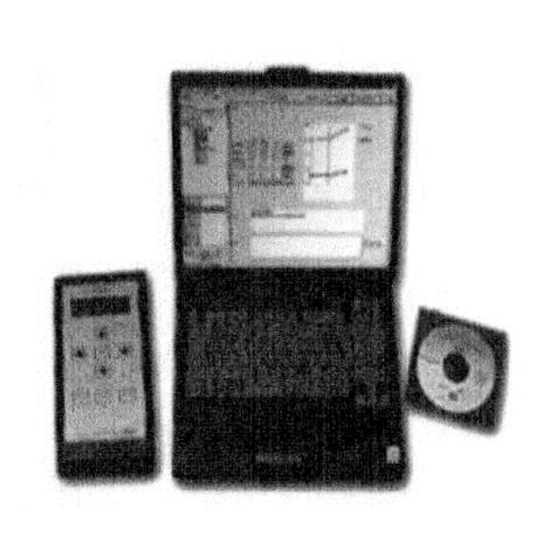
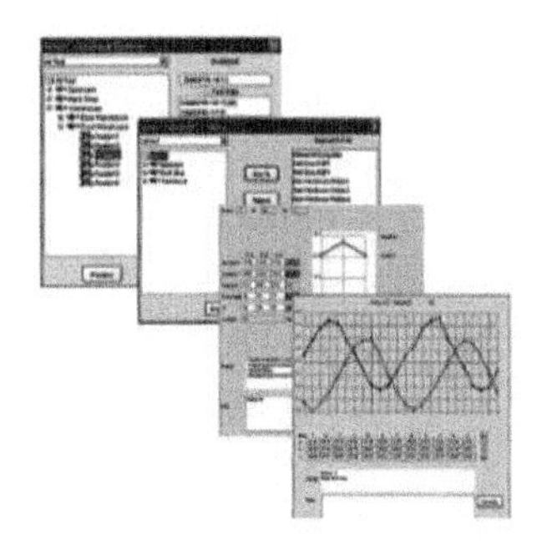

图 7-8　电机故障检测系统

相角和 I/F 值是指示绕组短路（匝间、层间和相间）的基本标志。各相间相角读数差应在 1°以内（例如，74、75、76 良好，74、76、76 坏），I/F 读数在 −15%～−50%范围内（频率加倍时电流缩减），相间差异为 2%以内（例如 −44%、−45%、−46%好，−44%、−47%、−47%坏）。不论哪一相读数超过 −50%则说明有严重短路。如果检测到的读数偏高但与正常值相差较少，则是有早期匝间故障。发电机绕组故障判定标准，各参数的三相偏差容忍度如图 7－9 所示。

某风电场机组发电机报定子过流故障、转子变频器电流故障，在排除变频器故障可能的情况下，使用手持式的检测仪进行现场检查结果如图 7－10 所示。

发电机诊断的国际标准

IEEE 电动机三相平衡评判标准			
测试项目	良好	缺陷	故障
电感L	2%	5%	10%
阻抗Z	2%	3%	5%
I/F	0	1	>2
相角F_i	0	1	>1

图 7－9　电动机故障检测系统发电机故障诊断标准

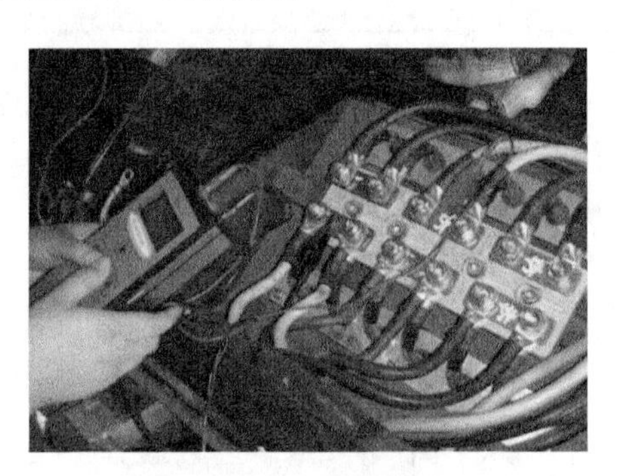

图 7－10　手持式的检测仪进行发电机测试和分析

图 7－11 所示为某风电场双馈异步发电机定子测量结果。

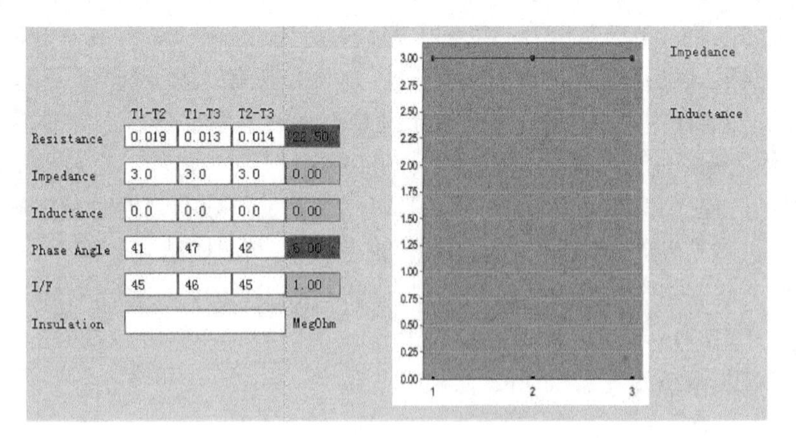

图 7－11　发电机定子测量结果

转子测量结果如图 7－12 所示。

结论：通过数据显示，定、转子相角值超出正常值范围，有明显的相间短路，需要返厂维修。

需要注意的是，当使用电动机绕组测试仪测试定子或转子时，需要将对侧转子或定子三相短路接地，以消除定、转子间互感的影响，但在鼠笼式异步发电机测试中不需要另一侧接地。由于电磁干扰原因，永磁同步电机不能进行此类测试。

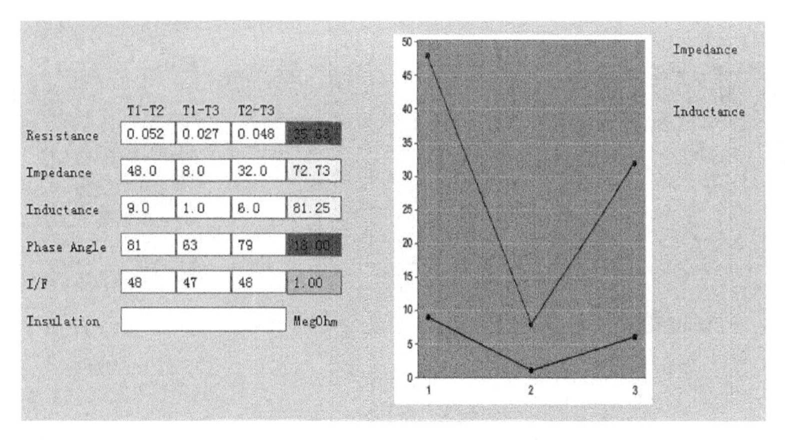

图 7-12　发电机转子测量结果

7.2.3　永磁同步发电机

因为永磁同步发电机转子为永磁体，所以可以通过电压曲线和功率曲线考评永磁体的退磁情况。现场需要检测的主要是定子的直阻、电容值及绝缘情况。

1. 某型永磁同步发电机检测要求

（1）直流电阻。

技术要求：温度在 20℃时，相电阻的设计值为 18 mΩ；三相不平衡量最大值，技术要求：绕组一、绕组二≤2% 。

（2）每组绕组电容值（中性线对地值）。

技术要求：≥0.56μF。

（3）绕组对地绝缘电阻。

技术要求：绕组对地及相间对地 60s≥500MΩ，吸收比>1.6；pt100 温度传感器电阻值技术要求：pt100 对地绝缘电阻≥100MΩ；当绕组低于 50MΩ 时，禁止机组运行。

2. 某永磁直驱发电机绝缘测试流程

（1）将机组停机后将变频器断电，并在变频器发电机侧 2 个显示屏确认发电机 2 套绕组的电压、电流为零。

（2）进入机舱，用液压站刹住叶轮，用机械锁锁定叶轮，如图 7-13 所示。

（3）将 2 个发电机接线柜的盖板拆下，验明箱内铜排和滤波器保险无电压后，将发电机绕组与变频器滤波柜之间的保险断开，确定定子绕组处于孤立状态，如图 7-14 所示。

（4）用接地线将发电机绕组上的残余电荷对地释放掉，以免影响测试结果，如图 7-15 所示。

图 7-13　发电机转子测量现场机械锁位置

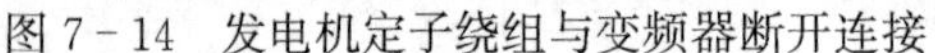

图 7-14　发电机定子绕组与变频器断开连接

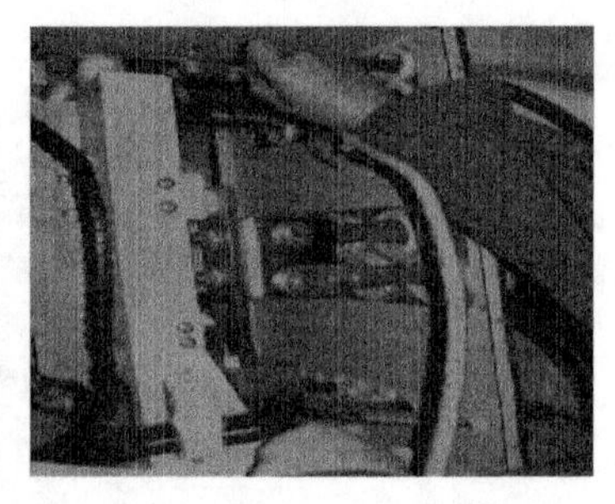

图 7-15　使用专用地线将发电机绕组上的残余电荷对地释放掉

(5) 将数字绝缘表转到绝缘测试挡，测试电压选择为 1000V，此电压等级需按照电动机额定电压等级进行选择，或遵守发电机厂指导书的要求，如图 7-16 所示。

1) 分别测量 U1、V1、W1 及 U2、V2、W2 绕组对地绝缘，将数字绝缘测试仪或绝缘电阻表的红表笔和黑表笔分别夹在要测量绕组的固定螺栓和接地排螺栓上。

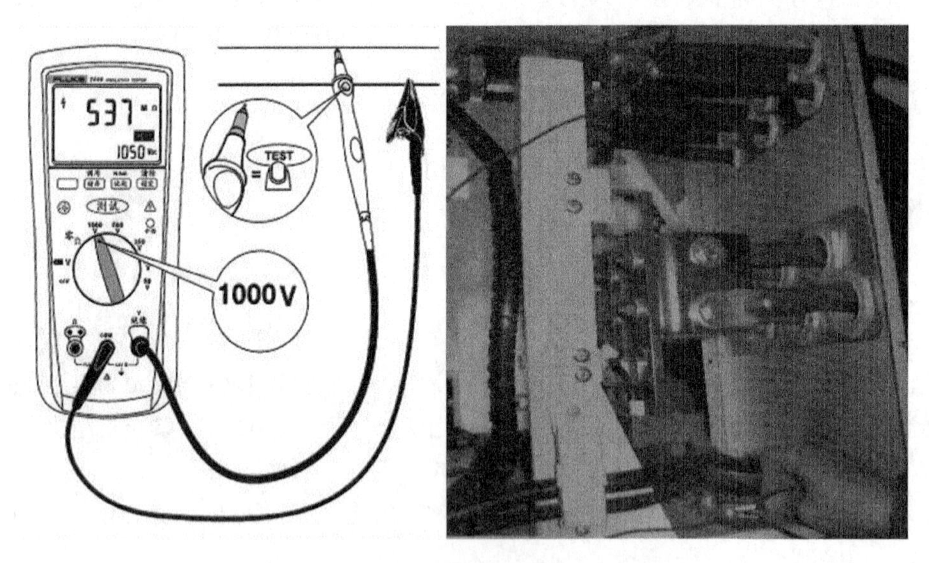

图 7-16　绕组接线盒处测量绕组对地绝缘

2) 按下绝缘测试仪上的 TEST 按钮，保持按下 TEST 的状态，开始测试绕组绝缘，测试时间为 15s（或 1min 之内），正常值应大于 500MΩ，记录结果列于表 7-3 中。每相测试完毕后对绕组放电。依次测量发电机绕组对地绝缘值 U1 与 U2、V1 与 V2、W1 与 W2 的相间绝缘值，并记录于表 7-3 中。

3) 测试完毕后，再次用接地线将绕组中的残余电荷释放掉。恢复滤波器保险连接，将发电机接线柜盖板固定螺栓安装完毕。整理并清点工具，解除发电机锁定。送电恢复运行。

表 7-3　　测 试 记 录 表

测试项目	绝缘电阻值（MΩ，15s 测试结果）
U1 相对地	
V1 相对地	
W1 相对地	
U2 相对地	
V2 相对地	
W2 相对地	
U1 相对 U2	
V1 相对 V2	
W1 相对 W2	

7.3 定期维护

7.3.1 通用维护项目

根据 DL/T 797—2012《风力发电场检修规程》，发电机的通用维护项目及要求如下：

(1) 检查发电机电缆有无损坏、破裂和绝缘老化，系统有无漏水、缺水情况；

(2) 检查发电机空气入口、通风装置和外壳冷却散热系统；

(3) 检查水冷却系统并按照厂家规定的时间更换冷却剂，低温地区应加防冻剂；

(4) 紧固电缆接线端子，按厂家规定力矩标准执行；

(5) 直观检查发电机消声装置；

(6) 轴承注油并检查油质，注油型号及用量按相关标准执行；

(7) 空气过滤器每年检查清洗一次；

(8) 定期检查发电机绝缘、直流电阻、轴承绝缘电阻等有关电气参数；

(9) 紧固螺栓力矩；

(10) 检查发电机对中。

7.3.2 各类机组维护清单

1. 某型异步发电机的维护清单（见表 7-4）

表 7-4　　某型异步发电机的维护清单

项　　目	内　　容	标　　准	6 个月	12 个月
发电机连接螺栓	检查全部	M20（30）t=275N·m		√
发电机弹性支撑/底座	检查全部	M16（24）t=200N·m		√
发电机轴承润滑	检查油脂	每侧加注 70g	√	√
发电机/联轴器法兰	检查全部	M20（30）t=550N·m		√

2. 某型双馈异步发电机的维护清单（见表 7－5）

表 7－5　　某型双馈异步发电机的维护清单

项目及要求	6 个月	12 个月
发电机表面检查，无锈蚀，清扫外壳	√	√
发电机弹性支撑连接机架螺栓力矩检查，力矩值为 300N·m		√
发电机连接发电机弹性支撑螺栓力矩检查，力矩值为 850N·m		√
发电机滑环和电刷检查，清理碳粉	√	√
检查发电机接线紧固及绝缘检查		√
发电机轴承噪声及震动检查	√	√
检查发电机润滑，根据电机型号加注润滑油	√	√
发电机风扇接线及功能检查	√	√
测温 pt100 检查，功能正常	√	√
发电机冷却风扇风道检查	√	√

3. 某型永磁同步发电机的维护清单（见表 7－6）

表 7－6　　某型永磁同步发电机的维护清单

检查内容		3 个月	6 个月	12 个月
定、转子				
1	发电机定子的外观检查，检查有无损坏	√	√	√
2	发电机转子的外观检查，检查焊缝和漆面	√	√	√
转动轴				
1	转动轴的外观检查，有无裂纹、损坏和漆面	√	√	√
2	紧固螺栓，转动轴—转子支架：1640N·m	√		√
3	紧固螺栓，转轴止定圈—转轴：243N·m	√		√
定子轴				
1	检查定子轴裂纹、损坏及防腐层，补刷破损的部分	√	√	√
2	紧固螺栓，定轴—发电机定子支架：1640N·m	√		√
3	紧固螺栓，定轴—底座：2850N·m	√		√
4	紧固螺栓，定轴止定圈—定轴：243N·m	√		√
5	紧固螺栓，轴承端盖—轴承：243N·m	√		√
前轴承（小轴承）				
1	检查密封圈的密封并清洁，擦去多余油脂	√		√
2	润滑，油脂量：300g，油脂型号：SKF LGEP2，每个油嘴均匀的加注油脂，加注时打开放油口	√		√
3	排出旧油脂，加注新油脂			
后轴承（大轴承）				
1	检查密封圈密封并清洁，擦去多余的油脂	√		√

续表

检查内容		3个月	6个月	12个月
2	油脂量：200g，油脂型号：SKF LGEP 2，每个油嘴均匀的加注油脂，加注时打开放油口	√		√
3	排出旧油脂，加注新油脂			
转子锁定				
1	螺栓是否有裂纹、变形	√	√	√
2	检查接近传感器的间距：3～5mm	√	√	√
3	检查转子锁定装置转动是否灵活，手轮与螺栓必要时涂润滑脂	√		√
4	检查转子上锁定槽是否完好	√		√
转子制动器				
1	检查液压油管有无破损及接头的密封性	√	√	√
2	检查刹车片有无裂纹、划痕或损坏，刹车片厚度≤2mm时更换	√	√	√
3	检查螺栓力矩，转子制动器—定子：1200N·m	√		√

7.3.3 注意事项

（1）发电机维护过程应注意润滑注油量要按照厂家指导或相关标准要求的油质牌号、周期及加注量执行。如果只有注油而不注意排油工作，也会影响轴承的正常运行及寿命。

（2）发电机轴承常见正常绝缘电阻大于1GΩ，如果发电机轴承绝缘电阻低于此数值，应查明原因进行计划检修，重做轴承室绝缘或更换绝缘轴承。发电机轴承更换完毕后，需要测量转轴对机壳的绝缘电阻。

（3）炭粉清理时要注意个人防护，要清理干净集电环滑道周边的炭粉及可能被污染的转子接线部位。

7.4 典型故障处理

鼠笼型异步发电机常见故障为绕组绝缘损坏。当使用直阻、阻抗相角、倍频测试或绝缘测试发现绕组绝缘故障后，并确定发生了绕组线圈受损，则只能将发电机返厂进行绕组维修。而轴承损坏或轴承端盖损坏，则可以进行就地更换。

双馈异步发电机常见故障：绕组绝缘损坏，轴承损坏。

轴承故障通常是由于双馈异步发电机运行时使用转子变频器励磁，变频器产生的高频共模电压形成的轴电流造成轴承损坏。电火花加工电流使轴承短期内形成密集的搓板纹路，造成滚道凹凸不平，振动加大，最终导致轴承的失效。此类故障出现后可以在塔上现场更换轴承，不用返厂维修，更换绝缘失效的轴承需使用绝缘轴承，若使用普通轴承则需重新完善轴承端盖的绝缘。

双馈异步发电机的绕组损坏常常是受到温升超限和机械故障的影响，使绝缘材料加速老化，引发绝缘失效。轴承振动超标会引起定转子之间扫膛故障，破坏铁芯及绕组。此外，风扇损坏及异物进入也是伤害绕组的原因之一。当遇到绕组线圈绝缘故障时，只能将发电机吊卸进行返厂维修。

直驱发电机的常见故障是定子绕组对地和相间绝缘为零和轴承故障。绝缘故障发生的原因是设备受潮或生产质量原因。当发生定子绕组绝缘故障时，只能将电动机返厂维修。目前直驱电动机轴承故障率较低，但是一旦发生故障，也只能返厂维修。以下为典型故障的现场处理方法。

7.4.1 转子轴颈磨损及处理方法

某风电场由于轴承润滑不良和未进行振动监测，发生了发电机转子过流、轴承高温卡死的故障，导致轴颈与轴承内圈轴瓦剧烈摩擦，转子轴颈损坏，轴颈变色磨损。故障发生后发电机转子无法正常旋转，由于转轴磨损，且无法判断定转子之间摩擦程度，发电机整体拆卸进行返厂维修。吊卸及吊装发电机过程将在大修部分中详细阐述。

图 7-17 转子轴承安装部位轴颈损伤变色

经过电机厂对发电机专业解体发现，转子轴颈损伤变色如图 7-17 所示，发电机定、转子分离后，经过目测发现发电机定、转子没有扫膛损坏现象。拆卸后的发电机定、转子如图 7-18 所示，经电气绝缘测试正常。

图 7-18 定转子机械检查

电机厂将转轴拆卸后经过转轴激光堆焊、铣床、磨床等工艺，将发电机转轴更换新轴承后修复完成，通过出厂试验后，返回风电场继续使用。

7.4.2 转子扫膛故障

某风电机组发电机由于轴承润滑不良且未按时进行振动监测发生轴承故障，造成电机定、转子扫膛，报绕组高温，最终变频器过流保护动作。经检查绕组电气绝缘损坏，经测量绕组的对地绝缘为零，发电机不能正常运行。吊卸发电机返厂拆解进行维修，返厂期间发

现电机定子线圈绝缘和槽楔部分损坏。经测试与检查发现：转子绕组局部击穿，转子驱动端转轴损坏，如图 7-19 所示。

图 7-19 发电机返厂拆解照片

(a) 定子槽楔部分损坏定子扫镗故障部位；(b) 转子绕组局部过热击穿转子驱动端转轴损坏

具体处理过程：电机定子、转子绕组清洗、烘干。清洗烘干之后更换定子全部槽楔，对电机做对地耐压试验和匝件试验，合格后电机定子真空压力浸漆两次。

之后对电机转轴进行探伤、修理或更换，更换驱动端及非驱动端轴承，更换转子滑环，刷握，更换电刷；进行转子动平衡试验。

再次对电机定子、转子绕组做耐压试验和匝件试验；电机各项试验合格后，对电机进行组装；收尾交验对轴承温度传感器、加热器、热电阻等元件进行测试，更换不合格元件，发电机组装完成后，进行出厂试验；喷外表面漆后返回风电场使用。

7.4.3 轴承轴电流腐蚀及更换

由于定子与转子气隙不均匀，轴中心与磁场中心不一致，变频器 PWM 励磁产生的共模电压等原因，发电机的转轴不可避免地要在一个高频交变电压下旋转。正常情况下要求机组转动部分对地绝缘电阻大于 1GΩ，以抑制共模轴电流。如果在转轴两端同时接地就可以将轴电流旁路以保护轴承。轴电流流过轴承，使间隙中的油膜不断遭到电弧的放电侵蚀（EDM 电火花加工效应），使油不断碳化，同时造成轴承的滚道上形成搓衣板状的腐蚀痕迹，从而严重影响轴承的寿命。

某风电场发电机振动监测超标，更换损坏轴承时发现电腐蚀现象如图 7-20 所示。处理办法为更换轴承。由于其不涉及返厂维修，现场即可更换修理。

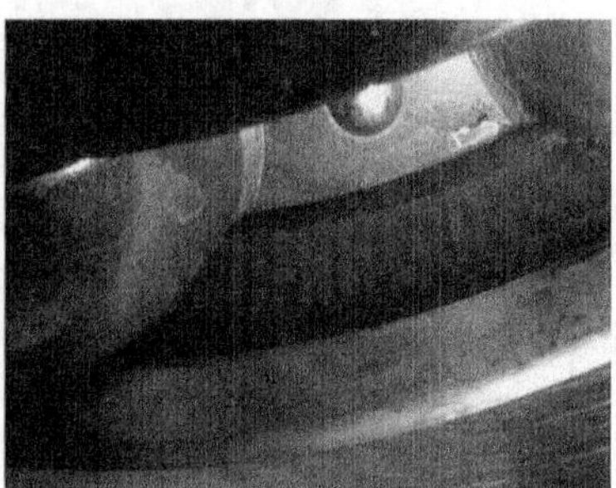

图 7-20 轴承润滑油碳化及轴承滚道上搓衣板电腐蚀痕迹

以下是某型双馈异步发电机驱动端轴承的更换过程。

(1) 将风电机组停运，进入“维护”状态，并在操作把手上挂“禁止操作”标示牌，锁定叶轮。

(2) 拆除联轴器。

1) 使用扳手拆除弹性联轴器护罩；

2) 使用扳手拆卸 12 根联轴器与发电机和齿轮箱连接螺栓；

3) 拆除联轴器，如图 7-21 所示；

图 7-21 拆卸联轴器与齿轮箱和发电机连接螺栓

4) 使用内六角扳手拆除发电机输入端耦合部件。

(3) 拆除发电机附件。

1) 用扳手拆除发电机冷却通道前端盖部件下方排油管；

2) 用扳手拆除发电机注油塞及连接软管；

3) 用扳手拆除发电机冷却通道与冷却通道挡油环的连接；

4) 用扳手拆除发电机冷却通道及挡油环部件。

(4) 拆除发电机轴承附件。

1) 使用扳手拆除注油软管，清理并保护好软管；

2) 使用十字改锥拆除发电机前轴承 pt100 温度传感器。发电机端盖附件拆除，如图 7-22 所示；

3) 使用内六角扳手拆除发电机轴前端平键，如图 7-23 所示；

4) 使用内六角拆除发电机前轴承外部端盖上一颗六角螺栓（M16×110mm），在此位置安装 1 根 M16×600mm 的螺杆，再拆除剩余的三个六角螺栓，如图 7-24 所示；

5) 使用发电机前轴承前端盖拆卸工装分离轴承前挡油环，清理并做好保护，如图 7-25 所示。

图 7－22 发电机端盖附件拆除

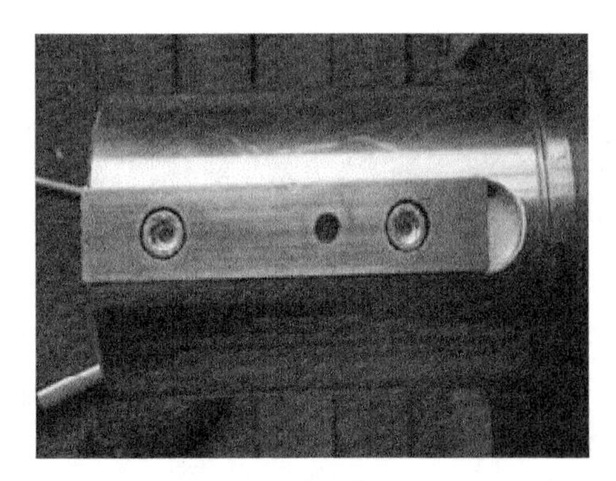

图 7－23 平键拆除

图 7－24 挡油环结构

图 7－25 分离挡油环

（5）拆卸发电机轴承。

1）在端盖剩余的三个螺栓孔安装 3 根 M16×600mm 的螺杆，使用支撑工具支撑发电机轴，再使用液压千金顶及圆盘工装拆卸发电机端盖（见图 7－26），发电机端盖较重，用手拉葫芦配合。

2）使用喷灯加热轴承利用液压千金顶及发电机轴承拆卸工装拉出轴承，如图 7－27 所示。

图 7－26 端盖拆卸

图 7－27 轴承拆卸

图 7-28　测量轴承座绝缘电阻

3）清理发电机端盖及轴承内端盖，用绝缘电阻表 1000V 测量轴承座与发电机端盖绝缘电阻要大于 1GΩ（见图 7-28），保护好端盖。

（6）安装前轴承及装配。

1）将轴承内端盖安装到轴承座上（见图 7-29），并填充油脂到内端盖。

2）使用电磁加热器加热轴承（见图 7-30）到 110℃，温度达到后最短时间内将轴承安装到位（见图 7-31）并施加外力一段时间，待轴承冷却后，填充油脂到轴承内，如图 7-32 所示。

图 7-29　安装内端盖

图 7-30　轴承加热

图 7-31　轴承安装

图 7-32　轴承加脂

3）用 1t 手拉葫芦吊起发电机端盖，将两根 M16×600mm 螺杆通过端盖与轴承内端盖连接，用支撑工具支撑发电机轴，将端盖安装到拆卸前位置（注意注油孔位置），使用扳手对角旋紧发电机端盖上螺栓，如图 7-33 和图 7-34 所示。

4）拆除支撑工具，将填充好润滑油的挡油环安装到位，使用 10mm 内六角扳手紧固前端盖四根（M16×110mm）螺栓，如图 7-35 和图 7-36 所示。

5）使用内六角扳手安装平键及法兰。

图 7 - 33　安装发电机端盖

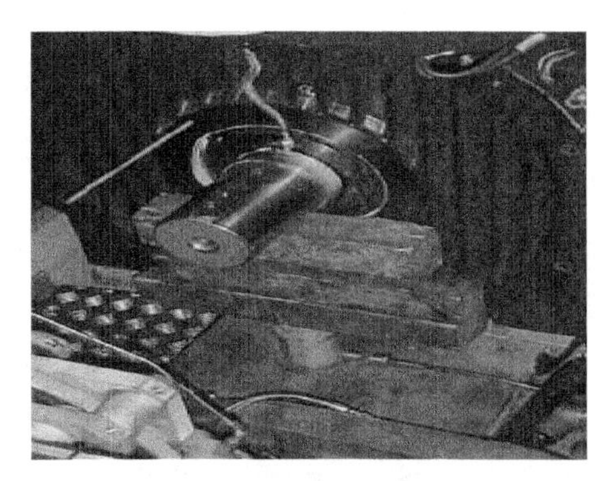

图 7 - 34　发电机轴支撑

图 7 - 35　发电机轴承挡油环

图 7 - 36　挡油环装配

(7) 发电机对中。

1) 在刹车盘处装上盘车装置，松开低速轴和高速轴机械锁。

2) 安装发电机前后及左右调整工具，如图 7 - 37 所示。

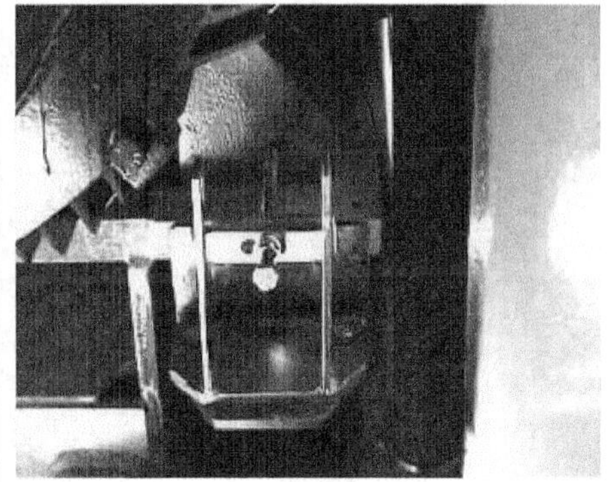

图 7 - 37　调整工具

3) 机械调整，如图 7 - 38 所示。

4) 安装联轴器。

5) 使用时钟法或任意三点法测量数据，进行进一步轴对中，如图 7 - 39 所示。

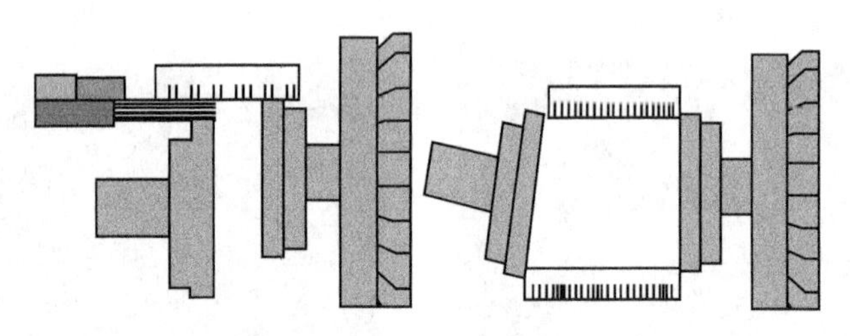

图 7-38 对中粗调

注：使用直尺和塞尺测量水平对中测量垂直不对中的方向和角度。

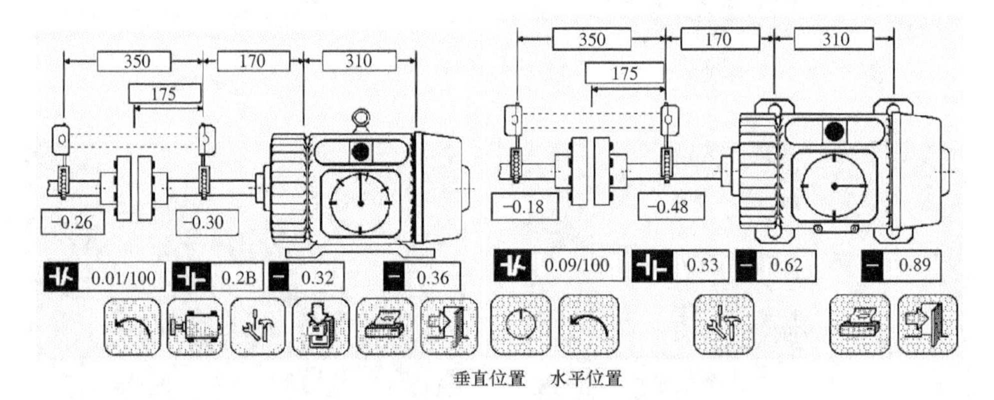

图 7-39 对中要求

注：要求为水平位置的偏差，1.5mm；垂直位置的偏差，(1±1) mm。

6）对中完成后，紧固发电机底脚螺栓。

7.5 发电机大修

7.5.1 发电机整体更换过程

发电机绕组或铁芯损坏，意味着发电机需要整体更换并返厂维修，以下是发电机整体更换流程：

(1) 使用棘轮扳手将发电机定子电缆拆除并从定子接线盒中取出、可靠固定；使用扳手及棘轮扳手将发电机转子电缆拆除，并从发电机尾部滑环单元取出、可靠固定，如图 7-40 所示。

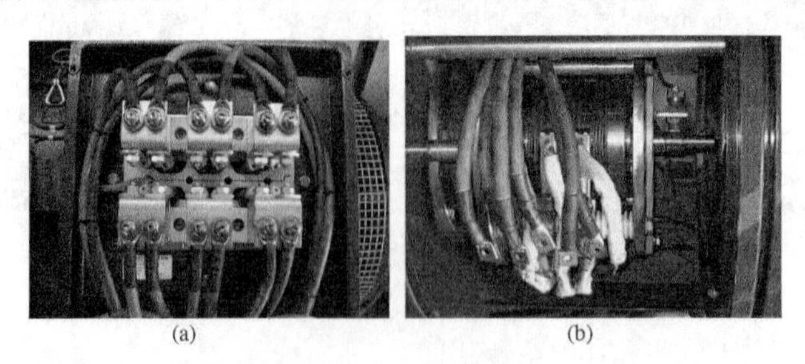

图 7-40 拆除接线

(a) 发电机定子单元接线；(b) 发电机转子单元接线

(2) 使用一字形螺丝刀将发电机 pt100 接线盒内相应接线拆除，并根据线号及接线位置做好记录，将电缆可靠放置。

(3) 使用工具拆除发电机其他接线并做好记录，将电缆取出后可靠放置。

(4) 分别使用扳手将发电机冷却器前部固定螺栓拆除，使用棘轮扳手将发电机冷却器支架固定螺栓拆除，并将冷却器尾部与机舱顶部通风口连接管拆除。拆除发电机冷却器，如图 7-41 所示。

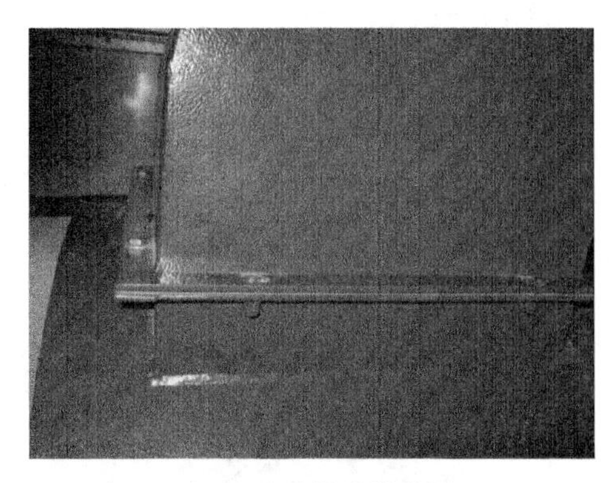

图 7-41 拆除散热器

(5) 拆除发电机集电环单元通风软管。

(6) 松开发电机底脚螺栓。

(7) 联轴器拆卸，如图 7-42 所示。

图 7-42 拆除联轴器

(8) 拆卸机舱盖上的齿轮油冷却器，如图 7-43 所示。

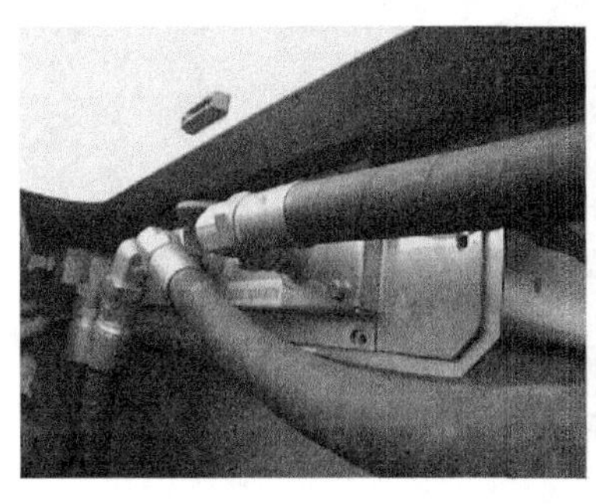
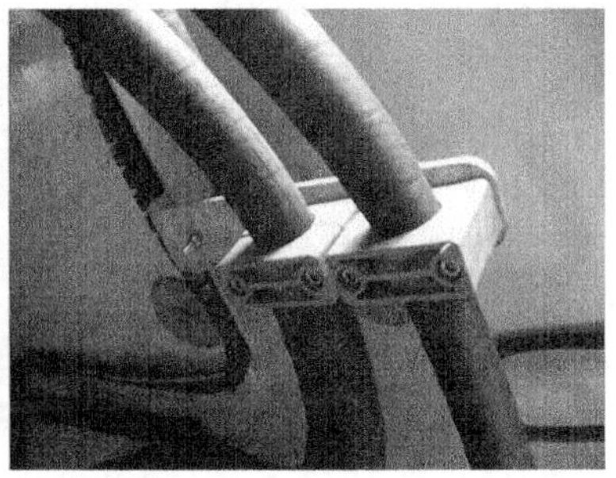

图 7-43 机舱盖上的油冷却器及软管

(9) 拆除机舱盖上的齿轮油冷却器风扇电机接线并做好记录。注意：断开相应电气开关。

(10) 拆除齿轮油冷却器罩底部排水软管的连接。

(11) 风速仪拆除。

(12) 机舱罩拆卸。

1）使用棘轮扳手将顶部机舱罩连接螺栓拆除，但在机舱罩未起吊前必须在四个角处各留一颗螺栓并带紧。

2）吊车起吊将顶部后侧机舱罩吊起并缓慢落至地面安放位置。

（13）在机舱罩拆除后将冷却器挂好吊点后起吊并置于地面，如图 7－44 所示。

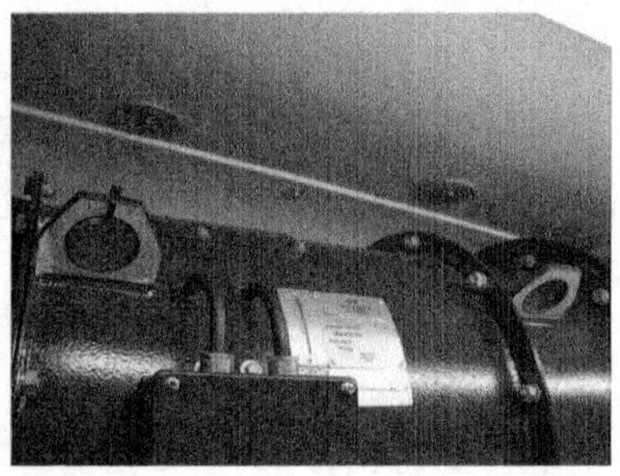

图 7－44 机舱罩拆卸

1）将钢丝绳固定在冷却吊耳后挂好吊钩，并将缆风绳挂在冷却器对侧的 2 个吊耳上。

2）在冷却器起吊后地面人员需拉好缆风绳使冷却器在空中不会与吊车吊臂发生碰撞。

（14）检查发电机吊耳，挂好钢丝绳。在吊点处挂好吊车吊钩，如图 7－45 所示。

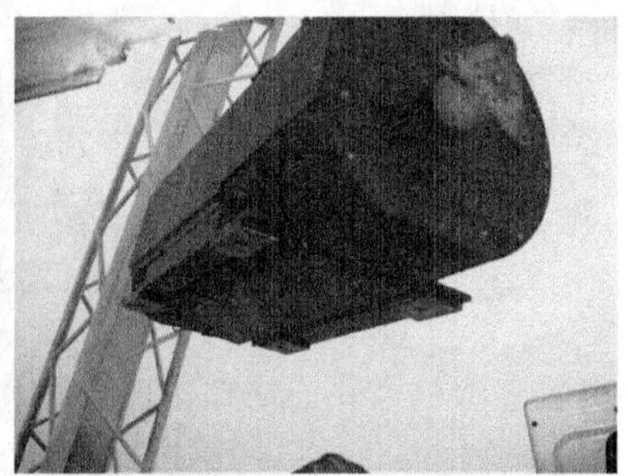

图 7－45 发电机吊耳及起吊

1）拆除准备工作中发电机外侧留下的 2 颗底脚螺栓，收集垫片并做好记录。

2）吊车起吊将发电机吊起并缓慢落至地面安放位置。

注意：吊车起吊中机舱内工作人员应注意防止挤伤；只有发电机下边缘最低点高于机舱侧缘后，吊车方能转杆；吊车吊臂和发电机不得靠近机舱前端和叶轮。

（15）安装发电机。

安装发电机步骤与拆除发电机步骤相反，同样应注意发电机进入机舱站位时，机舱内工作人员应注意防止挤伤。在安装时应保证吊臂长度能够使吊钩处于发电机底座中心位置，以便发电机正确放置。发电机正确放置后，在吊车不摘钩的情况下应立刻带紧发电机底脚螺栓。

（16）安装顶部后侧机舱罩。

安装顶部后侧机舱罩步骤与拆除顶部后侧机舱罩步骤相反；由于在机舱侧壁与机舱罩连接处有 2 颗校正顶针，在放置机舱罩时需先将顶针通过固定孔后再调整前后位置；在机

舱罩正确放置后应立即安装4个角的连接螺栓，这时才可以拆除吊具。

（17）发电机对中。

（18）检查集电环、发电机定子相间、相对地绝缘电阻，发电机转子相对地绝缘电阻。

（19）进入发电机手动转速测试，设定转速并逐渐增大；观察发电机运行有无异常声音，恢复系统运行。

7.5.2 发电机出厂试验

发电机经过返厂维修完成后，应通过相关出厂试验项目并测试合格后出厂，根据相关标准，推荐表7-7为出厂试验项目。

检验项目包括但不限于：

（1）耐电压试验。

（2）短时升高电压试验。

（3）空载电流和损耗的测定。

（4）超速试验。

（5）振动的测定。

对于异步发电机应按GB/T 19071.2—2003的规定进行试验。

对于同步发电机应按GB/T 25389.2—2010的规定进行试验。

表7-7　　某型电机出厂试验测试项目及结果

（1）定子直流电阻、绝缘电阻检测

冷态直流电阻（Ω）			绝缘电阻（MΩ）	温度（℃）	结论
U1-U2	V1-V2	W1-W2			
0.006 531	0.006 522	0.006 531	1000	11.2	合格

（2）定子、转子工频耐压试验（试验后热态）

定子对地电压（V）	转子对地电压（V）	频率（Hz）	时间（s）	结论
2500	3000	50	60	合格

（3）定子、转子匝间介电强度试验（试验后热态）

定子匝间脉冲电压（V）	转子匝间脉冲电压（V）	时间（s）	结论
4000	4500	3	合格

（4）转子直流电阻、绝缘电阻检测

冷态直流电阻（Ω）			绝缘电阻（MΩ）	温度（℃）	结论
L-K	L-M	K-M			
0.032 10	0.032 06	0.032 03	1000	11.2	合格

（5）pt100传感器阻值（Ω）

1-2	3-4	5-6	7-8	9-10	11-12	13-14	15-16
106.58	106.58	106.58	106.53	106.53	106.53	105.62	105.64

（6）滑环检测

绝缘电阻（MΩ）	300	径向跳动量（mm）	0.05	结论	合格

续表

(7) 转子平衡

滑环端（g）	7.50	传动端（g）	4.80	结论	合格

(8) 空载特性实验

线电压（V）	频率（Hz）	转速（r/min）	时间（min） 结论
690	50	1490	60

定子绕组	三相电流（A）			有功功率损耗（kW）	无功功率损耗（kvar）	功率因数	结论
	201.0	199.5	194.5	12.8	241.6	0.0581	合格

(9) 转子开路电压测定（定子△连接）

定子电压（V）	定子电流（A）	转子电压（V）		
		K－L	K－M	L－M
246	66.6	645	643	639

(10) 超速试验

转速（r/min）	2000	时间（min）	2	结果	合格

(11) 并网发电试验

11－1：定子△连接

输出功率（kW）	转速（r/min）	定子功率（kW）	转子功率（kW）	定子电压（V）	定子电流（A）	转子电压（V）	转子电流（A）	功率因数
860	1620	803.2	62.7	690	671	142	275	1.00

11－2：定子星形连接

输出功率（kW）	转速（r/min）	定子功率（kW）	转子功率（kW）	定子电压（V）	定子电流（A）	转子电压（V）	转子电流（A）	功率因数
173	1410	184.0	11.0	690	154.5	65.0	112	0.9967

(12) 绕组小时温升试验（定子△连接）

部位	时间（min）					环境温度（℃）	温升（MAX）
	20min	30min	40min	50min	60min		
绕组温度℃	38.7	47.5	52.7	58.6	63.0	11.2	51.8
机座温度℃	25.0	28.5	32.4	36.0	40.5		29.3
滑环温度℃	45	48	52	56	59		47.8

(13) 堵转试验（定子△连接）

频率（Hz）	堵转电流 I_K（A）	堵转电压 U_K（V）	输入功率 P_K（kW）	功率因数
50	674	112.2	10.2	0.0778

(14) 噪声测试

实测值（MAX）	83	允许值（dB）	90	结论	合格

(15) 振动测试

实测值（MAX）	1.67	允许值（mm/s）	1.8	结论	合格

续表

(16) 轴承小时温升测试			
部　　位	实测值	允许值	结　　论
传动端轴承温升	30K	55K	合格
滑环端轴承温升	26K	55K	合格

(17) 定子检测

星形连接	电阻 (Ω)	阻抗 (Z)	相角 F_i (°)	电感 L (mH)	倍频值 I/F (%)	结论
U1-V1	0.0137	107	83	21	49	合格
U1-W1	0.0135	107	83	21	49	
V1-W1	0.0132	107	83	21	49	

(18) 转子检测

项目	电阻 (Ω)	阻抗 (Z)	相角 (Fi) (°)	电感 L (mH)	倍频值 I/F (%)	结论
K1-L1	0.0328	257	85	51	49	合格
K1-M1	0.0325	257	85	51	49	
L1-M1	0.0326	255	85	50	49	

电机实验结果：合格

思考题

1. 发电机有哪几种类型，它们的特点有哪些？
2. 双馈风电机组发电机检测项目有哪些，检测过程中有哪些注意事项？
3. 发电机日常维护项目及注意事项是什么？
4. 发电机轴承更换过程及注意事项是什么？

控制系统维护与检修

8.1 概述

8.1.1 控制系统功能

风力发电机组控制系统的功能是协调风轮、传动、偏航、制动等各主辅设备，确保风电机组的安全、稳定运行。它不仅要监视电网、风况和机组的运行参数，在各种正常或故障情况下脱网停机，以保证运行的安全性和可靠性，还要根据风速和风向的变化，对机组进行优化控制，以保证机组稳定、高效的运行。

控制系统的监测内容一般有电力参数（电压、电流、有功功率和无功功率等），风力参数（风速、风向等），机组状态参数（转速、温度、机舱振动、电缆扭转、机械制动状况、油脂等）和各种反馈信号（控制器指令在规定时间内已执行的反馈信号）等。

控制系统的控制功能一般有偏航控制、液压控制、刹车控制、温度控制、启停控制等，对于变速恒频机组还有桨距控制、转矩控制等。

安全保护功能通常有一般保护功能和紧急保护功能两个层次。一般保护功能由控制系统来完成，而紧急保护功能则是由独立于控制系统的安全链来实施的。

一般保护功能响应后常常导致机组停机，这种全过程都在控制系统控制下进行的停机称为正常停机。如过/欠电压保护、过电流保护、主轴承过热保护、发电机绕组及轴承过热保护、齿轮箱过热保护、刹车片过热保护、齿轮箱及液压站油位低保护、扭缆保护等。机组自动停机后，如果引起自动停机的原因能够自动消除，一般应允许风电机组重新自动启动。

紧急保护功能对应的安全链是风电机组的最后一级保护系统，它是独立于控制系统程序的硬件保护措施，采用反逻辑（有信号时断开）设计，将可能对风电机组造成严重伤害的故障节点串联成一个回路，一旦其中一个信号动作，将引起紧急刹车过程。安全链引起的紧急停机，只能通过手动复位才能重新启动。由安全链处理的紧急停机保护包括风轮（或发电机）转速超过临界转速、发电机功率超过过载功率或发电机瞬时功率超过临界功率、机舱振动超过极限值、过度扭缆、风轮与发电机转速失配、控制器失效、紧急停机开关触发等。

8.1.2 控制系统原理

1. 定桨距失速型控制系统

定桨距失速型风力发电机组通常将感应电机直接接到交流电网，运行中，转速基本保持恒定，桨距角不可变。低于额定风速时，由于转速不可变，风能利用系数较低；高于额

定转速时，通过桨叶的失速性能调节，限制功率输出。定速失速型风电机组的控制比较简单，关键技术是软并网技术。

定桨距失速型电控系统从部件上划分，可分为主控柜和电容器柜两大部分。软并网模块是一个重要模块，一般安装在主控柜中。电容器柜的主要作用是进行无功就地补偿。其系统框图如图 8－1 所示。

2. 变速恒频机组控制系统

变速恒频发电机组将电力电子技术、矢量变化控制技术和数字信息处理技术引入发电机控制中。根据叶轮的气动特性，风电机组采用变速运行，使风电机组叶轮转速跟随风速的变化。低于额定风速时，通过调整转矩改变发电机转子转差率，使机组尽量运行在最佳叶尖速比上，以输出最大功率；高于额定风速时，通过叶片的变桨矩控制实现功率的恒定输出。

变速恒频电控系统从部件上划分，一般包括三个相对独立的系统，即变桨控制系统、变频控制系统和主控系统，从风电机组控制逻辑上来说，变桨和变频系统是执行机构，而主控系统则是机组运行和监控的大脑。其系统框图如图 8－2 所示。

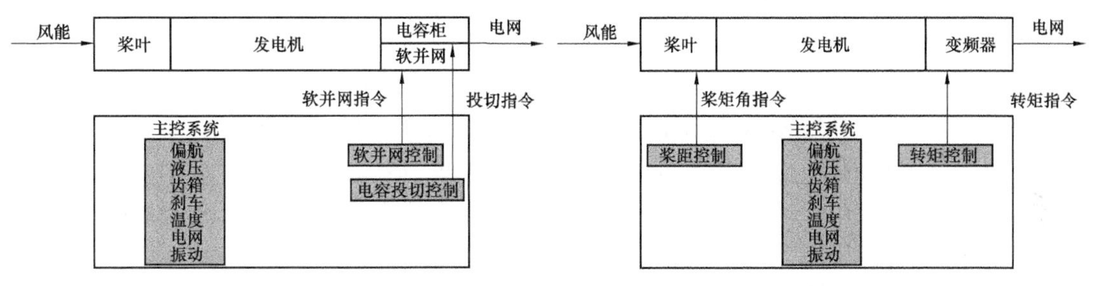

图 8－1 定桨失速控制系统框图　　图 8－2 变速恒频控制系统框图

3. 控制系统的结构

图 8－3 是一个典型的双馈式变速恒频风力发电机组控制系统的结构图。

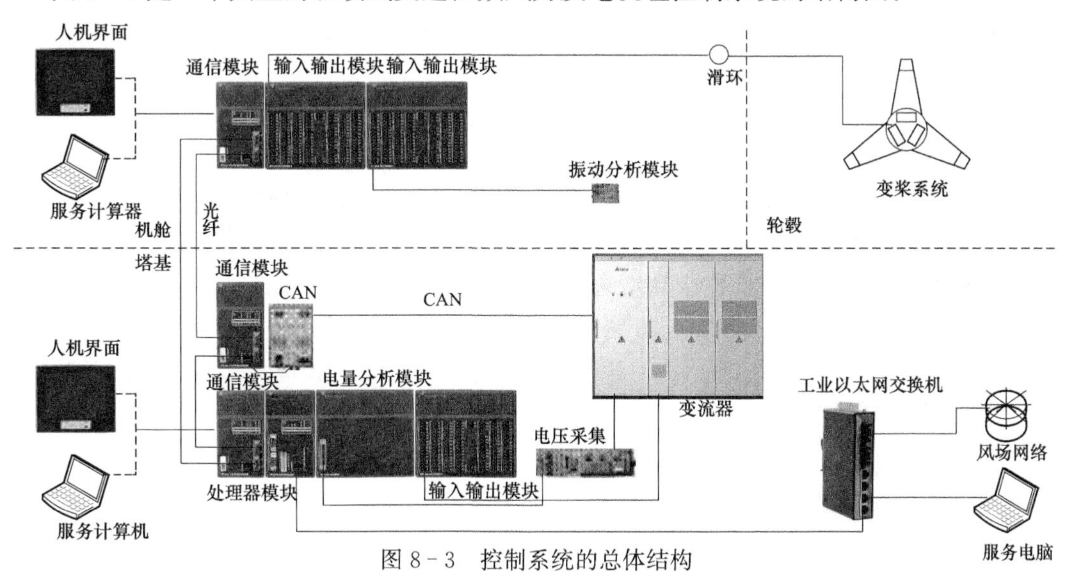

图 8－3 控制系统的总体结构

控制系统由机舱控制部分和塔基控制部分组成，采用模块化分布式布置。

机舱核心控制部分占一组模块，由通信模块和输入/输出模块组成。通信模块提供通信接口和人机界面接口，可选择工业触摸屏或笔记本型计算机作为人机界面；输入/输出模块提供数字量和模拟量的输入/输出、温度输入及通信接口，可实现风速、风向、转速、位置、温度、压力等信号的测量与控制，同时可实现与振动传感器和轮毂内变桨系统的通信。

塔基控制部分有两组模块，一组由主控模块、通信模块、电网测量模块和输入/输出模块组成，另一组为单独的通信模块。三个通信模块通过光缆可实现塔上塔下控制组之间的通信环网，塔基通信模块同时提供人机界面接口和与变流系统的 CAN 现场总线协议通信。主控制模块实现控制软件的运行，电网测量模块实现对电网参数，如电压、电流的采集和计算。

主控系统主要模块功能如下：

(1) 控制器模块：主要完成数据采集及输入、输出信号的处理，进行逻辑功能判定，输出外围执行机构指令，与机舱柜通信，接收机舱信号，返回控制信号，与变流器通信，控制转子电流实现无功有功调节，与风电场中央监控系统通信，交互信息。实现机组变速恒频运行、并网和制动、偏航自动对风、自动解缆、发电机和主轴自动润滑、主要部件的除湿加热和散热器的启停。对定子侧和转子侧的电压、电流测量，监视电压、电流和频率，对发电量进行统计。实现系统安全停机、紧急停机、安全链复位等功能。

(2) 输入/输出模块：提供数字量和模拟量的输入/输出，可实现风速、风向、转速、位置、温度、压力等信号的测量与控制。

(3) 通信模块：通信模块提供通信接口和人机界面接口，实现塔上塔下控制组之间的通信。

(4) 电源模块：为控制系统提供电源。

(5) 电网测量模块：实现对电网参数，如电压、电流、功率的采集和计算。

(6) 人机界面接口：实现风电机组运行状态的就地监视和操作。

4. 控制器类型

可以使用不同品牌的控制器来组成风电机组控制系统，如可采用 Beckhoff（倍福），Phoenix（菲尼克斯），Bachmann（巴赫曼），Siemens（西门子），Vestas（维斯塔斯），ABB，Ingeteam，Mita，DEIF（丹控），KK 等品牌的控制器。每种品牌的控制器都具有自己的特点，形状和大小都不相同，可以采用板卡集成式（控制和输入/输出功能集成在一起），也可以采用模块式（控制和输入/输出功能分别采用独立的模块），都具有自己的接口定义，且相互之间并不兼容，即某一品牌的控制器只能使用这一品牌的输入/输出模件，只能使用这一品牌的编程软件。不同品牌控制器的故障现象也并不一样，需要针对不同品牌的控制器来处理。

5. 控制系统的部分逻辑介绍

(1) 启动程序。风电机组整个启动过程可以分为几个步骤：准备状态、小风启动或大风启动、桨距角二次调整、并网。

1) 准备状态：在风速、温度等外部因素满足启动条件时，风电机组进入准备状态。

风电机组检查润滑系统和液压系统，并要求变流器做好准备，桨距角调整到合适的迎风角度，随后风电机组开始启动。

2）小风启动或大风启动：根据当前平均风速是否大于额定风速选择小风启动或大风启动过程。小风启动桨距角初始目标值（如15°）要小于大风启动初始目标值（如30°），变桨系统会按着预定的变桨速率（如2°/s）向目标值变桨。

3）桨距角二次调整：控制器将桨距角目标值二次设定，调整到最佳桨距角（如0°），并将发电机转速设置为风轮稳定运行时所允许的最低发电机转速。

4）并网：变流器检测到发电机转速已经在并网同步转速范围之内后，转子侧变流器根据发电机转速进行发电机转子励磁，检测定子感应电压与电网电压同频、同相、同幅后，并网接触器闭合，完成并网。

（2）停机程序。

风电机组根据不同的触发条件会执行不同的停机程序，如正常停机、快速停机、紧急停机等。

1）正常停机：仍然采用变桨变速闭环控制，变桨以正常速度到顺桨位，将转矩设置为0，断开发电机，偏航继续运行。

2）快速停机：快速顺桨，功率为0时断开发电机，偏航继续运行。

3）紧急停机：由安全链动作引发，变桨电池驱动顺桨，立即断开发电机，高速轴刹车会同时或延时后动作，偏航停止运行。

（3）偏航控制。与偏航控制相关的几个重要过程为偏航标定、偏航等待、偏航跟踪、偏航解缆等。

1）偏航标定：标定机舱0点位置，一般是手动标定。

2）偏航等待：偏航系统处于等待状态时，偏航电动机处于停止状态，同时监视扭揽报警信号和偏航误差信号，当满足解缆或偏航条件时，进行解缆或偏航。

3）偏航跟踪：若平均风速大于偏航要求的最低风速（如2.5m/s）且偏航误差连续超过设定值（如±8°）一段时间（如20s），则启动偏航电动机，进行左或右偏航跟踪。当偏航误差进入设定的范围后（如±3°），则退出偏航跟踪，进入偏航等待。

4）偏航解缆：在偏航等待状态时，出现左或右偏扭缆报警信号，则进行解缆操作，使偏航系统右偏或左偏。当机舱位置进入相对机舱0点的设定范围（如±40°）内或进入相对机舱0点的±360°范围内，且偏航误差在较小的范围（如±30°）内，则停止解缆操作，进入偏航等待状态。

（4）齿箱润滑系统。

1）机组的启动：当油箱温度大于一定温度（如10℃）时才允许启动齿轮箱。

2）机组正常工作：机组正常工作时油箱油温应大于一定温度（如10℃），当油箱油温小于此温度（如10℃）时，电加热器启动工作，当大于一定温度时（如15℃），电加热器停止工作。

当油箱温度上升到一定温度（如60℃）或齿箱高速轴承之一上升到一定温度（如75℃）时，风冷器开启。

当油箱温度下降到一定温度（如50℃）且齿箱高速轴承温度均下降到一定温度（如

70℃）时，风冷器关闭。

当高速轴承之一温度超过一定温度（如80℃）时，报警。

齿轮箱润滑油进口温度超过一定温度（如70℃）时，报警。

3）机组停机：在停机状态下，当油箱温度小于一定温度（如10℃）时，加热器工作；油箱温度大于一定温度（如15℃）时，加热器停止工作。

当油箱温度小于一定温度（如10℃）时，电动油泵启动；当油箱温度大于一定温度（如10℃）时，每隔30min启动电动油泵工作5min。

当由于断电或其他原因导致润滑油温低于一定温度（如－10℃）时，机组启动必须采用旁路加热系统对油液加热，此时不能单独依靠加热器升高温度。

（5）功率控制逻辑。对于变速恒频风力发电机组，为了保证最大的风能捕获能力，在不同的风速段和工作条件下会采取不同的控制方法。

1）启动或停机时：限制并网或脱网功率的变桨变矩耦合控制。

2）额定转速以下：机组转速跟随风速变化的发电机转矩控制。

3）机组运行于额定转速但小于额定风速：保持稳定转速的变矩变桨耦合控制。

4）额定风速以上：保持稳定功率输出的变矩变桨耦合控制。

6. 控制系统中的传感器

风电机组的测量部分主要为各类传感器，负责监测状态数据，如风速、风向、温度、转速、角度、振动及部分开关位置信号等。常用传感器的说明如下：

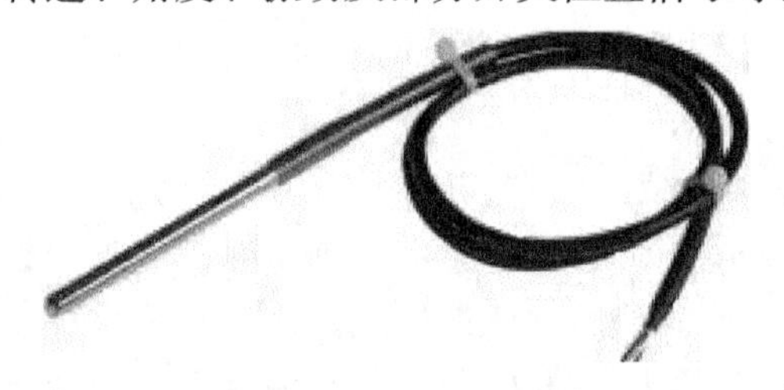

图8-4　pt100热电阻

（1）温度传感器。风电机组常用的温度传感器是pt100热电阻（见图8-4），是利用铂电阻的热效应进行温度测量的，即电阻体的阻值随温度的变化而变化的特性。因此，只要测量出感温热电阻的阻值变化，就可以测量出温度。铂电阻的电阻值和温度一般可以用以下的近似关系式表示，即

$$R_t = R_{t_0}[1 + a(t - t_0)] \tag{8-1}$$

式中　R_t——温度t时的阻值；

R_{t_0}——温度t_0（通常$t_0=0$℃）对应电阻值；

a——温度系数。

对于pt100，式中$R_{t_0}=100$，$t_0=0$，a约为0.385。

（2）位移传感器。

位移是和运动过程中物体的位置变化相关的量。目前风力发电系统中应用最多的位移传感器为磁致伸缩位移传感器（见图8-5）。测量元件是一根波导管，波导管内的敏感元件由特殊的磁致伸缩材料制成。磁致伸缩位移传感器是利用磁致伸缩原理，通过两个不同磁场相交产生一个应变脉冲信号来准确地测量位置的。

（3）偏航计数器（见图8-6）。

偏航齿轮上安有一个独立的计数传感器，以记录相对初始方位所转过的齿数。当风电机组向一个方向持续偏航达到设定值时，表示电缆已被扭转到危险的程度，控制器将发出

停机指令并显示故障，风力发电机组停机并执行顺时针或逆时针解缆操作。

图 8－5　磁致伸缩位移传感器

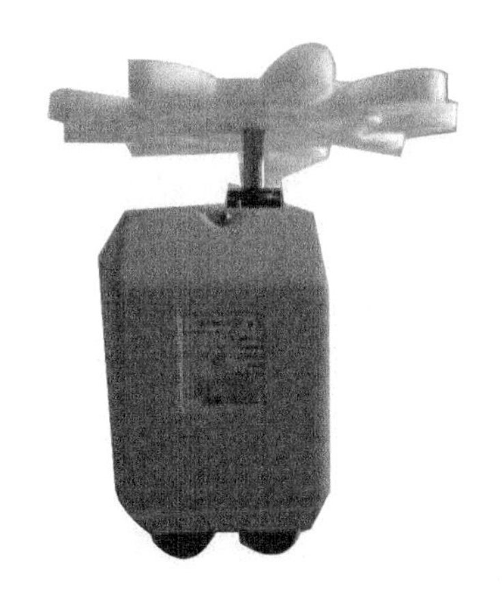

图 8－6　偏航计数器

(4) 编码器（见图 8－7）。

编码器是将信号或数据进行编制、转换为可用于通信、传输和存储的信号形式的设备，其中光电编码器是目前应用最多的一种。

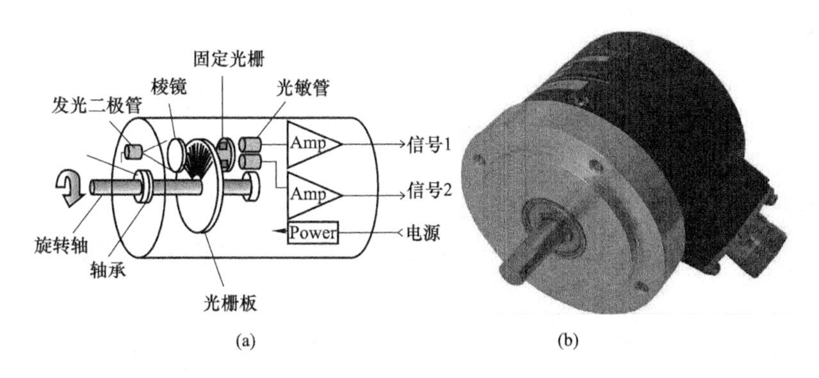

图 8－7　光电编码器

(a) 原理图；(b) 外观

光电编码器是一种通过光电转换将输出轴上的机械几何位移量转换成脉冲或数字量的传感器，由光栅盘和光电检测装置组成。光栅盘是在一定直径的圆板上等分地开通若干个长方形孔。由于光电码盘与电动机同轴，电动机旋转时，光栅盘与电动机同速旋转，经发光二极管等电子元件组成的检测装置检测输出若干脉冲信号，通过计算每秒光电编码器输出脉冲的个数就能反映当前电动机的转速。此外，为判断旋转方向，码盘还可提供相位相差 90°的两路脉冲信号。

(5) 振动传感器（见图 8－8）。

振动传感器在测试技术中是关键部件之一，一般有机械式

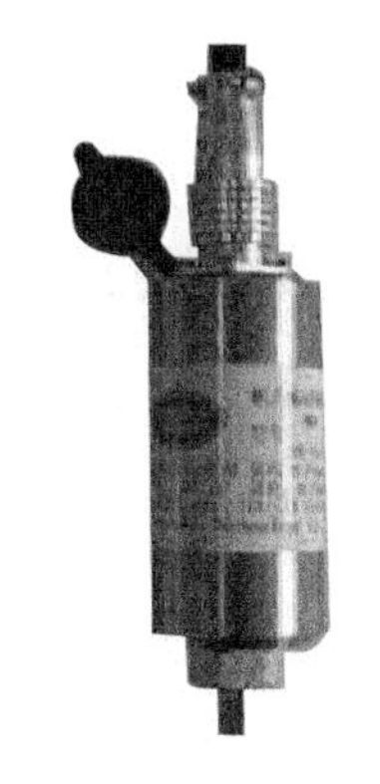

图 8－8　振动传感器

的振动开关和电子式的振动测试仪两种。而机械式振动开关又分为摆锤式和振动球式两种，在安装时摆锤式要求竖直安装，振动球式要求振动球座水平安装。电子式的振动测试仪其探头是一个压电传感器，在安装时一般探头与安装面要可靠连接，最好用螺栓可靠固定，并竖直安装。

风电机组为了检测机组的异常振动，在机舱上应安装振动传感器。目前风电机组上所用振动传感器一般都是由精准配重块控制的机械式振动传感器，用于测量机组的强烈振动。当风电机组有强烈振动时，振动开关内部微动开关被强烈振动激活从而引起继电器触点状态改变。配重块安装在开关的触动弹簧上，可以通过调整配重块的位置来调整开关的灵敏度。

7. 控制系统中的电气元件

要完成风电机组的控制与保护，除了必要的控制器和输入/输出模件外，还需要各种电气元件组成电气控制回路。电控柜内常用的电气元件有自动空气断路器、接触器、继电器、熔断器、电力电容器、行程开关、按钮等。

(1) 自动空气开关（见图 8-9)。

自动空气开关又称自动开关或自动空气断路器。它既是控制电器，同时又具有保护电器的功能，当电路中发生短路、过载、失压等故障时，能自动切断电路。在正常情况下也可用做不频繁地接通和断开电路或控制电动机。

(2) 接触器（见图 8-10)。

接触器是电力拖动与自动控制系统中一种非常重要的低压电器，它是控制电器，利用电磁吸力和弹簧反力的配合作用，实现触头闭合与断开，是一种电磁式的自动切换电器。

图 8-9　自动空气开关

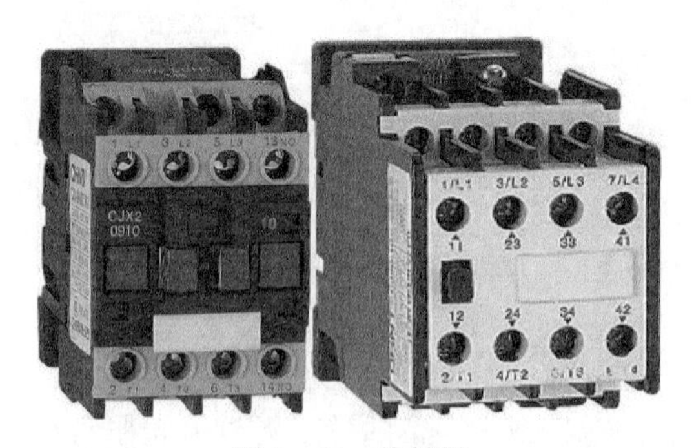

图 8-10　接触器

接触器适用于远距离频繁地接通或断开交直流主电路及大容量的控制电路。其主要控制对象是电动机，也可控制其他负载。接触器不仅能实现远距离自动操作及欠压和失压保护功能，而且具有控制容量大、工作可靠、操作频率高、使用寿命长等特点。

接触器按主触头通过的电流种类，分为交流接触器和直流接触器两大类。

(3) 继电器。

继电器是一种根据输入信号（电量或非电量）的变化，接通或断开小电流电路，实现自动控制和保护电力拖动装置的电器。一般情况下它不直接控制电流较大的主电路，而是通过接触器或其他电器对主电路进行控制。

继电器的种类繁多，主要有中间继电器、电流继电器、电压继电器、时间继电器、热继电器、速度继电器等。其中中间继电器、电流继电器和电压继电器属于电磁式继电器。

1）中间继电器（见图 8－11）：中间继电器一般用来控制各种电磁线圈使信号得到放大，或将信号同时传给几个控制元件。中间继电器实质上是一种电压继电器，但它的触点数量较多，容量较小，它是作为控制开关使用的接触器。它在电路中的作用主要是扩展控制触点数和增加触点容量。

2）电流继电器（见图 8－12）：电流继电器是反映电流变化的控制电器。电流继电器的线圈匝数少而导线粗，使用时串接于主电路中，与负载相串联，动作触点串接在辅助电路中。根据用途可分为过电流继电器和欠电流继电器，例如过电流继电器主要用于重载或频繁启动的场合作为电动机主电路的过载和短路保护。

图 8－11　中间继电器

图 8－12　电流继电器

3）电压继电器（见图 8－13）：电压继电器是反映电压变化的控制电器。电压继电器的线圈匝数多而导线细，使用时并接于电路中，与负载相并联，动作触点串接在控制电路中。根据用途可分为过电压继电器和欠电压继电器，以欠电压继电器为例，通常在电路中起欠压保护作用。

4）时间继电器（见图 8－14）：时间继电器是一种按时间原则动作的继电器。它按照设定时间控制而使触头动作，即由它的感测机构接收信号，经过一定时间延时后执行机构才会动作，并输出信号以操纵控制电路。它按工作方式分为通电延时时间继电器和断电延时时间继电器，一般具有瞬时和延时两种触点。

图 8－13　电压继电器

图 8－14　时间继电器

5）热继电器（见图 8－15）：热继电器是一种利用流过继电器的电流所产生的热效应而反时限动作的保护电器，它主要用作电动机的过载保护、断相保护、电流不平衡运行及其他电气设备发热状态的控制。热继电器有两相结构、三相结构、三相带断相保护装置三种类型。

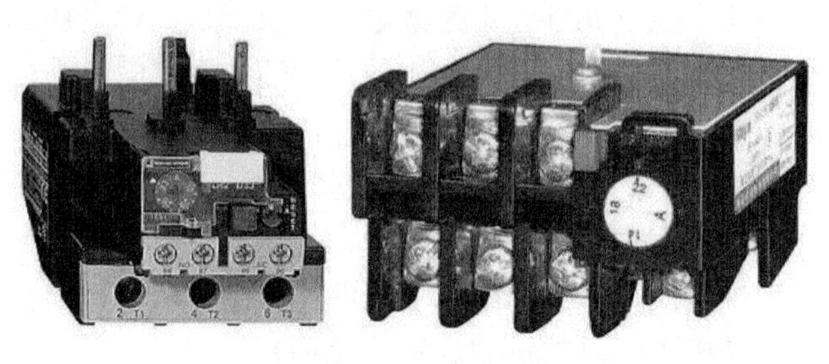

图 8－15 热继电器

6）速度继电器（见图 8－16）：速度继电器是用来反映转速与转向变化的继电器。它可以按照被控电动机转速的大小使控制电路接通或断开的电器。速度继电器通常与接触器配合，实现对电动机的反接制动。

（4）熔断器（见图 8－17）。

熔断器是一种广泛应用的最简单有效的保护电器。常在低压电路和电动机控制电路中起过载保护和短路保护。它串联在电路中，当通过的电流大于规定值时，使熔体熔化而自动分断电路。

图 8－16 速度继电器

图 8－17 熔断器

（5）行程开关（见图 8－18）。

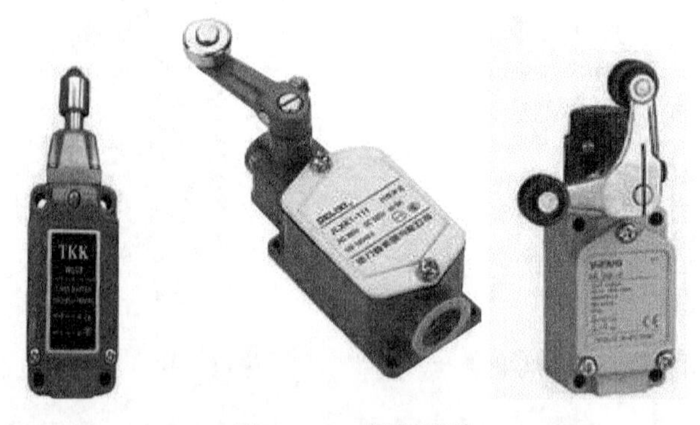

图 8－18 行程开关

行程开关，又称限位开关或位置开关，它可以完成行程控制或限位保护。其作用与按钮相同，只是其触头的动作不是靠手指的按压的手动操作，而是利用生产机械某些运动部件上的挡块碰撞或碰压使触头动作，以此来实现接通或分断某些电路，使之达到一定的控制要求。

（6）按钮（见图 8－19）。

按钮是一种手动电器，通常用来接通或断开小电流控制的电路。它不直接去控制主电路的通断，而是在控制电路中发出“指令”去控制接触器、继电器等电器，再由它们去控制主电路。按钮一般由按钮帽、复位弹簧、动触点、静触点和外壳等组成。按钮根据触点结构的不同，可分为常开按钮、常闭按钮，以及将常开和常闭封装在一起的复合按钮等几种。

图 8－19　按钮

8.1.3　故障类型

有多种原因可以导致控制系统故障，不同的故障会导致控制系统产生不同的动作，如报警、故障停机和紧急停机等。由外部环境变化引起的故障，随外部环境恢复而消除；由控制系统本身引起的故障，需要检修人员处理才能消除。

与控制系统相关的故障可进行如下分类。

1. 通信类故障

与通信相关的故障，主要表现为控制器接收不到与之相联的通信设备的信息反馈。如与变桨系统通信故障，与变频系统通信故障，与电量采集模块通信故障，与振动模块通信故障，与各通信子站通信故障等。不同机组所采用的通信协议会有不同。当发生通信类故障时，一般都会引起机组紧急停机。引发通信类故障的原因可能是：通信电缆松动引起接触不良，子系统模块任务忙不能及时响应，子系统模块程序死锁，子系统模块硬件故障等。

2. 安全链类故障

与安全链相关的故障，包括引起安全链动作的故障和安全链系统本身的故障。引起安全链动作的故障有超速、过振动、过扭缆、控制器失效、功率超限和急停按钮按下等。安全链系统本身的故障有上电复位失败等。

3. 控制器类故障

由控制器本身的软硬件引起的故障，表现形式都是控制器不能正常工作，与监控系统失去通信联系。可能的原因或者是控制程序死锁，或者是控制器接口电路元件损坏，或者是控制器程序关键配置参数丢失。

4. 模块卡件类故障

控制系统的模件卡件在长时间的运行中由于雷击、过电压、过电流或其他一些原因导致模件卡件接口电路损坏。表现形式是控制系统监测不到模件卡件的存在，或监测到模件卡件的某一路通道失效。

5. 传感器类故障

控制系统所采用的传感器在长时间的运行中也会由于各种原因失效，表现形式是控制系统监测到的信号超出信号可能的范围，或者是没有监测到信号。造成传感器失效的原因可能是接线松动或传感器本身接口电路损坏。

6. 控制柜环境故障

控制柜内的温度不合适会影响控制系统的正常运行，此类故障有控制柜温度过低、控制柜加热器故障、加热开关故障、控制柜过热报警等。

7. 后备电源故障

为控制系统供电的后备电源故障也会导致停机，如 UPS 电源故障、后备电池故障等。

8. 其他类型故障

与控制系统相关的其他故障，如人机接口面板故障、控制柜内开关等元器件故障等。

8.2 检查与测试

一般风电机组都提供测试功能菜单，操作人员可以根据菜单项逐个对风电机组的功能进行测试，以检测控制系统及执行机构是否工作正常。如变桨、偏航、泵和风电机组启停等。对于机组测试功能菜单不包含的项目，可以通过实验进行手动测试。

8.2.1 通信检测

观察 SCADA 系统，能够正常进行相应风电机组的数据更新，且事件列表中没有显示此机组与通信相关的故障，表明机组各项通信正常。

通过远程监控系统对试验机组发出启动或停止命令，观察试验机组启动过程或停止过程是否满足人工启动或停止要求，以确定机组可以进行远程操作。

8.2.2 安全链检测

用于检查和测试风电机组与安全链相关的保护功能是否正常。方法是人为制造、模拟各种故障信号，检查制动机构动作情况和控制系统显示故障、参数的正确性。

1. 风轮超速保护

模拟方法：拨动叶轮过速开关，观察安全链断开情况，观察停机过程和故障报警状态。

2. 发电机超速保护

模拟方法：调低发电机超速设置值，观察机组停机情况和故障报警状态。

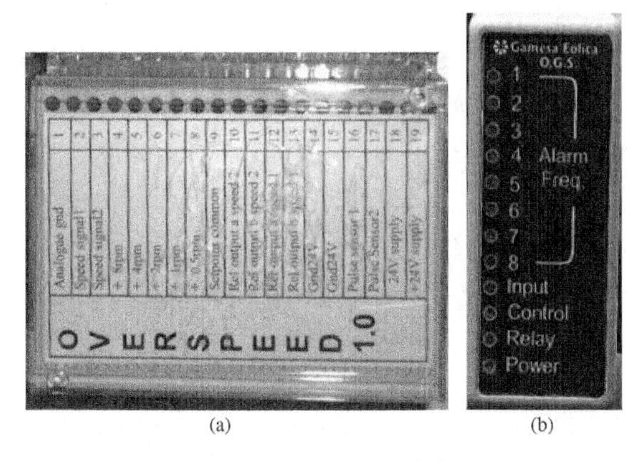

(a) (b)

图 8-20 叶轮转速传感器

(a) overspeed 叶轮转速传感器；(b) VOG 叶轮转速传感器

3. 过功率保护

模拟方法：调低功率传感器变比或动作条件设置点，观察机组动作结果和自复位情况。

4. 机舱过振动保护

模拟方法：触发相应的振动开关，观察安全链断开情况，观察停机过程和故障报警状态。

5. 过度扭缆保护

模拟方法：分别触发顺时针扭缆开关和逆时针扭缆开关，观察安全链断开情况，观察停机过程和故障报警状态。

6. 紧急停机按钮

模拟方法：在正常转速范围内，分别按下控制柜上的紧急停机按钮和机舱里的紧急停机按钮，观察安全链能否及时断开而触发紧急停机动作，同时观察停机过程和故障报警状态。

8.2.3 后备电源检测

后备电池或 UPS 发生故障时，SCADA 系统事件列表中会有显示，对于没有故障的后备电源要对其供电能力进行测试。测试过程时是断开机组主供电电源，控制系统能自动切换到后备电源供电，且后备电池或 UPS 的持续供电时间满足机组的最小设计要求。

8.2.4 控制器状态检测

观察 SCADA 系统或就地人机接口面板，如果机组能正常进行数据更新，则表明此机组控制器状态正常；如果数据更新不正常，则可通过观察控制器指示灯的状态来判断控制器的当前状态。

8.2.5 传感器测试

可以通过观察 SCADA 系统的数据显示和事件列表，对传感器的故障进行初步判断，当传感器出现故障时，机组事件列表中可能会出现 pt100 传感器失效，偏航传感器失效或转速传感器失效等事件，对于一些有问题的模拟量信号，SCADA 显示值可能会超过正常运行的数值范围。

对于传感器的检测，可通过模拟信号变化的方式来验证传感器的输出是否正确。如对于温度传感器 pt100 的检测可通过在已知温度的情况下，测量传感器两端的电阻值是否与已知温度相对应来判别；对于风向传感器，可通过人工转动风向标，检测风向传感器的输出来判别。

8.2.6 通风与加热测试

可以通过设置温控器的温度设定值进行控制柜的通风与加热测试，如图 8-21 所示。左侧设置低温值，控制加热器工作；右侧设置温度上限，控制散热风扇工作。

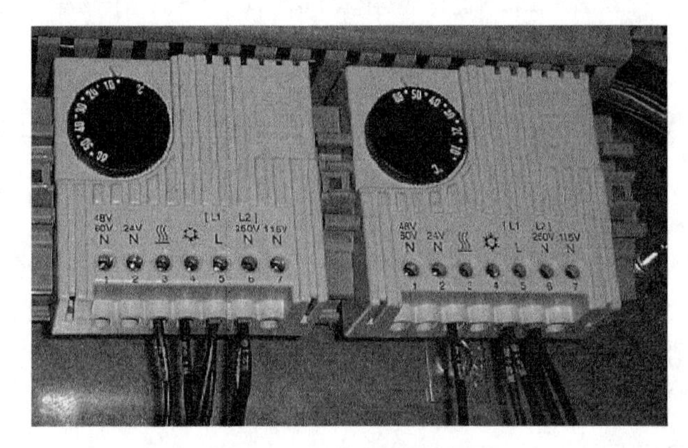

图 8-21 控制柜温控器

测试时，如果加热器没有工作，可以调大低温限值，让加热器工作。如果散热风扇没有工作，可以调小高温限值，让散热风扇工作。注意测试完毕后，重新将温度设定值复原。

8.3 定期维护

为提高控制系统的稳定性，至少半年进行一次定期维护，维护对象为塔底柜和机舱柜两部分；维护内容包括外观检查、散热风扇检测、加热系统测试、软件版本确认、UPS 电池测试等。

8.3.1 柜体检查

检查主控柜内是否有昆虫等脏物，内外壁是否有污染物，如有则清理干净；检查柜体是否安装牢靠、底角固定螺栓是否紧固、电缆绑扎是否牢固，如有松动必须紧固；检查柜体表面焊缝是否开裂，如有则拍照记录并进行处理。

8.3.2 空气滤网检查

检查滤网是否被灰尘堵塞，用毛刷将滤网的灰尘清洁并细心取出灰尘。每半年清理空

气出、入口过滤网一次，如果必要可进行更换。控制柜空气滤网位置如图 8－22 所示。

8.3.3 温控系统检查

温控器控制加热电阻或散热风扇工作，一般设定为低于 5℃时加热，高于 30℃时冷却，通过调节温控器的设定值，测试温控系统的功能。

8.3.4 接地防雷系统检查

1. 雷电保护器检查

检查雷电保护器是否触发，如触发则更换。对于 DEHN 雷电保护器，正常显示为绿色，一旦触发就变为红色；对于 PHOENIX 雷电保护器，正常显示为红色，指示标识未弹出，一旦弹出就表示触发。同时需要检查机舱避雷针是否完好无损。

2. 接地系统检查

（1）检查叶根碳刷；

（2）检查发电机滑环接地；

（3）检查偏航防雷导电架；

（4）检查主控柜内屏蔽线压接；

（5）检查主控柜接地线。

防雷及电涌保护器如图 8－23 所示。

图 8－22 控制柜空气滤网位置

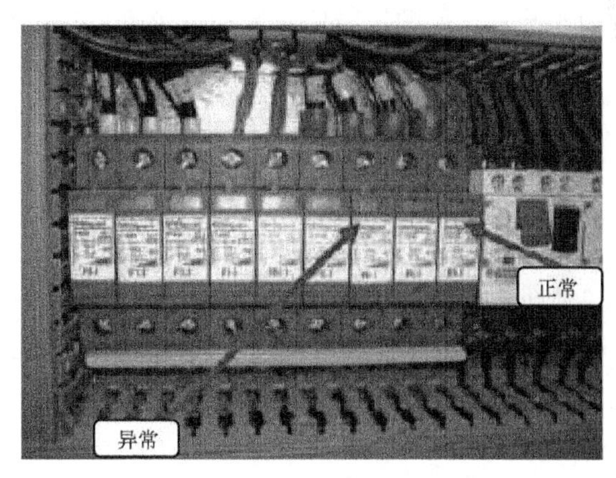

图 8－23 防雷及电涌保护器

8.3.5 安全链检查

（1）检查急停开关工作是否正常；

（2）检查超速模块工作是否正常；

（3）检查振动传感器工作是否正常；

（4）检查安全链复位按钮工作是否正常；

（5）检查偏航扭缆极限开关（顺时针/反时针）是否正常；

（6）检查变桨维护开关与变桨安全链作用是否正常。

以上检查不区分软件安全链与硬件安全链，如果既有软件安全链又有硬件安全链，都需要检查。

8.3.6 PLC 软件版本检查

检查软件版本与参数配置是否与机组部件型号、参数匹配，如不匹配做好记录，以备调整设置。

8.3.7 电气连接检查

目视检查：是否有锈蚀、电弧痕迹、磨损、裂纹或褪色，如有则维修或更换损坏的元件。

功能检查：端子正确紧固，接触良好。

8.3.8 UPS 检查

断开 UPS 的 230V AC 输入，UPS 会自动切换到后备电池供电模式，并发出有规律的警报声，同时，记录 UPS 待机时间，确保主控系统能够正常工作 5～10min。如果时间偏短，需要更换 UPS 电池。

8.3.9 风轮锁检查

目视检查：锁销与限位开关是否紧固、完好。

功能检查：能顺畅锁住，风轮锁锁上后，应能触发限位开关，观察 PLC 输入信号。

8.4 典型故障处理

8.4.1 远程通信中断

风电机组与主控之间采用 TCP/IP 通信协议，由塔底控制柜内交换机、光纤、光纤盒、中控室交换机架构而成，实现机组与主控 SCADA 之间实时的数据交换，机组与主控之间的通信结构如图 8-24 所示，机组之间的通信结构如图 8-25 所示。整个传输过程为：光纤交换机 TX 端口→尾纤→光缆→尾纤→光纤交换机 RX 端口。

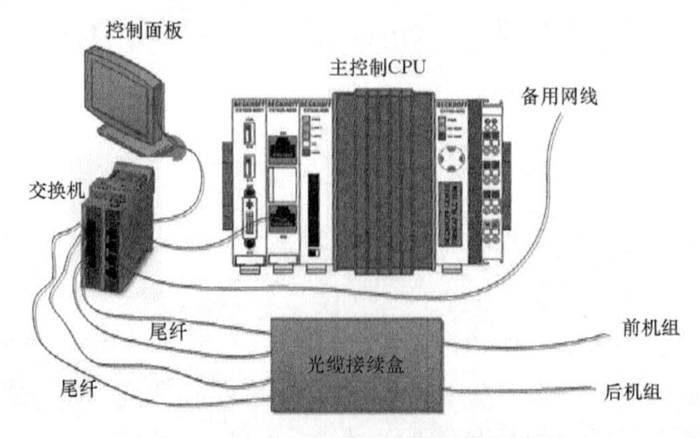

图 8-24 机组与环网光纤通信结构图

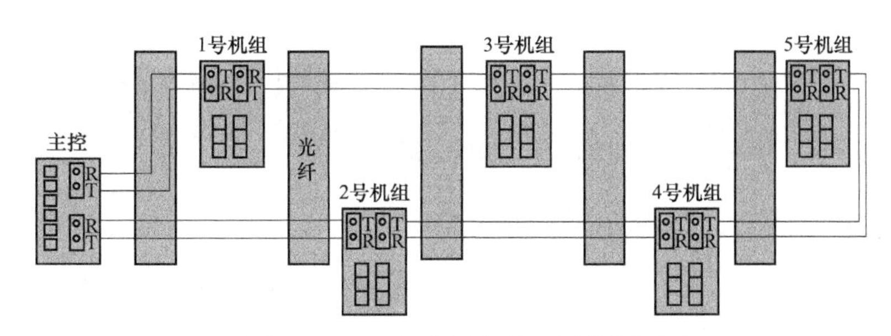

图 8-25 机组之间光纤环网结构图

远程通信系统常见故障是机组远程通信失败，监控系统无法实现对机组的监视和控制。

1. 故障原因

(1) 终端尾纤折断：尾纤较为纤细，受轻微的外力便有可能被折断，在插拔光纤头时，容易导致尾纤折断。

(2) 光纤头污损：光信号通过光纤头投射或接收，在光纤头对接处光衰减最为严重，较少的灰尘或污渍都会影响到光的强度，使通信中断。

(3) 光缆折断：光纤主回路出现破损或折断，导致通信中断。

(4) 交换机光口损坏：交换机光口硬件电路故障。

(5) 主控 PLC 异常：主控 PLC 软件异常、主控 ID 设置错误等。

2. 处理步骤

(1) 在主控室用计算机连接机组主控交换机，将计算机 IP 设为与机组同一网段，利用计算机"PING"命令，确认机组无法与主控通信。

(2) 检查通信丢失机组内部的交换机是否正常，包括交换机 24V 电源、对应光纤头的指示灯是否闪烁。

(3) 检查光纤头连接是否牢靠，如出现松动则继续检查光纤头是否污损，如有污损可用脱脂棉沾酒精清洁光纤头。

(4) 检查尾纤有无折损。

(5) 利用交换机 TX 发射端口信号作为光源，利用光功率计作为接收端，来检测光纤线路的通断。如果线路正常，在接收端光功率计会有信号强度显示。

8.4.2 控制系统总线故障

以 Profibus 总线为例，机组内部 Profibus 总线接线顺序通常如图 8-26 所示。变频器→塔底子站→塔底主站→塔底柜光电转换器→机舱柜光电转换器→机舱子站→滑环→变桨系统。Profibus 总线通信需要配置总线的起止点，通常将变频器子站和变桨系统子站作为终端。

机组控制系统内部总线通信发生故障，机组会紧急停机。每个 PLC 模块设定一个 ID 号，当其中一个模块出现通信中断时，提示相应模块通信故障。如机组报"3.11 总线故障"，表示 3 号子站的第 11 个模块通信中断。

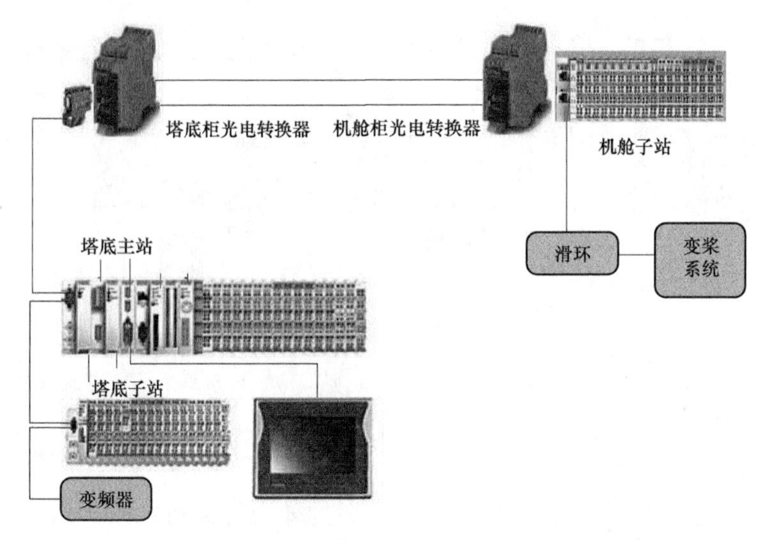

图 8-26 机组内部 Profibus 总线结构图

通信子站通信故障与通信传输的多个环节相关，通信回路中任意一个点或者几个点出现问题，均会导致通信中断。

总线通信故障原因可按如图 8-27 进行检查。

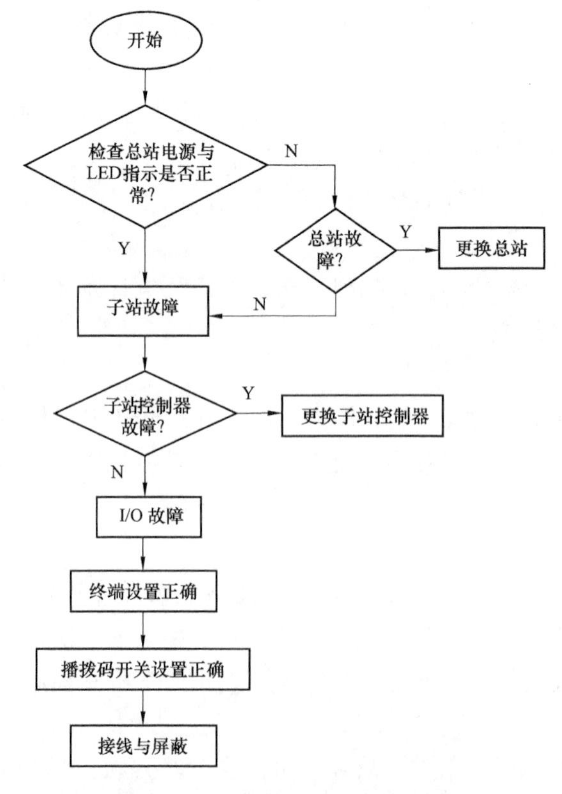

图 8-27 总线通信故障检查步骤

8.4.3　安全链无法复位

机组安全链回路中任意一个触点未吸合，都会导致整个安全链回路失电无法复位。图 8－28 为常见的安全链回路示意图，一旦其中一个节点动作，将引起整条回路断电，机组进入紧急停机过程。

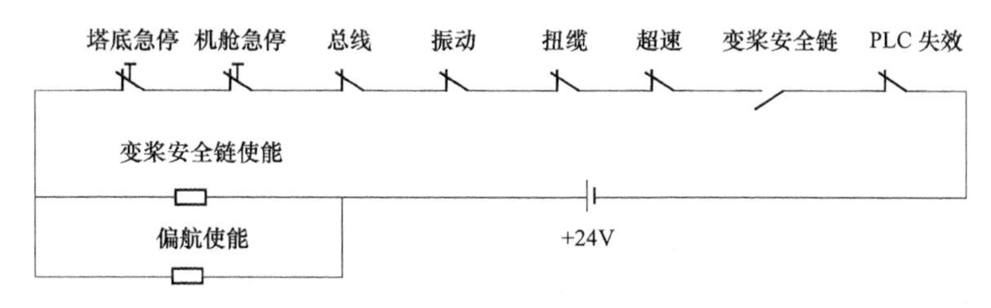

图 8－28　安全链回路示意图

1. 故障原因

(1) 急停按钮未旋开（常见）。

(2) 塔顶急停按钮未旋开（常见）。

(3) 线路松动（常见）。

(4) 主控 PLC 故障。

(5) 机组 PLC 总线故障。

(6) 变桨/变频系统异常。

(7) 安全链 24V 电源故障。

(8) 振动开关、扭缆开关故障。

(9) 超速模块故障。

2. 处理步骤

该故障是安全链上一个或者多个节点断开触发的，所以基本思路是检查链上的所有节点。

(1) 从安全链的 24V DC 电源开始检查，检查电源是否正常。

(2) 检查所有急停按钮是否有拍下的情况，急停按钮本身是否有故障。

(3) 检查线路是否松动。

(4) 检查是否伴随有其他故障，可先处理其他故障。

(5) 检查元器件本身故障，包括超速模块、振动开关、扭缆开关、安全链继电器等。

8.4.4　温度高故障

机舱顶部控制柜同时采集发电机绕组温度、发电机轴承温度、齿轮箱油温、机舱温度、主轴温度等多路温度数据，当任何一路温度超过上限并持续数秒后均会触发过温故障。

1. 故障原因

(1) 温度传感器 pt100 出现问题。

(2) 测温模块出现问题。

(3) 温度传感器屏蔽接触不良。

(4) 设备本身出现异常导致温度过高。

(5) 风扇问题造成温度升高。

2. 处理步骤

(1) 检查 pt100 的阻值，根据环境温度的变化，其阻值通常在 80～120Ω，温度越高阻值越高。如果阻值无穷大说明存在断路，检查 pt100 的接线或传感器本身。

(2) 检查 pt100 的屏蔽是否接触良好，机舱内电磁干扰或轴电流等会影响测量值的大小和准确度。

(3) 检查温度测量模块，如果温度传感器 pt100 和接线都没有问题，通过观察温度测量模块指示灯的状态和主控显示的温度值，可以判断是否为该模块故障。如果需要请更换该温度模块。

(4) 检查温度过高部分设备的运行情况，必要时检测设备的振动和润滑情况。

(5) 检查风扇的实际转向是否正确、工作电压是否正常。

8.4.5 转速比较故障

风电机组在运行中会实时的对比叶轮转速与发电机转速的关系，当两者速度关系不匹配时，会触发转速比较故障。转速传感器与发电机编码器如图 8－29 所示。

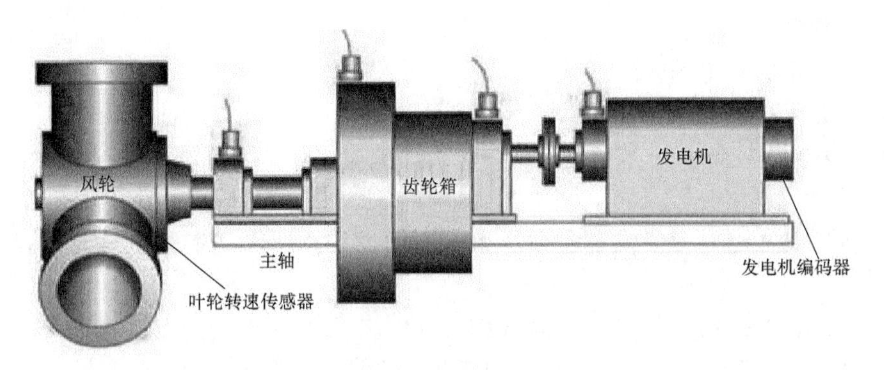

图 8－29 转速传感器与发电机编码器

1. 故障原因

(1) 转速测量回路的接线松动，包括接近开关至端子排、端子排至过速模块、过速模块至 PLC 整个回路的接线存在松动，导致转速信号丢失；

(2) 叶轮转速接近开关损坏，或接近开关与主轴圆孔的距离不合适，导致转速信号错误；

(3) OGS、VOG 或 Overspeed 模块超速保护值设定错误，或者模块本身损坏；

(4) 测量转速信号的 PLC 模块存在问题，无法正常判断转速信号；

(5) 屏蔽不良，受高频信号干扰，造成转速信号测量不准确。

(6) 主轴、联轴器发生断裂。

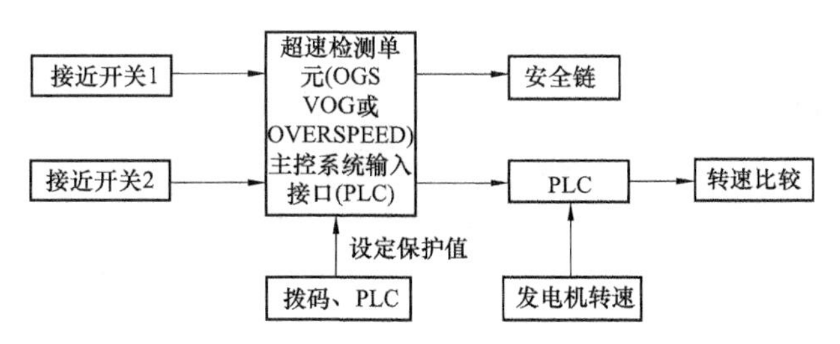

图 8-30 转速传感器测量回路示意图

2. 检查步骤

(1) 首先检查转速接近开关和码盘的距离是否合适，检查接近开关屏蔽层接地是否有问题。用金属物挡在接近开关顶部，观察其是否能正常工作。

(2) 在叶轮自由旋转时，观察 PLC 模块或采集模块上的指示灯是否以相同的频率闪烁。或者借助触摸屏，观察速度信号变量。做完以上检查后，判断速度采集模块、接近开关是否存在问题，如有，进行处理和更换。

(3) 检查 OGS、VOG、Overspeed 模块的超速保护设定值是否正确，如果不正确请按照要求重新调整。

(4) 检查整个回路的接线是否松动或存在接线错误，如有，调整或者紧固接线。

(5) 检查机组的机械部件，如主轴、联轴器等是否出现断裂情况。

思考题

1. 导致安全链断开的主要因素有哪些?
2. 如何进行超速试验?
3. 说明 PLC 总线诊断方法。
4. 机组如何进行转速比较?
5. UPS 后备电源待机时间是多少?
6. 控制柜合理温度范围是多少?

变流器维护与检修

9.1 概述

变流器是使电源系统的电压、频率、相数和其他电量或特性发生变化的电气设备。风电变流器通常由网侧变流器、机侧变流器、直流母排、并网开关、冷却系统和其他辅助电路组成，变流器的拓扑结构如图 9－1 所示。

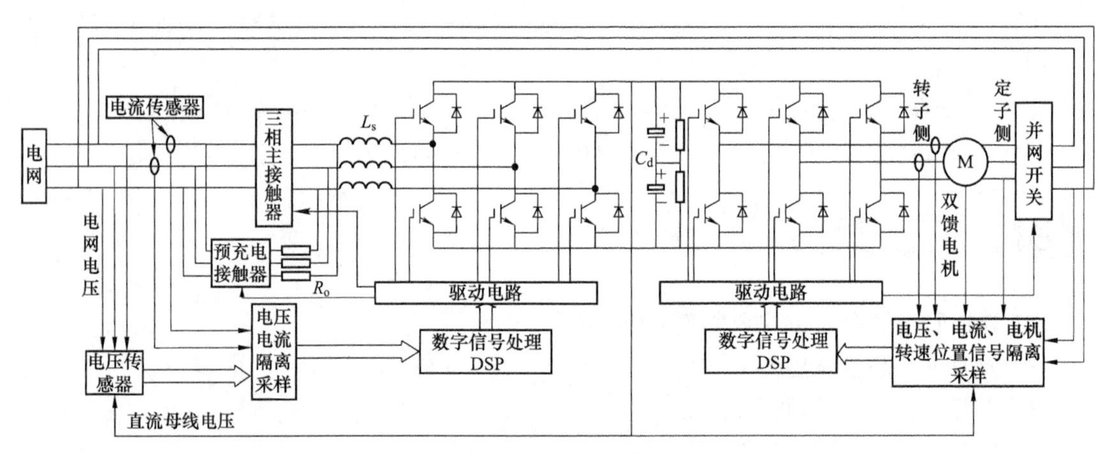

图 9－1 变流器拓扑结构

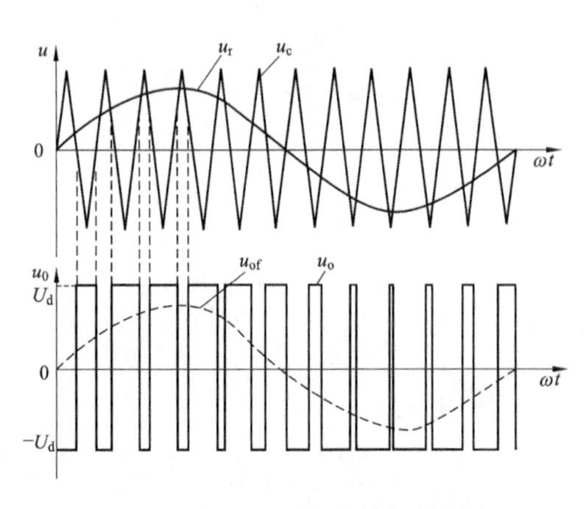

图 9－2 PWM 控制方式波形图

9.1.1 基本概念

1. PWM

脉冲宽度调制（Pulse Width Modulation，PWM）。根据冲量原理，冲量相等而形状不同的窄脉冲加在具有惯性的环节上时，其效果基本相同。如图 9－2 所示，矩形方波与正弦波冲量相等。PWM 控制技术就是以该结论为理论基础，对半导体开关器件的导通和关断进行控制，使输出端得到一系列幅值相等而宽度不相等的脉冲，用这些脉冲来代替正弦波或其他所需要的波形。按一定的规则对各脉冲的宽度进行调

制，既可改变逆变电路输出电压的大小，也可改变输出频率。

2. Crowbar

Crowbar按照用途分为有源Crowbar和无源Crowbar，在具备低电压穿越的机组中，使用有源Crowbar的占绝大多数，Crowbar模块在电网电压骤降的情况下，对发电机转子绕组短路，为转子电流提供旁路通道，抑制转子侧过电流和直流母线过电压，实现对变流器的保护作用。

3. 预充电

变流器的直流母线电容在没有建立电压前，由于变流器的中间直流环节有直流电容。如果没有预充电回路，直接给母排充电，充电瞬间相当于短路状态，充电电流非常大，可能损坏整流桥、直流母线和直流母排电容，需要在变流器中增加预充电回路。预充电回路一般由限流电阻、熔断器和预充电接触器组成。当直流电压到达一定值（约为845V或975V），变流器主接触器吸合，预充电电路断开，变频器将直流母排电压升至1050V左右。

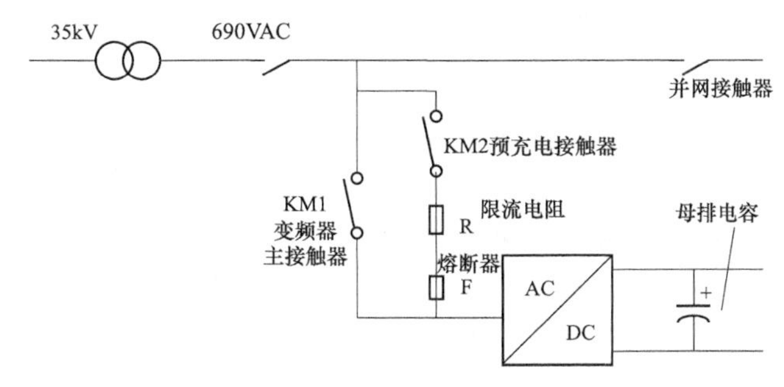

图9-3　预充电回路图

变流器主电路限流电阻的作用是抑制上电瞬间的冲击电流，该冲击电流的最大值为：$I=975/R$（975V为690V变流器的直流母线正常电压），I要小于变流器的输入额定电流。随着电容的电压逐渐上升，充电电流将逐步减小直到为理论值0A。预充电电路等同于RC回路，一般按达到79%～95%的额定母线电压所需时间计算RC时间常数，预充电理想时间为1～3s。

9.1.2　变流器功能

根据双馈机组与直驱全功率机组的不同，变流器在风电机组中的应用结构主要分为两类，双馈机组用变流器和直驱全功率机组用变流器。

双馈机组用变流器具备功率双向流动功能，其功率通常为机组额定功率的1/3。网侧采用的是PWM（Pulse Width Modulation，脉冲宽度调制）整流技术，保持母线电压恒定。转子侧变换器控制对象为双馈发电机，控制发电机定子电量的频率、幅值、相位、有功和无功功率，实现机组顺利并网。双馈机组用变流器结构原理图，如图9-4所示。

直驱机组用全功率变流器结构如图9-5所示，在金风电机组和湘电直驱机组上应用最为广泛，其功能较为简单，机侧变流器主要负责将发电机发出的三相交流电整流为直流，变流器不需要向转子励磁。但是其功率大、成本高，变流器的功率通常略大于机组的额定功率。

双馈机组用变流器主要功能是：

（1）根据电网电压、电流和发电机的转速来调节励磁电流，精确地调节发电机输出电压，在指定的速度范围内将发电机与电网同步。

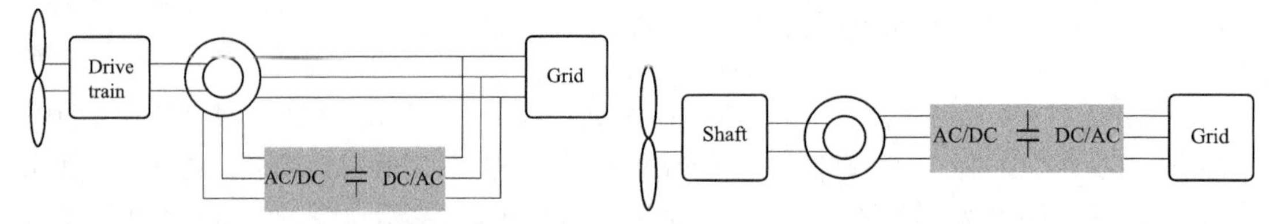

图 9-4　双馈机组用变流器结构原理图　　　　图 9-5　直驱机组用全功率变流器结构原理图

(2) 调节励磁电流的频率可以在不同的转速下实现恒频发电，即变速恒频运动，可以从能量最大利用等角度去调节转速，提高发电机组的经济效益。

(3) 调节励磁电流的有功分量和无功分量，独立调节发电机的有功功率和无功功率。这样不但可以调节电网的功率因数，补偿电网的无功需求，还可以提高电力系统的静态和动态性能。

(4) 在电网故障时，能提供低电压穿越功能。

直驱机组用变流器主要功能是：

(1) 机侧变流器主要功能是将发电机输出的交流电整流为直流电。

(2) 网侧变流器主要功能是将直流电逆变为交流电输送至电网。

(3) 灵活控制输入到电网的有功和无功功率。一方面，当电网需要无功补偿时，它可以方便地提供相应的无功功率；另一方面，如果电网对无功功率没有要求，可按功率因数为 1 进行控制。

(4) 在电网故障时，能提供低电压穿越功能。

9.1.3　变流器原理

风电变流器按照控制原理的不同，主要分为矢量控制和转矩控制。

1. 矢量控制技术

交流励磁双馈发电机是一个多变量、非线性、强耦合的复杂系统，矢量控制是通过坐标变换，把交流电动机的定子电流分解成同步旋转坐标系下的励磁分量（无功分量）和与之相垂直的转矩分量（有功分量），实现定子电流的励磁分量和转矩分量之间的解耦，并分别对这两个分量进行闭环控制。

矢量控制技术强调转矩与磁链的解耦，有利于分别设计转速与磁链调节器，实现连续控制，调速范围宽，因此，在变速恒频双馈风力发电系统中得到了广泛应用。对于双馈感应发电机系统来说，应用矢量控制技术将实际的交流量分解成为有功分量和无功分量，并分别对这两个分量进行闭环控制，实现有功功率和无功功率的解耦控制。

2. 直接转矩控制

直接转矩控制（Direct Torque Control，DTC）是在 20 世纪 80 年代中期继矢量控制技术之后发展起来的一种高性能异步电动机变频调速控制策略。与矢量控制方法不同，直接转矩控制不是通过控制电流、磁链等量来间接控制转矩，而是把转矩直接作为被控量，以转矩为参考来进行励磁、转矩的综合控制。它应用空间矢量的概念来分析三相交流电动机的数学模型，检测电机的定子电压和电流，应用瞬时空间矢量理论计算电机的磁链和转

矩，通过转矩两点式调节器把转矩检测值与转矩给定值做带滞环的比较，并根据三相逆变器六个离散的电压空间矢量对磁链的作用关系进行控制。

9.1.4 风电机组风电机组故障类型

变流器的故障类型包括以下几个部分。

1. 通信故障

通信故障包含下列两种情况：变流器内部网侧控制板与机侧控制板的通信故障；变流器与主控（塔底柜）的通信故障。

2. 预充电故障

变流器网侧有预充电回路，若预充电电路存在问题，开始预充电后直流母线电压在规定时间内（如在 50s）内无法达到规定的电压（如 1.17 倍电网线电压），如图 9－6 所示。

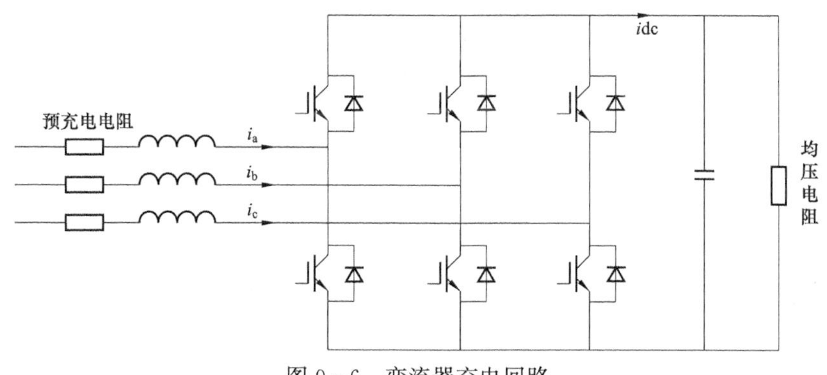

图 9－6 变流器充电回路

3. IGBT 温度过高故障

当 NTC（Negative Temperature CoeffiCient）电阻检测到的温度达到 80℃以上时会报出该故障。NTC 热敏电阻是指随温度上升电阻呈指数关系减小，具有负温度系数的热敏电阻。其一般安装在 IGBT 附近或置于 IGBT 内部，用于检测 IGBT 的温度。

4. 网侧接触器故障

电路板发出网侧接触器吸合指令后，未收到接触器辅助触点吸合反馈信号；或者网侧接触器吸合指令取消后，未收到接触器辅助触点分开的反馈信号。

5. 斩波器故障

斩波器动作指令与反馈信号状态不一致。

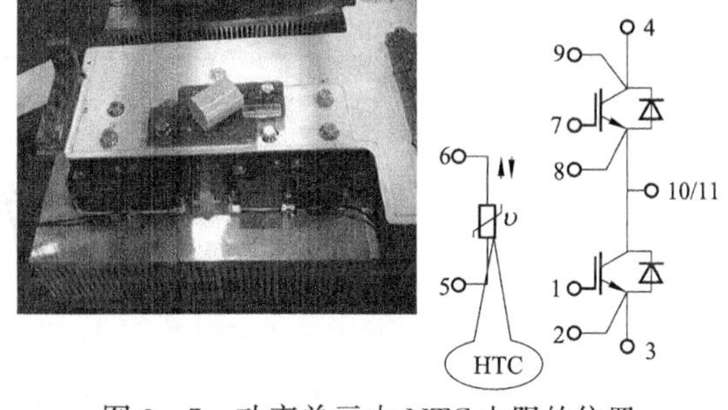

图 9－7 功率单元中 NTC 电阻的位置

6. 电网频率或相序错误

网侧频率或相序错误，电网接线错误或检测到的电网频率与额定频率差值过大。

7. 网侧滤波回路故障

网侧控制板输入 24V 电平消失。一般是熔断器开关未合到位，或热继电器发热断开。

8. 网侧接地故障

网侧三相电流之和（相量）大于规定值。该故障主要由两方面引起：①三相回路出现接地点。②变流器网侧电流检测回路出现问题。

9. Crowbar 误动作/失效

一般由转子过流引起，须查找转子过流原因，如碳刷烧毁，机侧调制是否正常。

10. 并网接触器闭合故障

并网接触器闭合指令发出后，并网接触器反馈信号无闭合反馈信号。

9.2 检查与测试

9.2.1 冷却系统测试

变流器在运行过程中会产生较大的热量，如不尽快将热量排出，变流器迅速升温，达到报警限值后导致机组停机。冷却系统测试目的是检测冷却电机、冷却风扇及控制回路工作是否正常。冷却系统分为风冷系统和水冷系统，水冷散热效果较好，一般用于大功率机组变流器散热。下面以歌美飒 DAC 变流器和金风 SWITCH 变流器为例介绍冷却系统的测试方法。

1. DAC 变流器冷却系统测试

在塔底触摸屏上逐级执行以下步骤：进入冷却测试菜单＜Service Menu＞→＜Test Menu＞→＜DAC Test＞→＜Cooling - Heating Test＞；反复地点击测试按钮，开启冷却电动机，检查空气流动的方向；观察到电机运行正常且旋转方向正确后，结束测试。

2. SWITCH 变流器冷却测试（见表 9-1）

表 9-1　SWITCH 变流器冷却测试步骤

操作步骤	操作说明
进入 1U1P2.9.1 菜单	进入“Test mode”，测试密码为“31504”
通过 P2.9.4 来设定“Force Fans（强制风扇）”为“1”	强制风扇动作
如果风扇正常动作则在 P2.9.4 设定“Force Fans（强制风扇）”为 0 来恢复到正常状态	可以听到风扇启动的声音
退出“Test mode”进入 1U1P2.9.1 菜单	将测试密码改为“0”，退出

变流器散热风扇如图 9-8 所示。

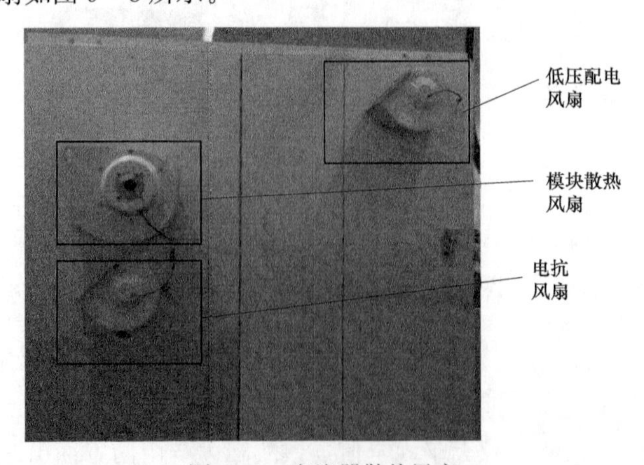

图 9-8　变流器散热风扇

9.2.2　IGBT 检测

1. IGBT 结构与工作原理

IGBT 是变流器中最为常见的功率器件，在风电机组变流器中按照安装位置和功能的不同，分为网侧 IGBT、机侧 IGBT 和 Crowbar 用 IGBT 三类。IGBT 与 CCU 控制器、驱动板、交直流母排，以及辅助器件共同实现变流器的整流、逆变功能。常用的 IGBT 分为以下两种：

(1) 单相桥式 IGBT：$U_{ce}=1700V$，$I_c=200\sim1000A$。

(2) 三相桥式 IGBT：$U_{ce}=1700V$，$I_c=450A$。

单相桥式 IGBT 内部由 2 个 IGBT 单元和热敏电阻组成，功率与模块的体积成正比。外形和电路图如图 9-9 所示。

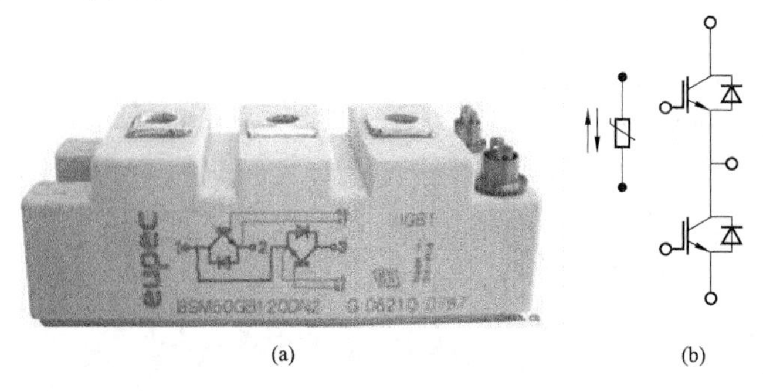

图 9-9　单相桥式 IGBT 外形及电路图

(a) 外形；(b) 电路图

三相桥式 IGBT 内部由 6 个 IGBT 单元和热敏电阻组成，功率与体积成正比，应用最为广泛，通过多组 IGBT 并联增加了自身功率。外形和电路如图 9-10 所示。

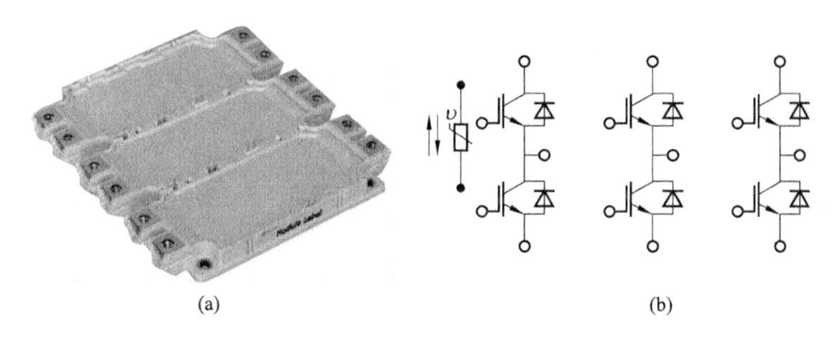

图 9-10　三相桥式 IGBT 外形及电路图

(a) 外形；(b) 电路图

IGBT 模块需要与驱动板配合使用，驱动板向 IGBT 输出开通、关断指令，一般开通电压为+12～+20V DC，关断电压为-12～-20V DC。图 9-11 分别为 GE 机组和 G8X 机组的 IGBT 与驱动板。

2. IGBT 测试方法

(1) 外观观察。观察 IGBT 没有明显爆炸、变色等现象，如外观存在异常，可直接报

图 9-11　GE 机组和 G8X 机组的 IGBT 与驱动板

废处理。损坏前后的 IGBT，如图 9-12 所示。

(a)　(b)

图 9-12　损坏前后的 IGBT

(a) 损坏前的 IGBT；(b) 损坏后的 IGBT

(2) 检查内部续流二极管。从图 9-13 中看到，IGBT 模块的上下桥臂两端分别连接至直流母排的正负极，将万用表拨在二极管挡，红表笔放在母排负极，黑表笔放在母排正极，压降在 0.5～1V 之间，说明 IGBT 的续流二极管正常；若为无穷大或短路，说明 IGBT 已损坏。

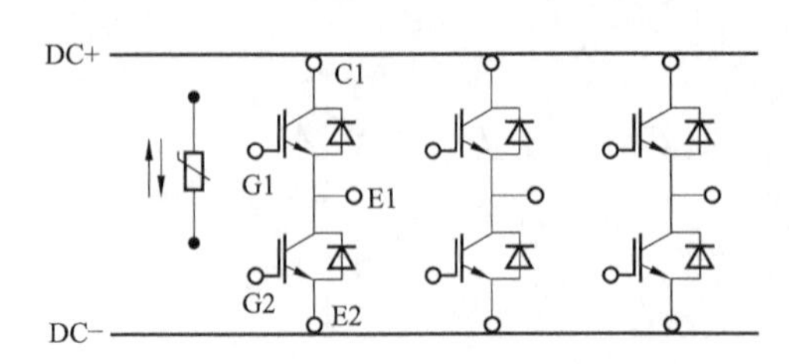

图 9-13　IGBT 在变流器中的接线图

(3) 判断 IGBT 通断好坏。此项检查需要确认变流器断电或 IGBT 被取下时进行，将万用表拨在电阻挡，用红表笔接 IGBT 的集电极 C，黑表笔接 IGBT 的发射极 E，此时万用表的电阻值很大（约为几兆欧）。然后，用 9V 电池给 IGBT 的栅极 G 和发射极 E 施加正向电压，测量集电极 C 和发射机 E 的导通情况；用 9V 电池给栅极 G 和发射极 E 施加反向电压，以使 IGBT 关断，万用表的阻值再次变大，即可判断 IGBT 的通断功能是否正常。

9.2.3　预充电测试

预充电测试是通过监测母排电压 U_{dc}，测试网侧变流器、预充电回路、母排电容等设

备是否存在故障，所有变流器都具备该功能。下面分别以图 9－14 和图 9－16 为例介绍双馈和直驱机组预充电原理。

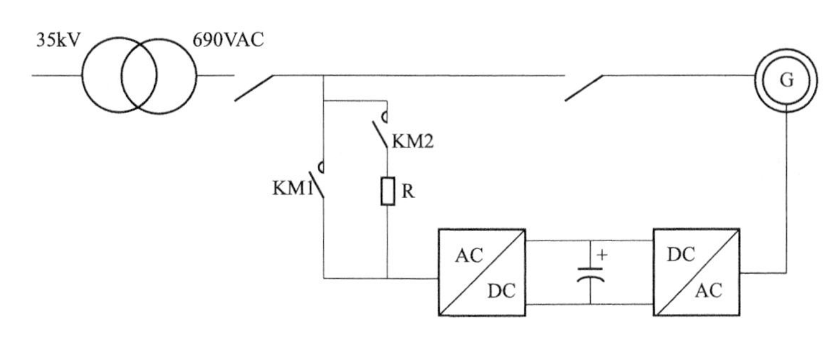

图 9－14　双馈变流器预充电回路结构图

K2—预充电接触器；R—预充电限流电阻；K1—变流器主接触器

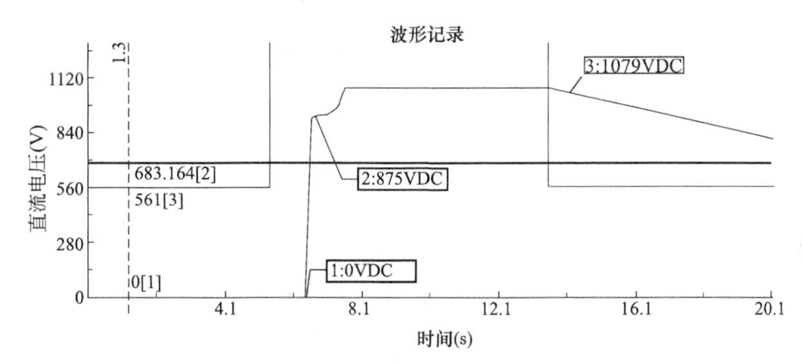

图 9－15　预充电正常波形

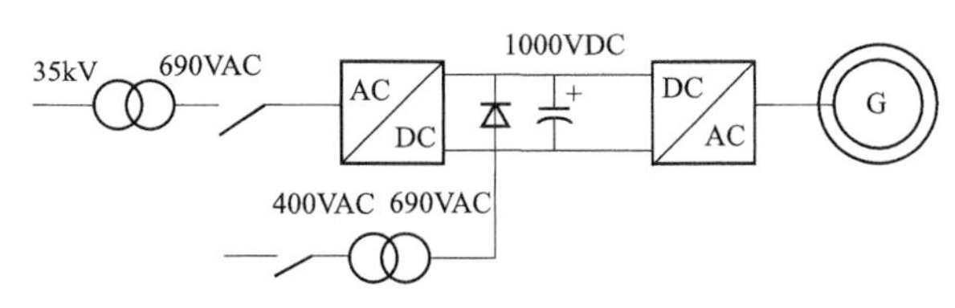

图 9－16　常见的直驱变流器预充电回路图

1. 双馈变流器预充电

对于常见的双馈机组变流器，当变流器柜内温湿度满足启动要求（湿度小于 90%，温度在 5～60℃范围内）时，且变流器无故障时，变流器开始预充电。首先，由变流器网侧控制器发出预充电指令，控制预充电接触器吸合，开始预充电；延时约一定时间后（一般数秒），直流母排电压升至指定的电压值（如 875V），变流器主接触器吸合，随后预充电接触器被旁路切出；最后网侧变流器开始工作，直流母排电压被提升至一定电压值，一般为 1050V 或 1079V，预充电结束。

图 9－15 所示为 ABB 变流器执行预充电时的波形，通过曲线能够看到预充电接触器和变流器主接触器动作时，直流母线电压（红色曲线）的变化情况。

（1）图纸 1 号标识位置，母排电压为 0V，此时 KM2 吸合，在限流电阻的作用下母排电压是逐渐升高的；

（2）在 2 号标识位置，当母排电压达到一定值时，KM1 吸合，在控制器接收到 KM1 吸合的反馈后 KM2 断开；

（3）在 3 号标识位置，KM1 被断开，母线上并联的放电电阻会对母线电容放电，直至为 0V。

2. 直驱变流器预充电测试

直驱机组变流器的测试方法和步骤与双馈机组类似，根据厂家不同，预充电回路的结构也不同，直驱变流器预充电回路一般由预充电开关、升压变压器、三相全桥整流二极管组成。

9.2.4 极性测试

发电机极性测试又可以分为零速测试和同步测试，测试示意图如图 9－17 所示。其原理是把发电机视作一个大型的变压器，当机侧变流器向转子励磁时，定子会感应出电压。变流器控制系统检测定子电压的幅值、相位，据此判断机侧变流器、发电机是否存在故障，变电机定转子接线是否正确。通常在预充电测试完成后，可进行极性测试。

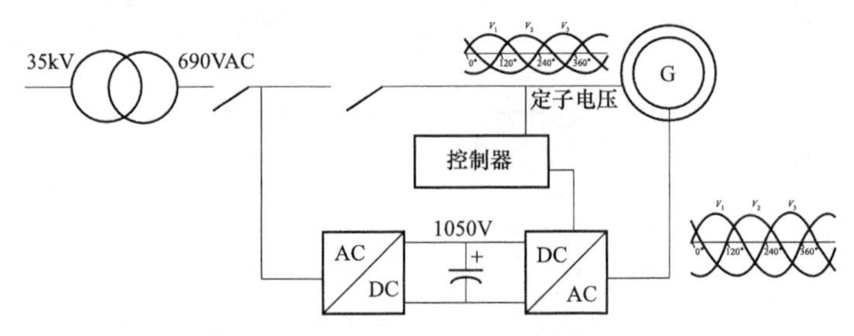

图 9－17 变流器零速、同步测试示意图

1. 零速测试

零速测试的目的是为了测试机侧变流器、发电机及电缆是否有异常，测试前的注意事项如下：

（1）测试过程不得超过 1min，不然会损伤发电机轴承；

（2）测试时不允许并网接触器吸合；

（3）测试时转子与定子均在静止状态。

零速测试应在小风时进行，一般应大于 3m/s，测试步骤如下：

测试时，转子侧变流器对发电机施加静态励磁，发电机在静止的情况下相当于一台变压器。测试得到的曲线如图 9－18 所示，转子电压（曲线 6）在 290～400V 之间，发电机定子侧感应电压（曲线 5）110～155V，约为转子电压的 1/3。

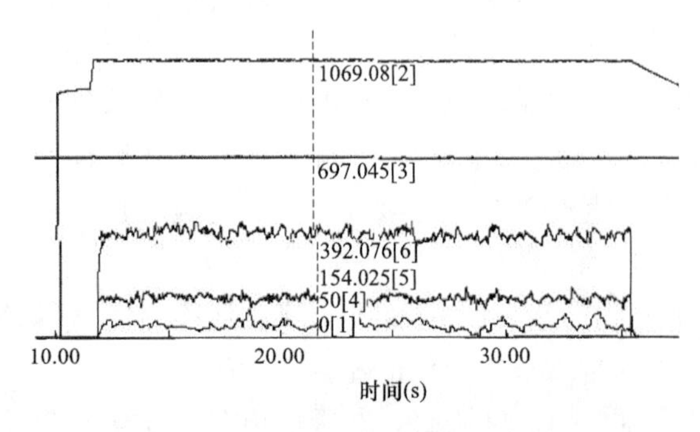

图 9－18 变流器零速测试正常曲线

2. 同步测试

同步测试目的主要是检测变流器能否有效地控制转子励磁电流，使定子发出的三相电压在幅值、相位、频率上与电网同步。在同步测试中，变流器同时完成了对发电机定

转子接线、发电机编码器工作状态的检测。完成零速测试后可以继续进行同步测试，同步测试时风速必须可以达到切入风速，一般应大于 3m/s。同步测试时，并网接触器禁止吸合。

以图 9－19 为例，其为同步测试的波形图，仅选取了两相电压进行对比，可以看出，定子电压和电压在幅值、相位、频率上完全吻合，同步测试成功。

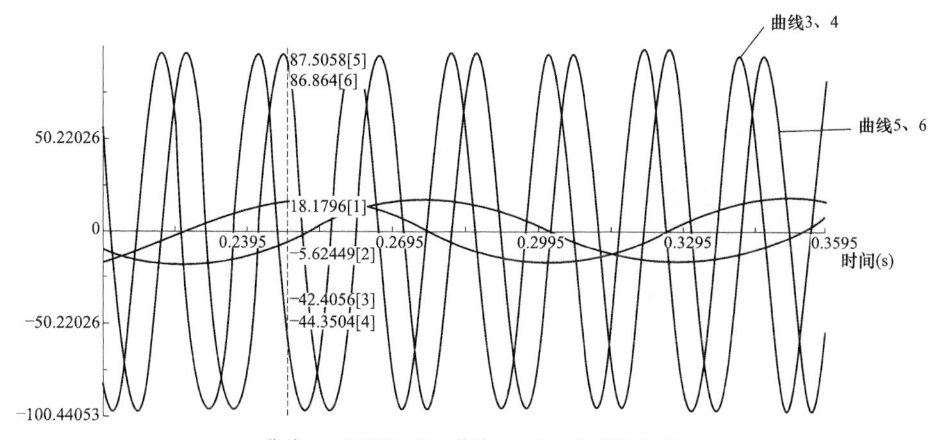

曲线 3：电网 U 相　曲线 4：发电机定子 U 相

曲线 5：电网 V 相　曲线 6：发电机定子 V 相

图 9－19　变流器同步测试波形

9.2.5　Crowbar 测试

Crowbar 按照安装位置不同分为母线 Crowbar 和机侧 Crowbar。其原理是在母线电压超出设定值时（如 1200V），启动 Crowbar 放电功能，来保护发电机转子、变流器等部件。Crowbar 触发电压高于母排正常电压，一般为 1.15～1.2 倍，母排正常电压如果是 1050V DC，Crowbar 触发电压一般设为 1200V DC，歌美飒 850kW 机组母排电压为 800V，Crowbar 触发电压为 960V 左右。图 9－20 所示为常见的直流母线 Crowbar 结构原理图。

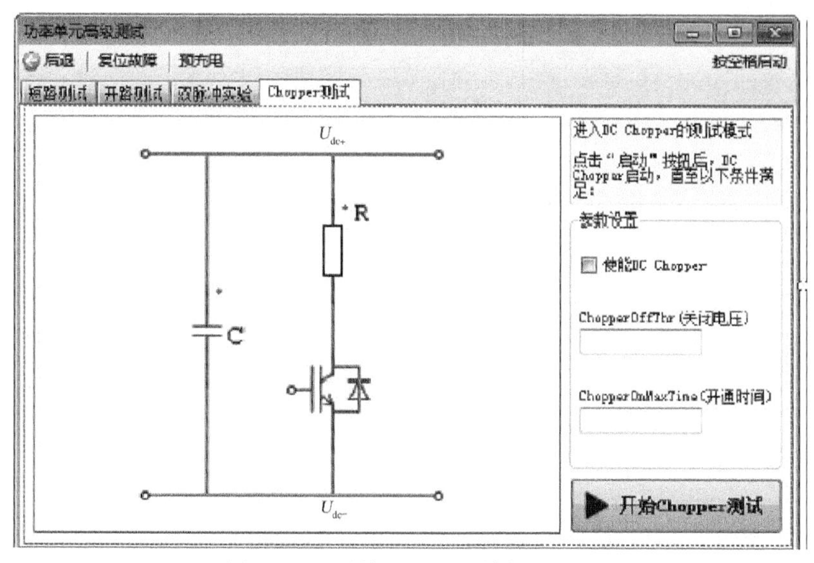

图 9－20　母线 Crowbar 结构原理图

9.2.6 UPS 测试

变流器的 220V AC 工作电源来自于 UPS，正常时，UPS 输出电压应在 220V AC±2%之间，现场对 UPS 测试时，按照以下步骤逐次检查：

（1）检查 UPS 的工作状况。如市电正常，UPS 应工作在市电模式；如市电异常，UPS 应工作在电池模式。

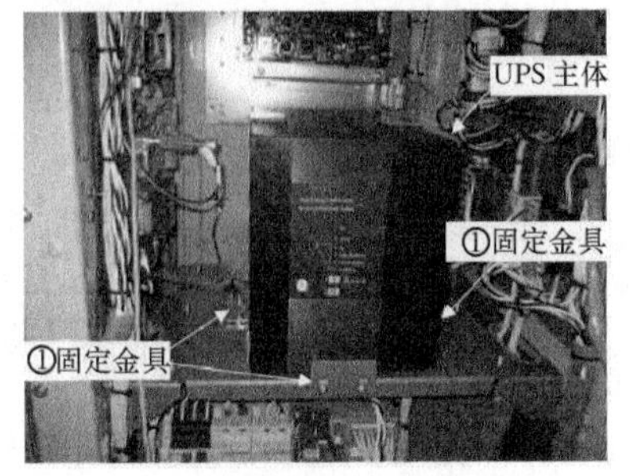

图 9-21 变流器内 UPS 位置

（2）检查 UPS 的运行模式切换。断开市电输入，UPS 切换到电池供电模式并正常运行，至少待机 5～10min 以上。如果电池待机时间较短，应更换 UPS 内部电池组。

（3）接通市电输入，UPS 应切换回市电模式，再次测量 UPS 输出电压，输出电压应在 220V AC±2%之间。

变流器内 UPS 位置如图 9-21 所示。

9.2.7 断路器吸合测试

部分变流器具有断路器吸合测试功能，其原理如图 9-22 所示，变流器给出一个具有一定脉宽的驱动脉冲，然后通过继电器去驱动断路器吸合，断路器吸合后，其反馈触点将动作状态返回变流器。变流器检测到断路器有吸合动作，测试成功。

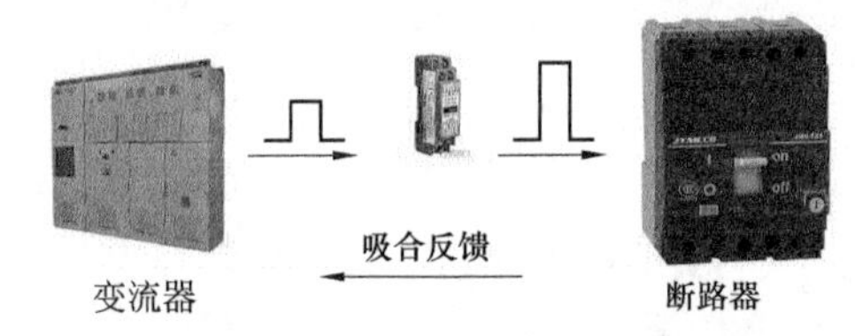

图 9-22 断路器吸合测试

以金风 Switch 变流器为例介绍发电机侧断路器吸合的测试步骤。发电机出线侧两套绕组，分别通过发电机侧接触器 2Q1 和 3Q1 接至变流器，如图 9-23 所示。2Q1 与 3Q1 的测试步骤如下：

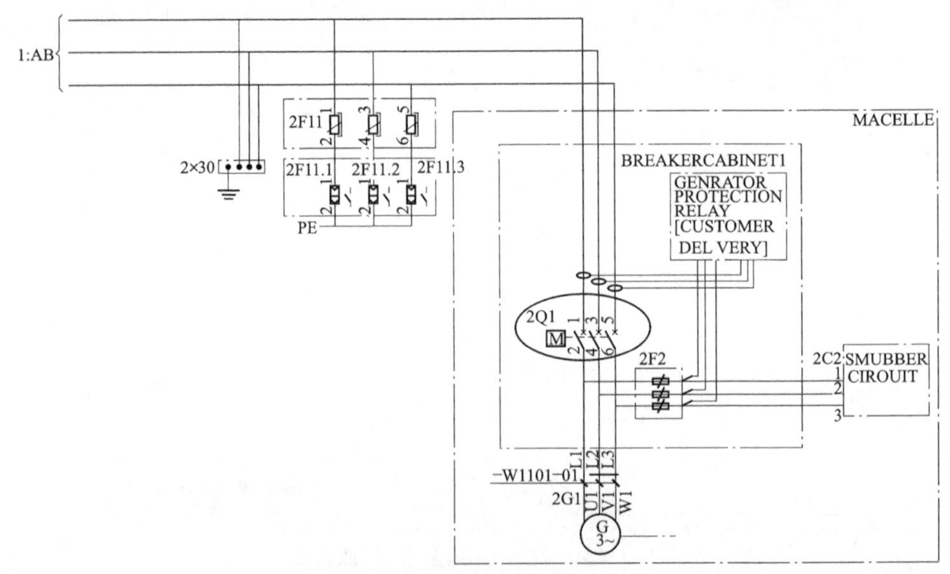

图 9-23 发电机侧断路器电气图

(1) 进入“Test mode”菜单；

(2) 将“Force breaker”改为“Yes”；

(3) 观察2Q1反馈指示灯等是否被点亮，如果被点亮，说明已经吸合成功；

(4) 在通过操作面板将2Q1断开；

(5) 3Q1的测试在3U1面板上执行，测试步骤同上。

9.3 定期维护

变流器维护包含外观检查、电缆稳固性检查、空气滤网检查与更换、散热器维护、UPS电源维护、电容的检查与维护。

9.3.1 维护注意事项

变流器内部包含带电部件，其电压对操作人员具有潜在危险，因此，在对变流器进行维护之前，所有对变流器操作人员都必须掌握正确的变流器知识，并做好以下工作：

(1) 将变流器输入侧开关、发电机定子侧并网开关断开，然后将箱式变压器低压侧断路器断开。

(2) 切断所有电源后至少等待15min，并采用完好的万用表检查每个电气部件是否不带电（三相、中性点、母排电容、熔断器等）。

(3) 将变流器直流母排接地或将主接触器三相短路并接地，如图9-24所示。接地线一般选用多股软铜线，不得小于35mm^2，外绝缘层要求透明。

图9-24 变流器挂接地线

(4) 直驱型机组必须用机械抱闸装置将发电机转子锁住。

(5) 完成工作后，必须检查并确认没有其他人员在区域内工作，工具是否全部从变流器内取出。

(6) 在检查或更换变流器模块或者滤波器模块时要注意安全，功率模块较重且重心较高，需要谨慎操作，以免模块翻倒造成人身或设备损害。

9.3.2 空气滤网的定期维护

1. 检查空气滤网（风冷，见图9-25）

通常每月检查一次空气滤网，建议在高温季节来临之前更换空气滤网，可保证变流器良好的散热。检查柜体的清洁，如有必要，使用软抹布或真空吸尘器进行清洁。

2. 检查并更换空气滤网（水冷）

一般情况下，水冷系统需要每月定期检查系统泄漏和工作压力情况。

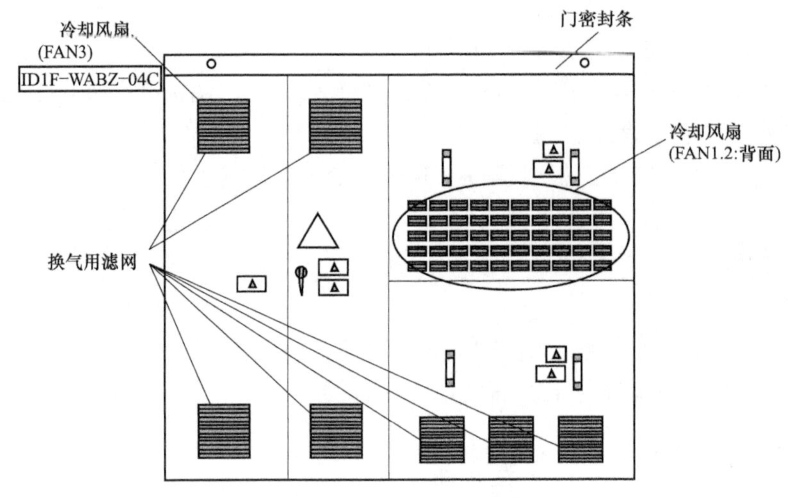

图 9-25　变流器空气滤网

水冷系统正常运行以后，检查水路管道各法兰连接处，是否存在渗水现象，检查前必须先使用干净的卫生纸清理法兰连接处的水渍。在检修时应注意以下几点：

(1) 切断电源；

(2) 泄压断开设备；

(3) 把介质排放到合适的容器中；

(4) 检修时应防止烫伤，系统冷却后进行维护；

(5) 冷却系统工作介质一般为乙二醇和纯净水的混合物，其中乙二醇为有毒物质，使用时避免直接接触皮肤。

9.3.3　功率电缆的定期维护

由于振动、温度变化等因素，螺丝和螺栓等部位很容易松动，应检查它们是否拧紧，必要时需加固。对网侧电缆、定子连接电缆、转子连接电缆分别检查其接线紧固情况和电缆是否完好，如有异常及时处理。

9.3.4　电路板的定期维护

印制电路板和功率单元是变流器的核心部件，较多灰尘会对电气性能和散热造成一定影响，可使用防静电刷子或真空吸尘器对印制电路板和功率单元进行清洁，如图 9-26 所示。

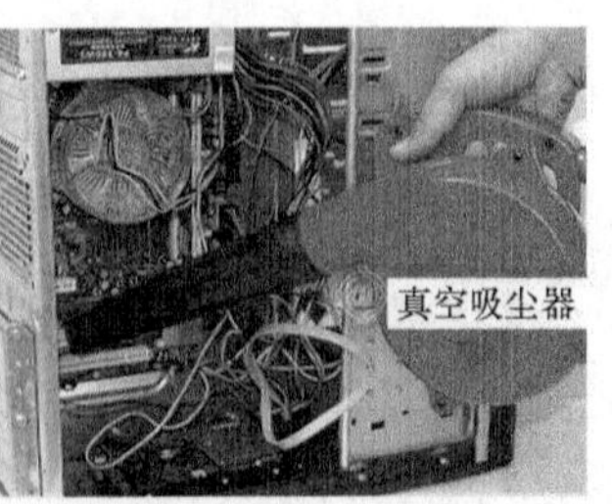

图 9-26　印制电路板清理

9.3.5 散热器的定期维护

功率模块散热器上会聚集大量来自冷却空气的灰尘，如果不及时对散热器上的积尘进行清洁，模块就会出现过温警告和过温故障。一般情况下，散热器应该每年清洁，在较脏的环境中，应该加大清洁的频率。清洁散热器的步骤如下：

（1）拆下冷却风扇。

（2）用干净的压缩空气从底部往顶部吹，同时使用真空吸尘器在出口处收集灰尘；注意：不要让灰尘进入相邻设备。

（3）装回冷却风扇。

9.3.6 电容器的定期维护

变流器模块使用了胶片电容器和大量的母排电解电容。电容器的寿命与变流器的工作时间、负载情况和周围环境温度等有关，降低环境温度可以延长电容器的使用寿命。电容器故障是不可预测的，电容器的故障通常伴随着功率单元的损坏、输入功率电缆熔断器熔断或故障跳闸。

电容的维护周期为一年，当电容出现如下情况时请及时更换：

（1）电容出现鼓包、漏液时，会有爆炸的危险；

（2）电容容量降至标称容量的80%以下。

9.3.7 UPS电源的定期维护

为了使变流器具备低电压穿越功能，增加了UPS电源，正常时，UPS电源输出电压在220VAC±2%之间，维护时应逐次检查下面内容：

（1）检查UPS的工作状况；

（2）检查UPS的运行模式切换；

（3）测量UPS输出电压，输出电压应在220VAC±2%之间；

（4）每半年对电池充放电一次；

（5）检查电池，如有必要进行更换，电池的更换周期通常为三年。

UPS安装位置与外观如图9-27所示。

图9-27 UPS安装位置与外观

9.3.8 断路器的定期维护

主断路器会记录动作次数，每年检查一次，如次数超出规定次数（不同断路器次数上限要求不同），需要进行更换。

9.4 典型故障处理

9.4.1 变流器转子过电流

变流器转子电流过高并超过设定值时会触发该故障，例如，转子相间绝缘变差，相间短路导致转子电流升高。

1. 原因分析

（1）发电机转子电缆接线交叉短路；

（2）发电机定转子电缆接线有接错情况；

（3）发电机转子滑环碳刷积碳太多、碳刷弹出碳刷支架或碳刷磨损严重导致转子侧短路或接地；

（4）Crowbar 内部被击穿；

（5）发电机编码器信号干扰。

2. 处理方法

参考图 9－28 的故障树对故障进行逐项判断，如果初次上电调试或更换完发电机报此故障，转子交叉短路可能性很大，重点检查变流器出线侧三相电缆的相序。如果是机组运行中报此故障，应检查 Crowbar 内部是否被击穿烧坏、编码器信号是否受干扰、变流器 IGBT 是否损坏，必要时更换。

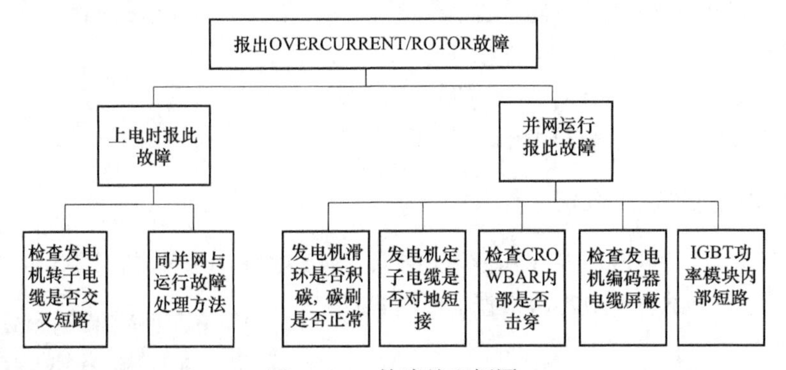

图 9－28　故障处理框图

3. 故障案例

故障名称：转子过电流 OVERCURRENT/ROTOR。

原因分析：执行极性测试，波形如图 9－29 所示，可以看出定子电压（曲线 4）仅有几十伏，比正常值偏低，正常值应为 100V 以上。

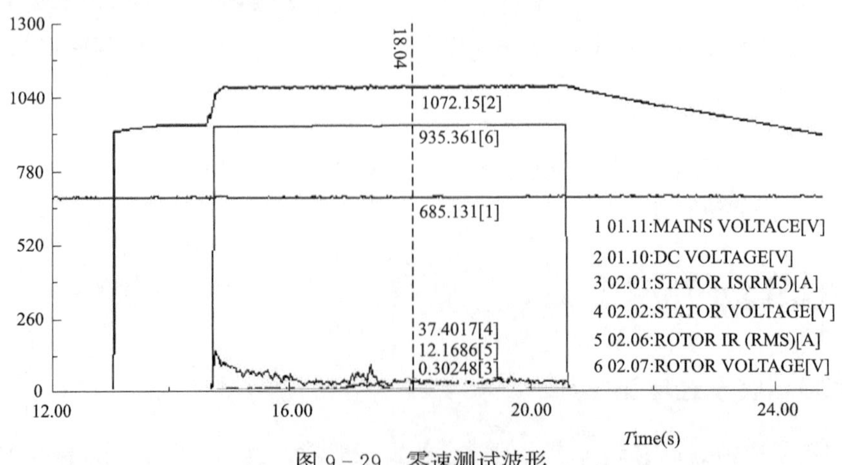

图 9－29　零速测试波形

为进一步分析故障，再进行同步试验。发电机转速达到1200r/min时，启动变流器，不到1s再次报故障，但此次报GRID SYNC FAILED故障（同步错误）。从图9-29中可以看出，定子电压比较低。因为机组故障前一直正常运行，未更改过转子或定子的相序，所以不同步的原因可能是Crowbar故障或者是电网和定子电压检测不正确，从波形也可以看出定子电压和电网电压相差较多。

4. 处理步骤

（1）检查变流器控制单元，经更换后，故障是否还依然存在。

（2）为了排除Crowbar的问题，将Crowbar从转子侧脱开，做同步试验和零速启动试验，若故障依然存在，Crowbar也不存在问题。

（3）检查变流器功率单元IGBT，均正常，无击穿迹象。

（4）检查定子侧的绝缘度，结果定子对地绝缘只有2kΩ，后经仔细检查确认是否导电轨绝缘出了问题。

9.4.2 变流器过温

变流器测温点一般包括IGBT模块温度、控制柜内部温度、功率单元温度、冷却系统温度等，故障触发后机组一般会停机或降功率运行，变流器内部温度一般控制在5～60℃以内，温度过高或过低会影响变流器各部件的工作性能。

1. 原因分析

（1）外界环境温度过高，并且变流器内部空气流动不畅；

（2）风电机组长时间高速运转，负荷过大，IGBT或其他元件产生的热量过大；

（3）功率柜和模块过滤器灰尘太大，影响散热；

（4）散热风扇或水冷却系统故障；

（5）温度传感器或采集设备故障。

2. 故障案例

（1）故障名称：变流器控制柜温度高。

（2）故障处理步骤：参照图9-30故障树对故障进行逐步定位。

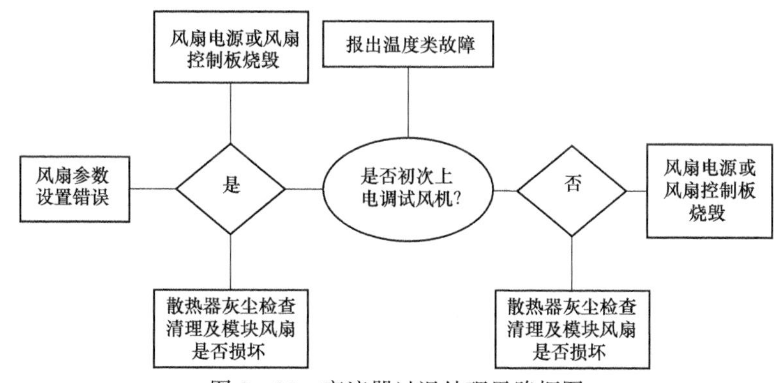

图9-30 变流器过温处理思路框图

（3）处理结论：导致变流器过温的因素较多，集中体现为滤网堵塞和散热电机卡涩，在定检和维护时，尤其在大风季节或夏季来临之前，运维人员应注意及时清扫灰尘和更换滤网。

（4）故障处理注意事项：风电机组所处运行阶段的不同，处理方法和过程也会有所区别。随着风电场运行时间的越来越长，模块风扇损坏的几率会越来越大，逐渐成为导致变流器过温的主要因素。风扇损坏大概分机械轴承损坏、风扇扇叶掉落和电机绕组烧毁三类，在日常维护中应注意散热风扇的运行状况。

9.4.3 Crowbar 故障

Crowbar 运行信号长时间未闭合触发此类故障。

1. 原因分析

（1）一般情况 Crowbar 类的故障不会单独报出，会伴随其他故障，如 DC OVER-VOLTAGE、RIDE－THROUGH、网侧过电压等故障，基本可以断定低电压穿越或者编码器受到了干扰所致。

（2）如果单独报出 Crowbar RDY 丢失或 Crowbar TIMEOUT，则可能 Crowbar 内部控制板烧毁，或内部熔断器损坏，或外部引来的电源没接好。

（3）Crowbar 与控制系统之间通信出现问题，使控制系统没有收到 Crowbar 的反馈信号。

2. 故障处理注意事项

检查 Crowbar 内部控制板是否损坏，可以检查 Crowbar 的电容、IGBT 或内部二极管桥是否被击穿。另外，可以先屏蔽掉 Crowbar，短接与控制系统的反馈触点后做测试。如果屏蔽掉后故障消除，则可排除 Crowbar 内部问题。

9.4.4 预充电故障

在预充电开始后，如果直流母排电压在一定时间内未达到规定的电压值，便会报该故障。

1. 可能原因

（1）预充电接触器未吸合；

（2）预充电熔断器或限流电阻烧毁；

（3）直流母排电容或均压电阻问题；

（4）Crowbar 故障，使直流母排不断放电；

（5）IGBT 功率单元故障。

2. 故障案例

（1）故障名称：预充电未完成（金风 Switch 变流器）。某机组预充电无法完成，检修人员在操作时发现网侧 LC 滤波器电容有问题，在预充电过程中网侧电容有拉弧迹象，更换电容后故障并未消除。

（2）故障分析：据检修人员反馈，被更换的电容及接线上并无拉弧痕迹，因此可以判断故障并非是由于滤波电容引起的，而是其周边存在拉弧放电的迹象。

从变流器主电路如图 9－31 所示。通过分析变流器运行启动流程，可以看出只有在预充电完成后，网侧断路器才会吸合，在预充电过程中，1U1 不进行调制，网侧断路器并没有任何电压，不可能发生放电现象。经过再次测量电压，确认网侧断路器上口电压为零，因此可以排除网侧发生故障的可能。

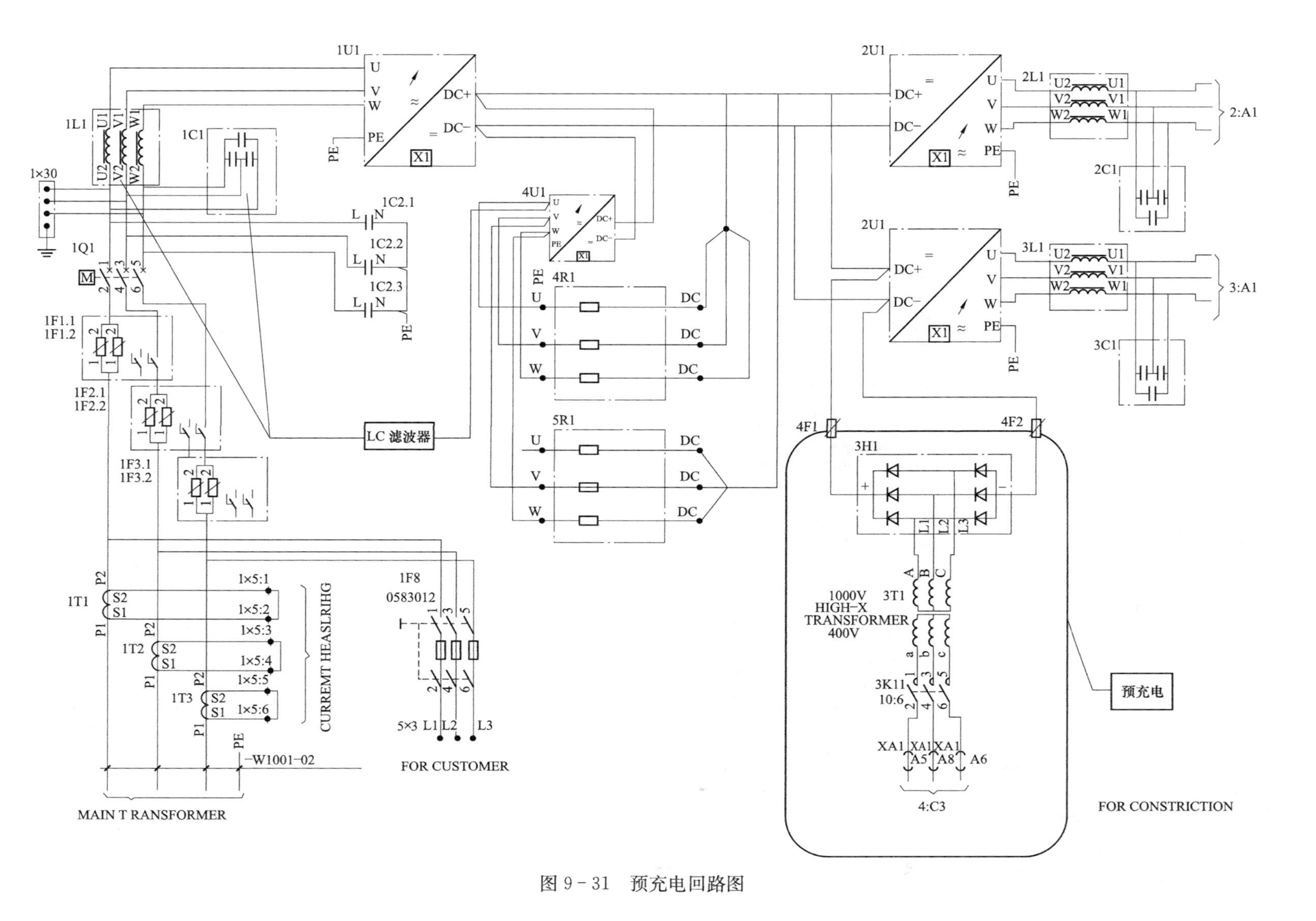
1U1
1L1
1C1
1×30
1Q1
1C2.1
1C2.2
1C2.3
1F1.1
1F1.2
1F2.1
1F2.2
1F3.1
1F3.2
LC 滤波器
4U1
4R1
5R1
2U1
2L1
2:A1
2C1
3L1
3:A1
3C1
4F1
4F2
3H1
1000V
HIGH-X
TRANSFORMER
400V
3T1
3K11
10:6
XA1
A5
A8
A6
4:C3
预充电
FOR CONSTRICTION
1T1
1T2
1T3
CURREMT HEASLRIHG
1F8
0583012
5×3 L1 L2 L3
FOR CUSTOMER
-W1001-02
MAIN T RANSFORMER

图 9-31 预充电回路图

图 9－32　网侧滤波电容

通过仔细检查，发现 4U1 的 B＋端上有烧痕，经深入检查发现 4U1 模块损坏，损坏点如图 9－32 所示。更换了 4U1，故障解除。

Crowbar 放电母排如图 9－33 所示。在预充电时，4U1 的直流母排上带电，但是直流母排 B＋已经损坏，导致故障在该处暴露，而其上面就是滤波电容，容易误解为电容有问题，而不会怀疑 4U1 本体有故障。由于 4U1 直接与母排相连，4U1 故障有可能会导致母排电压达不到规定的电压值，使预充电失败。

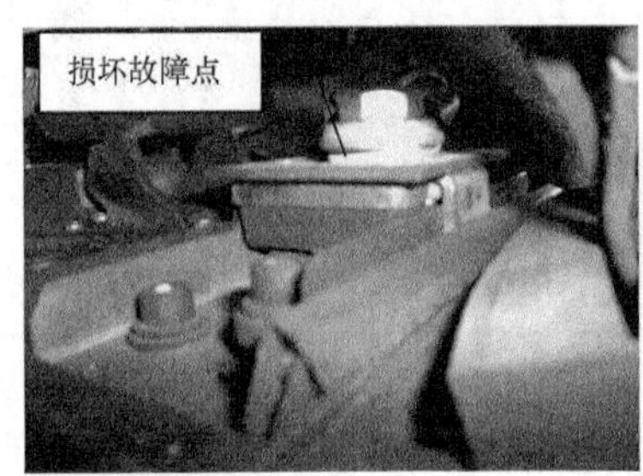

图 9－33　Crowbar（4U1）放电母排

9.4.5　并网接触器闭合后跳开

在并网之前，机组控制系统会对比发电机定子输出的三相电压与电网电压，当幅值、频率、相位都匹配时，机组控制系统会发出并网指令，并网接触器吸合，发电机开始向电网输送电能。如果并网后检测到异常，定子并网接触器会迅速跳开。

1. 故障分析

并网接触器外形及内部电路如图 9－34 所示。由于在出现故障之前并网接触器已经吸合，说明定子输出的三相电压与电网电压在幅值、频率和相位上都相同，进而可以证明变流器励磁和发电机性能都不存在问题，可能由于并网后对一些参数的测量上出现了问题，导致迅速脱网。

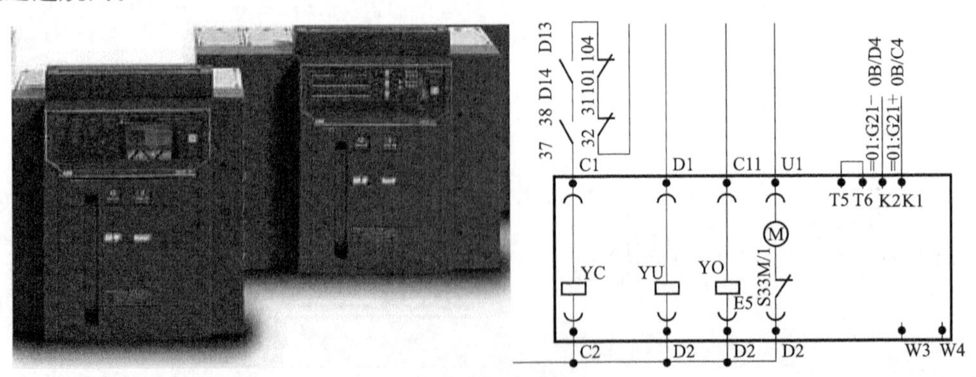

图 9－34　并网接触器外形及内部电路示意图

2. 可能原因

(1) 并网接触器机构故障，分闸线圈或者储能机构出现故障，导致并网接触器吸合后又误动作。

(2) 并网接触器触点接触不良。

(3) 电流互感器损坏，并网后机组测量定子三相电流，检测三相电流相量和是否为零，如相量和不为零，也会使机组脱网。

(4) 并网接触器反馈信号丢失，并网接触器吸合后，辅助触点会把闭合信号送至控制系统的DO通道。如检测不到反馈信号，接触器也会再次断开。

(5) 控制系统故障。

3. 检查步骤

(1) 检查接触器本身的执行机构是否正常。

(2) 检查定子电流互感器（见图9-35），是否出现损坏或接线不良。

(3) 检查接触器触点是否存在接触不良、烧蚀等痕迹。

(4) 检查控制板的工作状态与指示灯。

图9-35　定子电流互感器

9.4.6 网侧三相电流不平衡

从发电到输送，三相电是基本平衡的，不平衡主要指三相负载的不平衡。对于无中性线的三相负载，电流的不平衡，也会导致严重的电压不平衡；对于有中性线的三相负载，不平衡时主要是电流的不平衡，电压变化较小。根据GB/T 15543—2008《电能质量三相电压不平衡》中规定，电网正常运行时，不平衡度不超过2%，短时不得超过4%。

1. 可能原因

(1) 变流器计算误差。

(2) 电流互感器本身问题。

(3) 电流电压采集板或接线问题。

(4) 网侧滤波电容问题。

(5) 网侧逆变IGBT问题。

2. 检查步骤

(1) 用万用表检查网侧IGBT是否有问题，如果网侧IGBT、IGBT驱动线缆、变流器电压电流采集板其中一个有问题，都会导致三相电流不平衡。

(2) 检查高压I/O板电流互感器接线是否有问题，是否存在接反或者虚接现象。

(3) 检查网侧滤波电容是否正常，网侧滤波电容控制回路是否有线虚接。

(4) 低温或者随着机组运行时间增长，电流互感器可能有问题，如有问题更换电流互感器。

3. 故障案例

以金风直驱1.5MW机组Freqcon变流器为例，介绍机组报三相电流不平衡故障的处理案例。机组报a相电流低，b、c相电流高故障。

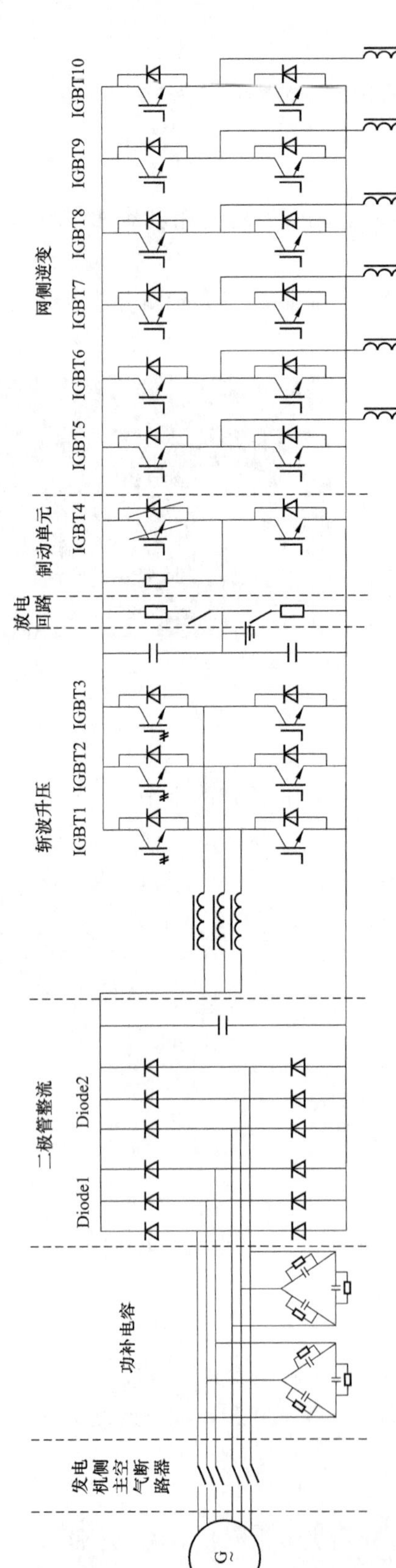

图 9-36　Freqcon变流器主回路图

故障分析及处理步骤：

（1）用示波器测量网侧电压，示波器显示三相电压不平衡。

（2）更换网侧控制器后故障依然存在，并网后报 IGBT5 故障，单独做测试 IGBT5 不调制，初步判断是接线有问题，将 IGBT5 和 IGBT4 对换后再次试验，拆出 IGBT5 后发现已经爆炸，但反馈信号完好，所以导致其限功率，由 IGBT6 支撑着 a 相的电流，a 相电流仅有其他两相的一半，如图 9－36 所示。

（3）更换 IGBT5 后，并网运行几分钟后再次故障停机，查看故障文件显示：a 相电流突然减小，与其他相电压之间相差有一倍，现象与最初相同，电流仅为其他两相 1/2。

（4）用万用表检测 IGBT5 没有损坏，做对冲试验 IGBT5 时发现有不正常的调制电流响声。

（5）最终，检查发现 IGBT5 交流侧到电抗器连接母排由于虚接损坏。

处理结论：该故障最终确定是由于 IGBT5 交流侧到电抗器连接母排虚接导致的。网侧三相电流不平衡还有一种可能是网侧 IGBT 有一相有损坏引起，如 b 相电流低，a、c 相电流高，就要检查 b 相所对应的 IGBT 是否损坏。有时 IGBT 损坏，但故障不会被系统报出，变流控制器会继续给 IGBT 发 PWM 信号，但是 IGBT 无法执行开断动作，该故障较为典型且不易发现，需多注意分析和观察变频器的状态数据。

思考题

1. 说明 Crowbar 的分类和作用。
2. 说明变流器功率回路检查的步骤。
3. 说明预充电测试的作用。
4. 说明变流器维护时的安全注意事项有哪些？
5. 说明零速测试的原理。
6. 说明转子过电流的主要原因。
7. 说明 IGBT 测试方法。

液压与刹车系统维护与检修

10.1 概述

风电机组液压系统的主要功能是为制动（轴系制动、偏航制动）、液压变桨控制、偏航控制等机构提供动力。在定桨距风电机组中，液压系统除了提供机械制动动力外，还对机组的空气制动液压管路提供动力，控制空气与机械制动的开启，实现机组的开机与停机。在某些风电机组中，采用了液压变桨距装置，如图10-1所示，利用液压系统控制叶片变距机构，实现风电机组的转速控制、功率控制，同时也控制机械制动机构以及驱动偏航减速机构。

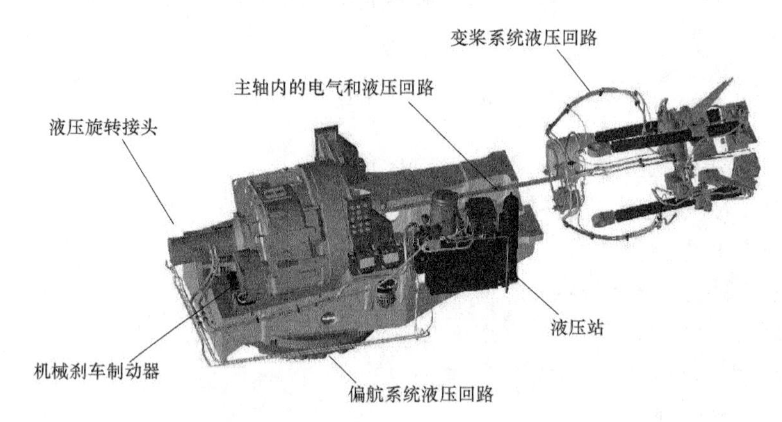

图10-1　某型风电机组液压系统图示

由于风电机组的特殊工作环境和恶劣工况，液压系统所使用的液压油有很高的要求，如良好的性能、合适的黏度、极端气候条件的适应性和较长的寿命等。

10.1.1 液压系统功能简介

一个完整的液压系统由五个部分组成，如图10-2所示，即动力元件（如液压泵）、执行元件（如液压缸、液压电动机）、控制元件（如各种液压阀）、辅助元件（如油箱、滤油器、蓄能器、油管及管接头、压力表、油位计等）和液压油。

风电机组液压系统的主要功能：

(1) 驱动液压机构工作，如在使用液压变桨距机组中驱动伺服油缸，实现顺桨停机；在失速型定桨距机组中驱动叶尖扰流器动作，实现甩叶尖制动器停机；在使用液压偏航装置中驱动液压马达旋转，实现机组偏航等。

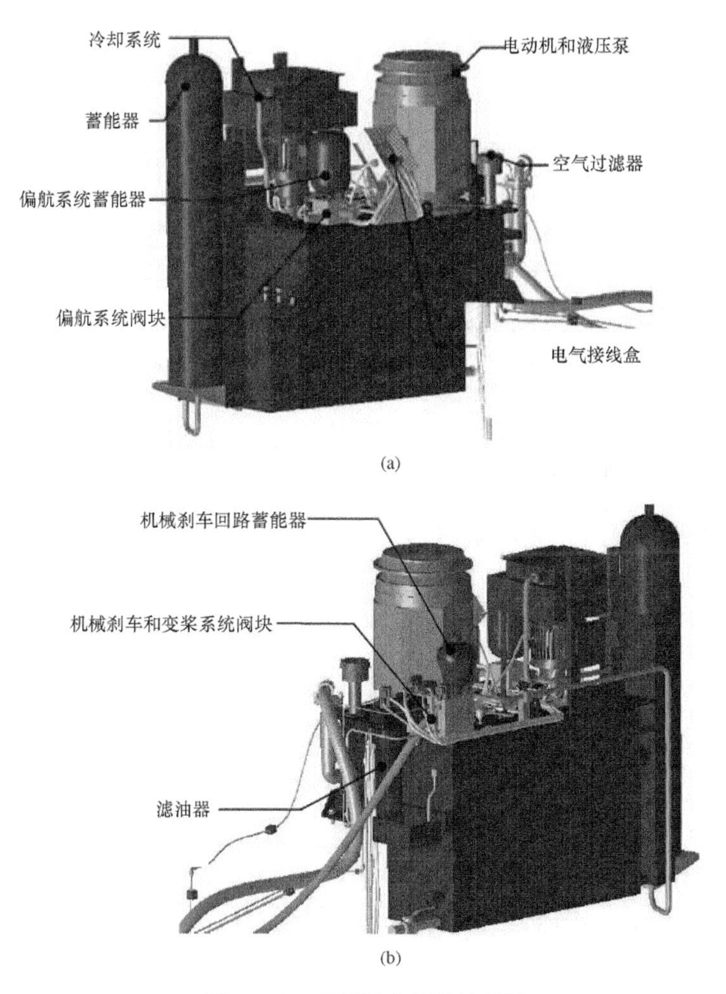

图 10-2　某型风电机组液压站

（2）轴系制动，如高速轴的液压刹车制动，偏航系统制动和阻尼等。

10.1.2　液压系统原理

典型的液压系统如图 10-3 所示。液压泵自吸油口粗滤器将液压油吸入，再经精滤器过滤送进工作油路，系统的压力由溢流阀调定。液压油再进入液压缸等液压装置，驱动叶片等执行机构动作。为了确保系统可靠地工作，还配置有蓄能器、各种液压阀、压力表、压力继电器等液压元件。

风电机组的液压站系统压力多是由压力继电器来监测，控制液压泵的启停。当系统压力降低到下限值以下时，机组主控程序发出指令，液压泵开始工作建压，直到系统的压力达到上限值时，机组主控程序发出指令，液压泵停止工作。如果液压泵建压时间超过最大限定时间，机组主控程序将发出停机指令，风电机组正常停机。同样如果液压泵建压时间少于最小限定时间，同样机组主控程序发出停机指令，风电机组正常停机，这时要检查蓄能器是否保压正常，必要时更换蓄能器。

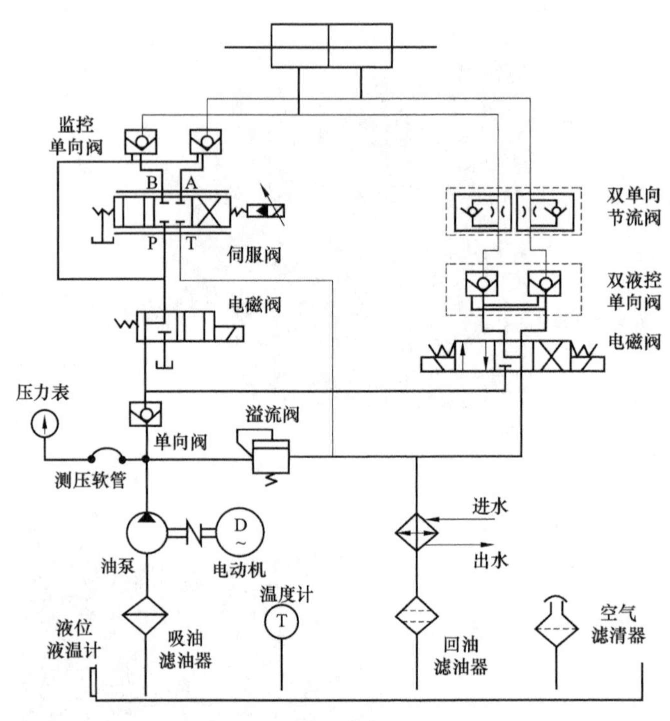

图 10-3　典型的液压系统图

目前主流大容量风电机组多采用液压变桨距系统，对于变桨距系统的伺服液压缸，需要液压压力油的流量和压力方向都要适时变化，系统中的控制元件是比例换向阀。比例换向阀使用的是比例控制技术。

比例控制技术基本工作原理是根据输入电信号电压值的大小，通过功率放大器，将该输入电压信号（一般在 0～±10V 之间）转换成相应的电流信号（见图 10-4）。这个电流信号作为输入量来控制电磁铁，从而产生一个与前者成比例的输出量——力或位移。该力或位移又作为输入量加给比例阀，后者产生一个与前者成比例的流量或压力。通过这样的转换，一个输入电压信号的变化，不但能控制执行元件和机械设备上工作部件的运动方向，而且可以对其作用力和运动速度进行连续调节。

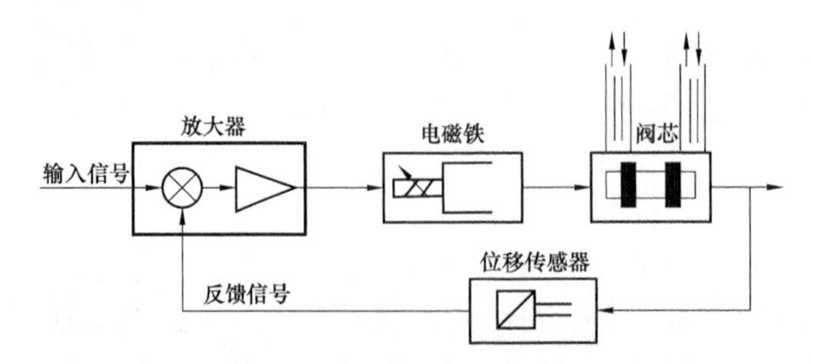

图 10-4　比例阀的控制原理

当比例控制系统设有反馈信号时，可实现控制精度较好的闭环控制。

液压偏航制动系统部分内容，见第 11 章。

10.1.3 液压系统常见故障类型

液压系统不但包含液压回路，还包含电气控制回路和机械执行元件等。由于液压系统的复杂度较高，且各个机型风电机组液压系统的配置和运行方式差别较大，如Gamesa2MW机组的液压系统包含液压变桨、机械液压刹车和液压偏航制动功能；联合动力UP1.5MW机组的液压系统包含机械液压刹车和液压偏航制动功能；GE1.5MW机组的液压系统只包含机械液压刹车功能。液压系统的故障也呈现多种不同的表现形式，同样的故障往往是由不同的故障源造成的。

液压系统常见的故障类型如下。

1. 液压系统噪声、振动大故障

主要体现为：泵中噪声、振动，引起管路、油箱共振；管道内油流激烈流动的噪声；油箱有共鸣声。

可能原因：阀弹簧所引起的系统共振；空气进入液压缸引起的振动；液压阀换向产生的冲击噪声；溢流阀、卸荷阀、液控单向阀、平衡阀等工作不良引起的管道振动和噪声等。

2. 系统压力不正常故障

主要体现为：

(1) 压力不足。如溢流阀、旁通阀损坏；减压阀设定值太低；集成阀块设计有误；减压阀损坏；泵、电动机或液压缸损坏，内泄大。

(2) 压力不稳定。如液压油中混有空气；溢流阀磨损、弹簧刚性差；油液污染、堵塞阀阻尼孔；蓄能器或充气阀失效；泵、电动机或液压缸磨损。

(3) 压力过高。如减压阀、溢流阀或泄压阀设定值不对；变量机构不工作；减压阀、溢流阀或卸荷阀堵塞或损坏。

3. 液压缸或液压马达工作不正常故障

主要体现为：

(1) 系统压力正常，液压缸或液压马达无动作。可能原因：电磁阀中电磁铁有故障；限位或顺序装置（机械式、电气式或液动式）不工作或调定不正确；机械故障；没有指令信号；放大器不工作或调得不对；阀不工作；液压缸或液压马达损坏。

(2) 液压缸或液压马达动作太慢。可能原因：泵输出流量不足或系统泄漏太大；液压黏度太高或太低；阀的控制压力不够或阀阻尼孔堵塞；外负载过大；放大器失灵或调得不对；阀芯卡涩；液压缸或阀磨损严重。

(3) 动作不规则。可能原因：压力不正常；油中混有空气；指令信号不稳定；放大器失灵或调得不对；传感器反馈失灵；阀芯卡涩；液压缸或液压马达磨损或损坏。

4. 液压站油温过高故障

主要体现为：

(1) 液压泵、阀块、液压缸等温度高。可能原因：设定压力过高；溢流阀、卸荷阀、压力继电器等卸荷回路的元件工作不良；卸荷回路的元件设定值不适当，泄压时间短；因黏度低或液压泵有故障，增大了液压泵的内泄漏量，使泵壳体温度升高；油箱内油量不足；油箱结构不合理等。

(2) 液压阀、管路渗漏油，密封圈损坏等。可能原因：液压阀的漏损大，卸荷时间短；蓄能器容量不足或有故障；需要安装冷却器。冷却器容量不足，冷却器有故障，油温自动调节装置有故障；溢流阀遥控口节流过量，卸荷的剩余压力高；管路的阻力大。

10.1.4 刹车系统功能简介

不同的风电机组对风速有一定范围的要求。当风速不在这个范围时，风力发电机就处于刹车停机状态。如果风力发电机在运行过程中，风速高于设计范围，机组应立即发出刹车指令，防止风轮失速引起风电机组的破坏。此外，当风速低于实际范围时，在检修机组时，也应使机组处在刹车状态，以防人员伤害及机组损坏。同时根据不同的工作要求，刹车装置分别处在释放与施加的状态。

风电机组必须有一套或多套刹车制动装置，保证能在任何运行条件下使轴系静止或空转。机组制动包括机械刹车制动、气动刹车制动和发电机制动。刹车制动系统是风电机组安全保障的重要环节，一般是按失效—保护的原则设计，即失电时或液压系统失效时处于制动状态。风电机组运行时均有液压系统的压力保持其处于非制动状态。

本章主要介绍机械刹车制动系统部分内容，在风电机组中最常用的机械刹车制动器为液压盘式制动器。盘式制动器按制动钳的结构形式分为固定钳式和浮动钳式两种。浮动钳式又分为滑动钳式和摆动钳式两种。盘式制动器沿制动盘轴向施力。径向尺寸小，可以做到被制动轴不受弯矩，制动性能稳定。机械刹车制动装置示例如图 10－5 所示，由安装在高速轴上的刹车盘与布置在四周的液压制动钳构成。制动钳是固定的，静止不动，刹车盘随高速轴一起转动。制动钳有一个预压的弹簧制动力，液压力通过油缸中的活塞将制动钳打开。机械刹车的预压弹簧制动力，一般要求在额定负载下脱网时能够保证风电机组安全停机。但在正常停机的情况下，液压力并不是完全释放，即在制动过程中只作用了一部分弹簧力。为此，在液压系统中设置了一个特殊的减压阀和蓄能器，以保证在制动过程中不完全提供弹簧的制动力。

图 10－5　机械刹车制动装置

10.1.5 刹车系统原理

刹车制动系统的驱动机构是液压系统，通常它由两个压力保持回路组成，一路通过蓄能器供给叶尖扰流器（液压变桨机组是供给变桨机构），另一路通过蓄能器供给机械刹车机构。这两个回路的工作任务是使风电机组运行时制动机构始终保持压力。当需要停机或制动时，两回路中的常开电磁阀先后失电，叶尖扰流器一路压力油被卸回油箱（对液压变桨机组是指桨叶的迎角发生变化），实现空气动力刹车动作。空气动力刹车是主刹车系统。风轮转速降低到一定值时，机械刹车这一路压力油卸回油箱，驱动刹车制动钳，使风轮停

止转动。机械刹车是辅刹车系统。在两个回路中各装有两个压力开关（压力传感器），以指示系统压力，控制液压泵站补油和确定刹车机构的状态。

现在根据图 10－6 简单介绍风电机组的刹车系统，压力油经液压泵 2 进入系统，溢流阀 4 用来限制系统最高压力。风电机组启动时压力油经单向阀 6 进入蓄能器 7，蓄能器调节着系统压力。电磁阀 9 通电导通、电磁阀 11 不通电截止时，压力油进入制动器内部，施加刹车制动，减压阀 12 用来保持刹车制动器的压力。电磁阀 9 断电截止、电磁阀 11 通电导通时，制动器内部的压力油在弹簧的作用下经电磁阀 11 回到油箱，从而释放制动。工作压力由蓄能器 7 保持。在电动机没有电的情况下，可以使用手泵 8 来进行手动打压，施加刹车制动，主要应用用风电机组调试时、电动机断电或损坏、大部件维修等情况。手泵 8 打压时，压力油直接从油箱中出来经单向阀 13、手泵 8 和单向阀 10，进入制动器内部，施加刹车制动。

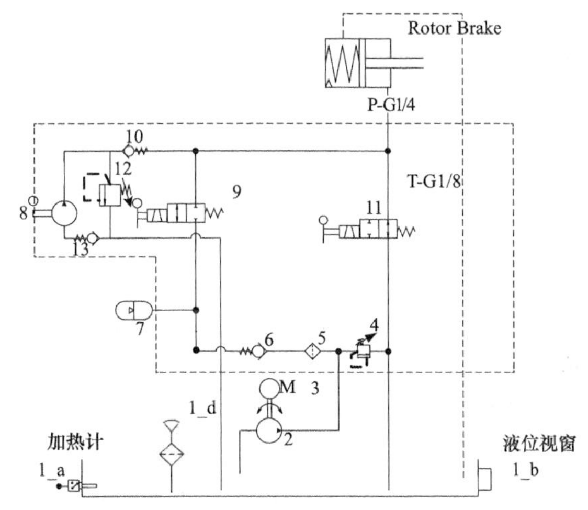

图 10－6 风电机组液压刹车系统

1_b—油位计；1_d—滤油器；2—液压泵；3—电动机；4—溢流阀；5—滤油器；6、10、13—单向阀；7—蓄能器；8—手泵；9、11—电磁阀；12—减压阀

10.1.6 刹车系统常见故障类型

气动刹车制动系统的液压类故障，见第 4 章。

机械液压刹车系统，是风电机组安全保障的重要环节，一般是按失效—保护的原则设计，即失电时或液压系统失效时处于制动状态。机械液压刹车系统的故障，将会对风电机组的稳定运行产生重大的影响。刹车间隙调整工作要严格按照厂家提供的技术文件执行，定期清理刹车盘和联轴器护罩内的油污，消除火灾隐患。

机械液压刹车系统常见的故障类型如下。

1. 液压站故障

主要故障体现和原因，见 10.1.3 相关内容。

2. 制动片、刹车盘磨损故障

主要体现为：

（1）制动片磨损。可能原因：运行时间过长；制动片安装位置不正确；制动片质量问题等。

（2）制动片磨损传感器失效，误报故障。可能原因：传感器接线松动、供电不良；传感器本体损坏；传感器安装位置不正确等。

（3）刹车间隙过小。可能原因：刹车间隙调整不符合技术文件要求；制动片安装位置不正确；刹车盘变形等。

（4）刹车盘损坏。可能原因：刹车盘运行时间过长；刹车盘设计不合理；机组刹车控制逻辑不合理等。

3. 电气回路故障

机械液压刹车系统的电磁阀需要外部电气回路进行供电与控制，在供电回路上存在大量的接触器、线路、端子排、开关、PLC 模块等，当这些元件出现故障时，机械液压刹车系统也会出现工作不正常的情况。

10.2 检查与测试

10.2.1 常用故障诊断方法

液压设备是由机械、液压、电气等装置组合而成的，因此出现的故障也是多种多样的。某一种故障现象可能是由许多因素影响后造成的，因此分析液压故障必须能看懂液压系统原理图，对原理图中各个元件的作用有一个大体的了解，然后根据故障现象进行分析、判断，针对许多因素引起的故障原因需逐一分析，抓住主要矛盾，才能较好地解决和排除。液压系统中工作液在元件和管路中的流动情况，外界是很难了解到的，所以给分析、诊断带来了较多的困难，因此要求人们具备较强分析判断故障的能力。在机械、液压、电气诸多复杂的关系中找出故障原因和部位并及时、准确加以排除。

1. 简易故障诊断法

简易故障诊断法是目前采用最普遍的方法，它是靠维修人员凭个人的经验，利用简单仪表根据液压系统出现的故障，客观地采用问、看、听、摸、闻等方法了解系统工作情况，进行分析、诊断、确定产生故障的原因和部位，具体做法如下：

（1）询问现场运行检修人员，了解设备运行状况。其中包括：液压系统工作是否正常；液压泵有无异常现象；液压油检测清洁度的时间及结果；滤芯清洗和更换情况；发生故障前是否对液压元件进行了调节；是否更换过密封元件；故障前后液压系统出现过哪些不正常现象；过去系统出现过什么故障，是如何排除的等，需逐一进行了解。

（2）看液压系统工作的实际状况，观察压力表上的系统压力、液压缸的运动速度、油液、泄漏、振动等是否存在问题。

（3）听液压系统的声音，如冲击声、泵的噪声及异常声，判断液压系统工作是否正常。

（4）摸液压缸体的温升、振动、爬行及油管接头连接处的松紧程度，判定液压缸工作状态是否正常。

简易诊断法是一个简易的定性分析，可以快速判断和排除故障，具有较广泛的实用性。

2. 逻辑分析法

根据液压系统原理图逻辑分析液压系统出现的故障，找出故障产生的部位及原因，并提出排除故障的方法。逻辑分析法是目前应用最为普遍的方法，它要求人们对液压知识具有一定基础并能看懂液压系统图掌握各图形符号所代表元件的名称、功能，对元件的原理、结构及性能也应有一定的了解。认真学习液压基础知识掌握液压原理图是故障诊断与排除最有力的助手，也是其他故障分析法的基础。G8X 系列风电机组变桨距液压系统图如图 10-7 所示。

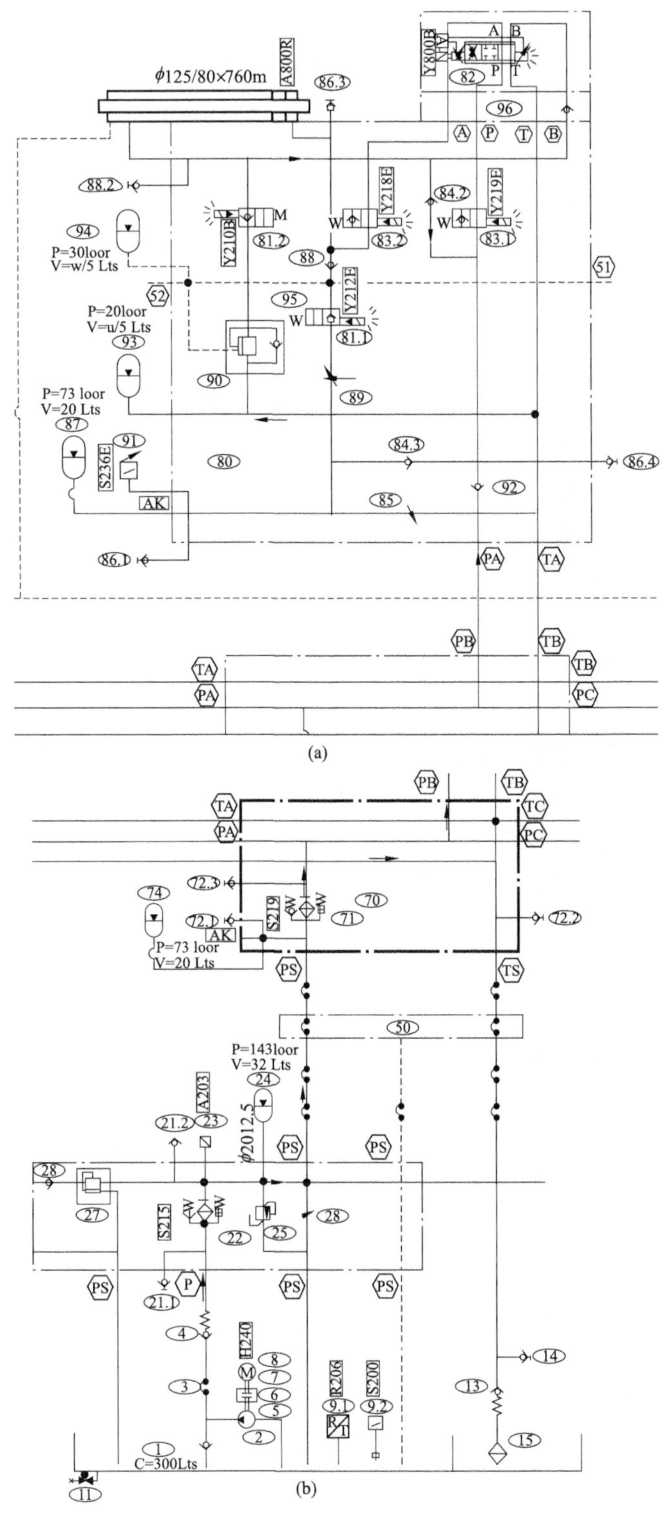

图 10-7　G8X 系列风电机组变桨距液压系统图

G8X 系列风电机组液压系统图主要有五大液压回路，分别是向－5°位置变桨工作回路、向90°位置变桨工作回路、紧急停机变桨工作回路、机械刹车制动工作回路和偏航系统制动工作回路。图10－7所示是向90°位置变桨工作回路，当风电机组向90°位置变桨时，81.1位置的Y212B电磁换向阀、81.2位置的Y210B电磁换向阀、83.1位置的Y219B电磁换向阀和83.2位置的Y218B电磁换向阀、82位置Y800B电磁比例阀得电动作；液压油通过机舱内液压泵M240从油箱中出来，依次流过4位置的单向阀、22位置的滤芯、50位置的液压旋转接头、轮毂内71位置的滤芯、92位置的单向阀、83.1位置的Y219B电磁换向阀的右位、82位置Y800B电磁比例阀的右位（P－A、B－T）、83.2位置的Y218B电磁换向阀的右位，进入变桨液压缸A800B的无杆侧缸体内；变桨液压缸A800B的有杆侧缸体内的液压油无法流过81.2位置的Y210B电磁换向阀左位（单向截止状态），只得流过84.2位置的单向阀，与流入变桨液压缸A800B的无杆侧缸体内的液压油在83.1位置汇合，组成差动液压传动结构；变桨液压缸A800B液压活塞向左运动，推动桨叶向90°位置转动。

G8X系列风电机组液压系统重要位置均设置了液压压力测点，如图10－7所示中的86.3位置、86.2位置、86.1位置、72.2位置和14位置等。使用液压表在这些位置测量压力值，即可知道系统的实际工作状态。

3. 对比替换法

对比替换法常用于在缺乏测试仪器、有新的备件或有2套以上相同功能回路液压系统的场合检查液压系统故障。对比替换方法有两种情况。一种情况是通过逻辑分析，对可疑元件用新备件进行替换，如液压换向阀、单向阀等，再开机试验，如性能变好，则故障所在即知。否则，可继续用同样的方法或其他方法检查其余部件。另一种情况是对于具有相同功能回路的液压系统，采用对比替换法，这样做更为方便。如G8X风电机组，变桨系统有3套功能相同回路控制3支叶片进行变桨，如果其中一支叶片的变桨液压回路出现故障，则可使用其他2套液压回路相关元件进行互换。如果互换元件后，故障转移到另一支叶片的变桨系统，则可基本确定故障元件。如相同功能液压回路间采用高压软管连接，为替换法的实施提供了更为方便的条件。遇到可疑元件时，要更换另一回路的完好元件时，不需拆卸元件，在保证安全和卫生的前提下，只要更换相应的软管接头即可。

4. 仪器专项检测法

有些重要的液压设备必须进行定量专项检测，即检测故障发生的根源性参数，为故障判断提供可靠依据。国内外有许多专用的便携式故障检测仪，测量流量、压力、温度，并能测量泵和电动机的转速等。

（1）压力检测仪检测液压系统各部位的压力值，分析其是否在允许范围内。

（2）流量检测仪检测液压系统各位置的油液流量值是否在正常值范围内。

（3）温升检测仪检测液压泵、执行机构、油箱的温度值，分析是否在正常值范围内。

（4）噪声检测仪检测异常噪声值，并进行分析，找出噪声源。

应该注意的是：元件检测要先易后难，不能轻易把重要元件从系统中拆下，甚至盲目解体检查。

5. 状态监测法

现代风电机组中很多液压设备本身配有重要参数的检测仪表，或系统中预留了测量接口（图10－7所示中的86.2、86.3压力测口），不用拆下元件就能观察或从接口检测出元

件的性能参数，为初步诊断提供定量依据。如在液压系统的有关部位和各执行机构中装设压力、流量、位置、速度、液位、温度、过滤阻塞报警等各种监测传感器（图 10－7 所示中 22 位置的 S215 压力继电器），某个部位发生异常时，主控程序均可及时测出技术参数状况，并可在控制屏幕上自动显示，以便于分析研究、调整参数、诊断故障并予以排除。

状态监测技术可以为液压设备的预知故障维修提供各种信息和参数，可获得以上 4 种方法不能得到的油液信息，能更深层次地发现液压系统存在的问题。液压油的黏度检测、水含量检测、铁谱分析、光谱分析等方法，都是常用的状态监测方法。

10.2.2 蓄能器检测

蓄能器可维持液压系统压力。在液压泵停止工作时，蓄能器把储存油供给系统，补偿系统泄漏或充当应急电源，避免停电或系统发生故障突然中断造成的机件损坏，减小液压冲击和液压脉动。如果蓄能器氮气不足，则无法保证液压变桨距风电机组安全顺桨。要定期对蓄能器进行检查和测试，以确保其性能满足要求。

1. 检查漏气

定期检查蓄能器气体压力，保持最佳使用条件，并及早发现渗漏及时修复使用。以图 10－7 所示的液压图为例，介绍检查 24 位置的蓄能器的方法：

液压泵工作，系统无故障、压力无异常。在 21.2 位置压力测点上安装 1 台液压表，慢慢拧松 26 位置的手动节流阀，使压力油流回油箱，同时注意液压表读数，压力表指针先是慢慢下降，达到某压力值后急速降到零，指针移动的速度发生变化的数值，就是充气压力。

另外，也可以利用充氮气工具直接检查充气压力，方法是：

（1）关闭液压泵电动机电源。

（2）通过系统截止阀 7－1 将系统压力卸载至零，然后将截止阀 7－1 恢复至关闭状态。

（3）开启液压泵电动机电源。

（4）在主控操作面板上进行手动打压操作。

（5）仔细观察系统压力表，或者从主控液晶面板上观察系统压力的变化。若启动液压泵电动机后，系统压力值迅速上升至一个值，可以近似认为该值为蓄能器的充氮压力。

2. 蓄能器在液压系统中不起作用

检查是否由于气阀漏气引起，以便给予补充氮气。若皮囊内没有氮气，气阀处冒油，则拆除蓄能器检查皮囊是否损坏。当皮囊破损，卸下蓄能器前必须泄去压力油，然后才能拆下各零部件。

3. 补充氮气

（1）拧下蓄能器顶部充氮口的保护盖。

（2）在蓄能器充氮口上安装充氮工具，如图 10－8 所示。

图 10－8　安装充氮工具

(3) 关闭排气阀。

(4) 打开充氮阀，从充氮工具的压力表上读取压力值。

(5) 当蓄能器压力值符合要求时，关紧充氮阀。

(6) 取下充氮工具。

(7) 将保护帽旋上。

4. 卸下蓄能器

卸下蓄能器前必须停泵、拧松手动节流阀，泄去压力油，使用充气工具放掉皮囊内氮气，然后才能拆下各零部件。

10.2.3 液压系统压力检测

以图 10-7 液压图为例，介绍主要压力测点的功能：

(1) 压力测点 21.1，在本测点连接液压表，即可测得液压泵出口压力值。

(2) 压力测点 21.2，在本测点连接液压表，即可测得液压主系统压力值。

(3) 压力测点 14，在本测点连接液压表，即可测得 13 位置单向阀和 15 位置滤油器的压降值之和，可用来判断 15 位置滤油器是否堵塞。

(4) 压力测点 71.1，在本测点连接液压表，即可测得 74 位置蓄能器的压力值。

(5) 压力测点 72.3，在本测点连接液压表，通过与 71.1 位置压力值相减即可得到压力油经过 71 位置的滤芯后的压降，同时也可判断 S215 压力开关是否损坏。

(6) 压力测点 72.2，在本测点连接液压表，可通过与 14 位置压力值比较，判断从机舱、经 50 位置旋转接头、到轮毂的液压管路是否密封良好，有无泄漏。

(7) 压力测点 86.1，在本测点连接液压表，即可测得 87 位置蓄能器的压力值，还可以判断 S236B 压力开关是否损坏。

(8) 压力测点 86.2，在本测点连接液压表，即可测得 A800B 变桨液压缸有杆侧缸体内的压力值。

(9) 压力测点 86.3，在本测点连接液压表，即可测得 A800B 变桨液压缸无杆侧缸体内的压力值。

(10) 压力测点 86.4，在本测点连接液压表，可通过与 72.3 位置压力值比较，判断从机舱、经 50 位置旋转接头、到轮毂的液压管路是否密封良好，有无泄漏。

10.2.4 液压油检测

风电机组液压系统使用的液压油要求具有良好的黏温性能、防腐防锈性能及优异的低温性能。但是，油液的污染会影响系统的正常工作和使用寿命，可见要保证液压系统工作灵敏、稳定、可靠，就必须控制油液的污染。

1. 检查油液清洁度

在检查设备清洁度时，应同时检查油液、油箱和滤油器的清洁度。

2. 定期对油液取样化验

定期、定量提取油样，液压油化验的主要物理性能指标包括：黏度、黏度指数、水分、闪点、凝点和倾点、机械杂质、不溶物、斑点测试、抗氧化性、抗乳化性、抗泡沫

性、抗磨性和极压性能。主要化学性能指标：总酸值、总碱值、防腐性、防锈性、所化安定性和添加剂元素分析。具体需要指标根据现场情况进行选择。

可通过光谱分析、铁谱分析等技术手段做定性定量分析，以便确定油液是否需要更换。光谱分析可根据液压油中磨损金属的成分和含量趋势，判断设备有关部件的磨损情况。铁谱分析可以对磨损颗粒形状进行分析，从而判断设备的异常磨损类型，如图10－9所示。

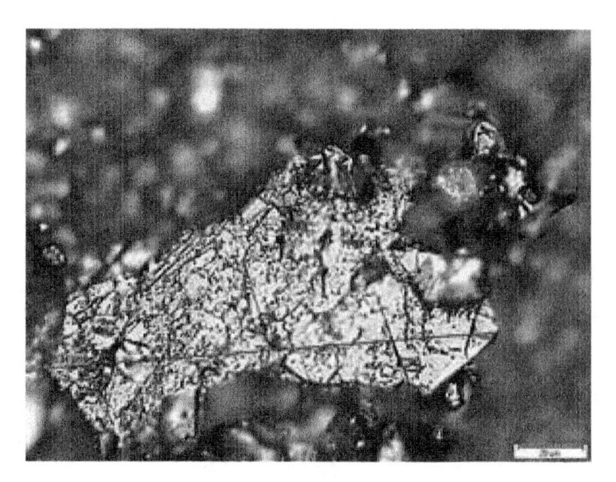

图10－9　铁谱分析图

3. 定期清洗

定期清除滤网、滤芯、油箱、油管及元件内部的污垢。在拆装元件、油管时也要注意清洁，对所有油口都要加堵头或塑料布密封，防止脏物侵入系统。

4. 定期更换滤油器、空气滤芯

达到技术文件要求的更换时限，应及时更换滤油器和空气滤芯。

5. 定期过滤油液，控制其使用寿命

油液的使用寿命或更换周期取决于很多因素，可参照技术文件或油品检验化验报告进行换油工作。其中包括设备的环境条件与维修保养、液压系统油液的过滤精度和允许污染等级等因素。由于油液使用时间过长，油、水、灰尘、金属磨损物等会使油液变成含有多种污染物的混合液，若不及时更换，将会影响系统正常工作，并导致事故。

10.2.5　机械制动钳检测

在风电机组中，最常用机械制动器为液压盘式制动器。盘式制动器沿刹车盘轴向施力，径向尺寸小，可以做到被制动轴不受弯矩，制动性能稳定。制动钳是机械液压刹车系统的核心元件，对风电机组的安全运行有着至关重要的作用。常见制动器的结构如图10－10所示。

制动器将作用于制动钳上的夹紧力转换成制动力矩施加在刹车盘上，使刹车盘停止转动或在停机状态下防止松动（停机制动）。制动时，主制动钳内的活塞和制动片1沿轴向刹车盘移动，制动片2和被制动钳这时会上升并移向制动盘，从而在制动盘的两侧施加制动力。

检测方法有：

（1）定期检查液压站油箱的油位计，查看油位是否在规定的油位线以上。

（2）定期检查机械液压刹车新系统的压力开关的压力是否符合整定值要求。

（3）定期检查液压系统的全部压力油管接头处是否因松动而有渗漏。

（4）检查制动片的磨损情况，一般以特种材料磨损至剩2～4mm为使用极限，如图10－11所示。

（5）风轮锁定情况下，机械刹车制动装置释放，使用塞尺分别测量刹车盘的两个端面到制动片端面间的间隙，确认符合技术文件要求，如图10－12所示。

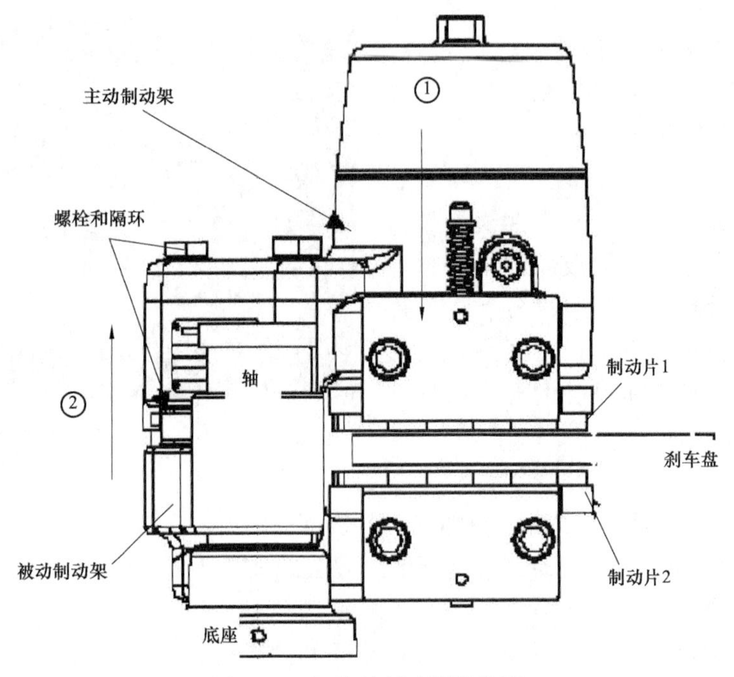

图 10-10　常见制动器结构图

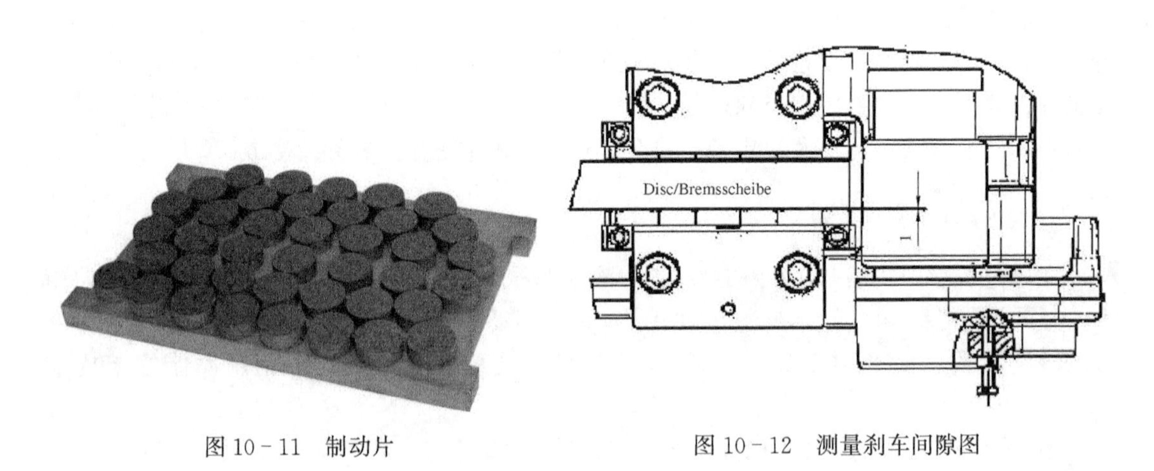

图 10-11　制动片

图 10-12　测量刹车间隙图

（6）测试机械液压刹车过程时间，是否符合技术文件要求。

10.3　定期维护

10.3.1　液压系统的定期维护

各种机型风电机组的定期维护周期一般为半年检和1年检，但定期维护的项目各不相同。这里以Gamesa8X系列风电机组的定期维护项目为例进行介绍，如表10-1所示。

表 10-1 液压系统定期维护参考项目

序号	定期维护项目	周期	
		半年检	1年检
1	目视检查：液压站、管路有无破损、变形、泄漏等情况	√	√
2	目视检查：液压站油位正常	√	√
3	功能测试：液压泵启、停压力	√	√
4	功能测试：检查调整溢流阀动作值	√	√
5	功能测试：变桨比例阀测试，BALLUFF 传感器测试	√	√
6	功能测试：刹车系统压力测试	√	√
7	功能测试：电磁阀的状态检查和功能测试	√	√
8	功能测试：液压站压力开关测试	√	√
9	功能测试：蓄能器预充压力测试；蓄能器每 5 年进行更换	√	√
10	目视检查：清洁液压站及其组件油污	√	√
11	目视检查：液压站接线箱内整洁、接线牢固、元件无变色、烧痕、损坏等		
12	检查：液压油和油滤芯在调试完成后 12 个月后更换，之后 36 个月换油		√
13	力矩检查：液压系统与齿轮箱或主机架间连接螺栓力矩		√

10.3.2 刹车系统的定期维护

各种机型风电机组的定期维护周期一般为半年检和 1 年检，但定期维护的项目各不相同。这里以 Gamesa8X 系列风电机组为例进行介绍，如表 10-2 所示。

表 10-2 机械液压刹车系统定期维护参考项目

序号	定期维护项目	周期	
		半年检	1年检
1	目视检查：刹车盘有无裂纹、色变、磨损等	√	√
2	目视检查：刹车制动器有无晃动、裂纹、油污	√	√
3	目视检查：液压管接头处有无油污、渗漏油，清洁干净	√	√
4	目视检查：制动片有无裂纹、磨损	√	√
5	检查：制动片厚度是否符合要求	√	√
6	检查：检查刹车盘与制动片间的间隙	√	√
7	功能测试：刹车系统排空气	√	√
8	功能测试：刹车磨损传感器测试	√	√
9	功能测试：制动钳预紧弹簧压力测试	√	√
10	润滑：制动钳油嘴加润滑油	√	√
11	力矩检查：刹车钳与齿轮箱间连接螺栓力矩		√
12	力矩检查：刹车盘与齿轮高速轴间连接螺栓力矩		√

10.3.3 重要部件的维护

1. 液压旋转接头的维护

液压旋转接头是为实现两个相对旋转的管道传输压缩空气，冷却水、液压油、导热油等流体介质的一种设备，如图 10-13 所示。液压旋转接头，也称为液压滑环。如果在高速旋转的轴上有一个液压缸，向其输送介质则需要用到旋转接头。

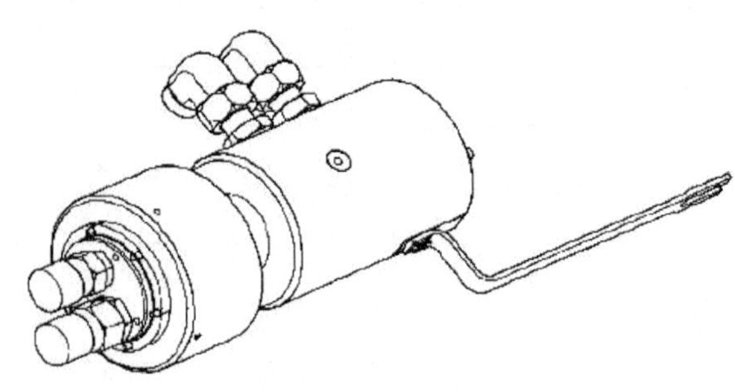

图 10-13　液压旋转接头

维护方法与注意事项：

(1) 应保持旋转接头滚筒及管道内部的清洁。对新设备应特别注意，必要时需加过滤器，以避免异物对旋转接头造成异常磨损。

(2) 检查液压旋转接头、油管接头等位置，有无液压油渗漏痕迹，并及时处理。

(3) 带有注油装置的要定期注油，确保旋转接头轴承运转的可靠性。

(4) 检查密封面的磨损状况及厚度变化情况（一般正常磨损为 5～10mm）；观察密封面的摩擦轨迹，看是否出现三点断续或划伤等问题，如有上属状况，应立即更换。

(5) 旋转接头应轻拿轻放，严禁受冲击，以免损失接头构件。

(6) 旋转接头不要长期空转。

2. 制动器的维护

维护方法及注意事项：

(1) 定期检查液压油箱的油位是否在规定的油位线以上，否则应及时添加，检查时间可定为半年一次，也可视设备情况而定。

(2) 每次加完油后，慢慢松开液压制动器各缸上的排气螺丝，以免有气体集在油缸内影响压力的建立，然后拧紧。

(3) 定期检查继电器开关的压力是否在整定值上，如果整定值发生偏移应立即重新整定，并应将整定值锁定螺丝锁紧。

(4) 定期检查液压系统的全部压力油管接头处是否因松动而有渗漏，如有发现应立即用扳手拧紧，并清理油污。

(5) 检查制动片的磨损情况，是否需要更换新片。一般以闸片上特种材料磨剩至 2～4mm 为使用极限。更换闸片后应检查制动片与刹车盘之间间隙是否合适，如不合适可以通过制动片架固定螺丝的方法来调整，该间隙一般以 1mm 为好。

(6) 测验刹车过程时间是否与正常时相符，一般在 4s 左右。

(7) 每次维护后都应将压力油管接头和阀体上各接头擦干净，以便于今后观察上述部位是否有泄漏存在。

(8) 油箱及加油嘴，油壶、油桶的进出嘴平时一定要加盖子或用布包起来，以免灰尘等杂物进入液压系统，污染液压油。

3. 液压缸的维护

液压缸的维护部分内容参见第 4 章。

10.4 典型故障处理

液压系统的常见缺陷、故障与其功能实现有关。从原因上一般分为电气、液压、机械三部分，但故障的表现常常是综合的。

10.4.1 液压系统泄漏

液压系统的泄漏会造成液压量减少且不能建立正常压力，从而导致系统不能正常工作。液压系统的泄漏主要有内泄和外泄两种情况。

(1) 风电机组液压系统内泄主要是液压泵、液压缸、分配器（又名阀岛）等产生泄漏造成的。内漏的故障不易被发现，有时还需借助仪器进行检测和调整，才能排除。归纳起来主要在以下几个方面：

1) 齿轮液压泵相关部位严重磨损或装配错误。

① 液压泵齿轮与泵壳的配合间隙超过规定极限。处理方法是：更换泵壳或采用镶套法修复，保证液压泵齿轮齿顶与壳体配合间隙在规定范围内。

② 齿轮轴套与齿轮端面过度磨损，使卸压密封圈预压缩量不足而失去密封作用，导致液压泵高压腔与低压腔串通，内漏严重。处理方法是：在后轴套下面加补偿垫片（补偿垫片厚度一般不宜超过 2mm)，保证密封圈安放的压缩量。

③ 在拆装液压泵时，隔压密封圈老化损坏，卸压片密封胶圈被装错。处理方法是：若隔压密封圈老化，应更换新件：卸压片密封胶圈应装在吸液腔（口）一侧（低压腔），并保证有一定的预紧压力。如装在压液腔一侧，密封胶圈会很快损坏，造成高压腔与低压腔相通，使液压泵丧失工作能力。

2) 液压缸密封圈老化和损坏、活塞杆锁紧螺母松动。

① 液压缸活塞上的密封圈、活塞杆与活塞接合处的密封挡圈、定位阀密封圈损坏。处理方法是：更换密封圈和密封挡圈。但要注意，选用的密封圈表面应光滑；无皱纹、无裂缝、无气孔、无擦伤等。

② 活塞杆锁紧螺母松动。处理方法是：拧紧活塞杆锁紧螺母。

③ 液压缸筒失圆严重时，可能导致液压缸上下腔的液压油相通。处理方法：若失圆不太严重，可采取更换加大活塞密封圈的办法来恢复其密封性；若圆度、圆柱度误差超过 0.05mm 时，则应对缸筒进行珩磨加工，更换加大活塞，来恢复正常配合间隙。

3) 液压功能块上的溢流阀和回油阀关闭不严。

① 溢流阀磨损或液压油过脏；球阀锈蚀，调节弹簧弹力不足或折断；液压油不合规格；液压油过稀或油温过高（液压油的正常温度应是 30～60℃)，都会使溢流阀关闭不严。处理方法是：更换清洁的、符合标准的液压油；更换规定长度和弹力的弹簧；更换球阀中的球，装入阀座后可敲击，使之与阀座贴合，并进行研磨。

② 回油阀磨损严重或因液压油过脏而导致回油阀关闭不严。处理方法是：研磨锥面

及互研阀座。若圆柱面严重磨损，可采取镀铬磨削的方法修复；若小圆柱面与导管磨损，造成内隙过大，可在导管内镶铜套，恢复配合间隙；清洗油缸，更换清洁的液压油。

③ 滑阀与滑阀孔磨损，使间隙增大，油缸的油在活塞作用下从磨损的间隙处渗漏，流回油箱。处理方法是：镀铬后磨削修复，与滑阀孔选配。

(2) 风电机组的液压系统外泄主要是管路破裂、接头松动、紧固不严密等情况造成的。外泄的主要部位及原因可归纳为以下几种：

1) 管接头和油塞在液压系统中使用较多，在漏油事故中所占的比例也很高，可达30%～40%。管接头漏油大多数发生在与其他零件连接处，如集成块、阀底板、管式元件等与管接头连接部位上，当管接头采用公制螺纹连接，螺孔中心线不垂直密封平面，即螺孔的几何精度和加工尺寸精度不符合要求时，会造成组合垫圈密封不严而泄漏。处理方法是：借助液态密封胶或聚四氟乙烯生料带进行填充密封。管接头组件螺母处漏油，一般都与加工质量有关，如密封槽加工超差，加工精度不够，密封部位的磕碰、划伤都可造成泄漏。

2) 元件等接合面的泄漏也是常见的，如板式阀、叠加阀、阀盖板、方法兰等均属于此类密封形式。接合面间的漏油主要是由几方面问题所造成：与O形圈接触的安装平面加工粗糙，有磕碰、划伤现象，O形圈沟槽直径、深度超差，造成密封圈压缩量不足；沟槽底平面粗糙度低、同一底平面上各沟槽深浅不一致、安装螺钉长、强度不够或孔位超差，都会造成密封面不严，产生漏油。处理方法是：针对以上问题分别进行处理，对O形圈沟槽进行补充加工，严格控制深度尺寸，提高沟槽底平面及安装平面的粗糙度、清洁度，消除密封面不严的现象。

3) 轴向滑动表面的漏油问题是较难解决的。造成液压缸漏油的原因较多，如活塞杆表面粘附粉尘泥水、盐雾、密封沟槽尺寸超差，表面的磕碰、划伤、加工粗糙，密封件的低温硬化、偏载等原因都会造成密封损伤、失效引起漏油。处理方法是：选耐粉尘、耐磨、耐低温性能好的密封件并保证密封沟槽的尺寸及精度，设置防尘伸缩套，尽量不要使液压缸承受偏载，经常擦除活塞杆上的粉尘，注意避免磕碰、划伤，搞好液压油的清洁度管理。

4) 泵、电动机旋转轴处的漏油主要是油封内径过盈量太小、油封座尺寸超差、转速过高、油温高、背压大、轴表面粗糙度差、轴的偏心量大、密封件与介质的相容性差及不合理的安装等因素造成的。处理方法是：保证油封座尺寸精度，装配时油封座可注入密封胶。选用适合的密封材料加工的油封，提高与油封接触表面的粗糙度和装配质量等。

5) 温升发热往往会造成液压系统较严重的泄漏现象，它可使油液黏度下降或变质，使内泄漏增大；温度继续增高，会造成密封材料受热后膨胀增大了摩擦力，使磨损加快，使轴向转动或滑动部位很快产生泄漏。密封部位中的O形圈也由于温度高，加大了膨胀和变形造成热老化，冷却后已不能恢复原状，使密封圈失去弹性，因压缩量不足而失效，逐渐产生渗漏。因此控制温升，对液压系统非常重要。造成温升的原因较多，如机械摩擦引起的温升、压力及容积损失引起的温升、散热条件差引起的温升等。处理方法是：减少温升发热所引起的泄漏，提高液压件的加工和装配质量，减少内泄漏造成的能量损失。隔离外界热源对系统的影响，加大油箱散热面积，必要时设置冷却器。

10.4.2 液压系统打压频繁

各种机型风电机组的液压系统结构和功能差别较大，引发故障的原因也各不相同。这里以G8X系列风电机组为例进行故障介绍。

参照图10－7分析得出的可能原因为：

（1）25位置的溢流阀、90°位置的减压阀等阀体轻微内泄，造成频繁打压。处理方法是：观察液压站有无内泄现象，溢流阀、减压阀等阀体轻微内泄造成频繁打压，如有内泄异响则找到内泄阀体，更换相应阀体。

（2）8位置的电机与2位置的液压泵间的5、6、7位置的联轴器轻微松动。处理方法是：检查电机与液压泵间联轴器是否有松动、断裂现象，如有则紧固或更换。

（3）A800B变桨液压缸内泄造成频繁变桨。处理方法是：在机组停机（STOP）状态下观察比例阀驱动电压变化情况，并结合现场检查变桨缸有无内泄情况，如有则进行更换。

（4）2位置的液压泵磨损，液压齿轮泵啮合不佳。处理方法是：观察液压泵有无异响及建压时间较长，如有异常建议更换液压泵。

10.4.3 液压系统压力低

各种机型风电机组的液压系统结构和功能差别较大，引发故障的原因也各不相同。这里以G8X系列风电机组为例进行故障介绍。

参照图10－7，分析得出的可能原因为：

（1）5、6、7位置的联轴器损坏，液压泵泵头损坏。处理方法是：检查电机与液压泵间联轴器是否有磨损、断裂，如异常则更换。

（2）管路内泄。处理方法是：检查液压泵泵头是否有异响，测量压力上升速度是否正常，如发现异常建议进行更换；检查Z形管、U形管等管路、液压旋转接头等是否断裂或损坏，如异常则更换。

（3）BALLUFF传感器故障或Y800B液压比例阀卡涩，变桨电磁阀工作不稳定。BALLUFF传感器如图10－14所示。处理方法是：做变桨测试，观察实际桨叶角度与显示角度是否相符，如实际桨叶未变化，更换比例阀；如显示桨叶角度不正确则调节或更换BALLUFF传感器。

（4）压力传感器损坏。处理方法是：检查全部电磁阀本体有无破损、变形等机械损伤，如有则更换；检查电磁阀的24V DC供电是否正常，做相应处理。

（5）模块本体故障。处理方法是：使用液压表测量系统压力与压力传感器检测压力进行对比，如误差较大则进行更换压力传感器；与EA2模块进行互换，如果此故障消除并报出

图10－14 BALLUFF传感器

偏航系统压力故障，则更换此模块。

10.4.4 刹车间隙调整

(1) 图 10－15 所示为华锐 1.5MW 风电机组制动器的主定位系统和辅助定位系统，带弹簧和螺母的长螺杆是辅助定位系统（另外一个螺杆在对称于泵体的另外一侧）。要保证两侧间隙相等，可用主定位系统来调节，辅助定位系统在主定位系统失效的情况下，仍可保证定位精度，起到保险作用，确保两侧间隙相等。

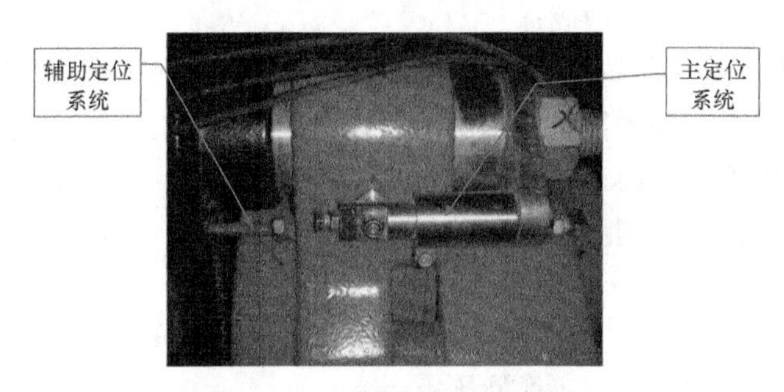

图 10－15 制动器的定位系统

(2) 施加制动器，调节主定位系统的过程中，必须保证辅助定位系统处于非作用状态，因此要松开辅助定位系统的锁紧螺母，如图 10－16 所示。

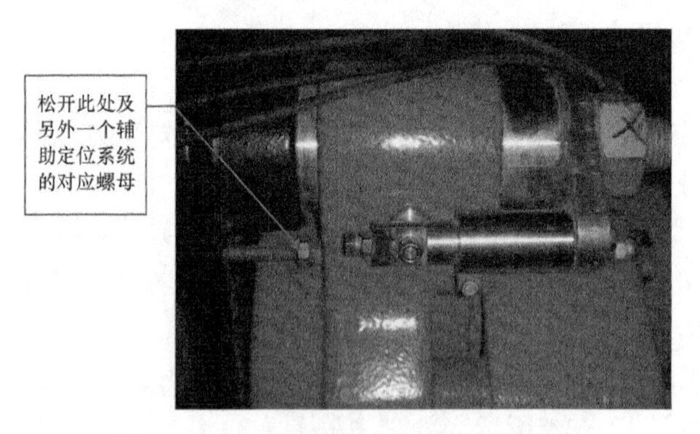

图 10－16 松开辅助定位系统锁紧螺母

(3) 松开主定位系统的胀紧螺栓及锁紧螺母，保证滑动部分能自由活动，拧紧主定位系统滑动部分顶端调节螺栓如图 10－17 所示。保证图 10－17 中箭头所示位置的距离为零。

图 10－17 调整主定位系统

(4) 使制动器制动 5～10 次，制动间隙保持在 2.0～3.0mm 之间，制动器间隙集中在被动钳一侧（制动器的齿轮箱侧）。

(5) 再次使制动器处于制动状态，此时用力矩扳手拧紧主定位系统的胀紧螺栓。旋开主定位系统滑动部分顶端调节螺栓，调整至总间隙的一半（如总间隙是 2.5mm，就向外旋出 1.25mm），如图 10－18 所示。

(6) 锁紧该调节螺栓的锁紧螺母，打开制动器检查两侧间隙是否相等，如果不相等，重复步骤（4）调整过程，如图 10－19 所示。

图 10－18　调整主定位系统

图 10－19　制动器间隙检查

(7) 制动 3 次，再次检查两侧间隙是否相等。

(8) 制动器释放状态，拧紧图 10－18 中箭头所指的锁紧螺母（带垫片）。用手拧紧副定位系统靠近制动器侧的螺母，然后在保证该螺母不发生位移的前提下，用两个两用扳手拧紧外侧的锁紧螺母，如图 10－20 所示。

图 10－20　紧固螺栓，调整完毕

10.5　刹车盘更换

各种机型风电机组的机械液压刹车系统结构差别较大，这里以远景 1.5MW 风电机组为例介绍刹车盘更换操作流程。

10.5.1　拆卸刹车盘与制动器

(1) 机组停机，操作权限转至“就地”操作，状态切换至“维护”模式，锁好风轮机械锁。

(2) 拆除联轴器护罩，拆卸联轴器，如图 10　21 所示，可靠放置。

(3) 断开液压站电机的供电开关，旋松手动节流阀，液压系统泄压至液压表显示读数为零，如图 10－22 所示。

图 10－21　拆卸联轴器

图 10－22　液压站压力为零

(4) 待液压站油位计显示页面高度静止不动后，用扳手拆除液压站的全部液压管线，封堵管接头。

(5) 拆除制动钳上的液压管线，封堵管接头。拆除刹车磨损传感器接线。

(6) 拆除液压站与齿轮箱箱体间的连接螺栓，如图 10－22 所示，用小吊车和吊带将液压站从齿轮箱上拆下，可靠放置。

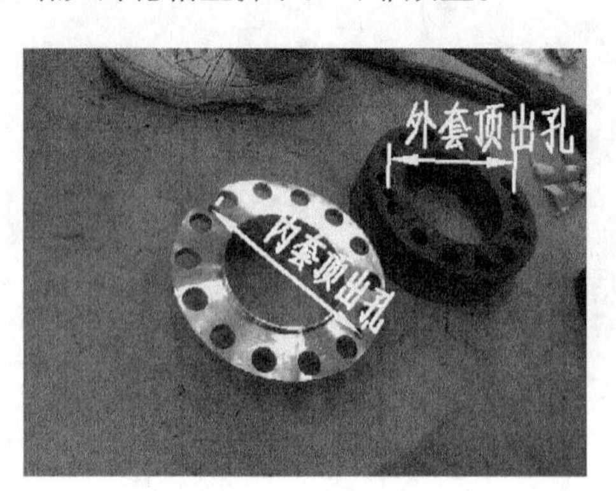

图 10－23　胀紧套法兰

(7) 用吊带将制动钳挂在吊车上，固定牢固，用扳手和套筒将固定螺栓拆除（力矩大于 580N·m），将制动器移除并可靠放置。

(8) 用吊带将刹车盘挂在吊车上，固定牢固，用扳手和套筒将固定螺栓拆除，将刹车盘移除并可靠放置。

(9) 拆卸制动钳底板，可靠放置。

(10) 用液压千斤顶与工装拆除胀紧套法兰，边压千斤顶边用热风枪加热胀紧套法兰，将其分离，如图 10－23 所示。

10.5.2　安装刹车盘与制动器

(1) 在齿轮箱安装孔边上以 8 字形涂抹锁固剂，如图 10－24 所示，然后安装制动钳底板，将底板螺栓内六角套筒与力矩扳手紧固到要求力矩值，同时在螺栓上做好十字标识。

(2) 用轴承加热器将法兰加热到 180℃，并保持 10min。将法兰安装到高速轴上，用

橡皮锤敲击法兰表面使其与轴的端面平齐，如图 10-25 所示。将锁紧螺栓紧固到要求力矩值。

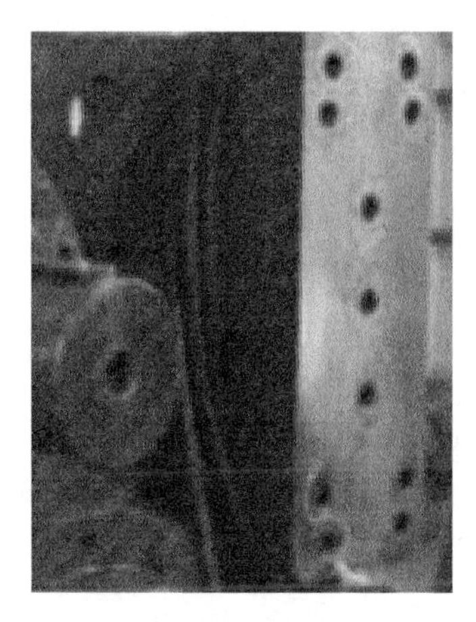

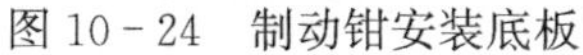
图 10-24 制动钳安装底板

图 10-25 刹车盘安装底板

(3) 将刹车盘吊到法兰盘上，用套筒和扭矩扳手将螺栓力矩紧固到要求力矩值，紧固力矩时需要顺时针进行，并从最底下开始。用百分表检测刹车盘的跳动，要求跳动值不超过 0.3mm。

(4) 将制动钳吊到安装底板上，用套筒和扭矩扳手紧固螺栓力矩到要求力矩值，如图 10-26 所示，并用白色漆笔做好十字标识。

(5) 使用活动扳手，将液压站安装到齿轮箱箱体侧面位置，如图 10-27 所示。

图 10-26 制动钳安装

图 10-27 安装液压站

(6) 连接液压站全部液压管路，清洁漏出的液压油。

(7) 液压系统送电，启停液压泵。

(8) 参照厂家技术文件要求，调整制动片与刹车盘之间每侧的间隙。

(9) 参照厂家技术文件要求，做变桨试验、超速试验、机械刹车试验等相关试验。

思考题

1. 如何检测压力表的好坏，是否影响液压系统工作？
2. 如何检测液压系统电磁换向阀的功能是否正常？
3. 刹车盘磨损的影响因素有哪些？
4. 液压系统温度高有哪些影响因素？

偏航系统维护与检修

11.1 概述

偏航系统由偏航控制机构和偏航驱动机构两部分组成。其中偏航控制机构包括风向传感器、偏航控制器、偏航传感（计数）器、解缆传感器等部分；偏航驱动机构包括偏航驱动装置、偏航制动（阻尼）器、制动盘和偏航齿圈等部分。偏航驱动机构位于塔筒与主机架之间，通过螺栓与上塔筒顶法兰紧固在一起。偏航驱动装置和偏航齿圈均与机舱主机架连接在一起，外部有机舱罩体的保护，偏航齿圈上下可布置滑动衬垫。偏航装置根据风速风向仪测得的风速风向信号，通过同步控制的多组驱动装置绕着偏航齿圈转动机舱。偏航系统设置有限位开关，能够实现自动解缆和扭缆保护。

11.1.1 偏航系统功能

偏航系统是水平轴式风电机组必不可少的组成部分之一。偏航系统的主要作用有两个：一个是与风电机组的控制系统相互配合，使风电机组的风轮始终处于迎风状态，以便最大限度地吸收风能，提高风电机组的发电效率；另一个是提供必要的锁紧力矩，以保障风电机组在完成对风动作后能够安全定位运行。

偏航系统具体功能如下。

1. 正常运行时自动对风

当机舱偏离风向一定角度时，控制系统发出向左或者向右偏航的指令，机舱开始对风，直到达到允许的范围内，自动对风停止。

2. 绕缆时自动解缆

当机舱向同一方向累计偏转达到一定的角度时，偏航传感器将信号传到控制系统，风电机组停机，同时报告偏航扭揽故障，然后反向自动解缆。

3. 强风时偏离风向

当有特大强风发生时，机组自动停机，定桨距风电机组将释放叶尖，变桨距风电机组将顺桨，偏航与风向成 90°，以达到保护风轮免受损坏的目的。

11.1.2 偏航系统工作原理

1. 测风

风电机组对风的测量主要是由风向标来完成。随着数字电路的发展，风向标的种类也有许多，主要有机械式风向标、超声波式风向标等。机械式风向标是一种光电感应传感器。有一种内部带有一个8位的格雷码盘，当风向标随风转动时，同时也带动格雷码盘转动，由此得到不同的格雷码盘，通过光电感应元件，变成一组8位数字信号传入控制系统。格雷码盘将360°分成256个区，每个区为1.41°，其测量精度为1.41°。另一种风向标在转动时，将同时带动两个传感器一起转动，风向标正向是一号传感器，为0°轴，二号传感器与一号传感器成90°夹角，为90°轴，这样就将形成一个虚拟的坐标，坐标中有4个象限，当风向标转动后，就会同风电机组现在的方向形成夹角，而风电机组现在的方向必定会落在风向标所带的坐标象限内（见图11－1），这样一来就会使风电机组偏航，偏航动作如表11－1所示。

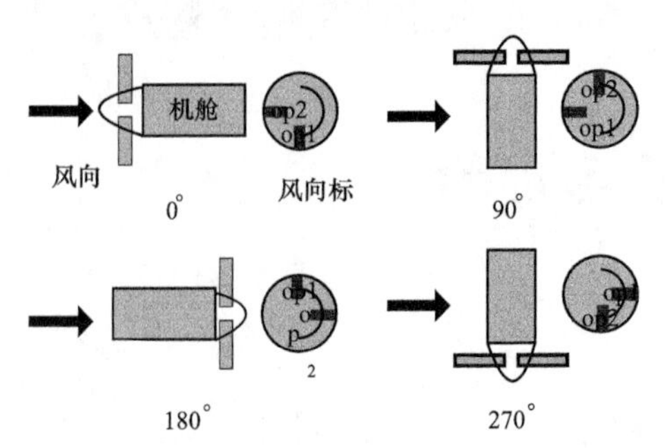

图11－1　在4个特殊位置时风向标工作情况

表11－1　　机组与风向间角度关系

机组与风向角度（°）	格雷码低位OP1（V）	格雷码高位OP2（V）
0	0/24	24
0～90	24	24
90	24	0/24
90～180	24	0
180	0/24	0
180～270	0	0
270	0	0/24
270～360	0	24
360	0/24	24

2. *偏航驱动*

当风向标的信号被采集后，偏航控制器将数据通过光纤或网线传输到控制系统。控制系统通过程序计算后进行判断，是否应偏航。当确定需偏航后，控制系统发出偏航动作信号，信号经放大后先驱动顺时针偏航或逆时针偏航继电器，再由继电器驱动接触器吸合，使偏航电机带电运行来完成顺时针或逆时针转动对风（见图11－2）。顺时针偏航和逆时针偏航的驱动电路互为闭锁回路。

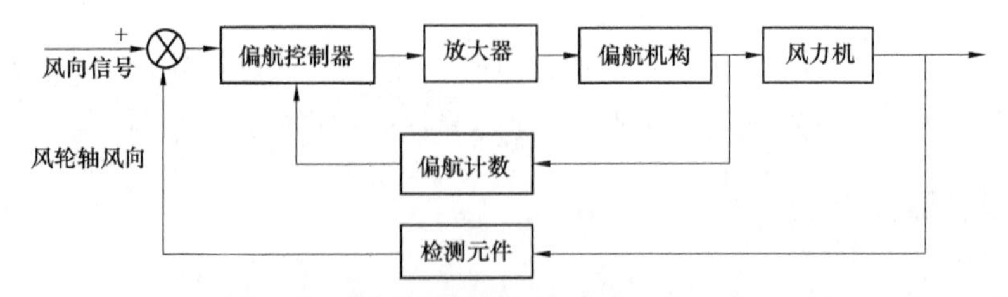

图11－2　偏航系统硬件设计框图

偏航系统的一般结构如图 11－3 所示。

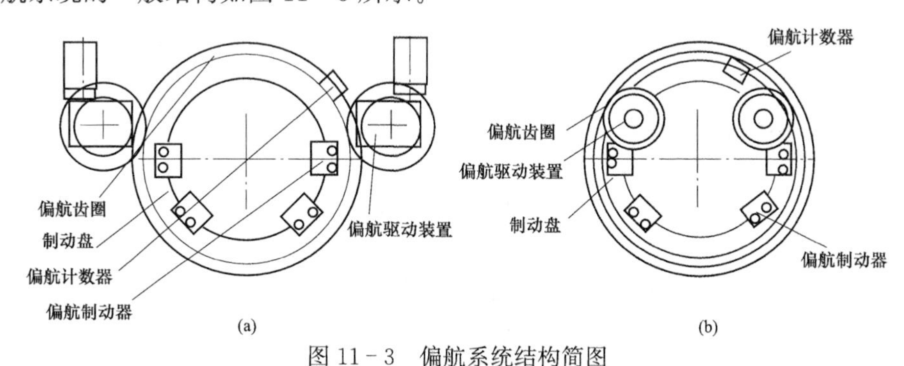

图 11－3 偏航系统结构简图

(a) 外齿驱动形式的偏航；(b) 内齿驱动形式的偏航

风电机组的偏航系统一般有外齿形式和内齿形式两种。偏航驱动装置可以采用电机驱动或液压马达驱动，制动器可以是常闭式或常开式。常开式制动器一般是指有液压力或电磁力拖动时，制动器处于锁紧状态的制动器；常闭式制动器一般是指有液压力或电磁力拖动时，制动器处于松开状态的制动器。采用常开式制动器时，偏航系统必须具有偏航定位锁紧装置或防逆传动装置。

风电机组的偏航轴承通常分为滑动轴承和滚动轴承，滚动轴承结构可靠，所需驱动力矩较小，但是控制系统较为复杂，需要增加偏航制动（阻尼）等装置，增加机组造价；滑动轴承结构简单，但是驱动力矩大于使用滚动轴承，需配置较大功率的偏航电机。

图 11－4 所示是华锐 1.5MW 风电机组的偏航装置装配方案。偏航操作装置安装于塔

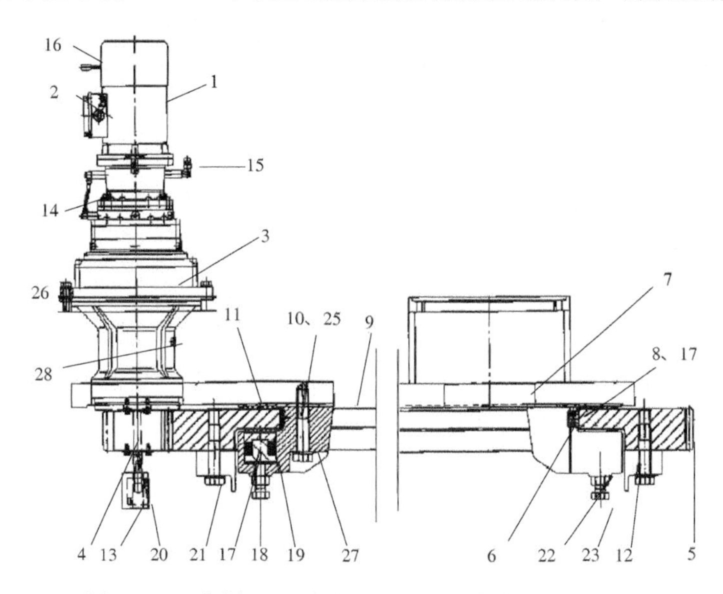

图 11－4 华锐 1.5MW 风电机组的偏航装置装配方案

1—偏航电机；2—接线盒；3—减速器；4—驱动小齿轮；5—偏航齿圈；6—侧面轴承；7—主机架；8、17—压板；9—滑垫保持装置；10—侧面滑垫；11—滑动衬垫；12—塔筒；13—限位开关；14—油位计；15—透气孔及放油活塞；16—制动开关；18—定位销；19—弹簧；20、21、24、26、27—螺栓；22—锁紧螺母；23—调整螺栓；25—螺钉；28—放油螺塞

架与主机架之间，采用滑动轴承实现主机架轴向和径向的定位与支撑，用四组偏航操作装置实现偏航的操作。该方案的设计中，偏航齿圈5与塔筒12固定连接，在齿圈的上、下和内圆表面装有复合材料制作的滑动垫片，通过固定齿圈与主机架运动部位的配合，构成主机架的轴向和径向支撑（即偏向轴承）。在主机架7上安装主传动链部件和偏航驱动装置，通过偏航滑动轴承实现与偏航齿圈的连接和偏航传动。

偏航驱动装置一般由驱动电动机或驱动马达、减速器、传动齿轮、轮齿间隙调整机构等组成。驱动装置的减速器一般可采用多级行星减速器或蜗轮蜗杆与行星减速器串联；传动齿轮一般采用渐开线圆柱齿轮。传动齿轮的齿面和齿根应采取淬火处理，一般硬度值应达到HRC55～62。驱动装置的结构简图如图11-5所示。

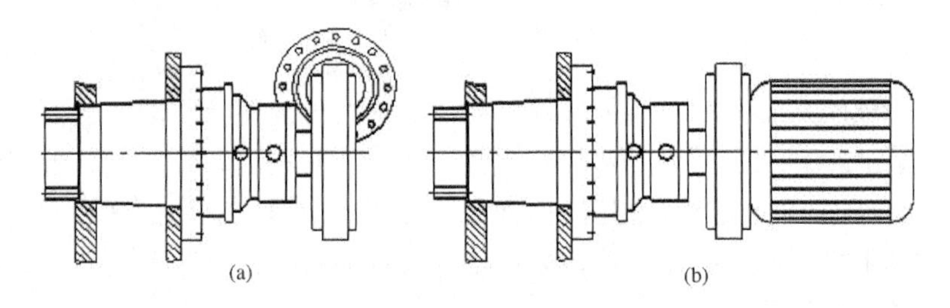

图11-5 驱动装置简图

(a) 偏航电动机偏置安装；(b) 偏航电动机直接安装

11.1.3 偏航系统常见故障类型

由于偏航系统的复杂度较高，且偏航系统的配置和运行方式各有不同，偏航系统的故障也呈现多种不同的表现形式。由于偏航系统是一个较为复杂紧密的系统，同样的故障往往也是由不同的故障类型造成的。

1. 风向标风速仪故障

因为风向标风速仪安装在机舱外的支架上，时刻受到风吹日晒雨淋冰冻等自然条件影响，所以这些都对风向标风速仪的准确、稳定运行造成了一定的影响。故障主要体现为：风沙较大地区风向标风速仪轴承容易卡涩或损坏，冬季寒冷雪大地区风向标风速仪容易被冻住或冻坏，盐雾腐蚀严重地区风向标风速仪容易腐蚀等，均会导致风向标风速仪测风不准；机组长时间运行后，风向标测量时出现误差，导致测风不准确，需要进行风向标校准；元件损坏、线路破损或接线松动等，也会造成风向标风速仪故障。

2. 偏航减速器故障

偏航速度较低、转矩较大，驱动装置的减速器一般选用多级行星减速器（见图11-6）或涡轮蜗杆与行星串联减速器（见图11-7）。故障主要体现为：减速器内齿轮损伤、轴承损坏、断轴、油温高、缺油等。

3. 偏航传感器故障

偏航传感器器用于采集和记录偏航位移。位移一般以偏航0°为基准，有方向性。偏航传感器的位移记录是控制程序发出解缆指令的依据。偏航传感器一般有两种类型：一类是

机械式传感器，传感器有一套齿轮减速系统，当位移到达设定值时，传感器即接通触点

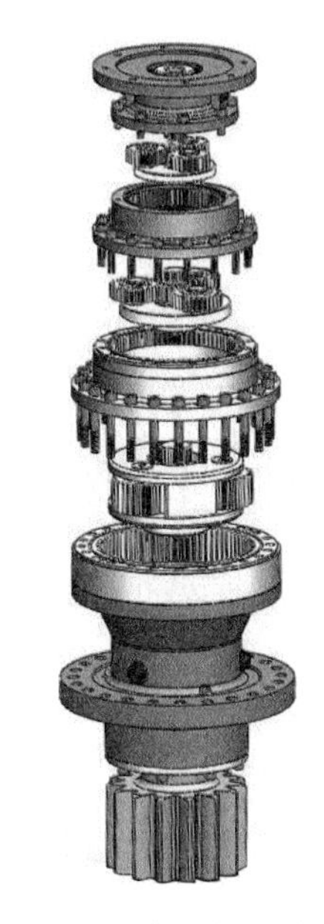

图 11－6　多级行星减速器

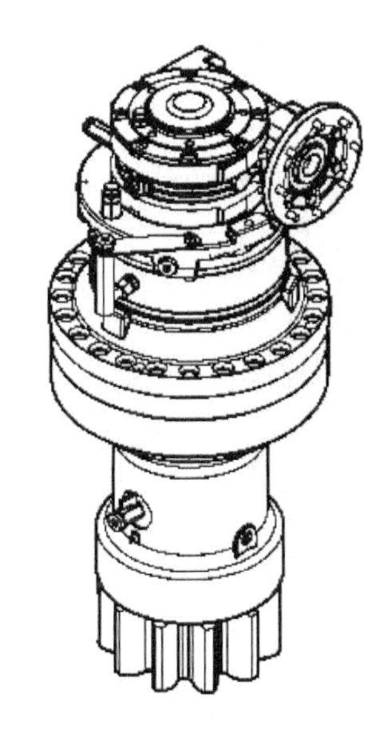

图 11－7　涡轮蜗杆与行星减速器

（或行程开关）启动解缆程序进行解缆；另一类是电子式传感器，控制程序检测两个在偏航齿圈（或与其啮合的齿轮）近旁的接近开关发出的脉冲，识别并累积机舱在每个方向上转过的净齿数（位置），当达到设定值时，控制程序即启动解缆程序进行解缆。机械式偏航传感器的故障主要体现为：连接螺栓松动、异物侵入、电路板损坏和连接电缆损坏等。电子式偏航传感器的故障主要体现为：传感器损坏、固定螺母松动、接近开关损坏和连接电缆损坏等。

4. 偏航异常噪声

风电机组偏航时，机舱和风轮的全部重量都作用在了偏航齿圈上，偏航减速器带动机舱转动，同时产生沉重的“嗡嗡”声。通过偏航声音可以判断出偏航系统的某些故障。主要体现为：偏航轴承或偏航齿圈润滑脂严重缺失、偏航阻尼力矩过大、齿轮副轮齿损坏、偏航减速器齿轮油位低等。

11.2　检查与测试

11.2.1　风向标风速仪检测

风速风向仪是偏航系统最重要的组成部分之一，它的主要作用是用来测量风速和风向。这里将介绍超声波风速风向仪（见图 11－8）的检测和机械式风向标、风速仪的检测。

1. 超声波风速风向仪

（1）超声波风速风向仪是通过 X 和 Y 方向测量路径，进行了长方形的速度分量测量，然后转换为极坐标的数字信号处理后，输出一个合成角风向和风速（见图 11－9）。可测量风向、风速和外界温度。

图 11－8　超声波风速风向仪

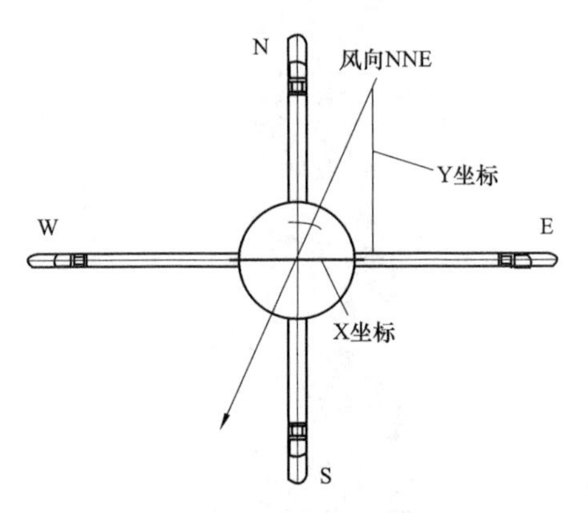

图 11－9　风速与风向的合成矢量图

(2) 超声波风速风向仪连接的线缆共有 8 根信号线，每一根信号线对应的功能如表 11－2 所示。

表 11－2　　超声波风速风向仪信号输出类型

模拟输出和串口，半双工			连接孔焊接端视图
针号	功　能	注　释	
1	风速（WV）4～20mA	模拟输出 WV	
2	发送数据－/接收数据－	串口	
3	0～10V	模拟量输入	
4	风向（WD）　4～20mA	模拟输出 WD	
5	发送数据＋/接收数据＋	串口	
6	AGND	地面模拟输出和串行端口	
7	12～24V AC/DC	提供电压	
8	12～24V AC/DC	提供电压	
	防护罩		

(3) 超声波风速风向仪输出信号量程与测量量程的对应关系是：风速，4～20mA 对应 0～60m/s；风向，4～20mA 对应 0°～360°。BECKHOFF 倍福 PLC 控制系统，可通过 TwinCAT 软件直接查看超声波风速风向仪输出对应模块通道的电流值。超声波风速风向仪在风电机组中的具体接线，如图 11－10 所示。

(4) 超声波风速风向仪 4 个金属探头中带红色胶圈标记的那支金属探头应沿机舱中轴线指向风轮方向。

2. 机械式风速仪（见图 11－11）

(1) 检查风速仪 N 点安装位置，N 点应沿机舱中轴线指向风轮方向。

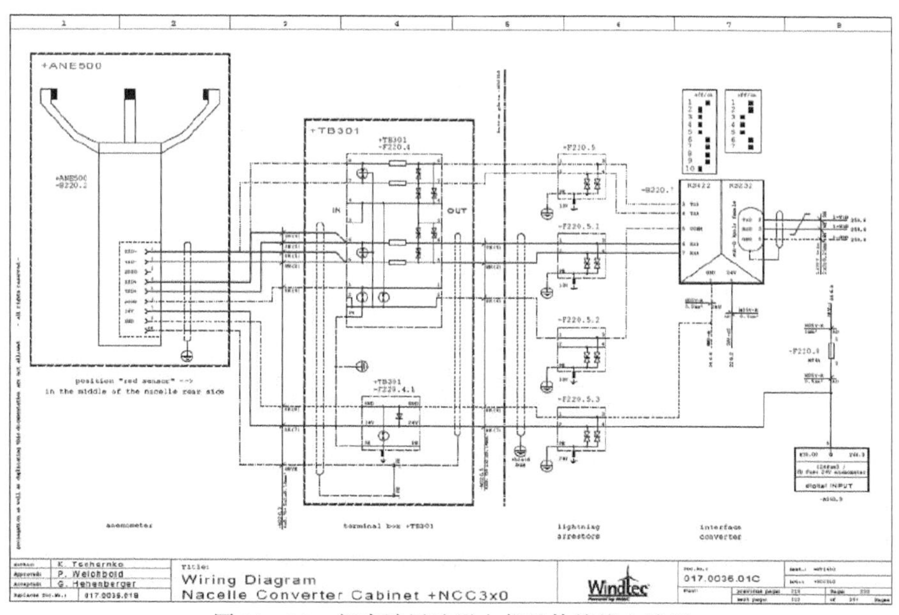

图 11-10　超声波风速风向仪具体接线电路图

（2）手动转动风速仪，检查轴承有无卡涩、异响等情况。

（3）检查风速仪的线缆接线连接是否与电气图纸一致，金风 1.5MW 风电机组的风速仪接线如图 11-12 所示。

（4）检测风速仪输出信号是否符合特征曲线。风速与输出电流呈线性关系，风速传感器输出的是 4～20mA 电流，当风速超过 50m/s 时，风速仪输出量最大不会超过 20.5mA，输出特性如图 11-13 所示。

（5）检测风速仪的加热元件能否正常工作。

图 11-11　机械式风速仪

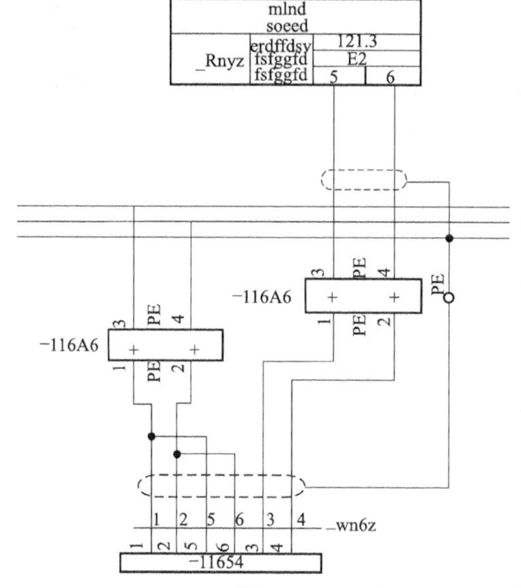

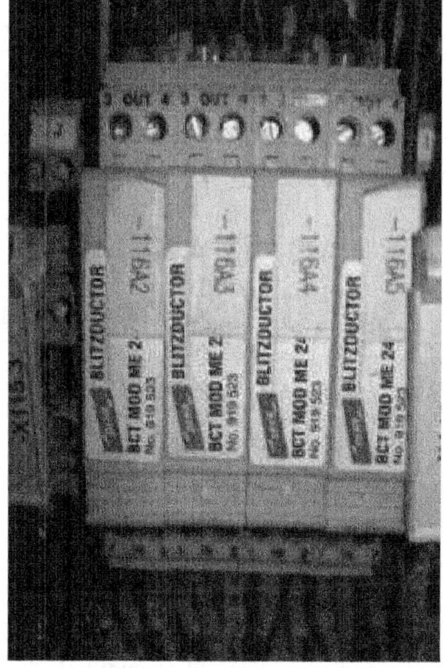

图 11-12　金风 1.5MW 机组风速仪接线

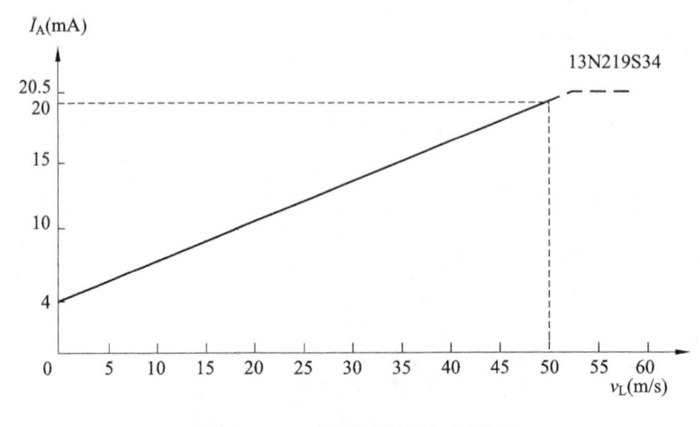

图 11－13 风速仪的输出特征

3. 机械式风向标

(1) 检查风向标 N 点安装位置，N 点应沿机舱中轴线指向风轮方向，如图 11－14 所示。

(2) 手动转动风速仪，检查轴承有无卡涩、异响等情况。

(3) 手动转动风向标传动单元到 90°、180°、270°、360°位置，并在风电机组的监控界面观察是否和实际位置相符合。如机械式风向标测量的数据出现误差，需要进行校准，校准设备如图 11－15 所示。

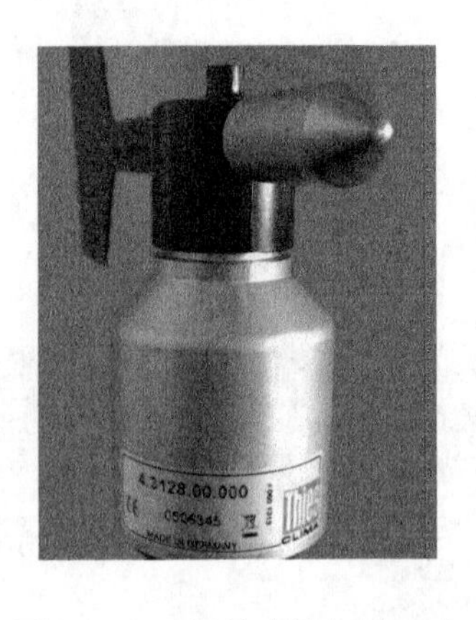

图 11－14 机械式风向标 N 点

图 11－15 机械式风向标校准设备

(4) 检查风向标的线缆接线连接是否与电气图纸信息一致，图 11－12 所示是金风 1.5MW 风电机组的风向标接线。

(5) 检测风速仪的加热元件能否正常工作。

11.2.2 偏航传感器检测

1. 限位开关式偏航传感器（见图 11－16）

限位开关式偏航传感器，也叫凸轮计数器、黄盒子等，由旋转限位开关与多圈绝对值

编码器组成，其功能：一是机舱偏航极限保护（旋转限位解缆）；二是检测风电机组机舱位置（多圈绝对值编码器），配合风速风向仪实现机舱的实时对风，并最终达到风能有效利用率最大化的目的。

图 11－16　限位开关式偏航传感器

传感器的外部是尼龙齿轮，机舱偏航时偏航齿圈带动尼龙齿轮共同旋转，来检测机舱位置。内部为旋转限位开关的构成元器件，包括变比齿轮组、凸轮开关组（微动开关＋凸轮）和多圈绝对值编码器。

(1) 凸轮开关组，由 4 只微动开关 PRSL0100XX 和 4 只凸轮组成凸轮开关组，如图 11－17 所示。

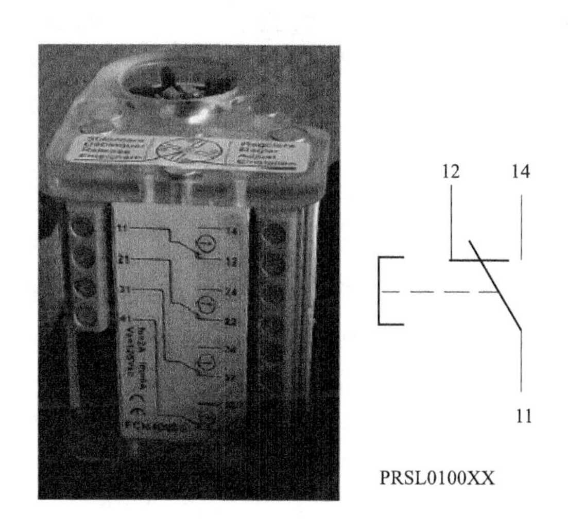

图 11－17　凸轮开关组

(2) 多圈绝对值编码器如图 11－18 所示。编码器接线从左至右依次为数据正、电源正、时钟负、时钟正、置零。

以远景 1.5MW 风电机组的凸轮偏航传感器为例介绍偏航传感器的调整方法：

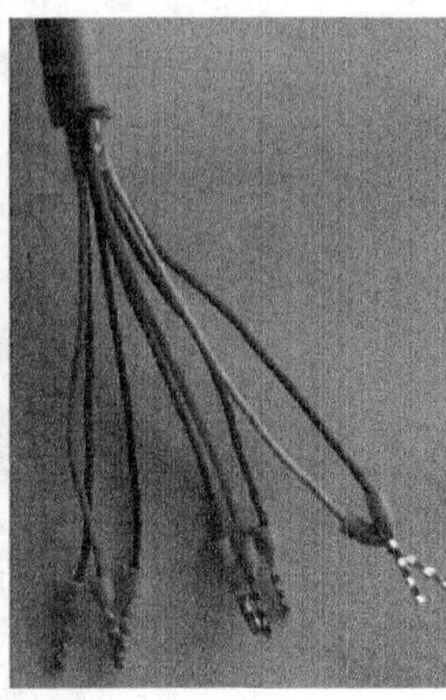

图 11-18　多圈绝对值编码器和凸轮开关组图

（1）偏航 0°设定。

在机舱处于 0°位置或偏航段电缆束处于无扭转、完全竖直时，打开限位开关式传感器的端盖，调节尼龙齿轮与机组控制系统的监控面板显示数值进行比较，校准初始 0°位置；也可以通过测量电阻值来校准 0°位置。0°位置调整好后，不要再碰尼龙齿轮。

（2）扭缆限位触发设定。

1）将凸轮计数器凸轮调节锁定螺钉旋松。右偏航二级限位触发设定：调节凸轮初始 0°位置后使尼龙齿轮端面朝上，逆时针旋转尼龙齿轮。同时，观察控制系统监控面板的机舱位置（偏航角度）参数，直到旋转 35～36 圈（偏航位置－900°）时，调节 1 号螺钉，使对应的右偏航凸轮顶点旋到触点开关并听到触点动作声音时停止。调节凸轮，测试右偏航二级限位触发扭缆的实际位置，范围应为－860°～－900°。触发扭缆时，观察控制系统监控面板“右偏航扭缆开关二级限位”信号由低电平变为高电平为正常。

2）将凸轮计数器凸轮调节锁定螺钉旋松。右偏航一级限位触发设定：顺时针旋转尼龙齿轮，同时，观察控制系统监控面板的机舱位置（偏航角度）参数，调节凸轮使机舱位置（偏航角度）从－900°变到－800°，然后调节 2 号螺钉，使对应的右偏航凸轮顶点旋到触点开关并听到触点动作声音时停止。调节凸轮，测试右偏航一级限位触发扭缆的实际位置，范围应为－760°～－800°。触发扭缆时，观察控制系统监控面板“右偏航扭缆开关一级限位”信号由低电平变为高电平为正常。

3）将凸轮计数器凸轮调节锁定螺钉旋松。左偏航二级限位触发设定：调节凸轮初始 0°位置后使尼龙齿轮端面朝上，顺时针旋转尼龙齿轮。同时，观察控制系统监控面板的机舱位置（偏航角度）参数，直到旋转 35～36 圈（偏航位置 900°）时，调节 3 号螺钉，使对应的左偏航凸轮顶点旋到触点开关并听到触点动作声音时停止。调节凸轮，测试左偏航二级限位触发扭缆的实际位置，范围应为 860°～900°。触发扭缆时，观察控制系统监控面板“左偏航扭缆开关二级限位”信号由低电平变为高电平为正常。

4）将凸轮计数器凸轮调节锁定螺钉旋松。左偏航一级限位触发设定：逆时针旋转尼龙齿轮，同时，观察控制系统监控面板的机舱位置（偏航角度）参数，调节凸轮使机舱位

置（偏航角度）从 900°变到 800°，然后调节 4 号螺钉，使对应的左偏航凸轮顶点旋到触点开关并听到触点动作声音时停止。调节凸轮，测试左偏航一级限位触发扭缆的实际位置，范围应为 760°～800°。触发扭缆时，观察控制系统监控面板“左偏航扭缆开关一级限位”信号由低电平变为高电平为正常。安装限位开关式传感器的端盖。

（3）手动偏航机舱至自动解缆角度，查看机组是否自动执行解缆动作。

（4）检查限位式偏航传感器的接线是否与电路图相符，接线图如图 11－19 所示。

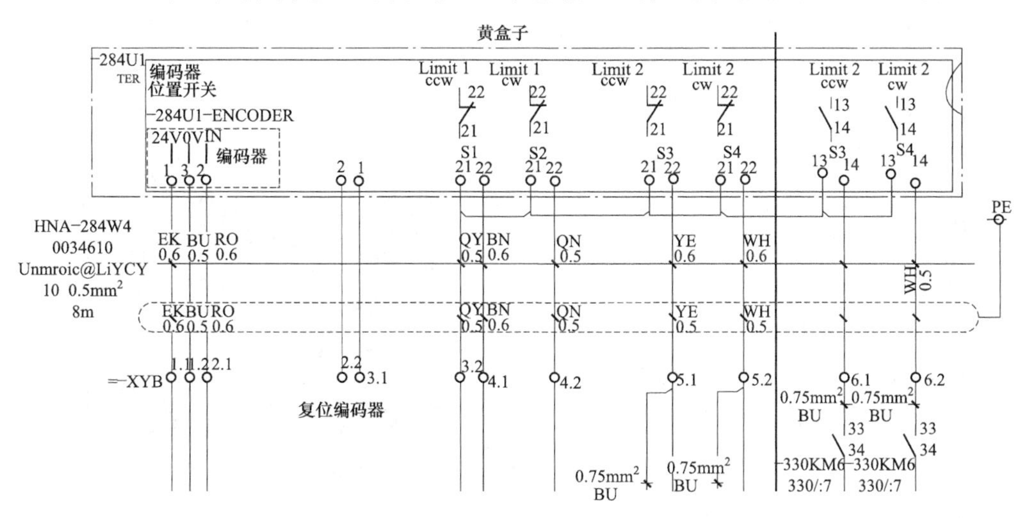

图 11－19　限位开关式偏航传感器接线图

2. 接近开关式偏航传感器

接近开关式偏航传感器是利用两个位置传感器错开安装的方式，输出是三线制接线方式，输出级为 PNP 型的 OC 门（Open Collector Door，集电极开路输出门），如图 11－20 所示，D 是两个接近开关中心位置的距离。工作原理是接近开关是一个光传感器，利用偏航齿圈齿的高低不同而使得光信号不同来工作，采集光信号并计数。当位置传感器 A 对准偏航齿轮一个齿的齿顶，位置传感器 B 对准同一个齿的齿底，此时位置传感器 A 输出为高电平，位置传感器 B 输出为低电平，如图 11－21 所示，将一个齿分为四种状态。通过一左一右两个接近开关采集的信号，控制系统控制机组偏航不超过扭缆角度，防止线缆缠绕。

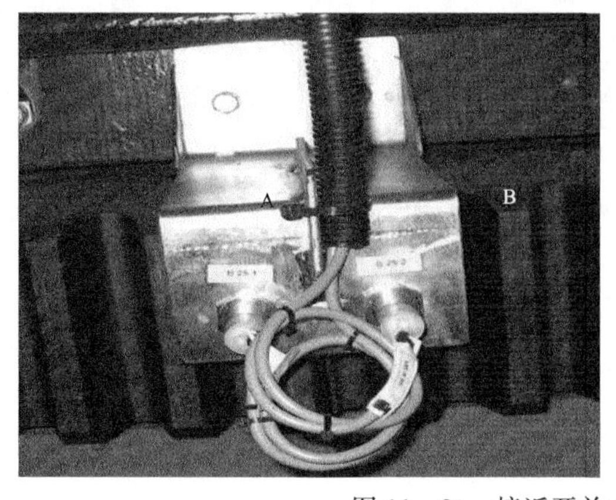

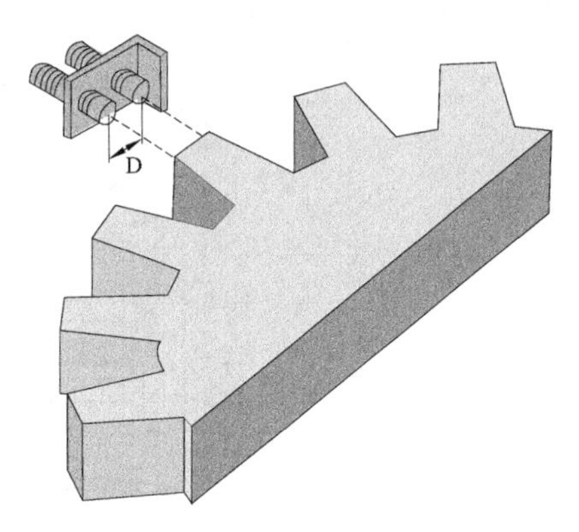

图 11－20　接近开关式偏航传感器

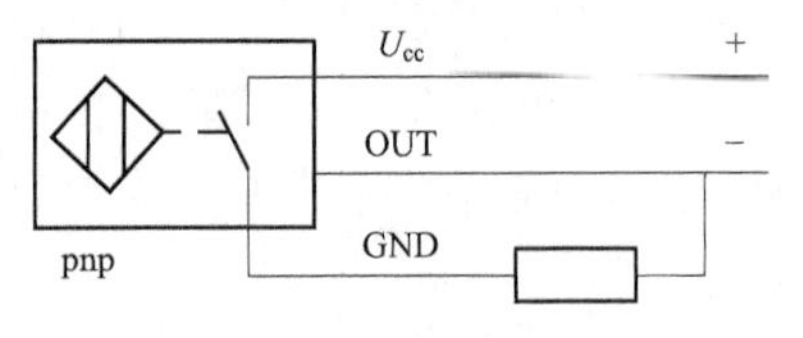

图 11－21　接近开关接线方式

接近式偏航传感器与行程限位开关单元共同实现对偏航扭缆的保护功能，接近式偏航传感器用于检测偏航位置，行程限位开关单元用于机械扭缆保护，当超过了解缆角度风电机组没有自动解缆而继续扭缆时，行程限位开关就会动作，来切断安全链同时报告控制程序发生了偏航扭缆故障。

行程限位开关单元如图 11－22 所示，由行程限位开关，钢丝绳（带塑料保护层）和钢球组成。行程限位开关安装在塔顶平台的背面，钢丝绳的一端拴着钢球，另一端拴在电缆束中的一根电缆上。随着电缆束的扭转，钢丝绳不断缠绕在电缆束上，因为其长度固定，所以扭缆到一定程度时，钢丝绳会牵引着钢球拉动行程限位开关的触点，机组紧急停机。

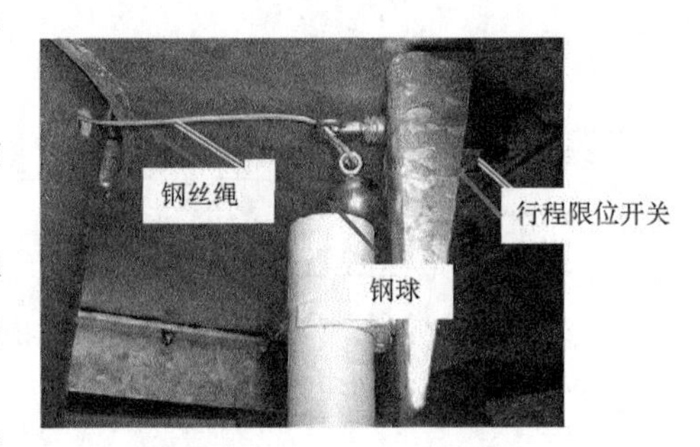

图 11－22　行程限位开关单元

接近开关式偏航传感器及行程限位开关检查的项目有：

(1) 用手或工具检查接近开关式偏航传感器的固定螺母是否松动、损坏。行程限位开关与塔筒平台间连接螺栓是否松动。

(2) 钢球有无脱落，钢丝绳对电缆间有无明显划伤。

(3) 机组偏航，使偏航位置传感器靠近偏航齿圈的齿顶端面，此时传感器亮起，或者用金属靠近传感器，亮起，则正常。

(4) 检查传感器到偏航齿圈齿顶距离，确认两个传感器到齿顶距离基本相等，保证其约为 3mm。

11.2.3　偏航电机检测

偏航电机（见图 11－23）是多极电机，电压等级交流 690V，内部绕组接线为星形。电动机的轴末端装有一个电磁刹车装置，用于在偏航停止时使电机锁定，从而将偏航传动锁定。附加的电磁刹车手动释放装置，在需要时可将手柄抬起释放电磁刹车。绕组中装有 PTC 热敏电阻，用于绕组过温保护。

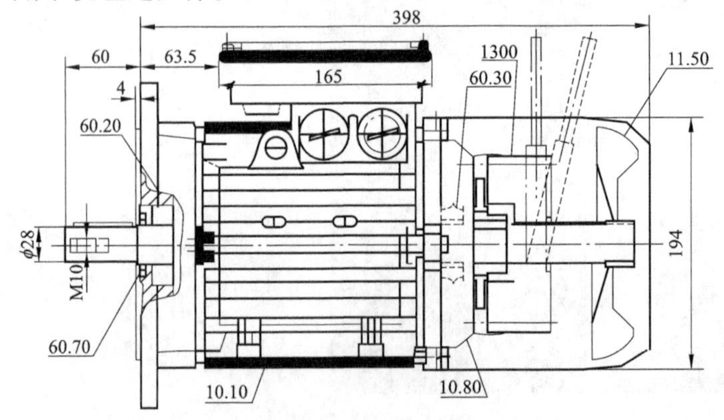

图 11－23　偏航电机整体结构图

1. 外观检查

(1) 漆层完好，无脱皮反锈。

(2) 铭牌及接线图标记齐全、清晰。

(3) 电机转动无卡涩、无异音。

2. 接线盒检测（见图11-24和图11-25）

(1) 断开偏航电机、刹车和加热器回路的供电电源。

(2) 打开接线盒，无损坏及受潮。检查绝缘板或引线瓷套外观，无掉瓷、裂纹，引线牢固。

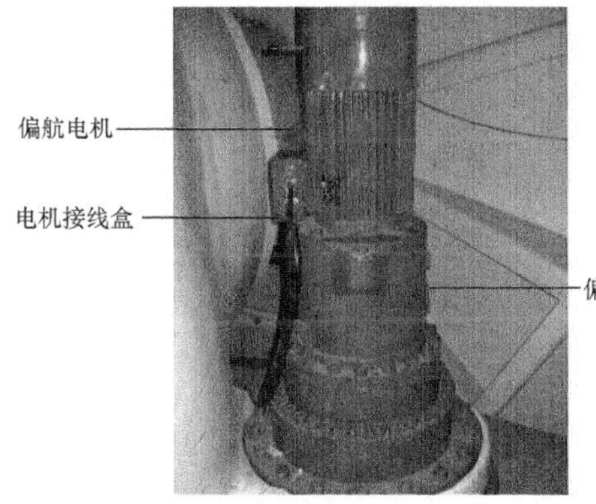

图11-24　偏航驱动装置图

图11-25　接线盒检查

(3) 检查绕组接线，对照接线图接线正确。

(4) 绕组绝缘检测，400V绕组用1000V绝缘电阻表测试绝缘≥0.5MΩ。

3. 散热风扇检查

(1) 拆卸风扇罩及风扇，并做好标记。风扇无裂纹、变形。

(2) 检查风扇焊口，焊接牢固。风扇安装方向正确。

4. 刹车制动间隙检查

(1) 用万用表检测电机尾部刹车制动系统的工作状态，如图11-26所示。

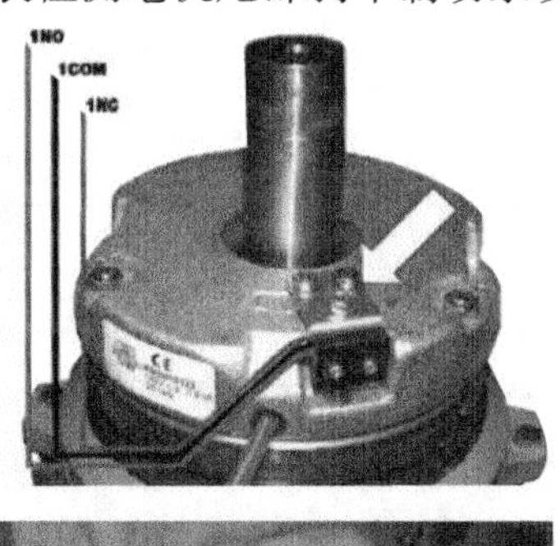

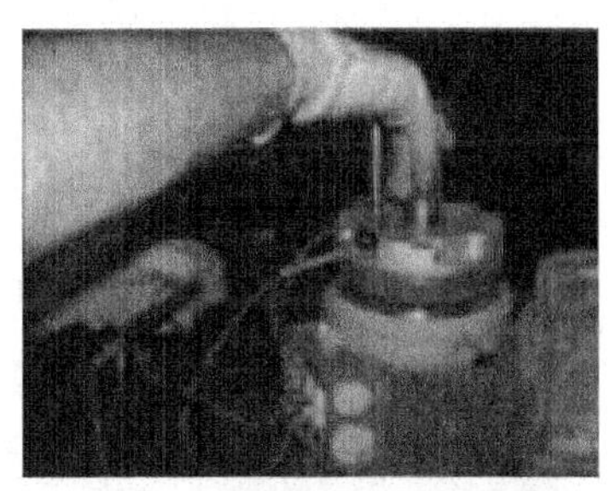

图11-26　用万用表进行检测

（2）用塞尺检查制动间隙，是否在厂家技术文件要求范围内，如图 11－27 所示。

图 11－27　检测制动间隙

5. 测量电机启动电流和工作电流

用电流表测量电机启动电流和工作电流，是否在正常范围内，三相电流是否平衡。

6. 检查偏航电机、刹车和加热器回路的电压

检查偏航电机、刹车和加热器回路的电压，有无电压过高、过低或缺相。

11.3　定期维护

11.3.1　定期维护项目

各种机型风电机组的定期维护周期一般为半年检和 1 年检，但定期维护的项目各不相同。这里将以 GE1.5MW 风电机组为例进行介绍，如表 11－3 所示。

表 11－3　偏航系统定期参考维护项目

序号	定期维护项目	周期	
		半年检	1 年检
1	目视检查：风速仪、风向标有无损坏、腐蚀	√	√
2	目视检查：风速仪、风向标在机舱的接线箱内接线、固定件等	√	√
3	目视检查：扭缆开关有无污损、松动	√	√
4	功能测试：扭缆开关信号是否正常	√	√
5	目视检查：电缆束扭转程度、电缆束护板完整性	√	√
6	功能测试：偏航制动系统功能	√	√
7	检查：偏航制动器刹车间隙		√
8	功能测试：偏航铜销压力螺栓预紧		√
9	功能测试：偏航铜销的推力块尺寸检测		√
10	目视检查：偏航减速器油位，有无渗漏油	√	√
11	检查：偏航时，电机和减速器有无振动和噪声	√	√
12	更换减速器齿轮油：36 个月		√
13	力矩检查：减速器与主机架间连接螺栓力矩 100%		√
14	力矩检查：偏航轴承与主机架间连接螺栓力矩 10%	√	

续表

序号	定期维护项目	周期	
		半年检	1年检
15	力矩检查：偏航轴承与主机架间连接螺栓力矩100%	—	√
16	力矩检查：偏航轴承与塔筒法兰间连接螺栓力矩10%	√	—
17	力矩检查：偏航轴承与塔筒法兰间连接螺栓力矩100%	—	√
18	目视检查：偏航减速器小齿轮有无磨损、腐蚀、润滑状态	√	√
19	润滑：偏航减速器小齿轮涂抹润滑脂	√	√
20	目视检查：偏航齿圈有无磨损、腐蚀、润滑状态	√	√
21	润滑：偏航轴承加注润滑脂	√	√
22	润滑：偏航齿圈涂抹润滑脂	√	√
23	目视检查：集中自动润滑系统油位、有无污损（如有）	√	√
24	功能测试：集中自动润滑系统功能测试（如有）	√	√
25	目视检查：偏航传感器有无污损、松动	√	√
26	功能测试：偏航传感器的信号、设置	√	√

11.3.2 偏航系统润滑脂量

各种机型风电机组的偏航系统定期维护润滑项目周期一般为半年或1年，这里将以GE1.5MW风电机组为例进行介绍，如表11-4所示。

表11-4　　偏航系统定期维护参考润滑项目

序号	润滑项目	润滑脂（油）型号	用量
1	偏航轴承	Fuchs Gleitmo 585 K（白色）	0.4kg/6个月
2	偏航齿圈	Fuchs Renolin Unisyn CLP 220	60L/6个月
3	偏航减速器	Mobil Mobilgear SHC XMP 320	12L/36个月

11.3.3 偏航减速机维护

1. 减速机防腐涂层检查与维护

检查减速机的防腐涂层是否有脱落现象，如有脱落需修复。

2. 油位检查

在减速机静止状态下，检查减速器的油位。一般减速机油位应位于油位计最高线与最低线两刻线之间或高于油镜1/2处。如油位偏低，需重新加注润滑油，并检查是否有泄漏点，润滑油型号见相关技术文件。加注方法如下：

（1）用毛巾清理干净加油嘴及其周围的灰尘油污；

（2）旋下加油塞并将其倒置于一块干净的毛巾上；

（3）将油顺着加油嘴倒入减速机内（由于加油嘴较小，实际加油时可使用干净的大号针筒作为加油工具），边加油边通过油位计观察油位；

(4) 当油位接近正常油位时，停止加油（可事先在正常油位处用记号笔做一标记）；

(5) 将加油塞擦干净并旋到加油嘴上拧紧；

(6) 减速机运行 5min，观察加油嘴处是否有渗漏现象，如有加以处理；

(7) 停转减速机再次观察油位，如油位达到正常值，加油工作结束，如未能达到要求，重复步骤（2）～步骤（6），直到油位满足要求。

3. 密封检查

检查偏航减速机的密封情况，查看偏航减速机输出轴轴承处是否有油脂溢出，如有，将油脂清理干净，并记录减速机的编号、出厂日期等信息并及时处理。

4. 减速机油品更换

为了延长减速机的寿命，必须定期对减速机进行换油（最好在热机状态下换油），更换过程如下：

(1) 用毛巾清理干净排油口及其周围的灰尘和油污；

(2) 将一个空的容器置于排油口附近，以备回收废油；

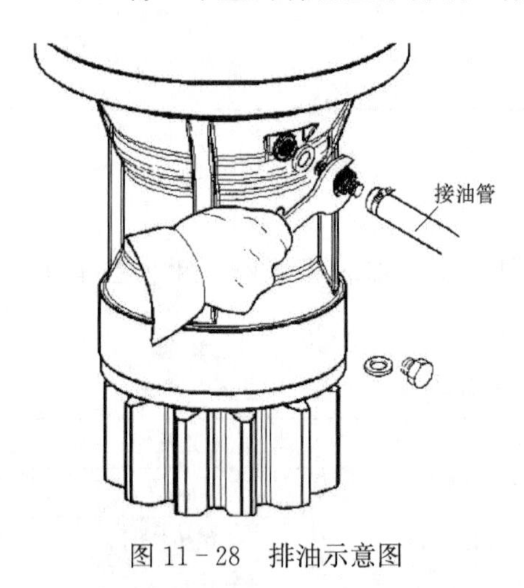

图 11-28　排油示意图

(3) 旋下排油堵丝并将其倒置于一块干净的毛巾上；

(4) 如图 11-28 所示，安装一个外接油管，油管的另一头插入准备好的容器内；

(5) 将废油排入容器内，同时打开加油嘴，以便顺利将油排出；

(6) 加入适量新油进行冲洗，以便使停留在输出端的残渣顺利排出，如气温较低，需加入事先预热过的新油进行冲洗；

(7) 将排油堵丝擦净，重新安装到排油口上，旋紧。

按照上述方法加注润滑油。

5. 偏航小齿轮检查与维护

四个小齿轮分别与偏航减速机连接在一起，与同一个偏航齿圈啮合。为了使得偏航位置精确且无噪声，需定期用塞尺检查啮合齿轮的侧隙。若不满足要求，则将主机架与驱动装置联结螺栓松开，缓慢转动偏航减速机，直到得到合适的间隙（0.4～0.8mm），然后以规定的力矩值拧紧螺栓。

6. 偏航减速机与主机架连接螺栓的力矩检查

以技术文件要求的力矩检查偏航减速机与主机架安装螺栓，检查比例参照技术文件要求执行。

11.3.4　偏航制动装置维护

偏航制动装置主要用于风电机组不偏航时，避免机舱因偏航干扰力矩而做偏航振荡运动，防止损伤偏航驱动装置。

这里主要以 V52-850kW 风电机组的偏航制动装置为例，介绍偏航制动装置维护工作。

1. 测量轴向滑板尺寸

(1) V52风电机组停机，关闭偏航功能或断开偏航回路供电开关和熔断器。

(2) 测量偏航顶端和挡板间的轴向间距（见图11-29），如果测量值低于1mm，则换掉全部轴向滑板。

(3) 用扳手卸下固定螺栓（见图11-30），拆掉径向挡板，用塞尺测量钳杆和滑板之间的距离（见图11-31）。由于滑板端头常常会磨损，测量时应将塞尺塞入钳杆和滑板之间5～10mm。

图11-29 测量轴向间距

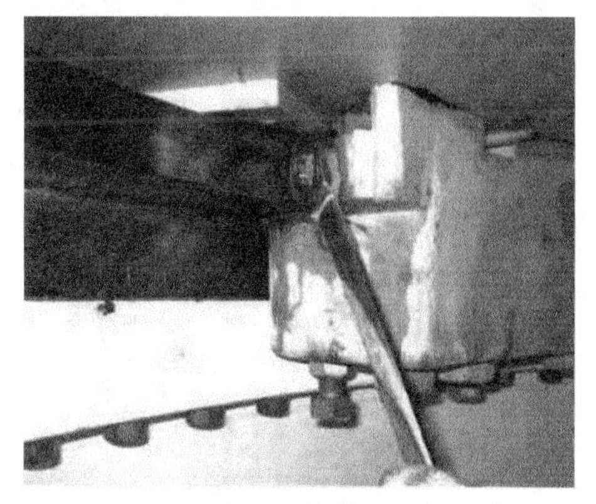

图11-30 卸下径向挡板螺栓图

图11-31 塞尺测量钳杆和滑板之间的距离

(4) 带钳杆的偏航系统，如图11-32所示。

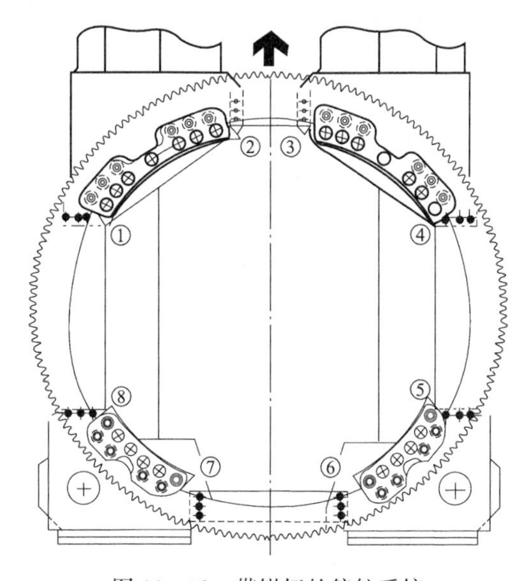

图11-32 带钳杆的偏航系统

(5) 记录数据，填滑板测量值表，如表 11-5 所示。

表 11-5　　滑板测量值表

X＝塞尺测量值
X_1 ________ $+X_5$ ________ = ________ mm
X_2 ________ $+X_6$ ________ = ________ mm
X_3 ________ $+X_7$ ________ = ________ mm
X_4 ________ $+X_8$ ________ = ________ mm

(6) 用薄垫片去掉游隙，这样最小对角线测量值为 0.5mm±0.3mm (0.2～0.8mm)。最小对角线测量值不能小于 0.2mm。如果最小对角线测量值大于 0.8mm，测量一个或两个径向滑板的厚度以获得安装在风电机组上的径向滑板的实际尺寸。

(7) 如果对角线测量值 X_{2-6} 和/或 X_{3-7} 大于 X_{1-5}/X_{4-8}，这表明一个或两个后钳杆移动了。必须通过降低后钳杆或检查销钉是否损坏/弯曲来查明。

2. 拆卸轴向滑板

(1) 拆掉有问题钳杆末端的两个挡板（见图 11-33)。用特殊工具配加长套筒工具松开钳杆上弹簧的螺母和螺栓。用液压扳手和套筒松开钳杆上的螺栓约 15mm（见图 11-34)。

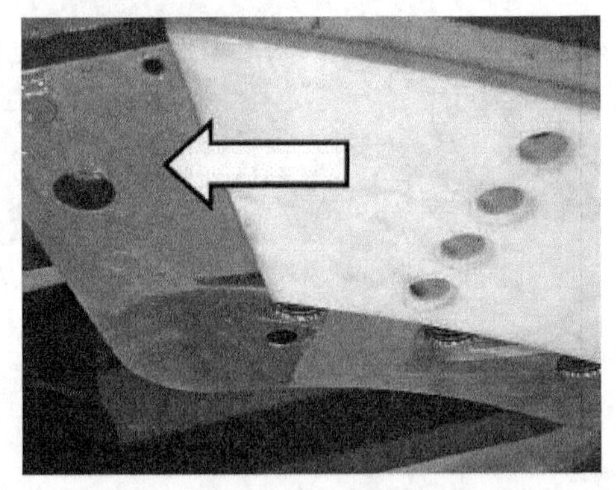

图 11-33　钳杆末端的两个挡板

图 11-34　液压扳手松开钳杆上螺栓

(2) 拧开（钳杆左侧）的螺栓，更换成带螺母的长螺杆。

(3) 除了钳杆右侧的螺栓外，卸下全部螺栓。同时松开螺母和螺栓降低钳杆，避免损坏钢质销钉。

(4) 卸下最后一颗螺栓，将钳杆摆出（见图 11-35)，使它离开塔筒侧，并卸掉径向滑板。

(5) 检查钢销是否损坏。清洁钳杆和滑盘，并检查盘子的厚度（见图 11-36)。如果厚度小于 15mm，则换掉全部滑盘。

(6) 松开每侧钳杆弹簧的全部 M24 螺栓（见图 11-37)，用扳手卸下全部钢销（见图 11-38)。

(7) 在钳杆每一侧安装专用竖直起重装置，一定要使楔子的接触面和偏航板平行。启动两个起重装置使径向滑板处于游离状态（见图 11-39)。

(8) 在偏航板和主框架支架放置滑盘以保证合适的距离。前、后轴向滑板都配备有小铜盘，以确保机舱底盘和塔筒之间很好地电气连接。铜盘以合适的松紧度安装在滑板上，

拆下滑板前先拆下铜盘，如图 11－40 所示。

图 11－35　卸下最后一颗螺栓，将钳杆摆出

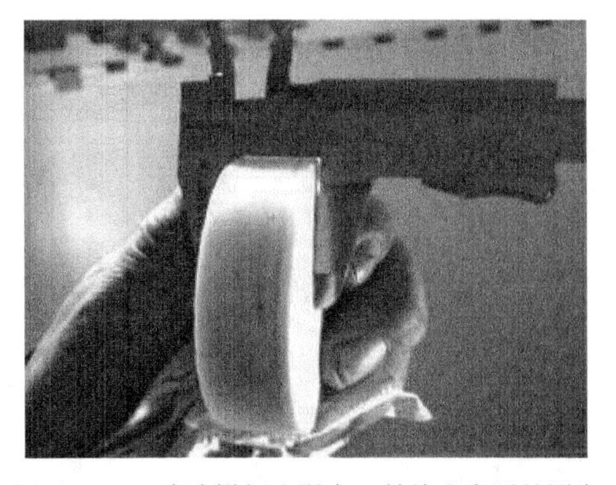

图 11－36　清洁钳杆和滑盘，并检查盘子的厚度

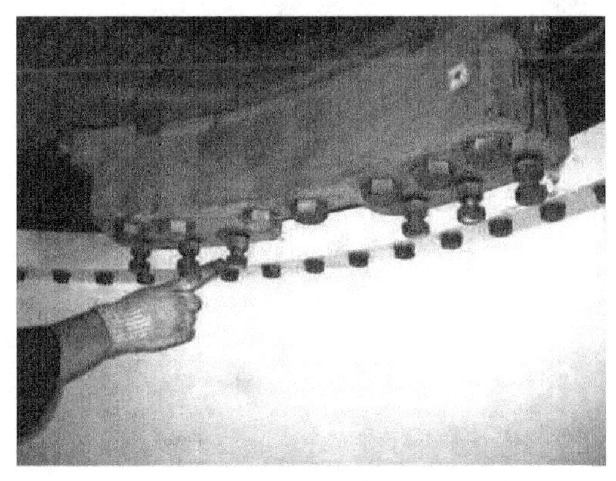

图 11－37　松开每侧钳杆弹簧的全部 M24 螺栓

图 11－38　用扳手卸下全部 7 个钢销

图 11－39　启动两个起重装置

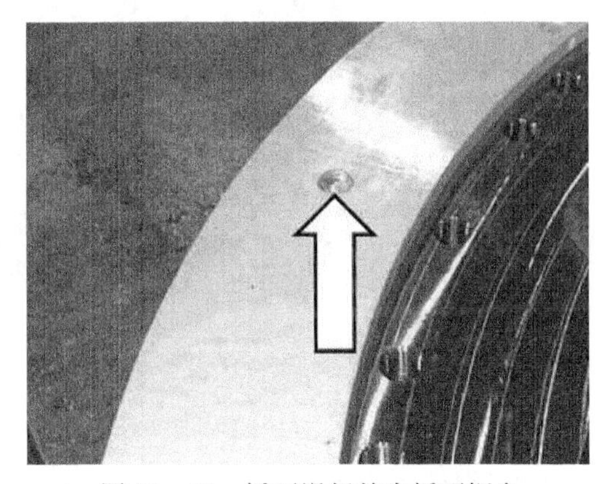

图 11－40　拆下滑板前先拆下铜盘

3. 润滑

（1）拆下滑板，清洁偏航顶部并抹上油脂。

（2）将新滑板推到抹了油脂的偏航板上并安装两个挡板。启动起重装置将钳杆移回（移向塔筒壁）并把径向滑板推回到位。

4. 安装轴向滑板

(1) 重新安装每个拐角处的 M33 螺栓并慢慢紧固。确保钢销能方便与孔配合。用液压扳手和套筒把全部螺栓拧紧（见图 11-41），力矩值参照技术文件要求。

图 11-41 用液压扳手和套筒把全部螺栓拧紧

(2) 调节弹簧包，松开埋头螺母（见图 11-42 标号 1）并紧固 M24 螺栓（见图 11-42 标号 2）至要求力矩值。把每个螺栓拧松 120°（至表面），然后再重新紧固埋头螺母。

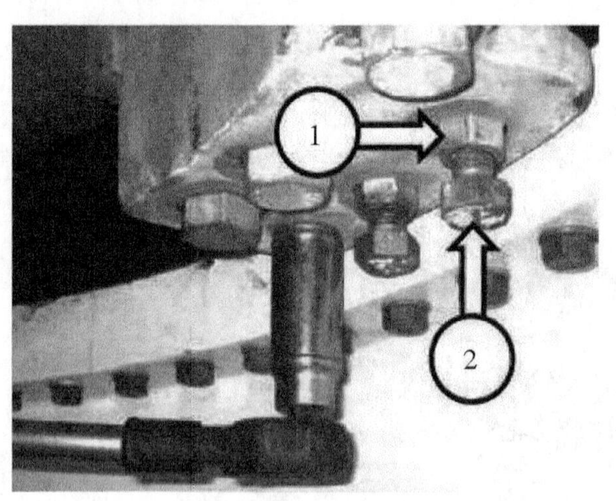

图 11-42 调节弹簧包

(3) 安装挡块，利用套筒和扭矩扳手紧固挡块螺栓至要求力矩值。

另外，偏航系统使用液压刹车制动的风电机组的偏航系统大致分为两部分。一部分为与偏航电机轴直接相连的电磁刹车；另一部分为液压闸，在偏航刹车时，由液压系统提供 140～160bar 的压力（参照厂家技术文件要求），使与刹车闸液压缸相连的刹车片紧压在刹车盘上，提供制动力。偏航时，液压释放并保持 20～40bar 的余压（参照厂家技术文件要求），这样，偏航过程中始终保持一定的阻尼力矩，大大减少风电机组在偏航过程中的冲击载荷使齿轮破坏。液压偏航系统常见结构如图 11-43 所示。

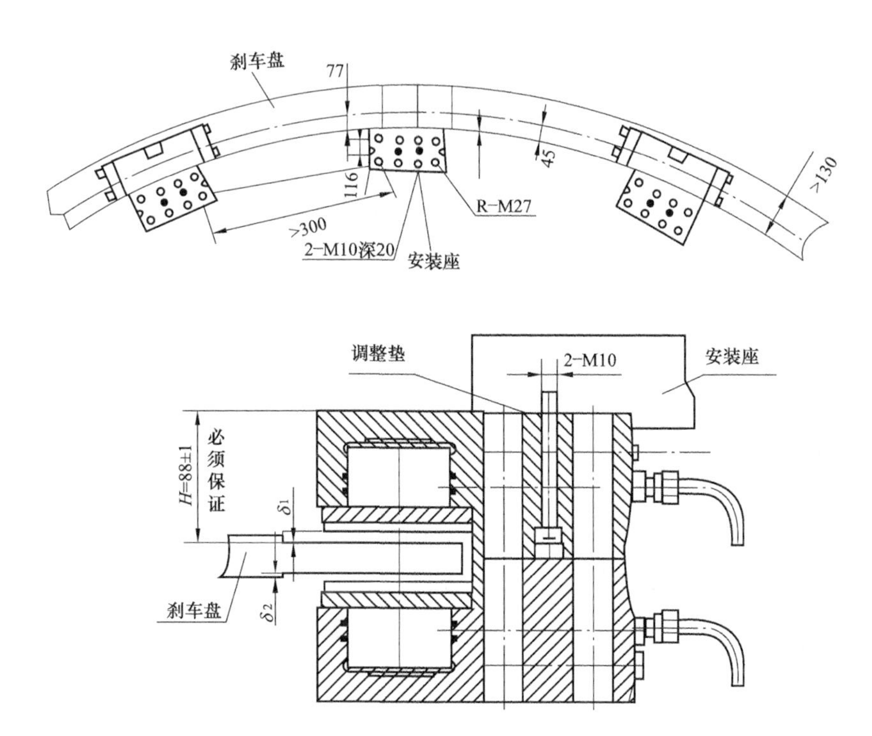

图 11-43　液压偏航系统常见结构图

图 11-44 所示是金风 1.5MW 风电机组的液压偏航刹车系统实物。其液压系统图如图 11-45 所示。在做维护工作时，要定期检查液压管路有无渗漏油、压力不稳、刹车压力不正确等异常情况，使用工具检查连接螺栓的力矩值，检查偏航刹车间隙，做偏航刹车试验。

图 11-44　金风 1.5MW 风电机组液压偏航刹车系统实物

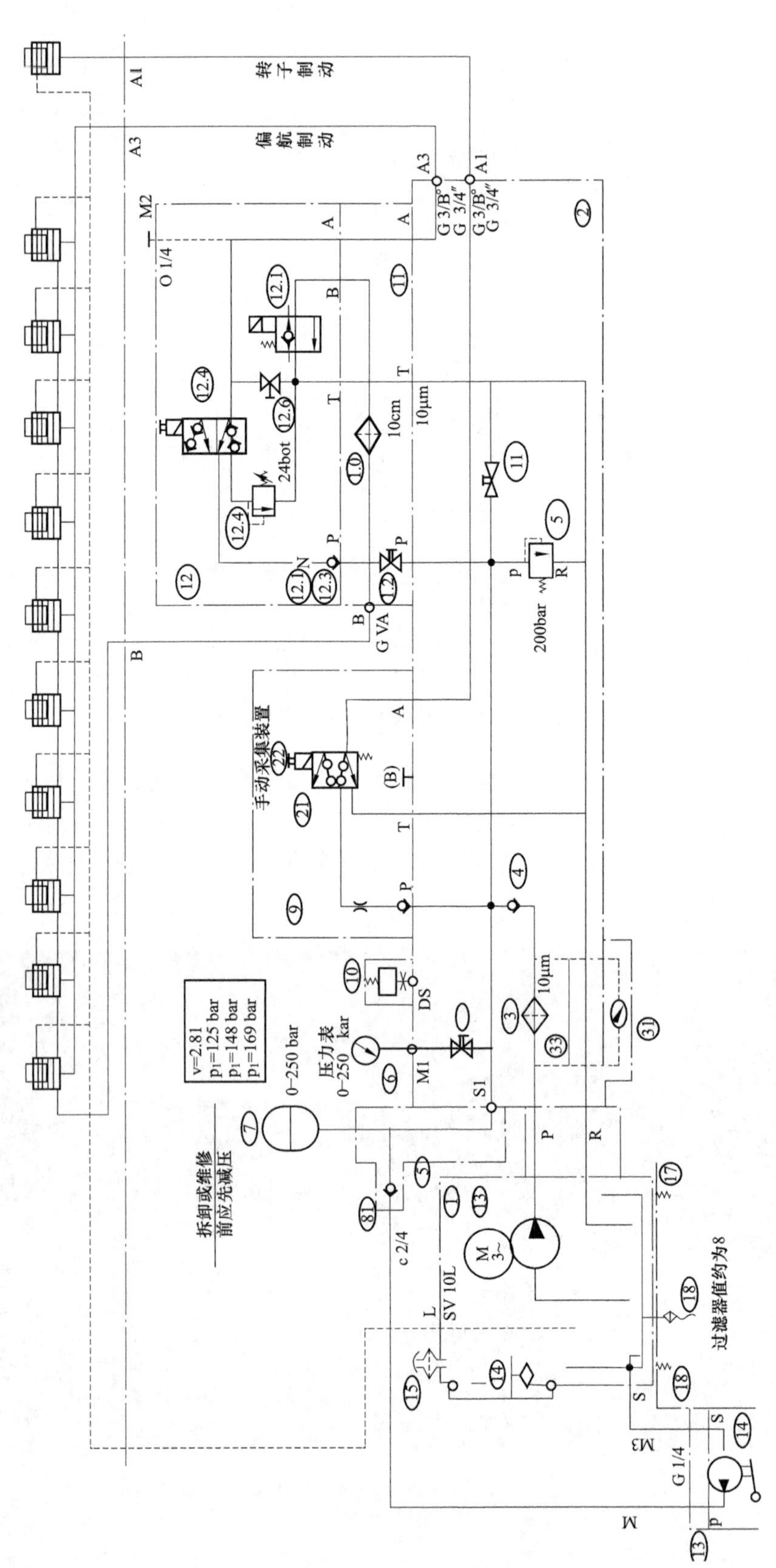

图 11-45 金风 1.5MW 风电机组偏航刹车系统液压系统图

图 11－45 中各数字代表元件列表如表 11－6 所示。

表 11－6　　图 11－45 中各数字代表元件列表

序号	名　称	序号	名　称
1	油箱	8	液压功能块
1.3	液压泵电机	8.1	单向阀
1.4	油位传感器	9	叶轮锁定两位三通电磁换向阀块
1.5	加油孔	10	压力继电器
1.8	放油阀	12	偏航阀组
14	手泵	12.1	两位两通电磁换向阀
3	滤油器	12.2	偏航两位三通电磁换向阀
3.1	滤油器堵塞发讯器	12.3	节流阀
3.2	背压单向阀	12.4	偏航溢流阀
4	单向阀	12.5	单向阀
5	系统溢流阀	12.6	偏航截流手阀
6	系统压力表	11	液压功能块
6.1	节流手阀	11.1	滤油器
7	蓄能器	11.2	截流手阀
7.1	系统截流手阀		

11.4　典型故障处理

11.4.1　偏航阻尼铜销磨损故障

GE1.5MW 风电机组的偏航制动（阻尼）装置不是使用滑板、衬垫等结构，而是使用的偏航阻尼铜销结构，具体结构如图 11－46 所示中的数字 1～18。

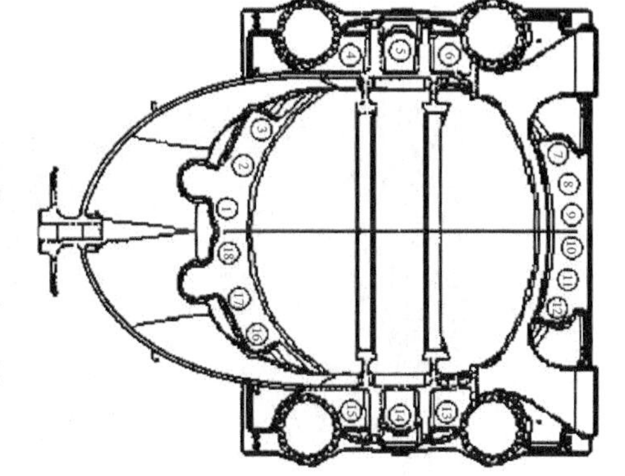

图 11－46　偏航阻尼铜销布置图

风电机组运行时间较长、异常磨损或铜销紧固力矩值不正确等原因，会造成偏航阻尼铜销磨损，需要进行更换，更换时按照顺时针方向更换。在前方区域每次最多卸下两个活塞，在侧方和后方每次最多卸下 3 个活塞以确保余下的偏航制动器活塞能提供足够的制动力。具体处理步骤如下。

1. 拆除铜销偏航阻尼单元（见图 11－47）

(1) 移除塑料销，用开口扳手拆除铜销的锁紧螺母。

(2) 用卡簧钳拆除卡簧，将铜销从主机架上取出（见图 11－48）。

图 11－47　铜销偏航阻尼单元

图 11－48　拆除制动单元

(3) 检查发现偏航阻尼铜销磨损后，将铜销与弹簧组单元取出（见图 11－49）。

(4) 用游标卡尺测量旧推力块的尺寸，或将旧推力块与新推力块比较（见图 11－50），确认需更换推力块。

图 11－49　铜销与弹簧组单元

图 11－50　新、旧推力块比较

(5) 准备好新推力块与弹簧组（见图 11－51），并在弹簧组顶部涂抹固体润滑剂和安装 O 形圈（见图 11－52）。

图 11－51　新推力块与弹簧组

图 11－52　涂固体润滑剂和装 O 形圈

(6) 将新推力块、弹簧组按照技术文件的要求组装好，装入新铜销内，新、旧铜销单元比较如图 11－53 所示。

图 11－53　新、旧铜销单元比较

2. 安装铜销阻尼单元（见图 11－54）

(1) 按照厂家技术文件要求，将阻尼铜销单元安装到主机架上，并使用扭矩扳手拧紧至标准力矩值，并画力矩线。

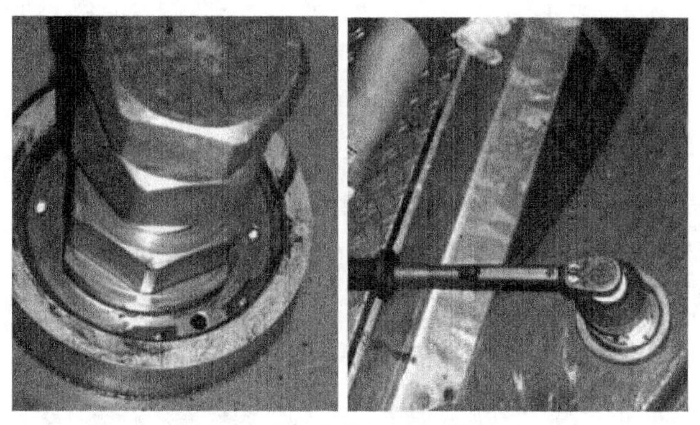

图 11－54　安装阻尼铜销单元

(2) 用扳手拧紧锁紧螺母（见图 11－55）。

(3) 使用游标卡尺测量尺寸（见图 11－56），确保尺寸值满足厂家技术文件要求。

图 11－55　拧紧锁紧螺母

图 11－56　测量尺寸

11.4.2 偏航传感器故障

（1）限位开关式偏航传感器发生的故障，可能原因有：

1）模块与机舱位置传感器间接线故障。

2）偏航0位设定不正确。

3）元件与偏航齿圈间啮合间隙调整不正确。

4）元件损坏，如编码器、开关或电路板等。

5）参数设定不正确。

（2）如偏航传感器没有损坏，则处理方法有：

1）检查由模块到机舱位置传感器的接线。若接线正常，检查机舱位置传感器是否能正常工作。

2）检查偏航回路电阻阻值是否正常，若不正常则证明机舱位置传感器的滑线电阻损坏。

3）拆下机舱位置传感器，旋转凸轮改变电阻看系统显示的偏航位置变化能否正常，不正常则更换相应模块。

图11-57　空气开关

4）检查系统设置的解缆参数是否正确，重新设定偏航0位。

（3）如偏航传感器损坏，则需要进行更换。

1）断开机舱控制柜UPS电源空气开关及拔出电池供电熔丝。

2）用万用表测量所要更换偏航计数器信号输入输出接线端子上确实没有电压。

3）使用平口端子起拆除端子排上接线，使用斜口钳将线路固定绑扎带剪开，顺线路将偏航计数器接线从线路保护套管中抽出。

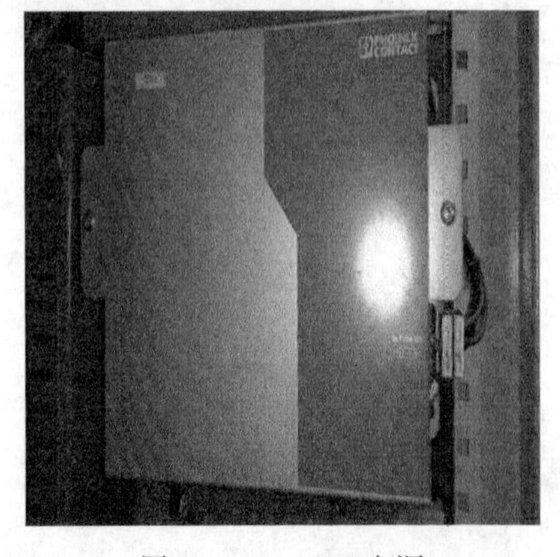

图11-58　UPS电源

图11-59　接线端子排

4）使用内六角扳手拆除线路固定夹。用开口扳手将旧的偏航传感器从主机架上拆下，如图11-60所示。

图 11－60 拆除旧偏航传感器

5）安装的过程与拆卸基本相反，先用开口扳手将新的偏航计数器固定到主机架上，然后按与拆卸相反的顺序依次将计数器线从套管中穿回到机舱柜体中。

6）按照电路图，依次按线号将新安装的计数器线头接入端子排上。

7）检查线路接线是否正确合理，有无接错或易短路的危险接线。在确保检查无误后，使用内六角扳手将线夹安装牢固，用活动扳手将接线盒上的紧固螺栓拧紧，上紧接线盒盖，再用扎带将需要固定的地方加以固定。

8）合上机舱柜内空气开关和 UPS 单元，恢复送电，检查机组运行是否正常。

11.5 大修

各种机型风电机组的偏航系统结构、形式差别较大，这里以 GE1.5MW 风电机组为例介绍偏航减速器更换和偏航齿圈更换大修作业基本流程。

11.5.1 偏航减速器更换

（1）机组停机，操作权限转至“就地”操作，状态切换至“维护”模式。

（2）关闭偏航功能，机舱偏航轴承下方“yaw/off”开关达到“OFF”位置。断开偏航系统的全部开关和熔断器。在偏航驱动器位置用万用表验电，验明确无电压。

（3）打开电机接线盒，拆除电机、刹车和加热回路接线，并做好标记。

（4）用扳手拆除电机与减速器间的连接螺栓，将电机从减速器上拆除。

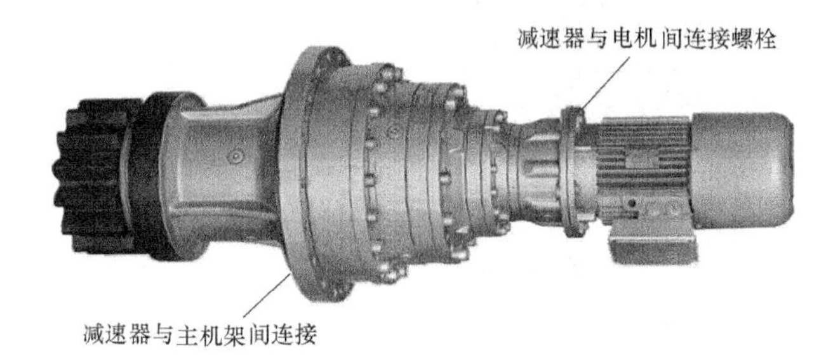

图 11－61 偏航驱动装置

(5) 用扳手拆除减速器与主机架间连接螺栓。用小吊车将偏航减速器从主机架中取出，并安全放置（见图 11－62）。

(6) 清洁新偏航减速器配合表面，减速器的安装配合表面及齿轮啮合面要进行清洁，不得有凸起、油脂和油漆等杂质存在。

(7) 减速器具有用来调节小齿轮与齿圈啮合时侧隙的最大偏心量，减速器在安装后，转动减速器与齿圈更接近，然后在啮合的一边插入与侧隙设计规定值一致的塞尺垫片，调整后再将减速器固定（见图 11－63）。

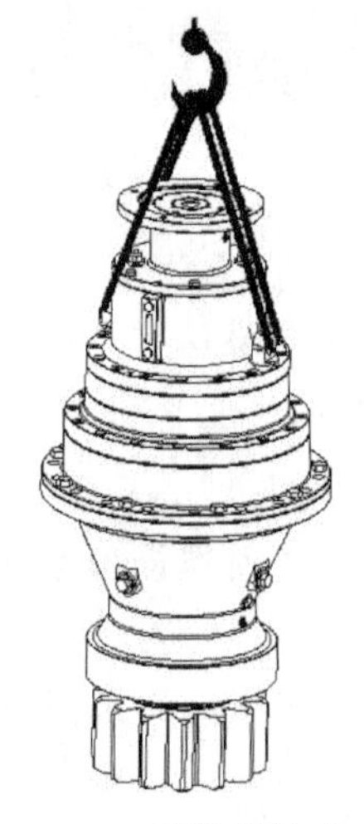

图 11－62　吊装偏航减速器

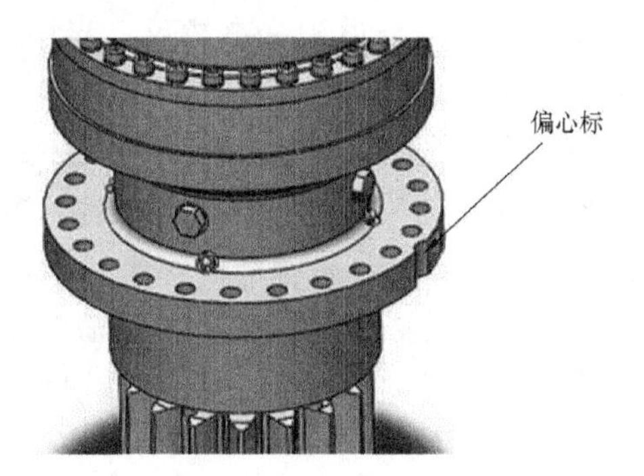

图 11－63　减速器偏心标记

(8) 紧固减速器与主机架间的连接螺栓（见图 11－64），紧固至厂家技术文件要求的力矩值，并画力矩线。

(9) 安装偏航电动机，紧固电动机与减速器间的连接螺栓，紧固至厂家技术文件要求的力矩值，并画力矩线。

(10) 减速器加注润滑油（见图 11－65），具体数量参照厂家技术文件执行。

图 11－64　减速器与主机架间连接螺栓

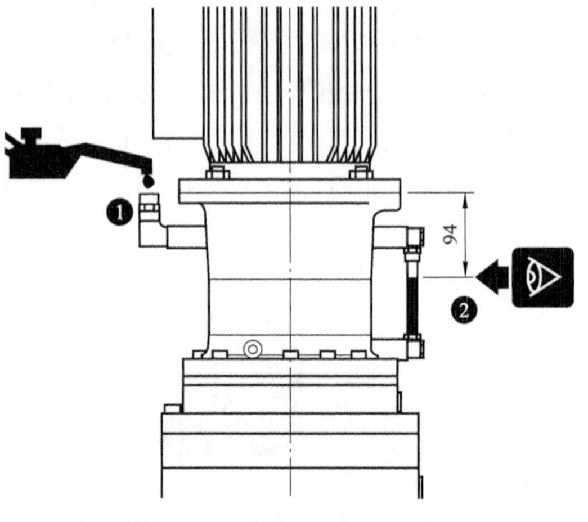

图 11－65　减速器加注润滑油

1—加注润滑油位置；2—人眼观察液位位置

(11) 按照标记安装电动机、刹车和加热回路接线，用绝缘表测试绝缘。确认绝缘合格后，安装电动机接线盒。

(12) 闭合偏航系统的全部开关和熔断器，将机舱偏航轴承下方“yaw/stop”开关旋到“yaw”位置。

(13) 做偏航系统各项测试，确认减速器工作正常，机组恢复运行。

11.5.2 偏航轴承更换

(1) 机组停机，操作权限转至“就地”操作，状态切换至“维护”模式。

(2) 将3支桨叶依次变桨至−90°位置，锁好风轮机械锁。

(3) 断开机组内全部开关和熔断器，用万用表验电，确认无电压。

(4) 在轮毂内，拆除轮毂内与滑环间的连接线（见图11-66)，做好标记并用绝缘胶带可靠缠绕。

(5) 在机舱内，拆除齿轮箱后部滑环，放置在机舱地面上，牢固固定；拆除发电机定子、转子和其他全部顶底部连接电缆，做好标记并用绝缘胶带可靠缠绕。

(6) 用液压扳手拆除轮毂与主轴间上半圈连接螺栓（见图11-67)，转动风轮，安装风轮吊具，待拆除下半圈连接螺栓后，将风轮拆除并缓慢放置地面，拆除风轮吊具（见图11-68)。

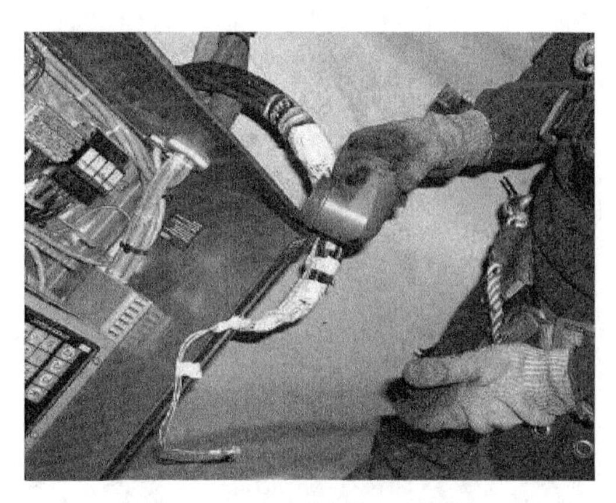

图11-66 拆除轮毂内接线

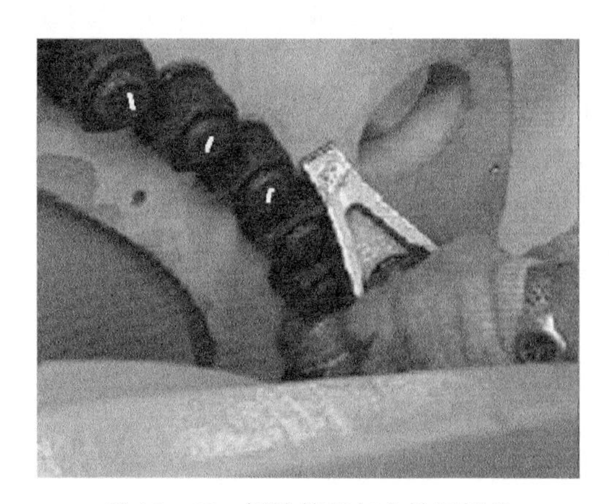

图11-67 拆除轮毂与主轴间螺栓

图11-68 吊装风轮

(7) 机舱罩上挂好缆风绳，安装机舱吊具。拆除机舱与塔筒间法兰连接螺栓，吊车将机舱吊下至地面的机舱底座上（见图11-69)。

(8) 将顶部机舱罩与底部机舱罩分离，拆除机舱罩。

(9) 拆除4套偏航驱动装置（电动机、减速器等）及其接线。

(10) 用液压扳手拆除旧偏航轴承与主机架间连接螺栓。吊车将机舱提升至距离地面1m高并向左转杆90°。

(11) 将旧偏航轴承移走，将新偏航轴承放置在机舱底座上。

(12) 吊车右转杆90°，回到新偏航轴承上方。缓慢下放机舱，对准新偏航轴承与主机架间螺栓孔，用液压扳手安装全部螺栓，紧固至厂家技术文件要求的力矩值，画力矩线。

(13) 安装4套偏航驱动装置及其接线。

(14) 安装机舱罩。

(15) 将机舱缓慢起吊至塔筒偏航平台处，用液压扳手拧紧全部连接螺栓，紧固至厂家技术文件要求的力矩值，画力矩线。拆除机舱吊具。

(16) 安装风轮吊具，起吊风轮，安装轮毂与主轴间连接螺栓，用液压扳手以50%力矩值拧紧上半圈连接螺栓。拆除风轮吊具，转动风轮，紧固下半圈连接螺栓。将全部螺栓紧固至厂家技术文件要求的力矩值，画力矩线（见图11-70），最后拆除机舱吊具。

图11-69　吊装机舱

图11-70　紧固机舱与塔筒间法兰连接螺栓

(17) 恢复轮毂内和机舱内全部接线，发电机定子、转子线需先校线和检测绝缘，连接螺栓紧固至厂家技术文件要求的力矩值，画力矩线。

(18) 闭合机组内全部开关和熔断器，用万用表验电，确认电压正确，相序正确。

(19) 参照厂家技术文件，分系统进行测试，确认测试结果正常。

思考题

1. 偏航系统加装集中自动润滑系统，有哪些好处？
2. 偏航轴承的结构形式有哪些？优点和缺点是什么？
3. 风向标出现偏差，如何进行校准？
4. 冬季北方地区的液压阻尼系统易出现哪些问题？有无改善方法？
5. 风向标的N点方向装反，将会出现什么现象？叶轮能否正常对风？

塔架与基础

12.1 概述

12.1.1 基础的作用与分类

基础为风电机组的主要承载部件，它通过基础环法兰连接风电机组的塔架，以支承机舱、叶片等大型部件的重量，依靠自身重力来承受上部塔架传来的竖向荷载、水平荷载和颠覆力矩，要求其具有足够的抗压、抗扭、抗弯和抗冲击的性能，并且在极端气候条件下保证风电机组的安全。2006年桑美台风登陆某风电场，造成两台基础被拔出，2007年某风电场在正常运行时，一台风电机组突然倒塌，基础被连根拔起，如图12-1所示。这些事故充分暴露了风电机组基础在设计施工中存在的问题。

风电机组基础形式主要有重力式扩展基础、桩基础、梁板式基础等，另外还有复合式基础、预应力锚栓基础等。

传统的重力式扩展基础（见图12-2）施工较为简便、工程经验丰富、适用范围广，但是这种基础形式整体刚度较大，抗压能力有余，抗弯效果不好，经济性较差。

图12-1 风电机基础被拔起

图12-2 重力式扩展基础

梁板式基础（见图12-3）偏“柔”，能够充分发挥主梁的抗弯特性，已在我国陆上风电场中广泛使用，但基础土方开挖量较大、安装周期较长、施工质量较难控制。

箱式变压器、风电机组复合式基础将箱式变压器基础与风电机组基础相结合，同时施工，这种基础形式工序简单、工期较短、节省用地，并且可以减少塔筒底部至箱式变压器的电缆长度，适用于沿海滩涂及征地较困难的地区，值得普及推广，如图12-4所示。

图 12-3 梁板式基础

图 12-4 箱式变压器复合式基础

沉筒式无张力基础依靠高强度预应力锚栓自锁系统连接风电机组塔架和基础筒体，它的钢筋绑扎简单，施工方便，施工周期较短。但是这种基础形式对沉筒内外波纹钢筒的材料强度、弹性模量、防腐等要求较高，目前尚未广泛应用，如图 12-5 所示。

图 12-5 预应力锚栓基础

基础通常采用现浇钢筋混凝土独立结构，一般还需预埋电力和通信电缆，设置风电机组接地系统及接地点。基础常见的失效形式有开裂、倾倒、不均匀沉降等。

12.1.2 塔架的作用和分类

塔架是支承机舱的结构部件，主要承受来自风力的水平载荷及风力机组的主体重力载荷，还有风机运行时因振动导致的动应力载荷，同时要保证暴风吹袭时风机不会倾倒，塔架必须要有足够的强度、疲劳强度和适宜的刚度。塔架的选材和高度由使用地区的环境决定，可使用 Q345C 或 Q345D 板材，高寒地区应使用 Q345E 板材。塔架高度根据当地的风源状况，有 65、70、80m 等，现在我国已安装的单机容量最大的 6MW 机组塔架高度达到 90m，底段法兰的直径为 7m，重量为 350t。为方便运输，塔架一般分 3～4 段，由各段之间的法兰通过塔架螺栓连接在一起，内含工作平台、爬梯、安全索、电缆架、电控柜、照明系统等附件。

图 12-6 桁架结构塔

从结构上分，塔架分筒形钢塔、桁架结构塔（见图 12-6）和水泥塔（见图 12-7）。本章主要介绍目前最常用的钢制锥形塔架（见图 12-8），另两种只在风电发展的早期使用。

塔架常见的失效类型为连接法兰变形、连接螺栓断裂、防腐失效、焊缝开裂（见图 12-9）等，严重时发生倒塔事故（见图 12-10）。

图 12-7 水泥塔

图 12-8 钢制锥形塔架

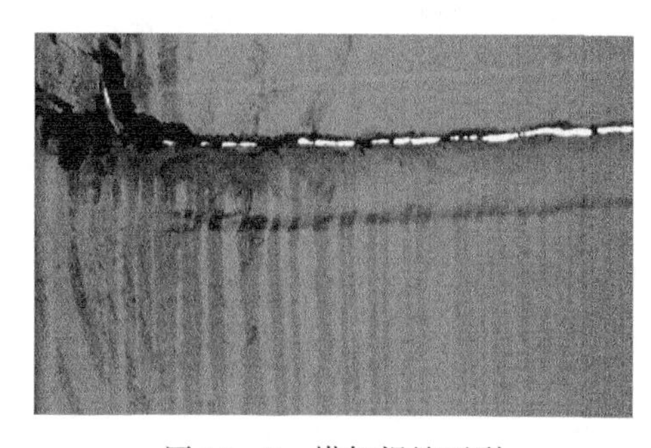

图 12-9 塔架焊缝开裂

图 12-10 塔架折断

12.2 塔架及基础的检查与测试

12.2.1 不均匀沉降观察

1. 不均匀沉降现象及原因

基础的沉降主要是由地基土体的压缩变形导致。在荷载大于其抗剪强度后，土体产生剪切破坏，导致基础沉降。如果同一基础的某个部位发生急剧下降，导致基础开裂、顶面相对高差超出允许偏差范围，即为不均匀沉降。

2. 不均匀沉降的危害

风电机组对基础不均匀沉降有较强敏感性，将使风电机组产生较大的水平偏差，倾斜超标，在机舱及叶片等重载作用下，产生较大的偏心弯矩，从而使原本在水平方向就不能保持平整度的风电机组更加倾斜，给风电机组运行带来了较大的安全隐患。

3. 不均匀沉降测量

(1) 测点设置。

目前普遍对风电机组沉降观测的方法是：布设基准点和风电机组基础观测点，将基准点和观测点联测。按照 JGJB—2007《建筑变形测量规范》第 4.2.3 条规定，每台风电机组埋设基准点不少于 3 个，每台风电机组基础均匀布设四个观测点；基准点的埋设也有要求：基准点的标石埋在基岩层或原状土层中，在基岩壁上也可埋设墙上水准标志。相邻两台风电机组由于距离和空间因素也不存在共用基准点，需要布设的基准点就是风电机组数量的 3 倍。

（2）观测依据。

水准仪和水准标尺的测量依照 JGJB—2007《建筑变形测量规范》4.4.3、GB/T 12897—2006《国家一、二等级水准测量规范》和 GB 50026—1993《工程测量规范》要求操作。

（3）观察方法。

采用精密水准仪及铜水准尺进行，在缺乏上述仪器时，也可采用精密和刻度符合要求的工程水准仪和水准尺进行。观察时应使用固定的测量工具和人员，每次观察均需采用环形闭合方法或往返闭合方法当场进行检查。同一观察点的两次观测差不得大于 1mm，水准测量应采用闭合法进行，检查当年沉降观测记录与往年数据对比，不超过标准值。

（4）观测时间和密度：

1）基础浇筑完成当天开始第一次观测；

2）基础浇筑完成后一周每天观测一次；

3）基础浇筑完成一周后每 1～3 个月观测一次；

4）机组安装当天开始新一轮观测；

5）机组安装后一周每天观测一次；

6）机组安装后第一年每 1～3 个月观测一次；

7）机组安装后第二年观测 2～3 次；

8）机组安装第二年以后每年观测 1 次；

9）当发现观测结果异常时，应加密观测。

应记录每台风机 4 个观测点的沉降量，根据主机设计标准，制作沉降量与时间关系曲线。

4. 确保精度和提高效率的几点方法

（1）观测点的保护。观测点不仅受到风沙雨水的影响，还可能受到人为破坏，观测点的完好与否直接决定着观测成果的准确性。因此观测点采用不易腐蚀的不锈钢材质，还应有简单的保护措施，防止人为破坏，如图 12-11 所示。

（2）水准仪的架设。风电场位于风力资源地区，大部分时间风速较大，降低水准仪架设高度，避免标尺分划线的成像跳动；当太阳辐射强度大，地表温度高时为减弱热效应，应尽量提升水准仪的架设高度。

图 12-11　沉降观察点

（3）水准尺的架设。观测点表面容易附着细小土砂粒，立尺前应擦拭观测点表面与尺底，保证观测点与尺底干净接触。

5. 不均匀沉降的处理

（1）堆载纠偏法。

在基础承台较高一侧，进行堆土压载，使

风电机组基础承台两侧受力不均，从而对原先不均匀沉降进行纠正。施工时应注意加强观测，保证每周两次的观测密度，当不均匀沉降消除后，应立刻挖除堆土，以避免造成新的不均匀沉降情况发生。堆载纠偏法对风电机组基础的干扰相对较小，且易于实施、经济合理，但因需要较长时间。

(2) 注浆法。

采用钻机钻至持力层，使用压力泵通过钻孔将水泥浆注入持力层桩尖位置，使桩尖饱和土与水泥固化成水泥土，从而大幅度提高该预应力桩的承载能力。但淤泥流动性强，使浆液无法送至持力层桩尖，从而降低水泥土效果。

12.2.2 基础环的水平度

1. 水平度超差的危害

因为塔架基础环连接法兰水平度的微小偏差和倾斜，都会造成塔架顶部中心与垂直轴线之间的严重错位，从而使塔架垂直方向的载荷发生偏移，影响塔架垂直方向的稳定性能。一般要求水平度控制在 2mm 以内，绝对值在 6mm 内。

2. 引起水平度超差的原因

引起基础环水平度超差的原因有很多，基础不均匀沉降，基础环制造、运输、存放过程中的问题，施工中水平度控制不当均可能造成水平度的偏差超标。

3. 水平度测量

将水平仪放置在基础环附近（5～10m，见图 12－12），在基础环上法兰的圆周上每次要均匀地采用 12 个点以上点位的测量。测量时应保证测量仪器与基础环上法兰水平面是垂直的，并应减少扰动，确保上法兰水平度不大于 2mm，误差越小越好。

图 12－12　基础水平度测量

12.2.3 垂直度检查

1. 垂直度的概念

风电机组塔架的截面为圆形，上下塔架的圆心形成一个轴心线，轴心线相对于基础环水平面的理想状态是垂直，但绝对垂直是不可能的，偏差总是存在的。轴心线相对于基础环水平面的偏差程度，就是塔架垂直度。

2. 塔架垂直度要求

单节塔架的垂直度允差一般为 4‰，总高度差值在 4‰且不大于 30mm。

3. 测量方法

(1) 经纬仪法。在塔架高度 1.5 倍远的地方，瞄准塔架顶部，利用经纬仪投测下来，做一标记，量出其与底部的水平距离，用正倒镜投点法观测两个测回，取平均值即可。

(2) 激光铅垂仪投测法。利用激光铅垂仪进行塔架轴线自下向上的投测，是一种精度较高、速度快的方法。其基本原理是利用该仪器发射的铅直激光束的投射光斑，在基准点上向上逐层投点，从而确定各层的轴线点位。这种方法的优点也是方便、快捷，但需在塔架平台上预留孔洞。

12.2.4 钢筋腐蚀检测

1. 钢筋锈蚀的危害

(1) 钢筋锈蚀，导致截面积减少，从而使钢筋的力学性能下降。

(2) 钢筋腐蚀导致钢筋与混凝土之间的结合强度下降，从而不能把钢筋所受的拉伸强度有效传递给混凝土。

(3) 钢筋锈蚀生成腐蚀产物，其体积是基体体积的2～4倍，腐蚀产物在混凝土和钢筋之间积聚，对混凝土的挤压力逐渐增大，在这种挤压力的作用下混凝土保护层的拉应力逐渐加大，直到开裂、起鼓、剥落。混凝土保护层破坏后，使钢筋与混凝土界面结合强度迅速下降，甚至完全丧失，不但影响建筑物的正常使用，甚至使建筑物遭到完全破坏。

2. 钢筋锈蚀的原因

钢筋锈蚀的原因有两个方面：

(1) 钢筋保护层的碳化。其碳化的原因是混凝土不密实，抗渗性能不足。硬化的混凝土，因为水泥水化，生成氢氧化钙，所以显碱性，pH>12，此时钢筋表面生成一层稳定、致密、钝化的保护膜，使钢筋不生锈。当不密实的混凝土置于空气中或含二氧化碳环境中时，由于二氧化碳的侵入，混凝土中的氢氧化钙与二氧化碳反应，生成碳酸钙等物质，其碱性逐渐降低，甚至消失，称其为混凝土的碳化。当混凝土的pH<12时，钢筋的钝化膜就不稳定，钢筋的钝化保护膜就遭到破坏，钢筋的锈蚀便开始进行。

(2) 氯离子的含量。据有关试验证明，即便是pH值较高的溶液（如pH>13），只要有4～6mg/L的氯离子含量，就足可以破坏钢筋的钝化膜，使钢筋失去钝化，在水和氧气的作用下导致钢筋锈蚀。

3. 钢筋锈蚀的检测方法

(1) 破损检测。

破损检测是物理检测方法的一种，一般是在钢筋锈蚀比较严重的情况下进行，如混凝土由于钢筋锈胀力而导致了明显的空鼓、开裂甚至脱落等现象。为了进一步确定钢筋锈蚀的情况，就需要对结构进行破损检测。该法是利用外力将结构物中已部分破坏的混凝土凿开，直至露出钢筋表面，通过肉眼（视觉法）来观察钢筋的锈蚀情况。必要时还可通过截取部分锈蚀最严重的钢筋，通过截面积损失率或重量损失率来计算钢筋的锈蚀率。破损检测是目前工程中应用较普遍的一种检测结构物中钢筋锈蚀的手段，也是修复钢筋锈蚀结构的一种方法。但该法也存在一定的局限性，就是会对结构物造成较大的损伤，且因为是“点”的检测，所以检测范围和数量及其代表性均受到限制。

(2) 无损检测。

为了不使结构物产生过大的损伤，人们在工程实践中逐渐研究开发出无损检测，该法通常又分为物理检测和电化学检测两大类。

4. 钢筋锈蚀的预防措施

为了防止钢筋锈蚀，必须防止混凝土的碳化或减慢碳化速度和防止氯离子的侵入。而

混凝土碳化又是因为混凝土抗渗性能不足引起的，所以为防止碳化，必须提高混凝土的抗渗性。其方法有：

(1) 降低水灰比。尽量降低水灰比，减少用水量，增加密实度，提高混凝土的抗渗性。

(2) 掺入阻锈剂。使钢筋表面的氧化膜趋于稳定，弥补表面的缺陷，使整个钢筋被一层氧化膜所包裹，致密性很好，能防止氯离子穿透，从而达到防锈的目的。

(3) 选择合适的材料。水泥标号一般不低于 425 号。

(4) 加强养护。时间不得少于 14 天，以保证水泥正常水化，增加密实度，提高抗渗性。

12.2.5 焊缝的检查

1. 焊缝外观检查

(1) 对所有对接焊缝、门框与筒体焊缝、塔架与附件焊缝的外观进行检查，表面油漆是否完好，不应有油漆剥落、开裂、锈蚀等现象。

(2) 应特别注意焊缝的热影响区（焊缝两侧各约 15mm）的油漆有无拱起、返锈等情况；如果发现要仔细打磨掉生锈部位，确认有无表面裂纹的产生。

(3) 上述部位检查时如有不能确认的缺陷，则及时汇报相关部门，由检测公司根据现场情况采取磁粉、渗透等无损检测方法进行确认。

2. 焊缝的无损检测

(1) 运行中的缺陷。

从基础环至机舱，塔架焊缝的厚度为 50～10mm 不等，焊接的主要形式为埋弧自动焊，在出厂前塔架厂已经安排了相应的质量检验工作，以确保焊缝质量。但在运行过程中，由于受循环交变应力的影响，塔架焊缝仍有可能沿着塔架圆周方向产生裂纹甚至开裂，裂纹的产生部位可位于塔架焊缝中部的原始缺陷、表面的厚度变化处、结构的突变区等应力集中部位。这些微小的开裂形成了裂纹源，在受到循环交变应力的作用时，裂纹源的扩展可导致塔架的有效承受厚度变小，承载能力迅速下降，造成塔架撕裂、折断、倾覆等灾难性后果。

(2) 检测方法。

运行过程中焊缝裂纹的检测主要采取射线、超声波、磁粉、渗透等无损探伤法。

无损检测是指在不损害或不影响被检测对象使用性能，不伤害被检测对象内部组织的前提下，对被检物内部及表面的结构、性质、状态及缺陷的类型、性质、数量、形状、位置、尺寸、分布及其变化进行检查和测试的方法。主要有射线检验（RT）、超声波检测（UT）、磁粉检测（MT）和液体渗透检测（PT）四种。塔架的检测通常以超声波和磁粉检测为主。

其中射线法是以 X 射线穿透焊缝，以胶片作为记录信息，且可永久保存的无损检测方法，该方法应用最广泛，它定性、定量准确，但检测厚度有限，总体成本相对较高，而且射线对人体有害，检验速度会较慢。

超声波检测可对较大厚度范围内的焊缝内部缺陷进行检测，而且缺陷定位较准确，灵敏度高，可检测焊缝内部尺寸很小的缺陷；并且检测成本低、速度快，设备轻便，对人体及环境无害，现场使用较方便，但该方法对检测人员的综合判断能力要求很高，检测结果无直接见证记录。

磁粉检测适用于检测焊缝表面和近表面尺寸很小、间隙极窄（如可检测出长 0.1mm、宽为微米级的裂纹）目视难以看出的不连续性；但不能发现焊缝内部缺陷，表面检测时焊缝的油漆对检测灵敏度干扰较大。

渗透检测显示直观、操作方便、检测费用低，但它只能检出焊缝表面开口的缺陷，难以确定缺陷的实际深度，对被检焊缝表面要求光洁度较高，必须打磨油漆才能进行。

（3）检测部位。

1）塔架焊缝的检测部位一般选择运行中可能产生裂纹的位置，如基础环与底段塔架的环焊缝、顶段塔架的筒体之间的环焊缝、其他在运行中可能产生较大交变应力部位的焊缝。

2）所有可检测部位的塔架的 T 形接头及其附近的焊缝。

3）对制造厂质量有怀疑的塔架焊缝应制订详细的检测计划，按台、按批分别进行不低于 10%的抽检。

（4）检测标准。

塔架焊缝无损检测合格级别按 JB 4730《承压设备无损检测》和 GB/T 11345《手工钢焊缝超声波探伤》进行，同时参照塔架厂制造时的标准。一般在执行射线检测时二级合格，超声波检测时一级合格。

3. 焊缝返修

塔架焊缝的现场返修条件复杂、工艺要求高，对超标缺陷的处理应慎重、全面考虑。对运行中产生的裂纹缺陷和制造过程中产生的未焊透、夹渣等缺陷应区别对待。塔架焊缝运行缺陷的返修见 12.4.2。

12.2.6 盐雾腐蚀试验

1. 盐雾腐蚀现象

盐雾腐蚀是一种常见又最有破坏性的大气腐蚀，多发生于沿海地区潮湿环境中，主要破坏经达克罗处理的塔架和机舱螺栓性能，在螺栓表面生锈，并造成螺纹损坏，最终降低螺栓的强度，失去紧固的作用。机舱螺栓生锈如图 12-13 所示。

图 12-13　机舱螺栓生锈

2. 盐雾腐蚀机理

所谓盐雾是含氯化物的大气，它的主要腐蚀成分是氯化钠。盐雾对金属材料如螺栓表面的腐蚀是由于氯离子穿透螺栓表面的防护层，与内部金属发生电化学反应引起的。同时，氯离子含有一定的水合能，易吸附在金属表面的孔隙、裂缝中，并取代氧化层中的氧，把不溶性的氧化物变成可溶性的氯化物，使钝化态表面变成活泼表面。

3. 盐雾腐蚀试验

为了保证螺栓在盐雾环境的使用性能，在出厂之前螺栓表面必须经特殊处理，目前常用的表面处理方式为达克罗。检验这种表面处理效果的试验即为盐雾试验。

试验方法为：在试验室人工模拟盐雾环境，盐雾含量为天然环境的几倍或几十倍，把螺栓成品置于盐雾试验箱。陆地风电场用紧固件盐雾试验 720h，沿海或海上风电场用紧固件盐雾试验 1000h，基体无红锈，镀层并经铬酸盐钝化最小厚度大于或等于 8μm。镀层均匀，无气泡即为合格。

12.2.7 螺栓性能试验

1. 试验目的

风电机组用螺栓一般指配套的螺栓连接副，含有螺栓、螺母和垫圈，按批次交货。在使用前应在有资质的第三方检验单位进行外观尺寸、机械性能、化学成分、扭矩系数等项目检查，确认螺栓的质量符合要求。

2. 试验项目和数量

产品抽检以批为单位，一般每批的试验项目和数量如下（实际做破坏试验的仅需 8 套）：

(1) 实物尺寸检测的试样为 32 件。

(2) 实物机械性能检测的试样为 3 件。

(3) 螺栓机加工试件机械性能检测的试样为 3 件。

(4) 低温冲击检测的试样为 3 组（每组 3 件）。

(5) 螺栓连接副转矩系数试验的试样为 8 件。

(6) 螺栓楔负载试验的试样为 8 件。

(7) 螺母载荷、硬度试验的试样为 8 件。

(8) 垫圈硬度试验的试样为 8 件。

(9) 化学成分试验的试样为一个批号 2 件。

(10) 金相试验（螺纹脱碳）的试样为 3 件。

12.3 定检项目

针对具体机型，应根据主机厂的定检维护要求制定相应的定检项目。一般机型的全年（半年）定检项目可参考表 12-1。

表 12-1　　风电机组基础与塔架定检项目表

序号	定检部件	定检方法	定检标准	定检周期
1	风电机组基础	感观检查	基础的混凝土无起砂、开裂、缝隙，平整度符合要求，基础环与基础之间的缝隙防水合格，回填土无异常，周围地面低于基础	6 个月
2		沉降测量	根据 JGJ 8—2007《建筑变形测量规范》的 5.5.5 条规定，建筑沉降是否进入稳定阶段，应由沉降量与时间关系曲线判定。当最后 100*D* 的沉降速率小于 0.01～0.04mm/d，可认为已进入稳定阶段	第一年每 3 个月测 1 次；第二年每 6 个月测 1 次；第二年后每年观测 1 次
3		水平度测量	上法兰水平度不大于 2mm，绝对值小于 6mm	1 年
4		钢筋腐蚀检测	根据 GB 50344《建筑结构检测技术标准》附录 D 的要求判断	基础严重开裂时
5	塔筒门	目视检查	入口门开、关正常，滤网清洁。门衬垫密封良好，无锈蚀，门框周边焊缝无异常	6 个月
6	塔架底部	巡视	对基础、底部塔架、底部控制柜进行巡视检查，无异响、异味等异常现象	6 个月
7	塔架外观	目视检查 塞尺测量	无明显的变形、锈蚀、裂纹，各段塔架法兰结合面接触良好，法兰间隙（用塞尺测量）在 0.2mm 以内	6 个月
8	爬梯和助爬器	目视检查	塔内爬梯牢固，无锈蚀、脱焊、油漆剥落等异常现象，助爬器防坠性能可靠	6 个月
9	平台、盖板等	目视检查	无损坏、松动、锈蚀、开裂，铰链无腐蚀、损坏，机舱平台接油装置处于可靠状态，无油污溢出现象	6 个月
10	提升装置	目视检查	内部重物提升装置工作可靠，防滑抱紧装置可靠，操作安全；导轨（钢丝绳）的跌落保护功能测试合格	6 个月
11	升降梯（简易电梯）	目视检查	安全附件齐全，应急逃生装置可靠，电梯门开合正常。电梯在运行中无漏油、漏电、轿厢振动、异常气味、异常声响、平层越位、冲顶、蹲底等异常现象	6 个月
12	照明	目视检查，放电测试	塔架内部照明设备齐全，亮度满足工作要求；断电时应急灯应能供电至少 10min	6 个月
13	封堵	目视检查	防火堵料、防火包密实，不透光亮；塔架、机舱、控制柜孔洞进行了封堵，有防雨、雪、沙尘、小动物的措施；电缆管管口封堵严密，有机堵料凸出 2～5mm	6 个月
14	密封	目视检查	塔架门密封良好，换气窗过滤网清洁完好。排气孔、百叶窗等有防护网	6 个月
15		目视检查	台风来临之前，对塔架巡查，确保塔架门密封完好，基础环的地势高于塔架周围的环境；各紧固螺栓、门窗、盖板等牢固无异常；台风过后，检查塔架的污染、积水情况，必要时测试设备的绝缘值，检查各层塔架法兰连接螺栓的力矩标识，是否存在位移现象，确保塔架无异常	台风等极端天气下

续表

序号	定检部件	定检方法	定检标准	定检周期
16	标识、标牌	目视检查	标识、标牌统一、齐全、规范	6个月
17	接地网引雷通道	目视检查	塔架与接地网引雷通道连接可靠，塔架基础环上部与底段塔架下法兰间的三个接地连接耳环，通过导线与接地扁铁可靠相连。在三段塔架连接法兰处也都有引雷软铜线。导线连接可靠，无锈蚀，紧固螺栓力矩标识无位移	1年
18		电阻测试	DL/T 887—2004《杆塔工频接地电阻测量》一般要求机组工频接地电阻不大于4Ω	1年
19	塔架	垂直度检查	单节塔架的垂直度允差一般为4‰，总高度差值在4‰且不大于30mm	1年
20	塔架焊缝	外观	表面油漆完好，无油漆剥落、开裂、锈蚀等现象；焊缝的热影响区（焊缝两侧各15mm左右）的油漆无拱起、返锈等情况	6个月
21		无损检测	执行主机厂的制造标准，也可参照JB/T 4730《承压设备无损检测》的要求	3～5年或认为必要时
22	塔架螺栓	外观	螺栓穿入方向一致，外露2～3个螺距；紧固力矩标识无位移	6个月
23		力矩检测	根据主机厂给定的塔架螺栓力矩值，抽取10%的螺栓，对角十字检测力矩。如果发现一个螺栓松动超过10°，则100%检查。对打过的螺栓喷锌处理并且做好一字标记	1年
24		机械性能测试	GB/T 3098.1—2000《紧固件机械性能螺栓螺钉和螺柱》	出厂时检测
25		防腐检查	(1) 塔架表面油漆无剥落、隆起、锈斑； (2) 塔架法兰连接处的防腐检查，螺栓安装时力矩扳手反向臂在法兰面上的支撑处容易锈蚀，应特别注意； (3) 附件（平台、爬梯、扶梯、接地连接软导线）油漆无剥落、隆起、锈蚀； (4) 螺栓表面无浮锈（有锈蚀及时清理，螺栓安装后防锈漆的补涂要规范、全面）	6个月
26		盐雾腐蚀检查	陆地风电场用紧固件盐雾试验720h，沿海或海上风电场用紧固件盐雾试验1000h，基体无红锈，镀层并经铬酸盐钝化最小厚度大于或等于8μm，镀层均匀，无气泡	出厂时检测
27	动力及控制电缆	目视检查	动力电缆接头处热缩管无损坏、无明显受力，电缆扎带紧固，无下垂，绝缘皮无损坏、划伤	6个月
28	扭缆	目视检查	每个方向扭缆不得超过3圈，偏航段电缆无磨损情况，PE管固定可靠未下垂	6个月
29	塔筒母线	贯穿螺栓检查	根据主机厂给定的螺栓力矩值，对母线连接贯穿螺栓力矩100%检查，做好一字标记	6个月

续表

序号	定检部件	定检方法	定检标准	定检周期
30	上端进线箱检查	目视检查	箱内无杂物、昆虫；铝排与铜排连接处无变色、腐蚀；铜排无变色、腐蚀；绝缘支撑牢靠。动力电缆紧固力矩 100%检查，并且做好一字标记	6 个月
31	下端进线箱检查	目视检查	箱内无杂物、昆虫；铝排与铜排连接处无变色、腐蚀；铜排无变色、腐蚀；绝缘支撑牢靠。动力电缆紧固力矩 100%检查，并且做好一字标记	6 个月
32	母线支架	目视检查	焊接处无裂缝，螺栓及支架无生锈；弹性支撑及支架无偏斜、变形；弹性橡胶支撑无老化变色、龟裂等现象；L 形角钢与弹性支撑，L 形角钢与母线外壳连接螺栓贯穿标记有无变化	6 个月

12.4 塔架检修工艺

12.4.1 塔架连接螺栓的更换

1. 工艺要求

拆除断裂或失效的风电机组塔架螺栓，更换新的塔架螺栓，施加合格的施工力矩，保证塔架安全运行。

2. 工作准备

(1) 操作人员的要求。

1) 经过安全培训，熟悉施工现场安全规定，并能严格遵守规定。

2) 经过专业培训，经考核合格后持证上岗。

3) 熟悉相关知识和工具使用方法。

(2) 施工工具准备。

1) 选择经过标定的拧紧工具，拧紧工具的计量必须交由计量部门定期进行。

2) 施工所用的冲击电动扳手、液压扭矩扳手必须经过标定，其扭矩误差不得大于 ±5%，合格后方准使用。

3) 液压扭矩扳手使用时，不得将反力块顶在塔架壁上；液压扭矩扳手一般用于螺栓的终拧。

(3) 施工扭矩的确定。

施工扭矩原则上由主机厂的安装或检修作业指导书提供，作业人员按工艺要求操作即可。如施工扭矩不明确或有疑问，也可由下式确定：

施工扭矩 $$T=K\cdot P\cdot d$$

式中 T——施工扭矩，Nm；

K——高强度螺栓连接副的扭矩系数平均值；

P——螺栓施工预拉力，kN；

d——高强度螺栓螺杆直径，mm。

（4）润滑剂的选择。

通常情况润滑剂采用 MoS_2，操作人员按规定领取润滑剂和涂抹工具。如需更换润滑剂，必须重新进行扭矩系数的测定。

（5）螺栓副的确认。

1）确认螺栓规格、强度等级、数量、同批次连接副。

2）连接副和法兰面的清洁、检查。

3）检查连接副有无达克罗缺损、缺齿及浅纹等缺陷；检查法兰椭圆度、平面度、法兰面内倾度是否符合相关图纸、规范要求。

3. 更换步骤

（1）润滑剂的涂抹。

用毛刷将 MoS_2 润滑剂均匀地涂在螺栓螺纹部位。

（2）连接副的安装。

安装时螺栓穿入方向为从下向上插入法兰孔，注意垫片与螺栓的接触面位置正确，垫圈有内倒角的一侧应朝向螺栓头、螺母支撑面。将螺母装在螺栓上，用手带紧。

安装时严禁强行穿入螺栓。全部螺栓安装后，再次检查螺栓标记，垫圈，螺母安装方向确认无误。

施拧前应按每班实际需要量领取连接副，安装剩余的连接副必须装箱妥善保管，不得乱扔、乱放。在安装过程中，不得碰伤螺纹沾染脏物。

螺栓初拧，按对称原则将螺栓分成若干工作单元，用电动扳手初拧螺栓，初拧扭矩不得大于最终扭矩的 50%。

螺栓终拧，按对称原则将螺栓分成若干工作单元，用液压力矩扳手按最终值的 100% 扭矩值拧紧螺母，要求最少 2 人同时操作。拧紧顺序对称、同方向，操作者要同时完成螺母的拧紧。施加扭矩必须连续、平稳，螺栓、垫圈不得与螺母一起转动。如果垫圈发生转动，应更换连接副，按操作程序重新初拧、终拧。操作完成后仔细检查每个连接副，每个连接副在终拧后，立刻逐一用记号笔在螺纹连同螺母、垫片画线做终拧标记。初拧和终拧必须在同一天完成。

施工记录，每台塔架在施工进行过程和施工结束后要做好记录，内容如表 12－2 所示。

表 12－2　　高强紧固件连接副安装记录

通用部分	螺栓生产商		机组编号	
	润滑剂		涂抹方法	
	操作人		扭矩扳手编号	
	审核人		日期	
连接副	螺栓连接副使用部位	基础环与下段塔架	下段塔架与中段塔架	中段塔架与顶段塔架
螺栓	数量			
	规格型号			
	强度等级			
	要求施工扭矩值			

续表

螺栓	初拧扭矩			
	终拧扭矩			
	终拧标识			
	拧紧顺序			
	环境温度			
螺母	数量			
	强度等级			
垫片	数量			
	强度等级			

4. 检查标准

对连接螺栓数的10%，但不少于2个进行扭矩检查。检查时先在螺杆端面和螺母上画一直线，然后将螺母拧松约60°，再用扭矩扳手重新拧紧，使两线重合，测得此时的扭矩应在90%～110%施工力矩范围内。

扭矩检查应在螺栓终拧4h以后，24h之内完成。

5. 注意事项

(1) 连接副必须按螺栓生产商提供的批号配套使用，并不得改变其出厂状态。

(2) 施工时润滑剂选用、涂抹必须严格执行施工工艺。

(3) 单颗螺栓断裂需更换时，邻近螺栓也应同时更换。

12.4.2 塔架焊缝缺陷的返修

1. 工艺要求

(1) 返修质量符合GB/T 19072《风力发电机组塔架》的质量要求。

(2) 对焊缝内部存在的超标缺陷，可采用碳弧气刨剔除，然后焊接修补。

(3) 不得采用在塔架焊缝表面贴焊钢板的方法。

2. 人员、材料和设备准备

(1) 焊工经考核具有相应的持证项目。

(2) 进入现场的焊材应符合相应标准和技术文件规定要求，并具有焊材质量证明书。

(3) 主要设备及工具。

逆变焊机或硅整流焊机，预热和热处理设备、高温烘箱、恒温箱、除湿机、温度和湿度测量仪、碳弧气刨等设备完好，性能可靠。计量仪表正常，并经检定合格且有效。

便携式焊条保温筒、角向磨光机、钢丝刷、凿子、榔头等焊缝清理与修磨工具配备齐全。

焊接工艺评定按相应规程、标准规定的要求已完成。焊接工艺卡已编制。

(4) 焊接环境。

1) 施焊环境温度应能保证焊件焊接时所需的足够温度和焊工操作技能不受影响。

2) 风速：手工电弧焊小于8m/s，气体保护焊小于2m/s。

3）焊接电弧在1m范围内的相对湿度小于90%。

4）在下雨、下雪、刮风期间，必须采取挡风、防雨、防雪、防寒和预加热等有效措施。

3. 现场施工工艺要点

（1）根据检测报告确定焊缝缺陷的性质、尺寸，与内表面的深度，此项工作应由检测人员在现场完成。

（2）在确保人员和设备安全的情况下，对塔架焊缝缺陷进行处理（根据需要可进行碳弧气刨或角向磨光机打磨）。

（3）碳弧气刨打磨后应除去焊缝表面的熔渣、氧化层，并用磁粉探伤确认缺陷已打磨干净。

（4）焊前预热应符合焊接工艺卡的规定。根据塔架壁厚、天气温度等情况，确定是否需要焊前预热及保温措施，并用点温枪测试预热的温度和宽度，确保预热效果；预热方法原则上宜采用电加热，条件不具备时，方可采用火焰加热法，预热宽度以焊缝中心为基准，每侧不应少于焊件厚度的3倍，且不小于50mm。

（5）根据补焊工艺卡的要求，选择焊条、焊接参数、施焊顺序及焊接层次，打底层焊缝焊接后应经自检合格，方可焊接次层；厚壁大径管的焊接应采用多层多道焊；除工艺或检验要求需分次焊接外，每条焊缝宜一次连续焊完。当因故中断焊接时，应采取防止裂纹产生的措施（如后热、缓冷、保温等）。再焊时，应仔细检查确认无裂纹后，方可按原工艺要求继续施焊。

4. 检验标准

（1）焊缝的检验按原设计文件的要求执行。

（2）焊缝外观检验。焊缝表面成型良好，焊缝边缘应圆滑过渡到母材，焊缝表面不允许有裂纹、气孔、未熔合等缺陷。焊缝外形尺寸和表面缺陷应符合原设计文件的要求。

（3）焊缝的无损检验。焊缝的无损检验按原设计文件的要求执行。

5. 安全注意事项

（1）开具了动火工作票。

（2）2m以上高度搭设了工作平台并经验收合格。

（3）现场电缆、仪表等部位已可靠覆盖。

（4）配备了足够数量的灭火器材；安全监护人员已到位。

（5）电焊机开机前要做好设备的安全检查，电焊机工件连线应采用卡夹可靠地固定在焊件上；焊钳连线对有接头和破损处应采取绝缘的可靠措施。

（6）焊工必须正确使用劳动保护用品。

（7）工作场地及附近区域不得有易燃易爆物品。

（8）氧气瓶和乙炔瓶置放，需搭设防晒棚且距焊接场所5m以外，上述两瓶置放距离也应在5m以上。

（9）使用角向磨光机等修磨焊缝时应佩戴防护镜。

6. 操作注意事项

（1）严禁在被焊工件表面引弧、试电流或随意焊接临时支撑物。

（2）施焊过程中，应保证起弧和收弧处的质量，收弧时应将弧坑填满。

(3) 多层多道焊的接头应错开，并逐层进行自检合格，方可焊接次层。

7. 不宜采用的方法

塔架焊缝缺陷处理切忌采用简单粗暴的打补丁处理法（见图 12-14 和图 12-15），因焊接过程中应力分布本身非常复杂，纵缝与环缝的交叉处（俗称丁字焊缝）更是如此，此处的缺陷务必清除彻底。如果此时在焊缝表面再焊上一块钢板，则钢板与焊缝形成角焊缝，一是角焊缝本身的质量难以检查，二是四周角焊缝受力更为复杂，再叠加原有的焊接缺陷，极易使焊缝在运行中应力扩展失去控制，对机组运行造成极大的安全隐患。

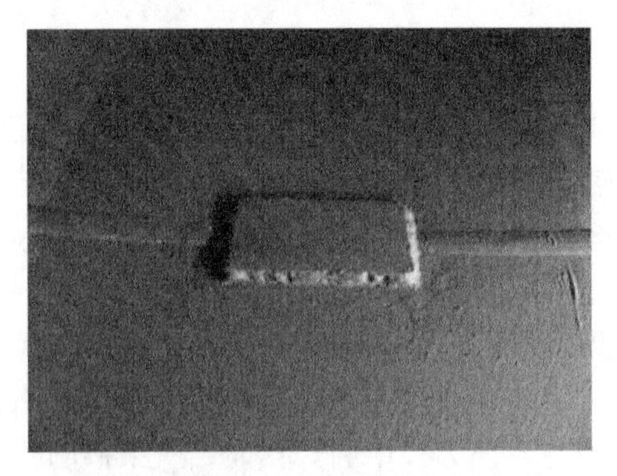

图 12-14　不规范处理——塔架环缝打补丁法

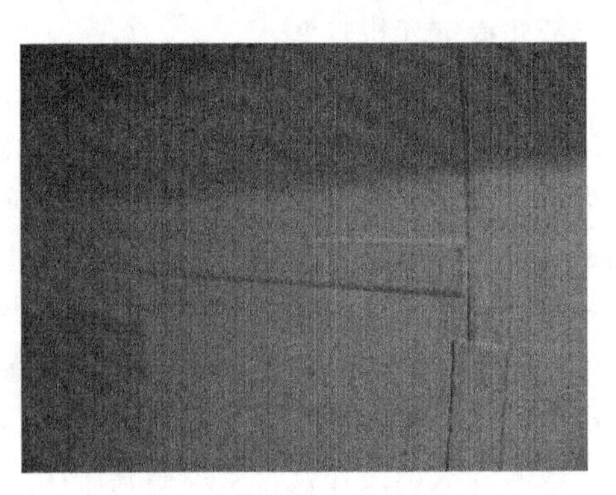

图 12-15　危险处理——丁字缝打补丁法

12.4.3　塔架油漆修补方案

1. 工艺要求

修复塔架防腐层，使之满足塔架防腐总体寿命 20 年以上，20 年内腐蚀深度不超过 0.5mm 的要求。

2. 防腐分类

根据风力发电机组暴露的腐蚀环境，对塔架的防腐等级主要分为以下几类。

(1) C3 主要包括城市和工业大气环境，中等程度 SO_2 污染，低盐度的海岸地区。

(2) C4 主要包括工业地区和中等盐度的海岸地区。

(3) C5-I 包括具有高湿度和苛刻大气环境的工业地区。

(4) C5-M 包括海岸和离岸地区。

塔架在运输或安装过程中油漆不可避免会受到刮伤和碰伤；塔架在运行期间，因受大气腐蚀环境的影响，往往会产生锈蚀、油漆起皮、剥落等现象；塔架因焊缝需返修，在返修部位附近因高温而产生油漆返黄、起翘等。以上均为导致塔架防腐功能的丧失，如图 12-16 和图 12-17 所示。

3. 工作准备

(1) 用记号笔标出需修补油漆的位置。

(2) 使用磨光机、钢丝刷等工具打磨清除铁锈、焊接飞溅等影响油漆质量的杂物，直至露出金属光泽。对于因探伤而在塔架上遗留的耦合剂、煤油等沾染物，应使用合适的清洁剂有效去除。

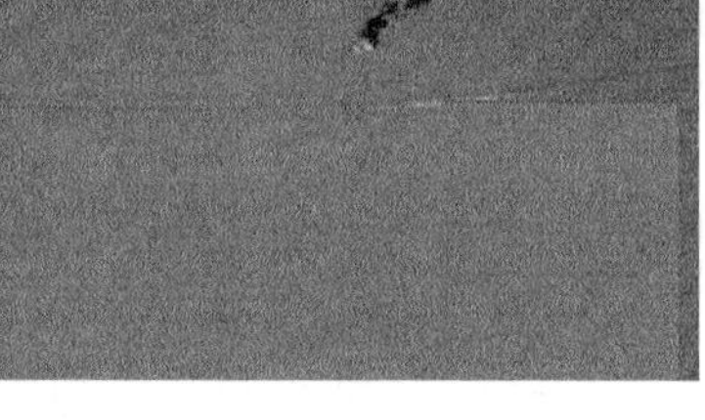

图 12－16 油漆刮伤

图 12－17 焊缝锈蚀

(3) 经打磨修理的部位一定要做斜坡处理达到 45°倒角，并应保证深入到完整油漆层的最小距离要达到 50mm。

(4) 确认修补的位置处于清洁、无油、干燥的状态。

4. 修补步骤

(1) 预涂：用圆刷子对边、角、焊缝进行刷涂，以及使用无气喷涂难以接近的部位进行预涂。

(2) 喷漆：采用无气喷涂，当修补面积在 1m² 以下时可采用刷涂。喷漆的厚度参考表 12－3。

表 12－3　喷漆的厚度参考表　μm

风机组件	环境	涂层配套			
		环氧富锌底漆	环氧厚浆中间漆	聚氨酯面漆	总干膜厚度
塔筒外表面 (RAL9018)	C3 内陆	50	100	50	200
	C4	50	140	50	240
	C5－I	50	180	50	280
	C5－M	60	200	60	320
塔筒内表面 (RAL7035)	C3	50	110	—	160
	C4	50	150	—	200
	C5－I	50	180	50	280
	C5－M	60	200	60	320

(3) 油漆干燥时间控制：每道油漆的干燥时间要根据油漆厂商规定的最长涂覆间隔来控制，要在一定的时间内喷涂下道油漆。

(4) 其他位置的修补：塔架电器柜支架及其平台采用热浸锌＋油漆防腐，其他塔架内附件（直爬梯、爬梯支撑、防雷导线接地耳板、接地板、电缆桥架或电缆夹板、电缆桥架支撑和吊装护栏等）采用热喷锌或热浸锌处理。塔架上、中、下法兰对接接触面喷砂后，不喷涂油漆涂层，而使用火焰喷锌处理。

(5) 修补环境要求（以下环境下不允许进行表面油漆作业）：

1) 部件的表面温度低于环境空气的露点以上＋3℃；

2）当温度低于5℃或高于40℃时；

3）相对湿度为80%以上；

4）下雨、下雪，表面有水、有冰，或者大雾时。

5. 检查标准

采用无气喷涂，不允许有涂漆过量，外观应无流挂、漏刷、针孔、气泡，薄厚应均匀、颜色一致、平整光亮，并符合规定的色调。视觉效果良好，不许出现“补丁”的样式。

6. 注意事项

（1）所有送达现场的油漆材料必须置于未开启的出厂包装容器中，并且标识清楚，包装齐全，注有厂商名称、油漆牌号、颜色、产品批号、封装日期。

（2）所有的油漆材料储存仓库通风良好，并符合有关安全及防火的要求。油漆材料不可置于阳光直射下，并要防止出现低温霜冻和雨水污染，应根据油漆厂商的规定，储存于温度稳定的场所。油漆仓库必须远离热源、明火、焊接作业场所以及产生火星的工具。

（3）不同厂家、不同品种的油漆不得混合使用。

思考题

1. 塔架有哪些主要检查项目？
2. 说出塔架螺栓更换的步骤。
3. 基础不均匀沉降的处理方法有哪些？

参　考　文　献

[1] 顾煜炯. 发电设备状态维修理论与技术. 北京：中国电力出版社，2009.
[2] 束洪春. 电力系统以可靠性为中心的维修. 北京：机械工业出版社，2008.
[3] 鲁锋主编. 浅谈设备故障分析方法. 北京：冶金自动化，2009.
[4] 吴宏娟. 风电场检修特点及管理探讨. 中国高新技术企业，2014；31：148-150.
[5] 李巍，张文俊. 风电场检修的特点及管理探析. 硅谷，2015；3：189-191.
[6] 胡雪松. 风力发电机变桨轴承润滑解决方案. 价值工程，2011，13：35-36.
[7] 郝春玲. 液压缸拆装及维护项目教学研究. 机械工程师，2015，01：74-75.
[8] 郭警惕，藏传宝，王振南. 液压缸故障分析及维护. 科技资讯，2011，28：117.
[9] 王靖. 液压缸的故障诊断与使用维护. 工程机械与维修，2008，11：186-187.
[10] 凌志斌，窦真兰，张秋琼，蔡旭. 风力机组电动变桨系统. 电力电子技术，2011，08：107-109.
[11] 徐斌，王志德. 电动变桨轴承故障原因分析及改进措施. 煤矿机械，2008，10：144-145.
[12] 赵雁，崔旋，戴天任，高聪颖，刘攀. 风电偏航和变桨轴承的安装与维护. 轴承，2012，07：58-61.
[13] 中国电力百科全书编辑委员会. 中国电力百科全书. 3版. 北京：中国电力出版社，2014.
[14] 薛岭，张杰. 复合材料风电叶片检查维护及维修. 风能，2012，07：92-95.
[15] 刘海涛，魏军. 定桨距风电机组叶尖扰流器的故障分析. 黑龙江科技信息. 2014，30：81-81.
[16] 刘忠明. 风力发电齿轮箱技术发展趋势及若干关键问题. 电气制造，2009，9：62-64.
[17] 吴正锡. 高强度渗碳齿轮钢. 四川冶金，1983；3：36-41.
[18] 赵坚，赵琳. 优质钢缺陷. 北京：冶金工业出版社，1991.
[19] 吴学仁. 金属材料力学性能手册. 北京：航空工业出版社，1996.
[20] 上山忠夫著 [日]. 结构可靠性. 北京：机械工业出版社，1988.
[21] 顾绳谷. 电机及拖动基础（上、下册). 北京：机械工业出版社，1980.
[22] 李发海，王岩. 电机与拖动基础. 北京：中央广播电视大学出版社，1996.
[23] 应崇实. 电机及拖动基础. 北京：机械工业出版社，1987.
[24] 侯恩奎. 电机与拖动. 北京：机械工业出版社，1991.
[25] 郑朝科，唐顺华. 电机学. 上海：同济大学出版社，1988.
[26] 陈隆昌，陈筱艳. 控制电机. 2版. 西安：西安电子科技大学出版社，1994.
[27] 许实章. 电机学（修订本). 北京：机械工业出版社，1990.
[28] 刘宗富. 电机学. 北京：冶金工业出版社，1986.
[29] 任兴权. 电力拖动基础. 北京：冶金工业出版社，1989.
[30] 吴浩烈. 电机及电力拖动基础. 重庆：重庆大学出版社，1996.
[31] 杨校生. 风力发电技术与风电场工程. 北京：化学工业出版社，2011.
[32] 叶航冶. 风力发电机组监测与控制. 北京：机械工业出版社，2011.
[33] 邵联合. 风力发电机组运行维护与调试. 北京：化学工业出版社，2015.
[34] 霍志红. 风力发电机组控制. 北京：中国水利水电出版社，2014.
[35] 周奎，吴会琴，高文忠. 变流器系统运行与维护. 北京：机械工业出版社，2014.
[36] 阮新波. LCL型并网逆变器的控制技术. 北京：科学出版社，2015.

[37] 蔡杏山. 变频技术. 北京：化学工业出版社，2012.
[38] 刘凤君. 现代逆变技术及应用. 北京：电子工业出版社，2006.
[39] 周志敏，周纪海，纪爱华. 变频器使用与维修技术问答. 北京：中国电力出版社，2008.
[40] 章宏甲，黄谊. 液压传动. 北京：机械工业出版社.
[41] 李守好. 风力发电装置刹车系统及偏航系统智能控制研究. 西安电子科技大学.
[42] 屈圭，梅沪光，吴晓丹. 大型风电机综合液压系统设计 [J]. 机电产品开发与创新.
[43] 李守好. 风力发电装置刹车系统及偏航系统智能控制研究. 西安电子科技大学.
[44] 杨盛超. 基于 PLC 风电机组偏航系统解缆控制. 上海电机学院.
[45] 李早，李大均，陈利德，汪宏伟. 陆上风电场风机基础形式分析. 神华科技，2013. 5.
[46] 郑主平，吴启仁. 响水风电场风机基础不均匀沉降原因及处理方法. 水利水电科技，2009. 9.
[47] 郑主平，吴启仁. 风电基础环水平度纠偏方法探讨. 水利水电科技，2009. 9.